DIANZI DIANLU SHITU
WANQUAN ZHANGWO

电子电路识图完全掌握

孙立群　编著

化学工业出版社
·北　京·

本书从实际出发，从基础知识入手，详细地介绍了电子电路的识图方法和技巧。本书首先介绍了常用电子元器件和集成电路的作用、工作原理以及典型单元电路的识图方法，使读者掌握基本的电子电路识图技能；然后重点列举了典型小家电、洗衣机、电冰箱、空调器、彩色电视机等家用电器的电路识图实例，使读者全面掌握电子电路识图要点。本书内容循序渐进、通俗易懂，具有较强的实用性和可操作性，深入浅出的讲解和图文并茂的形式便于读者学习和理解。通过阅读本书，读者可以快速入门并提高电子电路的识图能力。

本书适合广大电子技术从业人员、电子爱好者及家电维修人员阅读使用，也可用作职业院校及培训学校相关专业的参考书。

图书在版编目（CIP）数据

电子电路识图完全掌握/孙立群编著. —北京：化学工业出版社，2014.3（2024.1重印）

ISBN 978-7-122-19058-1

Ⅰ.①电… Ⅱ.①孙… Ⅲ.①电子电路-电路图-识别 Ⅳ.①TN710

中国版本图书馆 CIP 数据核字（2013）第 276540 号

责任编辑：李军亮　要利娜　　　装帧设计：尹琳琳

责任校对：王素芹

出版发行：化学工业出版社（北京市东城区青年湖南街 13 号　邮政编码 100011）

印　　装：北京盛通数码印刷有限公司

787mm×1092mm　1/16　印张 18¼　字数 420 千字　　2024 年 1 月北京第 1 版第 18 次印刷

购书咨询：010-64518888　　　售后服务：010-64518899

网　　址：http://www.cip.com.cn

凡购买本书，如有缺损质量问题，本社销售中心负责调换。

定　　价：48.00 元

前言

随着电子技术的发展，电子产品的种类也在不断增加，越来越多的智能电子产品走进千家万户，使人们的生活更加丰富多彩。虽然这些电子产品的电路结构各不相同，但电路中所用电子元器件的类型、功能基本相同，同一类电路的工作原理也相似。因此，电工电子从业人员必须具备扎实的理论基础知识和丰富的实践操作经验，掌握电子电路图的识读技巧，熟悉电子电路的工作原理，从而快速地完成电子产品的安装、调试与维修等工作。为了满足广大电工电子从业人员的实际工作需要，编写本书。本书没有介绍那些生僻的理论术语和不必要的量值计算，而是在介绍元器件、电子电路基本知识的基础上，着重介绍小家电、洗衣机、电冰箱、空调器及彩色电视机电路的识图方法。

本书第一章主要介绍电子电路识图的基础知识；第二章主要介绍常用元器件的特点、作用及其典型的应用电路；第三章主要介绍几种常用的集成电路及其典型的应用电路。通过对以上章节的学习，读者不仅可以了解常用元器件的特点、基本原理，还可以掌握基本的电子电路识图方法。从第四章开始，本书重点讲解各种家用电器的电路识图方法。其中，第四章介绍多种小家电电路的识图，如智能控制型电饭锅、电压力锅、电炖锅、消毒柜、抽油烟机、豆浆机、米糊机、微波炉、电磁炉、饮水机、电热水瓶、电淋浴器、照明灯、节能灯等；第五章介绍双桶波轮、波轮全自动电脑智能型洗衣机电路的识图方法；第六章介绍定频电冰箱、变频电冰箱电路的识图方法；第七章介绍定频空调器、变频空调器电路的识图方法；第八章介绍 CRT 彩色电视机、液晶彩色电视机电路的识图方法。

本书内容实用、点面结合，讲解力求深入浅出、通俗易懂，图文并茂的形式更加便于读者理解。通过阅读本书，读者可以快速掌握电子电路的识读方法，对电子产品的安装、维修等工作会大有裨益。

本书主要由孙立群编著，参与本书编写的还有宿宇、王忠富、郭立祥、陈鸿、张燕、赵宗军、王明举、李杰、李佳琦、刘众、傅靖博、邹存宝、毕大伟、张国富、杨玉波等。

由于编著者水平有限，书中难免有不妥之处，望广大读者批评指正。

编著者

目录

第一章 初识电路图

第二章 典型元器件及其应用电路识图

第三章 集成电路及其应用电路识图

第四章 小家电电路识图

第五章　洗衣机电路识图

第六章　电冰箱电路识图

第七章 空调器电路识图

第八章 彩色电视机电路识图

第一章 初识电路图

电气设备修理人员、电路设计工作人员只有通过分析电路图，了解了电路的功能和工作原理后，才能快速完成本职工作。

第一节 电路的功能、组成

一、什么是电路

电路是由各种元器件（或电工设备）按一定方式连接起来的一个总体，也就是为电流流通提供回路的路径。

二、电路的基本组成

电路主要由电源、负载、控制器件、导线四部分组成，如图 1-1 所示。

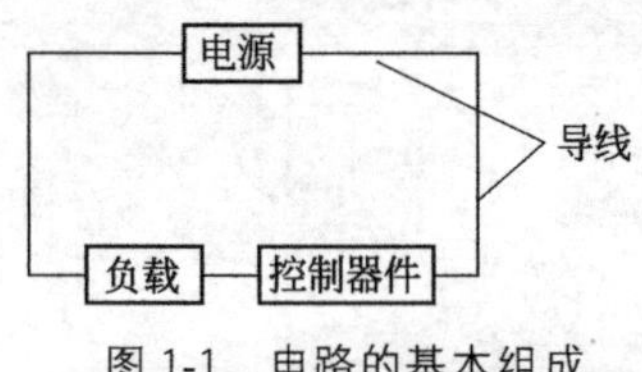

图 1-1 电路的基本组成

1. 电源

电源是为电路提供能量的装置。日常生活中，彩电、洗衣机、电冰箱等家用电器的电源是市电电压，而门铃、手电筒等电器的电源是干电池。实际电路中，除了市电电压、干电池，蓄电池、发电机等装置也可以为负载供电，所以它们都是电源。

实际应用中，电源有交流和直流两种，蓄电池、干电池是直流电源，市电电压、交流发电机是交流电源。

2. 负载

负载是使用（消耗）电能的设备或器件，如电动机、加热器、照明灯等。实际应用中，对于市电电压而言，照明灯、电视机、洗衣机、电冰箱等家用电器都是它的负载；而对于手电筒而言，照明灯泡则是干电池的负载。

3. 控制器件

控制器件是控制电路工作状态的器件或设备，如开关、继电器、交流接触器等。实际应用中，开关就是照明灯电路的控制器件，电饭锅按键内联动的开关就是电饭锅电路的控制器件，交流接触器是三相电动机的控制器件。

4. 导线

导线是提供电流回路的线材，它的作用是将电气设备或元器件按一定方式连接起来（如各种铜、铝电缆线等）。实际应用中，照明灯线是照明灯电路的导线，而手电筒的外壳也是一种特殊的导线。

【提示】 在电子电路中，也可以将导通的开关、二极管、电感等元器件看作连线，从而使电路变得简单明了。

三、电路的状态

1. 通路

通路是指电源与负载接通，电路中有电流流过，电气设备或元器件获得一定的电压和电功率，进行能量转换。

2. 开路

开路也叫断路，是指电路中没有电流通过。

3. 短路

短路是指负载击穿短路，相当于电源两端的导线直接相连接，会导致电源严重过载。为了防止电源被烧毁或发生火灾，通常要在电路中安装熔断器等保险装置，实现过电流保护。

第二节　电压、电流、欧姆定律

一、电压

1. 电压的定义与单位

电压也称作电势差或电位差，是衡量单位电荷在静电场中由于电势不同所产生的能量差的物理量。其大小等于单位正电荷因受电场力作用从 A 点移动到 B 点所做的功，电压的方向规定为从高电位指向低电位的方向。此概念与水位高低所造成的“水压”相似。需要指出的是，“电压”一词仅用于电路当中，而“电势差”和“电位差”则普遍应用于一切电现象中。

电压常用字母 U 表示，它的国际单位制为伏特（V），常用的单位还有毫伏（mV）、微伏（μV）、千伏（kV）等。它们之间的关系是：1kV＝1000V，1V＝1000mV，1mV＝1000μV。

2. 电压的分类

电压可分为交流电压、脉动直流电压、直流电压三种。

（1）交流电压

正负方向变化的电压称为交流电压，简称交流电，如图 1-2(a) 所示。交流电用符号“AC”或“～”表示。交流电正、负方向各变化一次所需的时间称为周期（T），周期的倒数是频率（f）。交流电正负半周的最大值称为峰值（U_m），最大值的 0.707 倍是有效值，最大值的 0.637 倍是平均值。我国民用的交流 220V 市电电压，通常用 AC220V 或～220V表示，频率为 50Hz（赫兹），有效值是 220V，最大值是 311V。

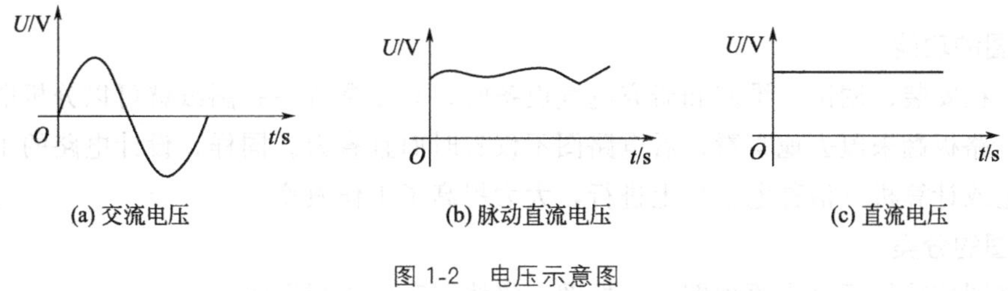

(a) 交流电压　(b) 脉动直流电压　(c) 直流电压

图 1-2　电压示意图

（2）脉动直流电压

若直流电压的幅度可以变化，但电压的方向不变，这种直流电压就是脉动直流电压，如图 1-2(b) 所示。比如，把 50Hz 的交流电经过二极管整流后得到的就是典型脉动直流电，半波整流得到的是 50Hz 的脉动直流电，如果是全波或桥式整流得到的就是 100Hz 的脉动直流电，它们只有经过电容滤波后才可以变成平直的直流电，当然电压还会存在脉动成分（称纹波系数），纹波大小视滤波电容的滤波效果。

(3) 直流电压

稳定和单方向变化的电压称为恒稳直流电压，简称直流电压，如图 1-2(c) 所示。用符号“DC”或“+”、“－”表示。直流电压有正、负之分，以零为界，0V 以上的称为正电压，用“+*U*”表示，也可省略“+”，用“*U*”表示；0V 以下的称为负电压，用“－*U*”表示。

二、电流

电源的电动势形成了电压，继而产生了电场力，在电场力的作用下，处于电场内的电荷发生定向移动，形成了电流。电流的大小称为电流强度（简称电流，符号为 *I*），是指单位时间内通过导线某一截面的电荷量，每秒通过 1 库仑的电量称为 1 安培（A）。安培是国际单位制中所有电流的基本单位。除了 A，常用的单位还有毫安（mA）、微安（μA）。它们之间的关系是：1A＝1000mA＝1000000μA。

图 1-1 中的控制器件闭合后，电源就会为负载供电，从而形成了电流。

三、欧姆定律

流过电阻的电流（*I*）与其两端电压（*U*）成正比，与电阻的阻值（*R*）成反比例，它们之间的关系就是欧姆定律，用公用表示为：$I=U/R$，也可以演变为 $U=IR$、$R=U/I$。

第三节 电路图的识读

一、什么是电路图

电路图是表示电路结构或工作原理的图。它是利用各种电气符号、带注释的方框、简化的实物图形表示系统、设备、装置、元器件相互关系的。

二、电路图的功能与分类

1. 电路图的功能

人们在安装、调试、维修和研究电气设备时，只要拿着一张图纸就可以分析电路，而不必把电路板翻来覆去地察看，看电路图不仅省时而且省力。同样，设计电路的工作也可以在纸上或计算机（俗称电脑）上进行，大大提高了工作效率。

2. 电路图的分类

电路图按功能可分为原理图、方框图、接线图和印制板图等。

(1) 原理图

原理图就是用来体现电路工作原理的一种电路图，又被称为“电路原理图”或“电原理图”。这种电路图直接体现了电路的结构和工作原理，主要用于设计、分析电路。分析电路时，通过识别图上的各种电路元器件符号以及它们之间的连接方式，就可以了解电路的实际工作情况。因此，原理图除了详细地表明电路的工作原理外，还可以用来作为采集元器件、制作电路的依据。图 1-3 是乐宝 CFXB50-2HD 型电饭锅电路。

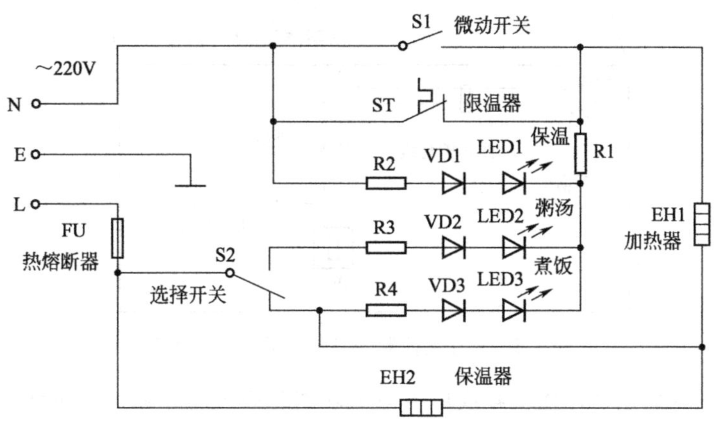

图 1-3　乐宝 CFXB50-2HD 型电饭锅电路

（2）方框图

方框图是一种用方框和连线来表示电路工作原理和构成概况的电路图。从根本上讲，这是一种特殊的原理图。它和上面的原理图主要的区别就在于原理图上详细地绘制了电路全部的元器件和它们的连接方式，而方框图只是简单地将电路按功能划分为几个部分，将每一个部分描绘成一个方框，在方框中加上简单的文字说明，在方框间用连线（有时用带箭头的连线）说明各个方框之间的关系。因此，方框图只能大致说明电路的工作原理。图 1-4 是一种典型彩电扫描电路的组成方框图。

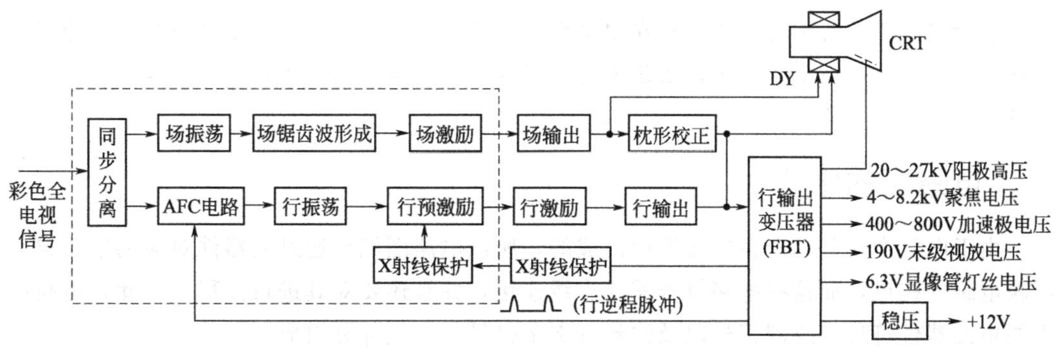

图 1-4　集成化扫描电路组成方框图

【提示】 实际工作中，通过对方框图的识读就可以大致了解电路的整体功能，方框图分得越细就越容易了解电路的功能和工作原理。

（3）接线图

接线图表示的是电气产品的整件、部件内部的接线情况。它是根据电路原理图的要求，按照设备中各元器件和接线位置的相对位置绘制的，主要表达各元器件和装配的相对位置关系和接线点的实际位置，与接线无关的元器件或零部件可以省略不画。图 1-5 是一开关控制一灯的照明系统接线图。

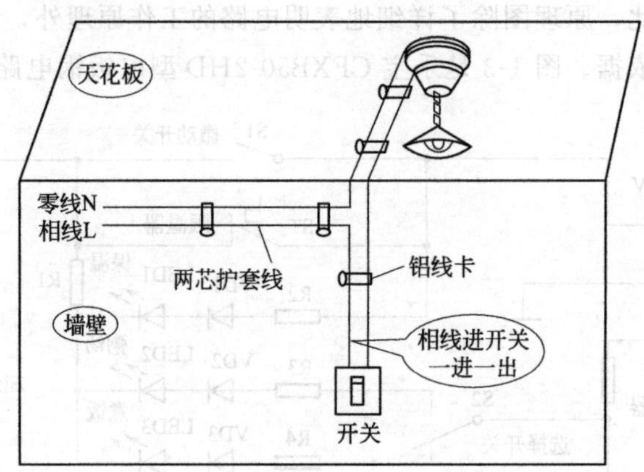

图 1-5　一开关控制一灯的照明系统接线图

【提示】 实际工作中，许多接线图多与原理图结合使用，维修人员就可以方便地找到某个元器件和其实际位置。

（4）印制板图

印制板图的全名是印制电路板图，它是供装配实际电路使用的。印刷电路板是在一块绝缘板上先覆上一层金属箔，再将电路不需要的金属箔腐蚀掉，然后将电路中的元器件安装在这块绝缘板上，利用板上剩余的金属箔作为元器件之间导电的连线，完成电路的连接。由于这种电路板的一面或两面覆的是铜皮，所以印制电路板又叫“覆铜板”。由于印制电路板在设计中，不仅要考虑所有元器件的分布和连接是否合理，还要考虑元器件的体积、散热等问题，所以印制板图和原理图相差较多。图 1-6 是创维 P42TLQ 型电源板印制板图。

【提示】 随着科技的发展，现在印制电路板的制作技术已经有了很大的提高，除了单面板、双面板外，还有多面板，已经大量运用到日常生活、工业生产、国防建设、航天等许多领域。

三、电路图的组成

由于电气产品是由众多的元器件构成的，所以电路图就会通过元器件对应的电路符号反映电路的构成，而这些电路符号需要连线连接，并且还要对其进行注释。因此，电路图主要由元器件符号、绘图符号以及注释（文字符号）三大部分组成。

1. 元器件符号

元器件符号表示实际电路中的元器件，它的形状与实际的元器件不一定相似，甚至完全不一样。但是它一般都表示出了元器件的特点，并且引脚的数量和实际应用的元器件完全相同或基本相同，如电阻、加热器、开关、熔断器、二极管的电路符号，如图 1-7 所示。

2. 绘图符号

电路图中除了元器件符号以外，还必须有表示电压、电流、波形的各种符号，而这些

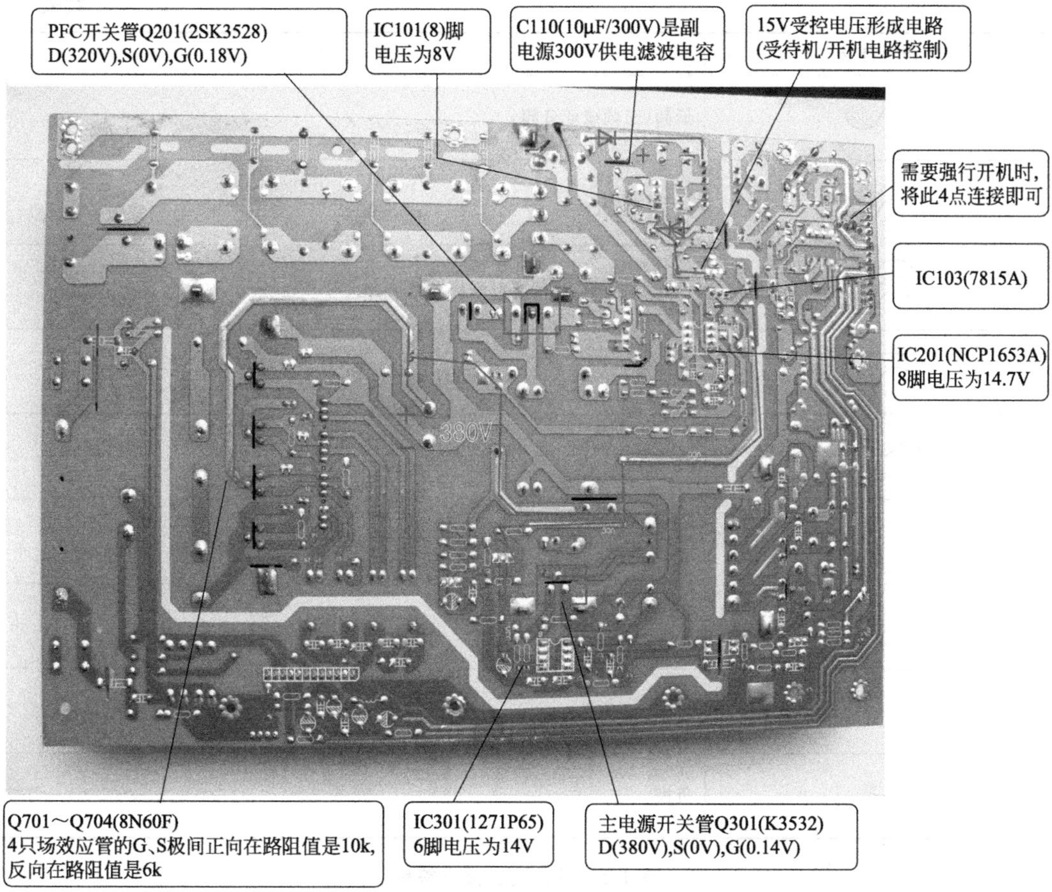

PFC开关管Q201(2SK3528)
D(320V),S(0V),G(0.18V)
IC101(8)脚
电压为8V
C110(10μF/300V)是副
电源300V供电滤波电容
15V受控电压形成电路
(受待机/开机电路控制)
需要强行开机时，
将此4点连接即可
IC103(7815A)
IC201(NCP1653A)
8脚电压为14.7V
380V
Q701～Q704(8N60F)
4只场效应管的G、S极间正向在路阻值是10k,
反向在路阻值是6k
IC301(1271P65)
6脚电压为14V
主电源开关管Q301(K3532)
D(380V),S(0V),G(0.14V)

图 1-6　创维 P42TLQ 型电源板印制板图

R
(a) 电阻
EH
(b) 加热器
K
(c) 开关
FU
(d) 熔断器
VD
(e) 二极管

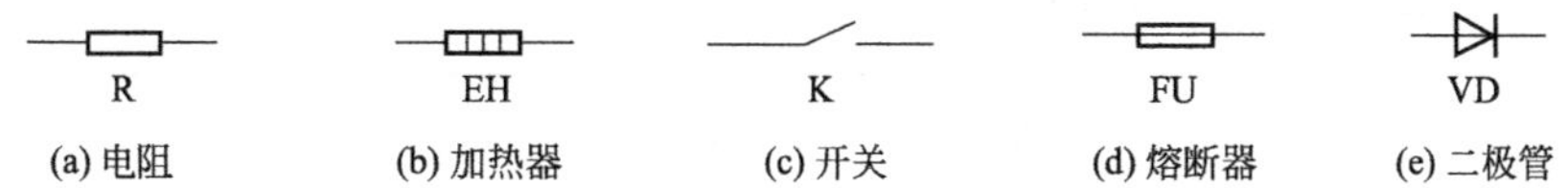

图 1-7　常见元器件的电路符号

符号需要连线、接地线、导线及连接点等进行连接后，才能形成一幅完整的电路图。常用的绘图符号见表 1-1～表 1-3。

表 1-1　电压、电流符号

图形符号	说　明
——	直流(文字符号为 DC)
—— ------	直流 (注：在上一符号可能引起混乱时用本符号)
～	交流(文字符号为 AC)

续表

图形符号	说　明
 ∼	低频(工频或亚音频)
 ≈	中频(音频)
 ≋	高频(超高频、载频或射频)
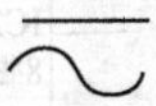 ⎓∼	交直流
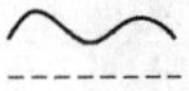 ∼ ------	具有交流分量的整流电流
N	中性(中性线)
M	中间线
+	正极
−	负极

表 1-2　导线及连接点符号

图形符号	说　明
——	导线
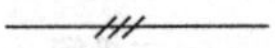 —/// —	导线组(示例为三根导线)
—/3—	导线组(示例为三根导线)
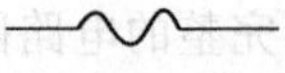 —∼—	柔软导线
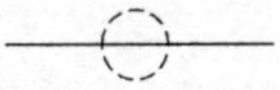	屏蔽导线
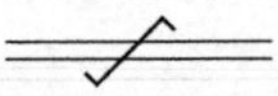	绞合导线(示例为两股)
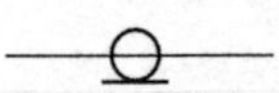	同轴对、同轴电缆
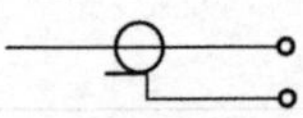	同轴对连接到端子
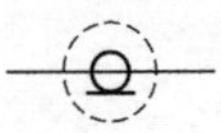	屏蔽同轴对、屏蔽同轴电缆

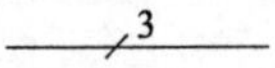

续表

图形符号	说明
	导线的连接点
	导线的连接
	导线的连接
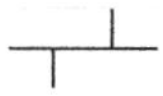	导线的多线连接
	导线的交叉连接
	导线的交叉连接单线表示法(示例为 3×3 线)
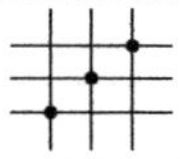	导线的交叉连接多线表示法(示例为 3×3 线)
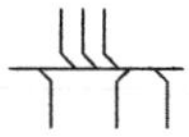	导线或电缆的分支和合并
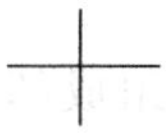	导线的不连接(跨越)
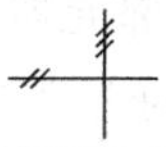	导线的不连接单线表示法(示例为 2×3 线)
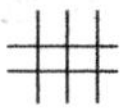	导线的不连接多线表示法(示例为 2×3 线)

表 1-3 接地和其他符号

图形符号	说明
	接地,一般符号
	无噪声接地(抗干扰接地)
	保护接地
	接机壳或接底板
	接机壳或接底板
	等电位

续表

图形符号	说　明
	故障(用以表示假定故障位置)
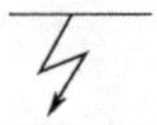	击穿
	导线间绝缘击穿
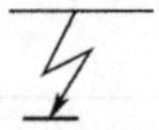	导线对机壳绝缘击穿
	导线对地绝缘击穿
	永久磁铁
	测试点指示

3. 注释

电路图中所有的文字、字符都属于注释部分，它也是电路图重要的组成部分。

注释部分主要用来说明元器件的名称、型号、主要参数等，通常紧邻元器件电路符号进行标注，如图 1-6 中的字母“R”和字母“VD”分别表示元器件的符号为电阻和二极管。另外，许多比较复杂的电路图还对重要的电源电路、特殊装置等部位进行注释。因此，注释部分是电路识图的重要依据之一。

第四节　电路图的绘制规则

要想学会电路识图，必须要了解电路图的绘制规则。

一、导线的画法

电路图上的导线（连线）除了特殊需要，都要求横平竖直，并且折弯处要为直角。下面介绍几种情况下导线的画法。

1. 导线的连接

在电路图上，导线有几种连接方式，一种是“T”形连接，另一种是“十”形连接。对于“T”形连接的导线，它们的连接点可以加实心黑圆点，也可以不加，如图 1-8（a）所示。对于交叉的导线，若这两条线是连接的，则应加黑圆点；若两条线不连接，则不能加黑圆点，如图 1-8（b）所示。

2. 连线的汇总画法

当连线的根数太多时，许多电路图为了减少连线的根数，将多条连线绘制成一条汇总

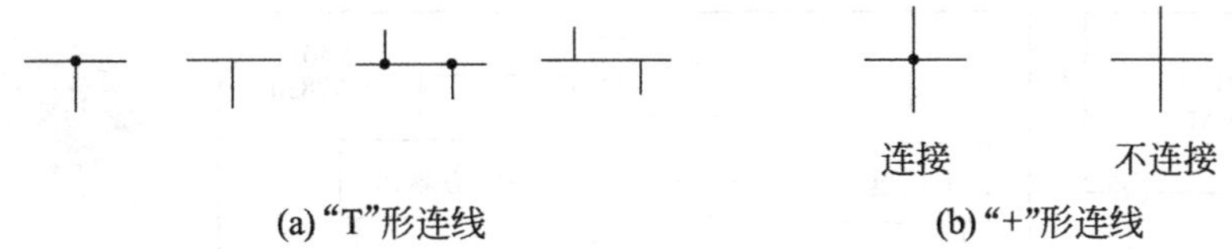

图 1-8 导线的连接状态

线（该汇总线不加粗），汇合处用 45°角或圆角表示，并在每根汇总线的两端用相同的数字或字符进行标注，如图 1-9 所示。

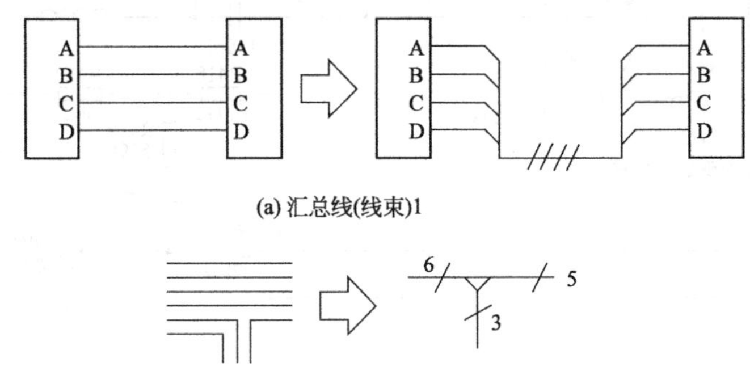

图 1-9 连线的汇总画法

【提示】 如图 1-9(a) 所示的单线上的四道斜线表示汇总的线根数为四条。连线的汇总画法属于连续画法的一种，所谓的连续画法是指连线的头和尾是连通的。

3. 连线的中断画法

中断画法是指连线的头和尾是断开的，在中断处用相同的数字或字符标注，如图 1-10 所示。

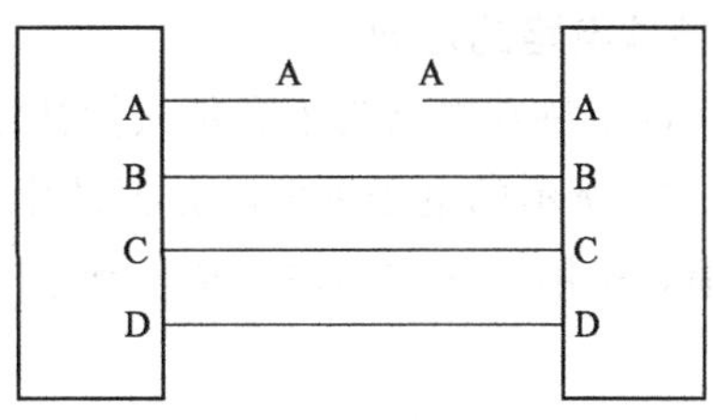

图 1-10 连线的中断画法

二、电路图的走向

电路图的走向是指电路内的各单元电路，从最初输入端到最终输出端的排列方向，由于一般电路、反馈电路和特殊电路的构成、原理不尽相同，所以电路的走向有所区别，但也有一定的规律。下面分别进行介绍。

1. 一般电路图的走向

一般电路的走向通常是由左到右、由上到下，电路的输入部分应排在左侧，输出部分排在右侧。图 1-11 是东芝两片机芯彩电场扫描电路图，其走向就是典型的从左到右。

N301（TA7698AP）24 脚输出的场频锯齿波信号，由 R422 加到 N401（LA7830）的 4 脚，通过内部放大器放大后从 2 脚输出，通过场输出电容 C404 耦合给场偏转线圈，利用它完成光栅的垂直扫描。

2. 反馈电路图的走向

反馈电路是将输出信号的一部分再送回给输入电路，所以反馈电路的走向与主电路是相反的。图 1-11 内的场线性失真校正电路就是反馈电路。场偏转线圈上的场频锯齿波电

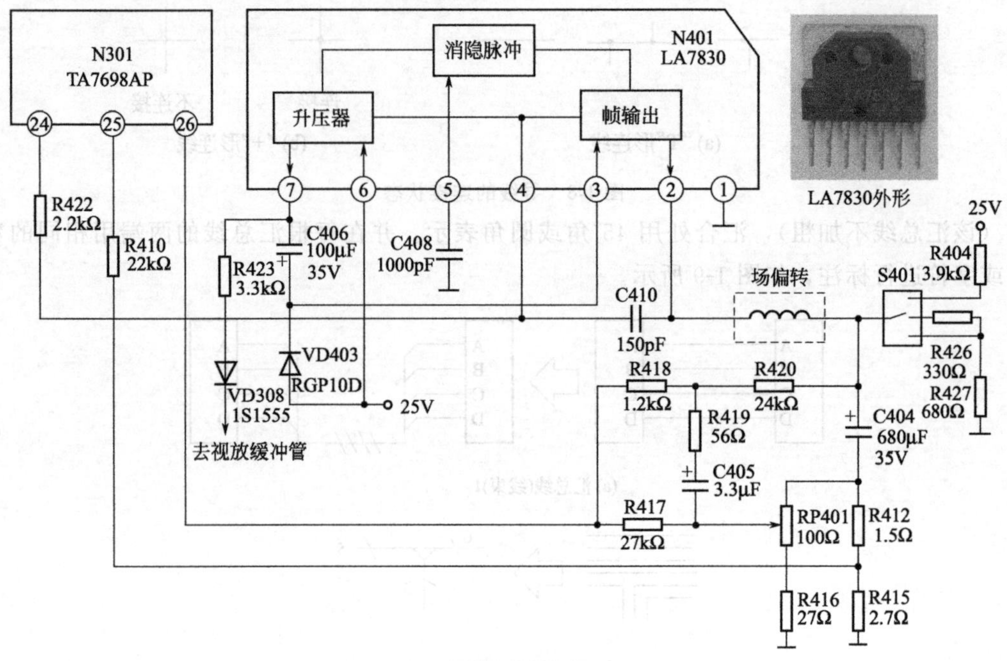

图 1-11　东芝两片机芯彩电场扫描电路

流在 R412、R415 两端产生的交流电压，利用 RP401、R416 取样，通过 R417 加到 N301 的 26 脚，构成交流负反馈电路，以改善场线性。N401 的 2 脚输出的直流电压经 R420、R418 也送给 N301 的 26 脚，以稳定内电路的工作点。

3. 特殊电路的走向

许多特殊电路为了满足人们视觉习惯或电路的特殊性，部分电路的走向是逆向的，如图 1-12 所示的电子钟电路方框图中，为了满足人们看图时对“时”、“分”、“秒”的视觉习惯，采用了从右到左、从下到上的特殊走向。

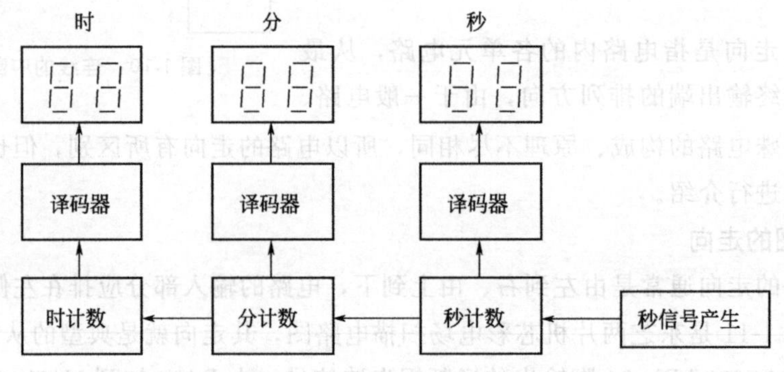

图 1-12　电子钟电路方框图

三、图形符号的位置与状态

在第一章、第二章介绍的电路图形都是基本图形，而实际绘制时往往会根据电路复杂程度和需要，改变图形位置或拆分图形。

1. 图形符号的放置

元器件在电路图中可以根据需要进行放置，不仅可以横放，也可以竖放；不仅可以朝下，也可以朝上。图 1-13 是二极管在电路图中不同的放置方位。

图 1-13 二极管符号的放置

2. 可动作元器件的画法

可动作（可操作性）元器件在图中的画法有一定规则，如果没有特别说明，规则如下。

（1）开关

普通开关处于开路位置，而转换开关处于开路位置或具有代表性的位置，如图 1-14 所示。

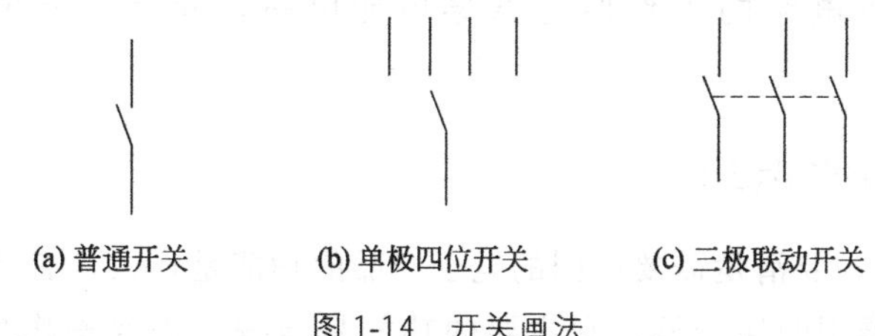

图 1-14 开关画法

（2）继电器

继电器处于通电前的静止状态，常开型继电器的触点处于断开状态，而常闭型继电器的触点处于接通状态，如图 1-15 所示。

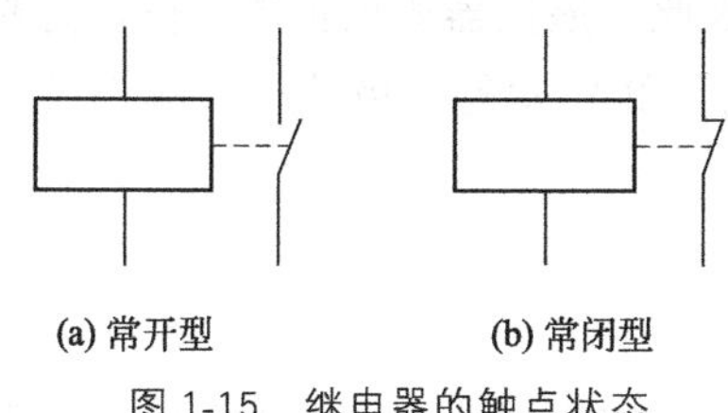

图 1-15 继电器的触点状态

3. 分散画法

许多元器件由若干个单元构成，所以有的电路图为了清晰简洁，绘制部分电路图时，多将继电器、光电耦合器，以及运算放大器、电压比较器、反相器、触发器等集成电路分开画。图 1-16 是继电器 K1 的线圈控制部分与触点所接电路的分散画法。

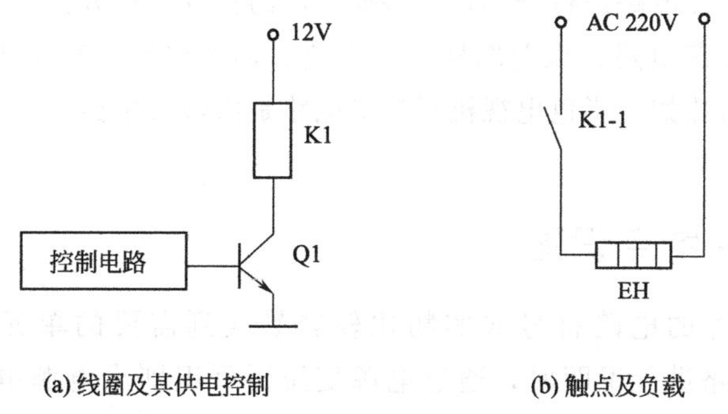

图 1-16 继电器的分散画法

4. 集中画法

有的元器件是由多个同时动作的部件构成，所以有电路图为了电路的完整而将它们集中画在一起，绘制电路图时，多将开关型电位器、波动开关、交流接触器等元器件集中画在一起。图 1-17 是开关、电位器的集中画法示意图。

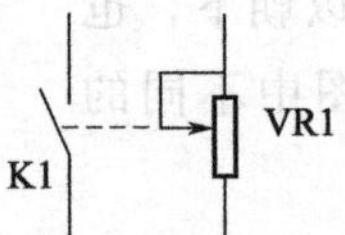

图 1-17　开关、电位器的集中画法

第五节　电路识图技巧

看复杂电路图应按照从局部到整体、从输入到输出、化整为零、聚零为整的思路和方法进行，用整机电路的工作原理指导单元电路，利用单元电路分析整机工作原理。

一、根据产品功能识图

进行电路识图前，要清楚需要识图的电子产品的功能是什么，有什么特点。比如，电视机、DVD 或空调器用的遥控器，它主要的功能是当按下需要操作功能对应的按键后，微处理器的操作键输入端就会得到键控脉冲，被微处理器识别、处理后，输出控制信号。控制信号再经放大电路进行放大，利用红外发射管发射出去。红外信号最终被受控设备上的接收电路接收后，就可以实现用户需要的控制功能。因此，遥控器要想正常工作，需要设置电源电路、单片机（微处理器）、操作键、放大电路、红外发射二极管。了解产品功能可以帮助理解电路的构成和工作原理。

二、通过化整为零识图

先将整机电路根据不同的功能划分为若干个单元电路，究竟划分多少个单元电路，不仅与电路的结构和复杂程度有关，而且与读者所掌握的电子技术知识多少和识图能力有关。要对划分后的单元电路进行分类，并根据它们的特点进行分析。比如，自激式开关电源是由启动电路、振荡电路、误差取样放大电路、调宽电路、输出电压整流/滤波电路、保护电路构成的；再比如，彩色电视机行扫描电路是由行振荡器、行激励电路、行输出电路构成的。

三、根据元器件特点识图

通过电子元器件的电路符号或实物比较容易找到需要的单元电路。比如，在对 CRT 彩色电视机电路进行识图时，通过电源变压器可识别出电源电路，通过行激励变压器可识别出行激励电路，通过扬声器可识别出伴音电路，通过大规模集成电路和晶振可识别出微处理器电路，通过场输出集成电路可识别出场输出电路。再比如，在对电磁炉电路进行识图时，通过谐振线圈（线盘）可识别出功率变换电路，通过大限流电阻可识别出同步控制电路，通过风扇可识别出散热系统，通过蜂鸣器可识别出蜂鸣器电路。

四、根据供电走向识图

任何电子产品都需要在电源电路提供工作电压后才能工作，而许多复杂的电子产品采用了多种供电方式，所以通过查看供电电压的走向，就可以初步进行电路识图。比如电磁炉的微处理器电路采用5V供电，而它的功率管激励电路、保护电路多采用18V供电；再比如，普通彩色电视机的微处理器电路采用5V供电，小信号处理电路采用12V供电，场输出电路多采用20～110V供电，而行输出电路多采用105～150V供电。

五、根据信号流程识图

任何信号处理电路都会有信号输入、信号输出电路，所以根据信号流程就可以将电路分解成多个单元电路，并可以对它进行分析。比如彩色电视机场扫描电路可以根据信号流程划分为场同步电路、场振荡电路、场激励电路、场输出电路。

另外，根据电路输入、输出信号之间的变化规律及它们之间的关系可识别出基本单元电路是放大电路还是振荡电路、脉冲电路、解调电路。

六、根据交流等效电路识图

首先画出交流等效电路，再分析电路的交流状态，即电路有信号输入时，电路中各环节的电压和电流是否按输入信号的规律变化，以确认电路是放大电路、振荡电路，还是限幅削波、整形、鉴相等电路。

【提示】 画交流等效电路时，要将原电路中的电容和电源画成通路，将线圈看成开路，如图1-18所示。

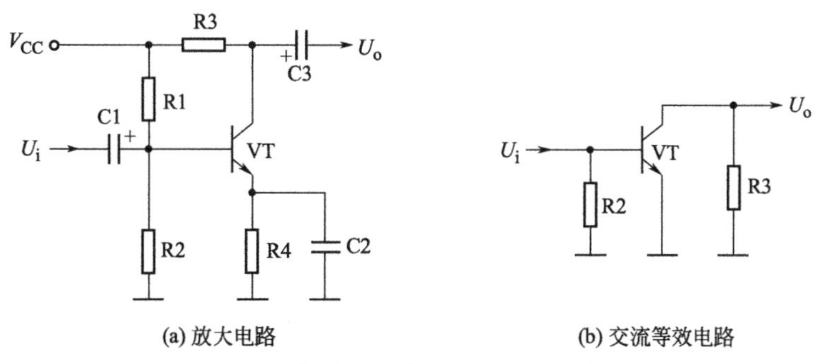

图1-18 三极管放大电路及其交流等效电路

七、根据直流等效电路识图

画出直流等效电路图，分析电路的直流系统参数，搞清三极管静态工作点和偏置性质、级间耦合方式等，分析有关元器件在电路中所处的状态及起的作用。例如：三极管的工作状态，如饱和、放大、截止，二极管处于导通或截止等。

【提示】 在画直流等效电路时，要将原电路中的线圈画成通路，将电容看成开路，如图 1-19 所示。

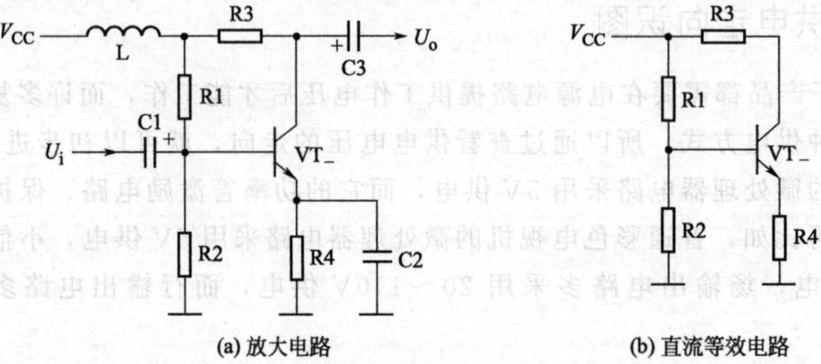

图 1-19　三极管放大电路及其直流等效电路

第二章
典型元器件及其应用电路识图

由于电路是由许多电子元器件和导线构成的，所以熟悉元器件的功能、实物外形和电路符号是电路识图的基础。

第一节　电阻及其应用电路识图

电阻（电阻器的简称）是最基本的电子元件，也是电路中应用最多的电子元件，它主要有限流、分压、检测、保护等功能。

一、电阻的命名

电阻的命名包括普通电阻命名和敏感电阻命名两部分。通过电阻的命名方法可了解电阻的类别和参数。

1. 普通电阻的命名

根据我国国家标准，普通电阻器产品的命名（型号）由 4 部分组成，各部分的含义如图 2-1 所示。

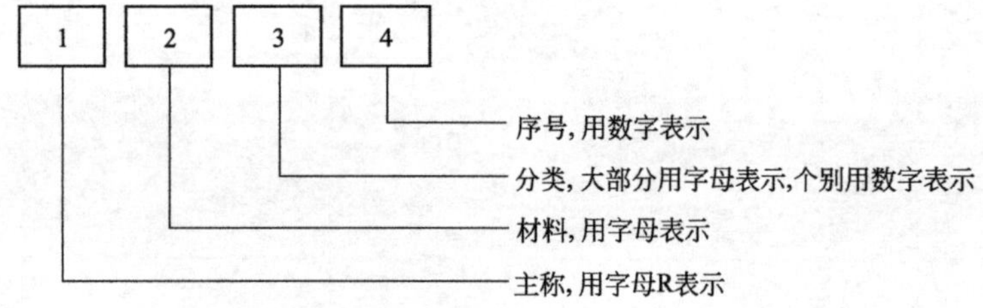

图 2-1　普通电阻器产品型号含义

普通电阻材料部分的拼音字母代号及含义如表 2-1 所示。

表 2-1　普通电阻材料部分的拼音字母代号及含义

字母代号	含义	字母代号	含义
T	碳膜	Y	氧化膜
P	硼碳膜	S	有机实芯
U	硅碳膜	N	无机实芯
H	合成膜	X	线绕
I	玻璃釉膜	C	沉积膜
J	金属膜		

普通电阻分类部分的数字或拼音字母代号及含义如表 2-2 所示。

表 2-2　普通电阻分类部分的数字或拼音字母代号及含义

字母代号	含义	字母代号	含义
1	普通型	4	高阻型
2	普通型	5	高阻型
3	超高频型	7	精密型

续表

字母代号	含义	字母代号	含义
8	高压型	W	微调
9	特殊型	C	防潮
G	高功率	Y	被釉
L	检测	B	不燃性
T	可调		

比如，RJX3 表示为 3 号小型金属膜电阻。

2. 敏感电阻

根据我国国家标准，敏感电阻器产品的命名也是由 4 部分组成，各部分的含义如图2-2所示。

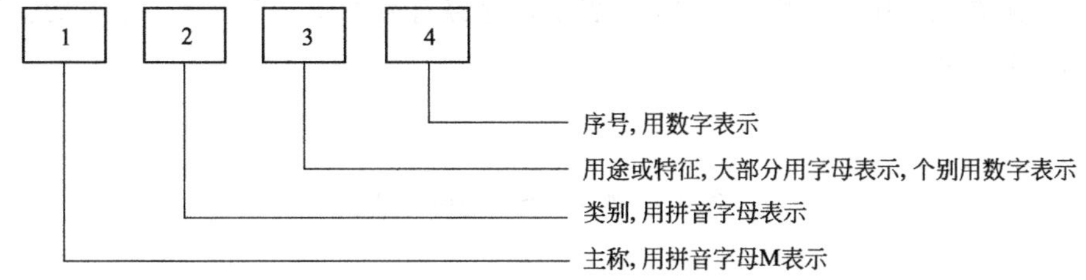

图 2-2　敏感电阻器产品型号含义

敏感电阻类别部分字母代号及含义如表 2-3 所示。

表 2-3　敏感电阻类别部分字母代号及含义

字母代号	含义	字母代号	含义
Y	压敏电阻	S	湿敏电阻
Z	正温度系数热敏电阻	Q	气敏电阻
F	负温度系数热敏电阻	C	磁敏电阻
G	光敏电阻	L	力敏电阻

敏感电阻用途或特征部分的拼音字母代号及含义如表 2-4、表 2-5 所示。

表 2-4　敏感电阻用途或特征部分的拼音字母代号及含义（1）

	0	1	2	3	4	5	6	7	8	9
负温度系数热敏电阻	特殊用	普通用	稳压用	微波检测用	旁热式	测温用	控温用		线性型	
正温度系数热敏电阻		普通用	限流用		延迟用	测温用	控温用	消磁用		恒温用
光敏电阻	特殊用	紫外光	紫外光	紫外光	可见光	可见光	可见光	红外光	红外光	红外光
力敏电阻		硅应变片	硅应变梁	硅杯						

注：表中的“普通”是指没有特殊技术和结构要求的电阻，而并非指普通型电阻。

比如，正温度系数热敏电阻 MZ73-9 中的 M 表示为敏感电阻，Z 表示为正温度系数热敏电阻，7 表示为消磁用，3 表示序号，9 表示常温下的阻值为 9Ω；再比如，玻封管封装

表 2-5　敏感电阻用途或特征部分的字母代号及含义（2）

	W	G	P	N	K	L	H	E	B	C	Y
压敏电阻	稳压用	高压保护	高频用	高能用	高可靠型	防雷用	灭弧用	消噪用	补偿用	消磁用	
湿敏电阻						控湿用				测湿用	
气敏电阻						可燃性					烟敏
磁敏元件	电位器							电阻器			

的负温度系数热敏电阻 MF58-104F3950FA、塑封小黑头的 MF52-104F3950FA 中的 M 表示敏感电阻器，F 表示负温度系数热敏电阻，5 表示测温用。

二、典型电阻的识图

1. 普通电阻

普通电阻在电路中通常用字母“R”表示，电路符号如图 2-3 所示，常见的普通电阻实物如图 2-4 所示。

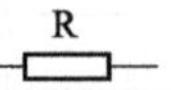

R

图 2-3　普通电阻的电路符号

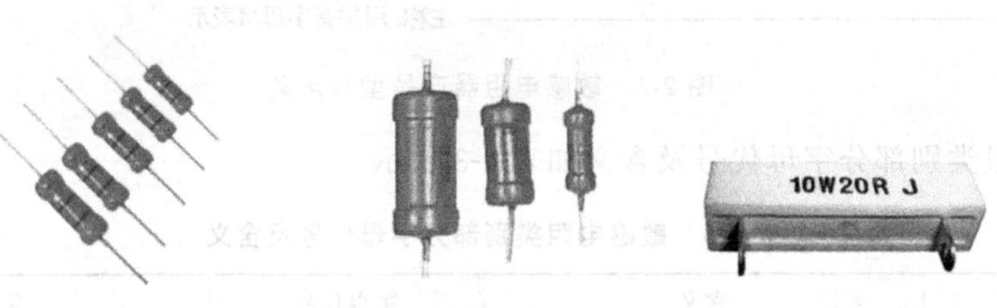

(a) 碳膜电阻　(b) 金属膜电阻　(c) 水泥电阻

图 2-4　常见的普通电阻实物图

2. 可调电阻

可调电阻也叫电位器，就是旋转它的滑动端时它的阻值是变化的。若通过螺丝刀等工具进行调整的可调电阻就被称为可调电阻或微调电阻，而通过旋钮进行阻值调整的则称为电位器。可调电阻在电路中通常用 VR 或 RP、W 表示，常见的可调电阻实物如图 2-5 所示，电路符号如图 2-6 所示。

图 2-5　可调电阻（电位器）的实物外形

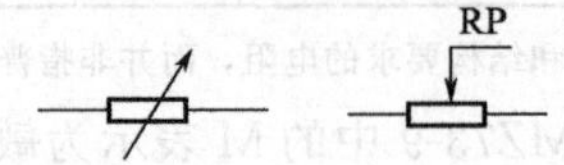

图 2-6　可调电阻的电路符号

3. 保险电阻

保险电阻也叫熔断电阻，它是一种特殊的电阻，不仅有过流保护功能，还有限流的功能。保险电阻通常安装在供电回路中，起到限流供电和过流保护的双重作用。当流过它的电流达到保护值时，它的阻值迅速增大到标称值的数十倍或熔断开路，切断供电回路，以免故障范围扩大，实现过流保护功能。因此，此类电阻过流损坏后除了应检查引起过流的原因，还必须采用同规格的电阻更换。常见的保险电阻实物外形和电路符号如图 2-7 所示。

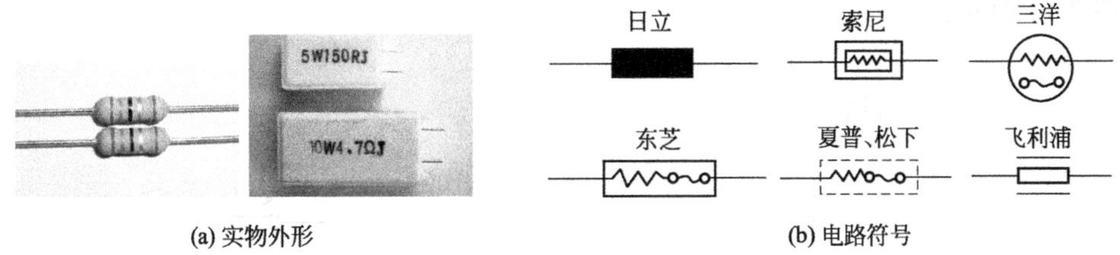

(a) 实物外形　　(b) 电路符号

图 2-7　常见的保险电阻实物与电路符号

4. 热敏电阻

热敏电阻就是在不同温度下阻值会变化的电阻。热敏电阻有正温度系数和负温度系数两种。所谓的正温度系数热敏电阻就是它的阻值随温度升高而增大；负温度系数热敏电阻的阻值随温度升高而减小。正温度系数热敏电阻主要应用在彩电、彩显的消磁电路和电冰箱、饮水机的压缩机启动回路。负温度系数的热敏电阻主要应用在供电限流回路和温度检测电路中。常见的热敏电阻外形如图 2-8 所示，电路符号如图 2-9 所示。

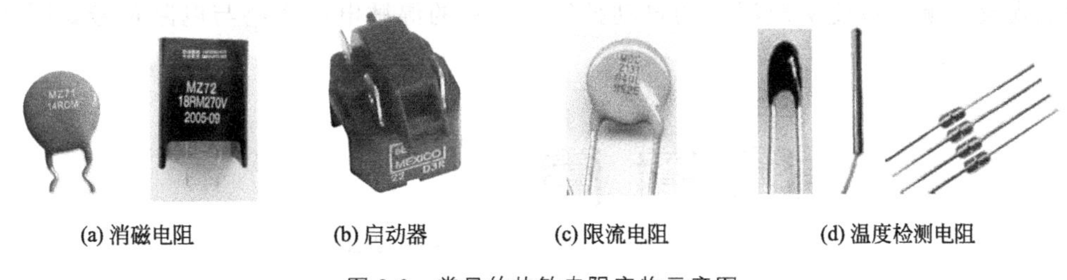

(a) 消磁电阻　　(b) 启动器　　(c) 限流电阻　　(d) 温度检测电阻

图 2-8　常见的热敏电阻实物示意图

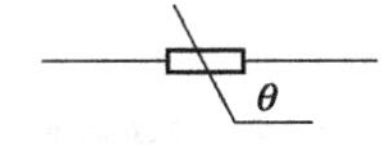

图 2-9　热敏电阻电路符号

5. 压敏电阻

压敏电阻 VSR 是一种非线性元件，就是在它两端压降超过标称值后阻值会急剧变小的电阻。此类电阻主要用于市电过压保护或防雷电保护。常见的压敏电阻实物和电路符号如图 2-10 所示。

6. 光敏电阻

光敏电阻是应用半导体光电效应原理制成的一种特殊的电阻。当光线照射在它的表面后，它的阻值迅速减小。当光线消失后，它的阻值会增大到标称值。光敏电阻广泛应用在

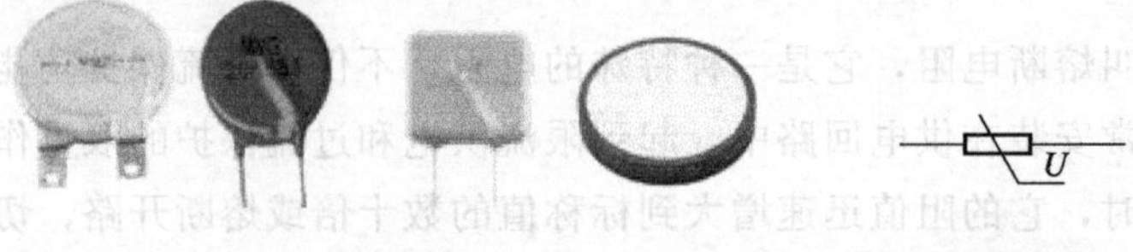

(a) 实物外形 (b) 电路符号

图 2-10 压敏电阻

各种光控电路，如开关控制、灯光调节、亮度调节等电路。典型的光敏电阻实物和电路符号如图 2-11 所示。

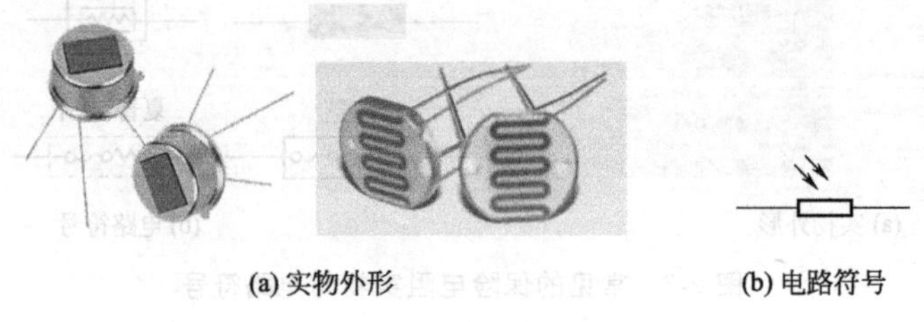

(a) 实物外形 (b) 电路符号

图 2-11 光敏电阻

7. 湿敏电阻

湿敏电阻是利用湿敏材料吸收空气中的水分而导致本身电阻值发生变化这一原理制成的。湿敏电阻根据感湿层的材料不同可分为“正湿度特性”和“负湿度特性”两种。正湿度特性的湿敏电阻在湿度增大时，阻值会增大；负湿度特性的湿敏电阻在湿度增大时，阻值会减小。湿敏电阻具有体积小、灵敏度高等优点，广泛应用在粮库、养殖场、库房等场所进行湿度检测，以便实现湿度的自动控制。常见的湿敏电阻实物与电路符号如图 2-12 所示。

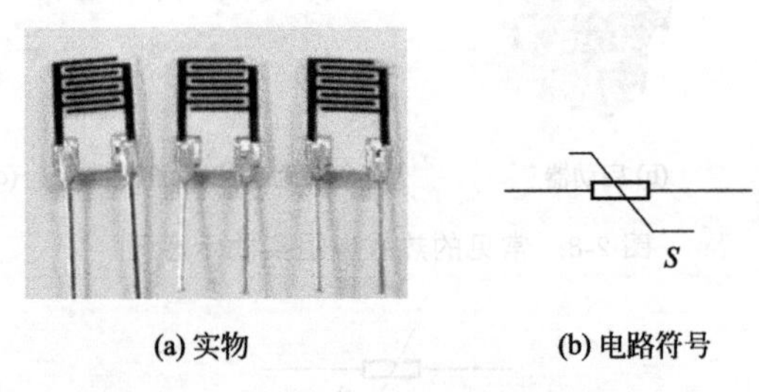

(a) 实物 (b) 电路符号

图 2-12 湿敏电阻

8. 贴片电阻

随着电路板越来越小型化，贴片电阻应用的越来越多，贴片普通电阻主要有矩形片状、圆柱贴片两种。贴片微调电阻和普通微调电阻的外形相似，就是体积小许多，典型的实物外形如图 2-13 所示，它的电路符号和直插式电阻一样。

9. 电阻排

电阻排也叫排电阻、集成电阻，它由多个阻值相同的电阻构成，它和集成电路一样，有单列和双列两种封装结构，所以也叫集成电阻。典型的单列排电阻实物外形和电路符号如图 2-14 所示。检测电阻排时，只要检测每个电阻的阻值是否正常即可。

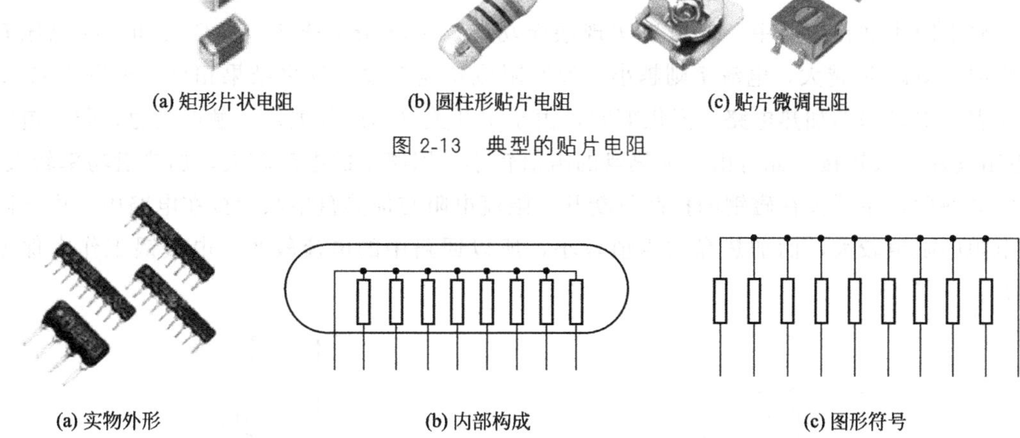

(a) 矩形片状电阻　(b) 圆柱形贴片电阻　(c) 贴片微调电阻

图 2-13　典型的贴片电阻

(a) 实物外形　(b) 内部构成　(c) 图形符号

图 2-14　电阻排

三、电阻的串联、并联电路

电阻的串联、并联电路既可以是普通电阻，也可以是普通电阻与可调电阻、敏感电阻来构成。

1. 基本串联电路

参见图 2-15，一个电阻的一端接另一个电阻的一端，称为串联。串联后电阻的阻值为这两个电阻阻值之和，即 $R_1+R_2=R$。比如，R_1 的阻值为 4.7kΩ，R_2 的阻值为 2.2kΩ，那么 R 的阻值为 6.9kΩ。

【提示】 图中电阻都是普通电阻，而实际电路中，串联的电阻既可以是普通电阻，也可以是热敏电阻、光敏电阻、湿敏电阻等敏感电阻。

图 2-15　电阻串联电路　　图 2-16　电阻并联电路

2. 电阻的并联电路

参见图 2-16，两个电阻的两端并接，称为并联。并联后电阻的阻值为两个电阻的阻值相乘再除以它们的阻值之和，即 $R=R_1R_2/(R_1+R_2)$。比如，R_1、R_2 都是阻值为 47kΩ 的电阻，那么 R 的阻值为 23.5kΩ。

【提示】 并联回路中的电压处处相等，也就是 R_1 和 R_2 的两端的压降是相等的，与阻值大小无关。而流过它们的电流却与阻值大小有关，也就是阻值越小，电流就越大。

四、电阻限流电路识图

将电阻串联在电路中，就可以实现限流功能。由欧姆定律 $I=U/R$ 可知，在电压 U 固定时，电阻 R 越大，电流 I 则越小，说明限流功能越强，反之结果相反。如图 2-17 所示是普通电饭锅的加热电路。煮饭期间，由于主开关（总成开关）的触点接通，限流电阻（电阻丝片）被短接，此时由于加热盘的阻值较小，回路中的电流较大，加热盘功率较大。当饭煮熟后，主开关在磁钢的控制下断开，限流电阻与加热盘串联后接在电路中，由于限流电阻的阻值较大，而加热盘的阻值较小，所以回路中的电流较小，电饭锅工作在保温状态。

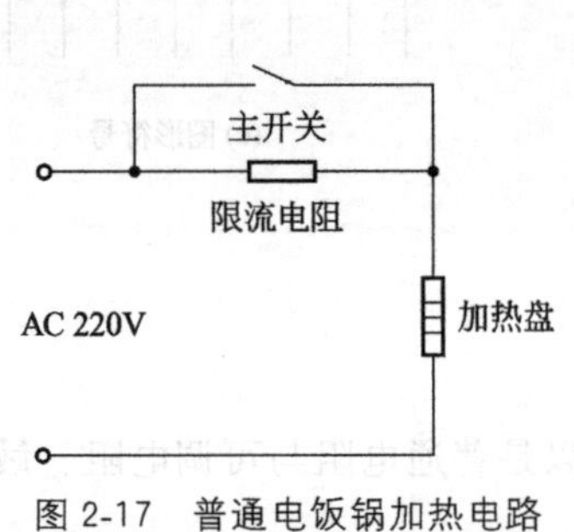

图 2-17　普通电饭锅加热电路

图 2-18　电阻构成的基本分压电路

五、电阻分压电路的识图

分压功能也是电阻的最基本功能之一。如图 2-18 所示电路是由 R_1、R_2 构成的最基本的电阻分压电路。

由于 R_1、R_2 串联，这样在 R_2 两端产生的电压就是输出电压 U_o，$U_o=U_iR_2/(R_1+R_2)$。通过该公式可以看出，电阻两端的压降与阻值大小有关，也就是阻值越大，压降就越大。假设 U_i 为 12V，R_1、R_2 的阻值为 22kΩ，则 U_o 为 6V。

六、显像管消磁电路识图

图 2-19(a) 是一种典型的彩色显像管消磁电路。在该电路内，核心器件是三端消磁电阻和消磁线圈。消磁电阻内有主、副两个热敏电阻，主热敏电阻 R_1 与消磁线圈 L 构成串

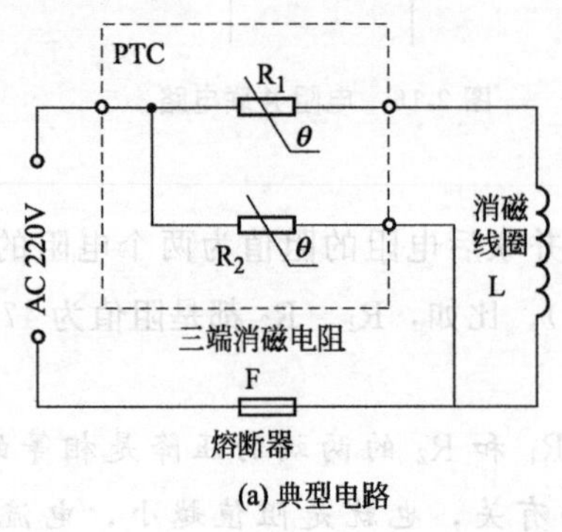

(a) 典型电路

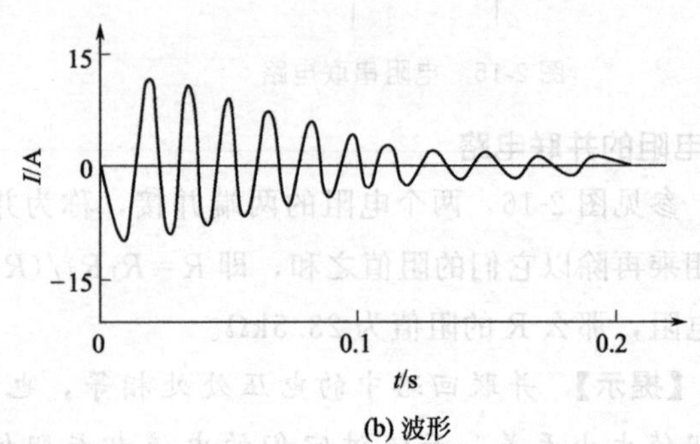

(b) 波形

图 2-19　彩色显像管消磁电路及其波形

联回路，而副热敏电阻 R_2 并联在该回路的两端。

彩色电视机通电瞬间，220V 的市电电压通过 R_1、L 构成的回路产生 20A 的初始大电流，该电流使 R_1 迅速发热。由于 R_1 是正温度系数热敏电阻，所以当它的温度达到居里点后阻值会急剧增大，使回路中的残余电流低于 10mA，波形如图 2-19(b) 所示。这样，L 产生的交变磁场对显像管的铁质部件进行消磁，以免它们受地球磁场或其他磁场的影响，而导致色纯变坏。R_2 的作用就在通过自身发热，为 R_1 加热，确保流过 R_1 的残余电流尽可能小，以免残余电流使 L 产生不必要的磁场而影响显像管的色纯。

七、PTC 启动式电冰箱电路识图

图 2-20 是一种典型 PTC 启动式电冰箱电路。

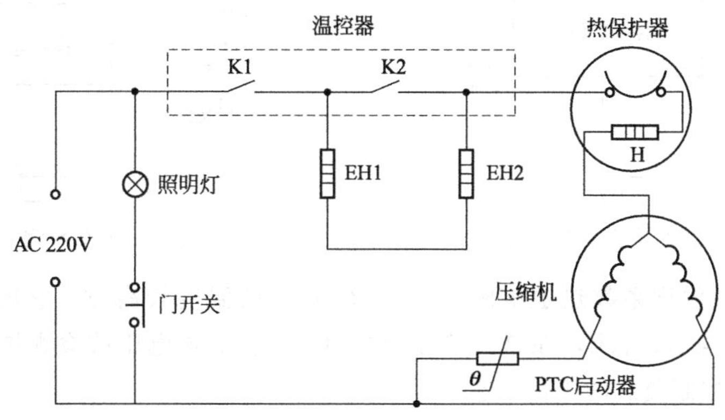

图 2-20　PTC 启动式电冰箱电路

将温控器旋钮旋离“OFF”位置，K1、K2 闭合，接通压缩机的供电回路，因 PTC 式启动器内热敏电阻的阻值在通电瞬间较小，仅为 22～33Ω，所以 220V 市电电压通过热敏电阻、压缩机启动绕组形成较大的启动电流，使压缩机电动机开始运转，同时热敏电阻因有大电流通过，温度急剧升至居里点以上，进入高阻状态（相当于断开），断开启动绕组的供电回路，完成启动。此时，启动回路的电流迅速下降到 30mA 以内，运转回路的电流下降到 1A 左右。

八、市电过压保护电路

如图 2-21 所示是利用压敏电阻构成的一种典型市电过电压保护电路。压敏电阻 RV 并联在市电输入回路，当市电电压正常时，RV 的阻值为无穷大，相当于开路，不起任何作用。当市电电压出现浪涌脉冲，使 RV 两端的浪涌电压达到它的标称值后，RV 的阻值急剧减小，电流迅速增大，使熔断器 FU 迅速熔断，切断市电输入回路，避免用电电路过电压损坏，实现过电压保护。

九、温度检测电路

图 2-22 是一种典型温度检测电路的局部电路。在该电路内，核心器件是温度传感器 R2、分压电阻 R1 和控制电路。

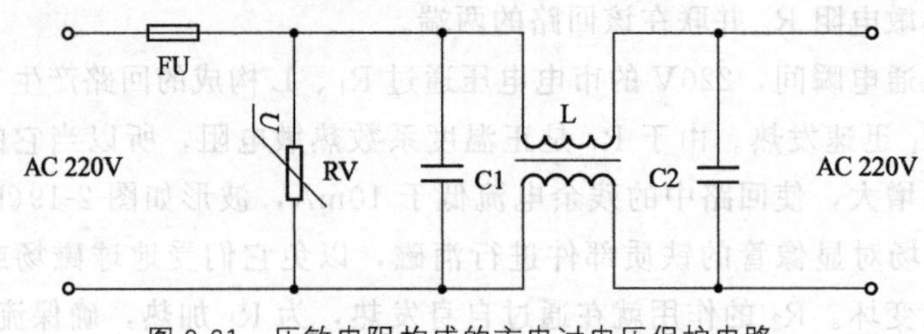

图 2-21　压敏电阻构成的市电过电压保护电路

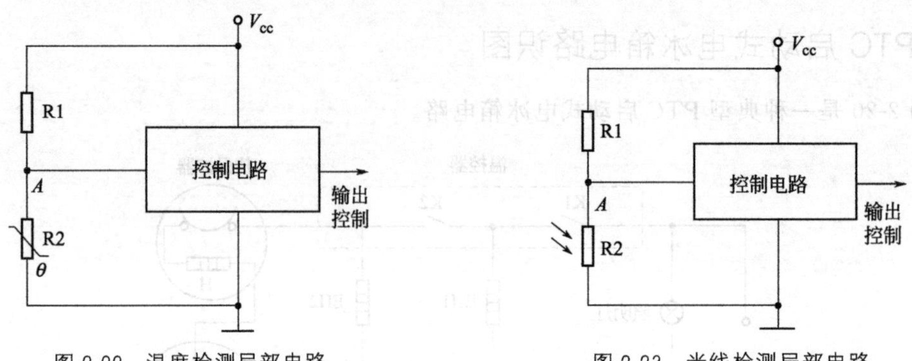

图 2-22　温度检测局部电路　　　　图 2-23　光线检测局部电路

由于 R2 是负温度系数热敏电阻，所以 R2 检测的温度较高时，它的阻值相对较小，5V 电压通过 R1 与 R2 分压，在 *A* 点产生取样电压较低。该电压被检测并处理后，输出控制信号，就可以控制负载的工作状态。

十、光线检测电路

图 2-23 是一种典型光线检测电路的局部电路。在该电路内，核心器件是光敏电阻 R2、分压电阻 R1 和控制电路。

当光线变亮后，R2 的阻值变小，5V 电压通过 R1、R2 取样，在 *A* 点产生的取样电压减小；当光线变暗后，R2 的阻值变大，5V 电压通过 R1、R2 取样后产生的取样电压增大。该电压被控制检测并处理后，就可以控制负载的工作状态。

十一、湿度检测电路

图 2-24 是一种典型的湿度检测电路。在该电路内，核心器件是湿敏电阻 R2、分压电阻 R1 和控制电路。

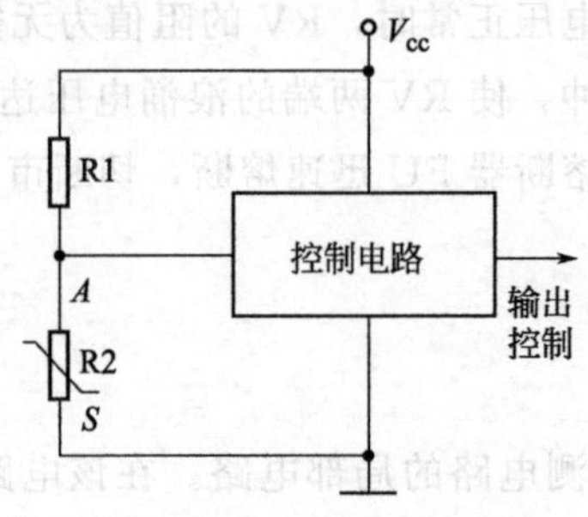

图 2-24　湿度检测电路

当湿度增大后，R2 的阻值减小或增大，5V 电压通过 R1、R2 取样后产生的取样电压减小或增大。该电压被控制检测并处理后，就可以为负载输出不同的控制信号。

第二节 电容及其应用电路识图

电容（电容器的简称）也是最基本的电子元件，在电路中应用范围仅次于电阻。电容的主要物理特征是储存电荷，就像蓄电池一样可以充电（charge）和放电（discharge）。

一、电容的作用、符号

电容在电路中主要的作用是滤波、耦合、延时等。它在电路中通常用字母“C”表示，电容在电路中的符号如图 2-25 所示。

(a) 有极性电容 (b) 无极性电容

图 2-25 电容的电路符号

【提示】 由于电容对通过的交流电也有一定的阻碍作用，该阻碍作用被称为“容抗”，因此，有时分析电路时会将电容的容抗理解为特殊的电阻。容抗的大小与电容的容量大小和交流电的频率成反比，即频率越高容抗越小，容量越大容抗越小。

二、典型电容识图

常用的电容有瓷片电容、涤纶电容、聚苯乙烯电容等。典型电容实物如图 2-26 所示。

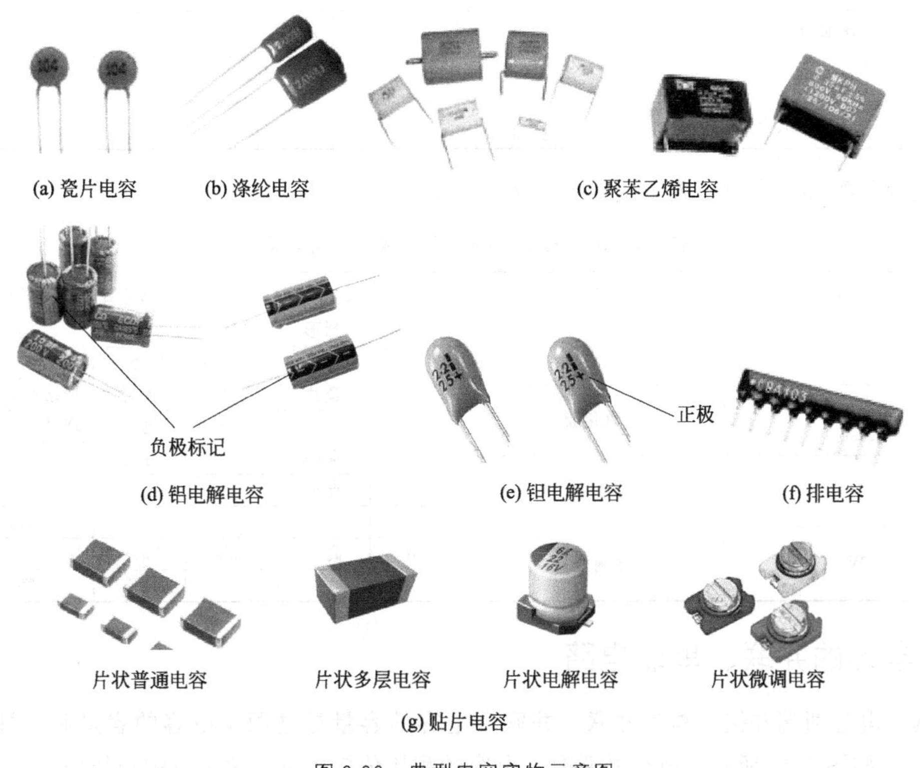

(a) 瓷片电容 (b) 涤纶电容 (c) 聚苯乙烯电容

(d) 铝电解电容 (e) 钽电解电容 (f) 排电容

片状普通电容 片状多层电容 片状电解电容 片状微调电容

(g) 贴片电容

图 2-26 典型电容实物示意图

三、电容命名方法

根据有关规定，电容的型号由四部分组成，各部分的含义如图 2-27 所示。

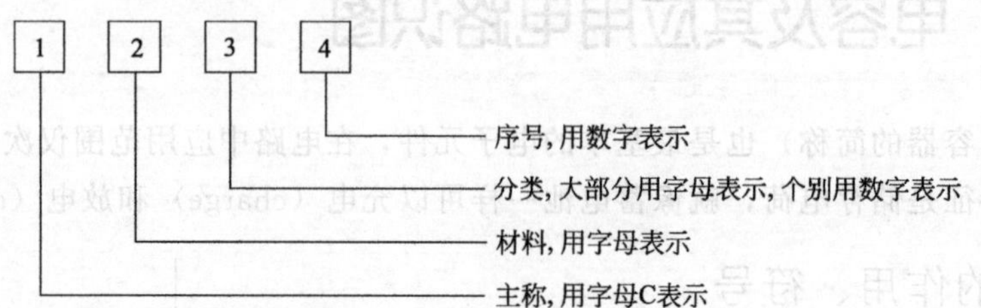

图 2-27 电容器产品型号含义

电容材料部分字母代号与含义如表 2-6 所示。

表 2-6 电容材料部分字母代号与含义

字母代号	材 料	符号	材 料
A	钽电解	L	聚酯等极性有机薄膜
B	聚苯乙烯等非极性有机薄膜	N	铌电解
C	高频陶瓷	O	玻璃膜
D	铝电解	Q	漆膜
E	其他材料电解	T	低频陶瓷
G	合金电解	V	云母纸
H	纸膜复合	Y	云母
I	玻璃釉	Z	纸介
J	金属化纸介		

电容分类部分字母、数字代号与含义如表 2-7 所示。

表 2-7 电容分类部分字母、数字代号与含义

字母	分类
G	大功率型
J	金属氧化膜型
Y	高压型
W	微调型

数字	瓷介电容	云母电容	有机电容	电解电容
1	圆形	非密封	非密封	箔式
2	管形	非密封	非密封	箔式
3	叠片	密封	密封	烧结粉、非固体
4	独石	密封	密封	烧结粉、非固体
5	穿心		穿心	
6	支柱			
7				无极性
8	高压	高压	高压	
9			特殊	特殊

四、电容的并联、串联电路

两个电容两端并接，称为并联。并联后电容的容量是这两个电容的容量和，即 $C=C_1+C_2$，如图 2-28 所示。电容并联时，电容的耐压值应不低于原电容的耐压值。

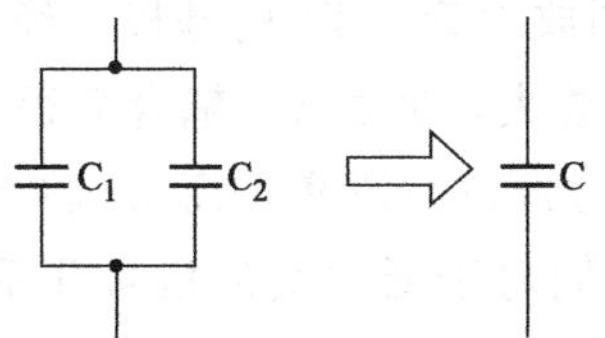

图 2-28 电容的基本并联电路

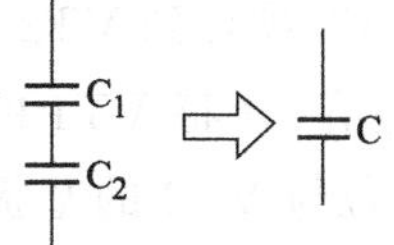

图 2-29 电容的基本串联电路

一个电容的接另一个电容的一端，称为串联。串联后电容的容量为这两个电容容量相乘再除以它们之和，即 $C=C_1C_2/(C_1+C_2)$，如图 2-29 所示。

【提示】 在电容串联时，要注意电容的耐压值，以免电容因耐压不足而被过压损坏，导致电容击穿或爆裂。原则上，选用串联的电容耐压值应不低于或略低于原电容的耐压值。

五、高频滤波电路识图

如图 2-30 所示是电容构成的高频杂波滤波电路。市电输入回路并联的 C1、C2 就是高频滤波电容，它可以将市电电网中的高频干扰进行滤波。一般情况下，电容容量越大，对市电中的干扰脉冲滤波效果越好。但由于电容的容量越大其容抗越小，功耗也就越大，所以不能选用容量太大的电容进行市电滤波。

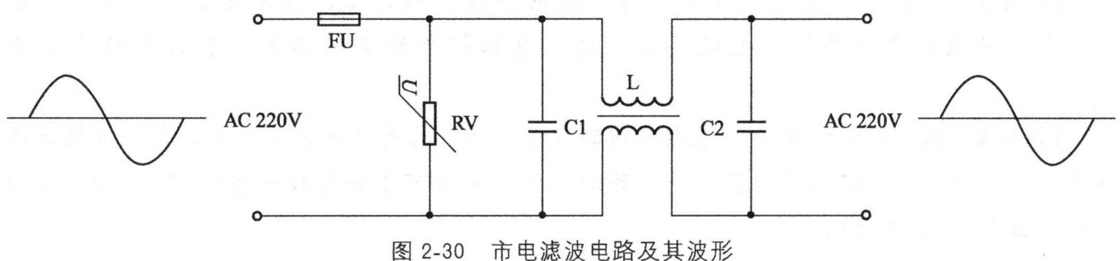

图 2-30 市电滤波电路及其波形

六、低频滤波电路识图

如图 2-31 所示是一种典型的直流滤波电路。该电路核心的元器件是整流堆 DB、滤波电容 C。交流电压通过 DB 桥式整流、C 滤波后就会产生直流电压。

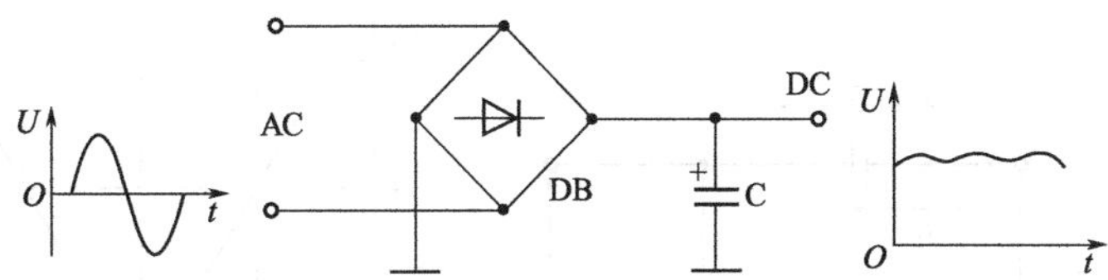

图 2-31 直流电压滤波电路及其波形

【提示】 C 的容量越大，滤波效果越好，直流电压越纯净。不过，相同规格的电容容量越大，价格也就越高。因此，在保证电路能正常工作的情况下，选择容量合适的电容即可。另外，为了进一步滤除高频干扰，许多电路在 C 两端并联了高频滤波电容。

七、耦合电路识图

如图 2-32 所示是一种典型的电容耦合电路。该电路内的 VT1、VT2 是放大管，C1～C3

是低频信号耦合电容，U_i 是输入信号。U_i 经 C1 耦合到放大管 VT1 的基极，经其倒相放大后，再利用 C2 耦合到 VT2 的基极，利用 VT2 再次放大，通过 C2 耦合后得到交流输出信号 U_o。电容 C1 将 VT1 的基极上的直流电压与信号源进行隔离，而 C2 将 VT1 的集电极高直流电位与 VT2 的基极低电位进行隔离，但它们对于低频交流信号几乎是导线，所以低频信号可以顺利通过并被放大器放大。

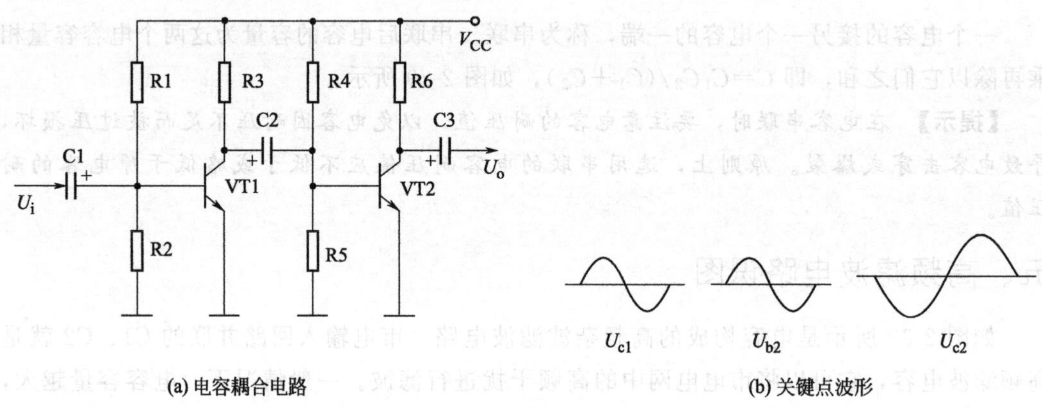

图 2-32　电容耦合电路及波形

【提示】 由于电容具有隔直流、通交流的特性，所以 C1～C3 各自的输入端、输出端的信号波形是一样的，也就是说，通过电容耦合的交流信号的相位和频率是不变的。

【注意】 由于低频信号放大电路采用的耦合电容多为有极性电解电容，所以安装时要注意电容的极性，正极必须安装在电位高的一侧，否则可能会导致电容损坏，比如 C2 的正极要接 VT1 的集电极。

八、移相电路识图

由于电容具有电流可以突变、电压不能突变的特点，通过电容的电流超前它两端电压 90°，如图 2-33 所示。

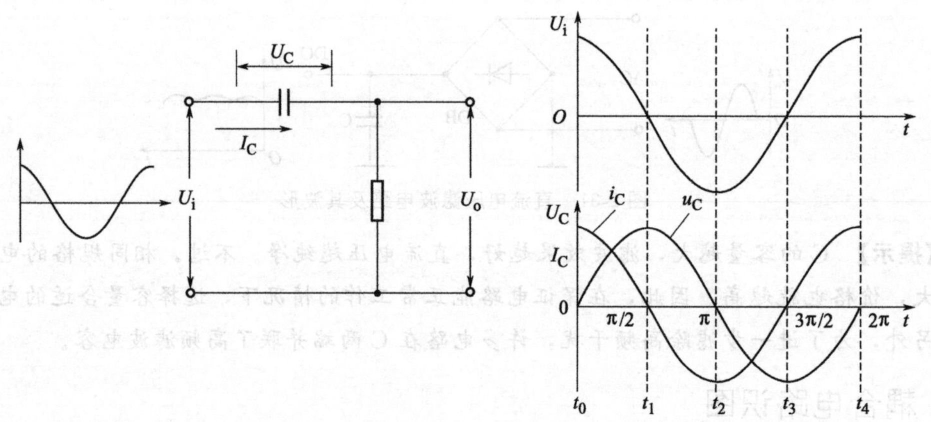

图 2-33　通过电容的电流与电压的关系

九、分压电路识图

如图 2-34 所示是一种典型的大屏幕彩色电视机行输出电路的局部电路。由于电容存在容抗，所以 C1、C2 构成的分压电路不仅对行逆程脉冲进行分压，而且对直流电压 B+ 进行分压。

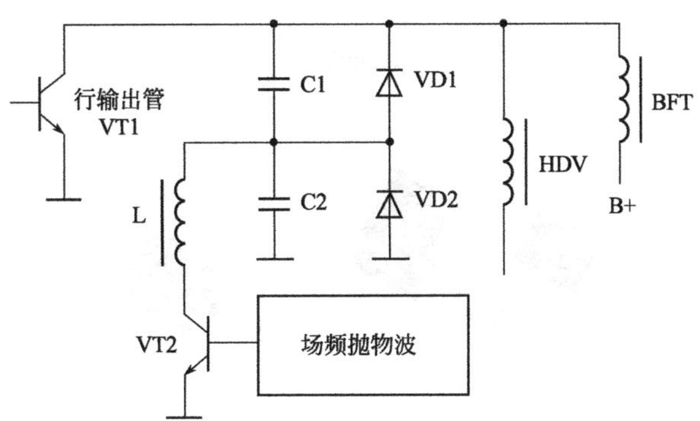

图 2-34　大屏幕彩色电视机行输出电路局部电路

改变场频抛物波的直流分量的大小，就可以改变 VT2 的导通程度，也就改变了 C2 两端直流电压的高低，最终改变流过行偏转线圈 HDV 偏转电流的大小，实现行幅调整。而调整场频抛物波的幅度时，通过 C2 后，改变加到 C2 两端场频抛物波的幅度，最终就可以实现水平枕形失真的校正。

第三节　二极管及其应用电路识图

一、二极管的作用

二极管的主要作用有整流、检波、限幅、调制、开关、稳压、发光、混频、阻尼和瞬变电压抑制等。

二、典型二极管识图

1. 整流二极管

整流二极管是利用二极管的单向导电性来工作的，有两个引脚，它根据功率大小可以分为大功率、中功率、小功率整流管；根据封装可以分为塑料封装和金属封装两种；根据工作频率可以分为低频整流管和高频整流管；根据内部结构可以分为单二极管和双二极管。整流二极管的实物外形如图 2-35 所示，电路符号如图 2-36 所示。

2. 整流堆

目前，常见的整流堆由四只整流二极管组成。整流堆广泛应用在彩电、彩显、小家电、变频空调器、充电器等电气设备中。整流堆按功率大小可分为小功率整流堆、中功率整流堆和大功率整流堆三类，按外形结构可分为方形、扁形和圆形三大类，按焊接方式分为插入式和扁平式两类，常用的整流堆实物与电路符号如图 2-37 所示。

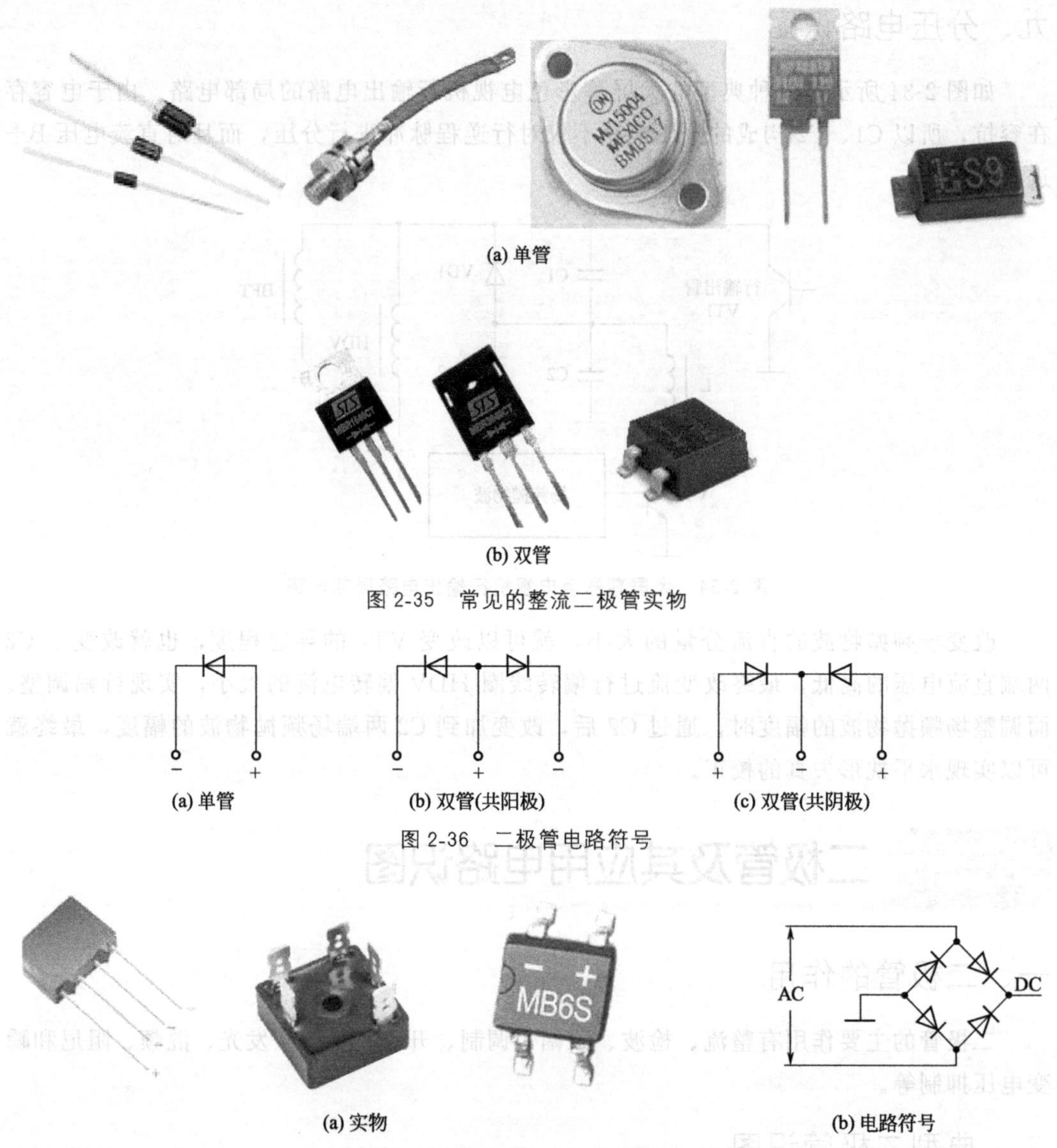

(a) 单管

(b) 双管

图 2-35　常见的整流二极管实物

(a) 单管　(b) 双管(共阳极)　(c) 双管(共阴极)

图 2-36　二极管电路符号

(a) 实物　(b) 电路符号

图 2-37　整流堆实物和电路符号

3. 稳压二极管

稳压二极管又称齐纳二极管，简称稳压管，它是利用二极管的反向击穿特性来工作的。稳压管也有塑料封装和金属封装两种结构。塑料封装的稳压管采用 2 引脚结构，而金属封装的稳压管有 2 引脚封装和 3 引脚封装两种结构。目前，稳压管多采用塑料封装，而几乎不采用金属封装。常见的塑封稳压管实物和稳压管电路符号如图 2-38 所示。

【提示】 3 引脚封装稳压管的其中一个引脚的一端与外壳相接，另一端接地。

4. 发光二极管

发光二极管（LED）的伏安特性和普通二极管相似，不过发光二极管的正向导通电压较大，在 1.5～3V，常见的发光二极管导通电压多为 1.8V 左右。在电路内主要用来作指示灯或照明灯。

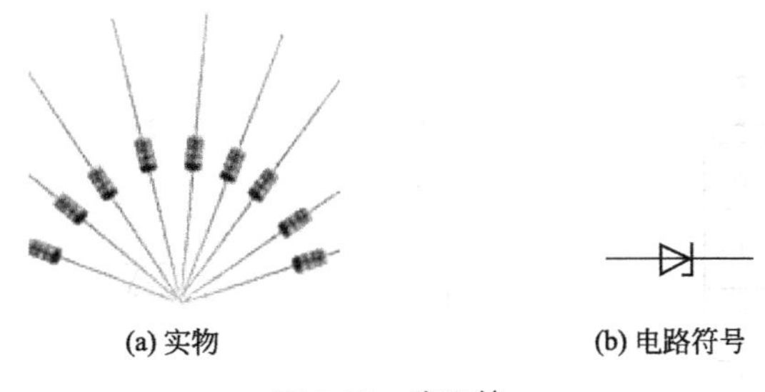

图 2-38　稳压管

红外发光二极管是一种把电能信号直接转换为红外光信号的发光二极管，虽然它采用砷化镓（GaAs）材料构成，但也具有半导体的 PN 结。红外发光二极管主要应用在彩色电视机、VCD、空调器等设备的红外遥控器内。常见的发光二极管实物如图 2-39 所示，电路符号如图 2-40 所示。

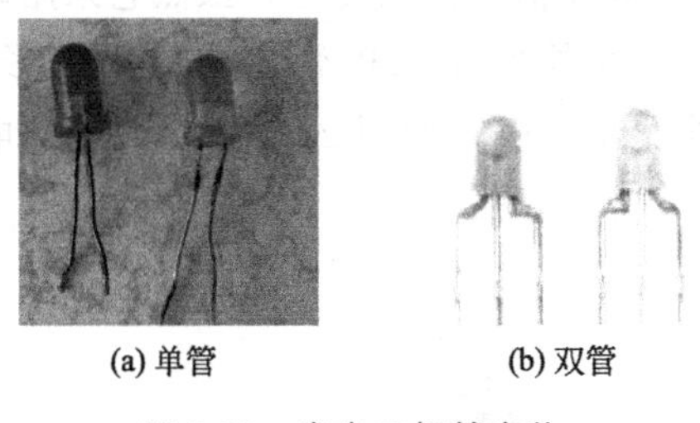

图 2-39　发光二极管实物

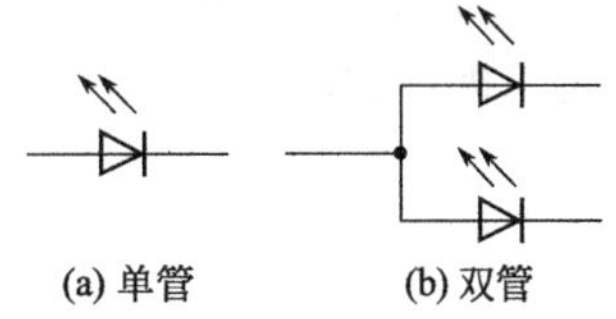

图 2-40　发光二极管的电路符号

【提示】 普通发光二极管有单、双二极管两种，而红外发光二极管仅有单管结构的。

5. 瞬间电压抑制二极管

瞬间电压抑制二极管（TVS）的作用就是抑制电路中瞬间出现的脉冲电压。此类二极管主要应用在彩电、空调器、电话交换机、医疗仪器等电子产品的开关电源中，对开关电源出现的浪涌电压脉冲进行钳位，可以有效地降低由于雷电、电路中感性元件产生的高压脉冲，避免高压脉冲损坏电子产品。

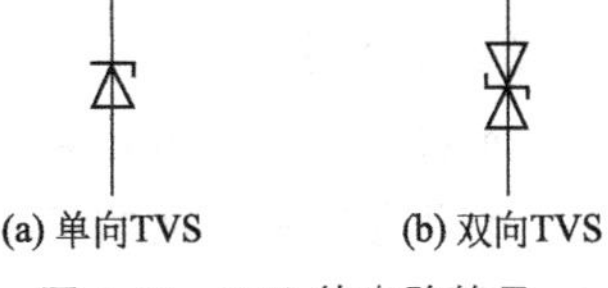

图 2-41　TVS 的电路符号

目前应用的 TVS 有单向（单极）型和双向（双极）型两种。单向 TVS 的电路符号和稳压管相同，而双向 TVS 相当于两个单向 TVS 电路符号的组合，如图 2-41 所示。

6. 双向触发二极管

双向触发二极管（DIAC）是一种双向的半导体器件。双向触发二极管具有性能优良、结构简单、成本低等优点，广泛应用在双向晶闸管的导通电路内。它的实物、结构、等效电路、电路符号和伏安特性如图 2-42 所示。

参见图 2-42(b)、(e)，双向触发二极管属于三层双端半导体器件，具有对称性，可等效为基极开路、发射极与集电极对称的 NPN 型三极管。其正、反向伏安特性完全对称，当器件两端的电压 $U<U_{BO}$时，管子为高阻状态；当 $U>U_{BO}$时进入负阻区；当 $U>U_{BR}$时也会进入负阻区。

【提示】 U_{BO}是正向转折电压，U_{BR}是反向转折电压。转折电压的对称性用 ΔU_B 表示，$\Delta U_B \leqslant 2V$。

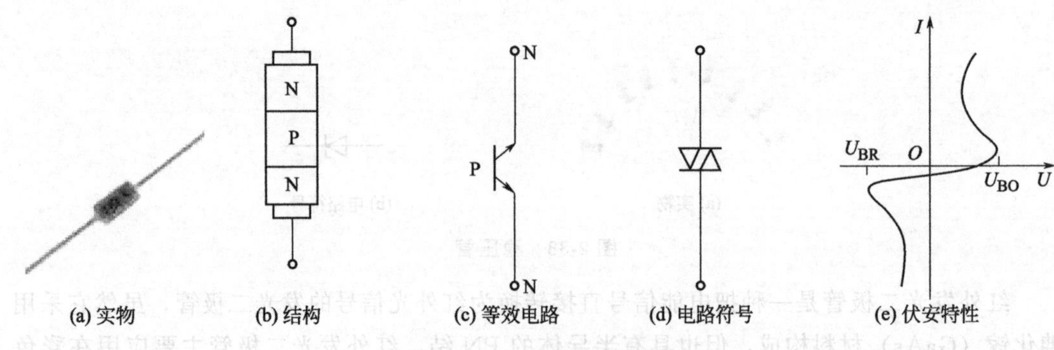

图 2-42　双向触发二极管

7. 红外发光二极管

红外发光二极管是一种把电能信号直接转换为红外光信号的发光管，虽然它采用砷化镓（GaAs）材料构成，但也具有半导体的 PN 结。红外发光二极管主要应用在彩电、VCD、空调器等设备的红外遥控器内，常见的红外发光二极管如图 2-43 所示，它的电路符号和发光二极管相同。

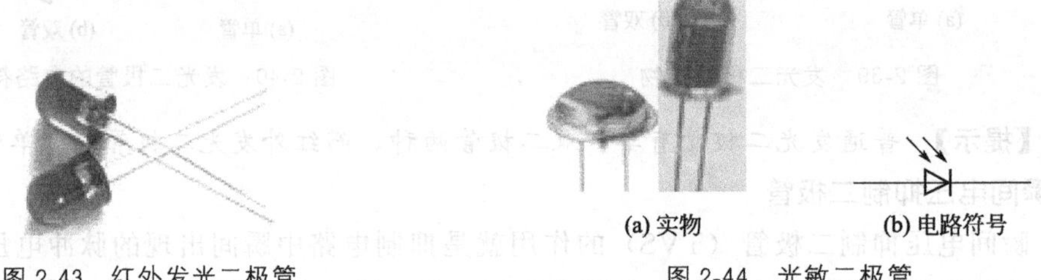

图 2-43　红外发光二极管　　图 2-44　光敏二极管

8. 光敏二极管

光敏二极管也叫光电二极管。光敏二极管与半导体二极管在结构上是类似的，其管芯是一个具有光敏特征的 PN 结，具有单向导电性，因此工作时需加上反向电压。无光照时，光敏二极管截止，但会有很小的反向漏电流，即暗电流；当受到光照时，形成光电流，它随入射光强度的加强而增大。因此，可以利用光照强弱来改变电路中的电流。常见的光敏二极管实物和电路符号如图 2-44 所示。

9. 高压整流二极管

高压整流二极管俗称高压硅堆、硅柱，它是一种硅高频、高压整流管。因为它由若干个整流管的管芯串联后构成，所以它整流后的电压可达到几千伏到几十万伏。高压硅堆早期主要应用在黑白电视机的行输出变压器中，现在主要应用在微波炉等电子产品中。电磁炉采用的高压整流二极管如图 2-45 所示，它也采用普通二极管的电路符号。

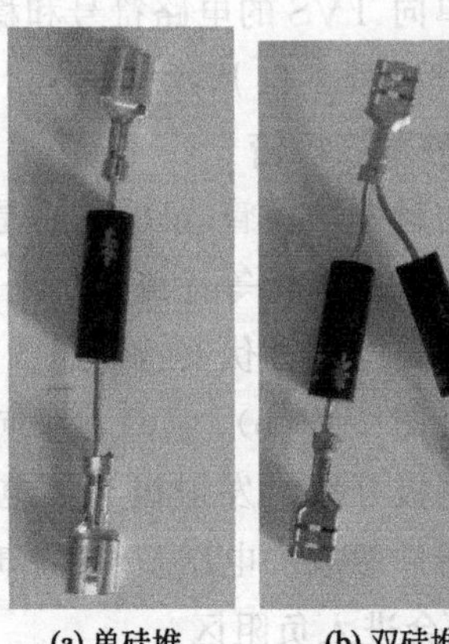

图 2-45　微波炉采用的高压硅堆实物

三、整流电路识图

整流二极管的应用电路主要有半波整流、全波整流、桥式整流电路和倍压整流电路。

1. 半波整流电路

图 2-46 是典型的半波整流电路及波形。所谓的半波整流电路就是采用一个二极管作为整流管。

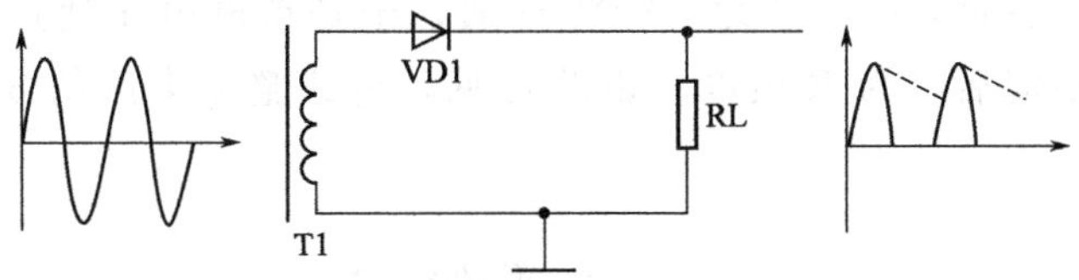

图 2-46　典型的半波整流电路及波形

变压器输出的交流电压为上正、下负时，二极管 VD1 导通，于是交流电通过 VD1 和负载 RL 构成的半波整流回路整流后，为负载供电；当交流电压为上负、下正时，VD1 反偏截止，RL 两端无供电电压。这样，交流电压经 VD1 的整流后产生直流脉动电压。

2. 全波整流电路

图 2-47 是典型的全波整流电路及波形。它与半波整流电路不同的是，需要采用两只单二极管或一只双二极管作为整流管。

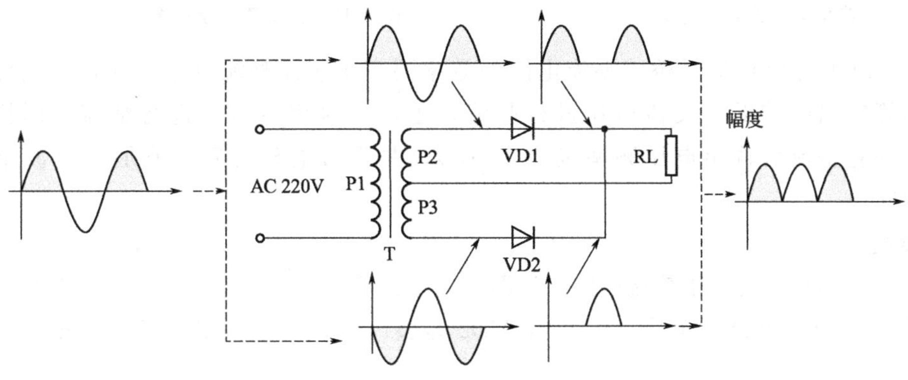

图 2-47　典型的全波整流电路及波形

当市电电压为正半周（上正、下负）时，变压器 T 的二次绕组 P2、P3 输出的交流电压为上正、下负。此时，P2 绕组输出的交流电压通过 VD1、RL 构成的回路进行整流，为负载 RL 供电；P3 绕组输出的交流电压使 VD2 反偏截止。因此，市电电压正半周期间，RL 由 VD1 整流后的电压供电。

当市电电压为负半周（上负、下正）时，T 的 P2、P3 绕组输出的交流电压为下负、上正。此时，P2 绕组输出的交流电压使 VD1 反偏截止；P3 绕组输出的交流电压通过 VD2、RL 构成的回路整流，为负载 RL 供电。因此，市电电压负半周期间，RL 由 VD2 整流后的电压供电。

通过以上分析可知，全波整流电路的工作效率要高于半波整流电路，并且输出电压的频率升高为100Hz。

3. 桥式整流电路

图2-48是典型的桥式整流电路。桥式整流电路最大的特点是采用了四只二极管作为整流管。

参见图2-49，当AC220V电压为正半周（左负、右正）时，VD1、VD3导通，于是市电电压通过VD1、VD3和R构成的整流回路整流后，为R供电；当市电电压为负半周（左正、右负）时，VD2、VD4导通，于是市电电压通过VD2、VD4和R构成的整流回路整流后，为R供电。由此可见，桥式整流电路的效率要比全波整流电路高一倍。

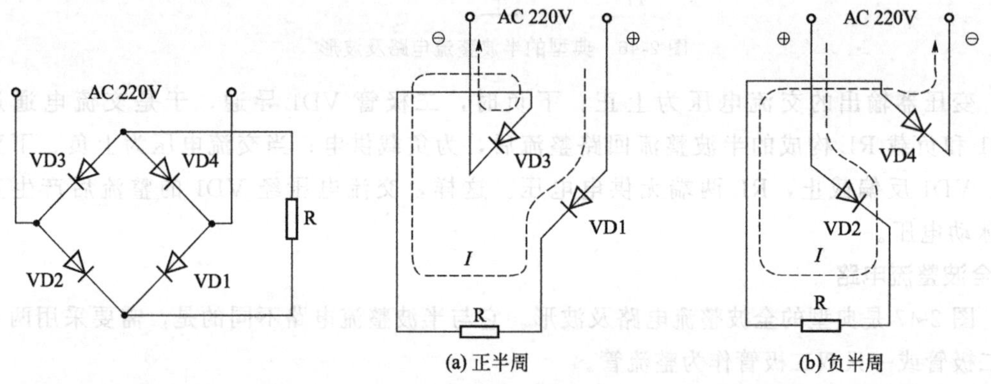

图2-48 典型的桥式整流电路

图2-49 桥式整流示意图

通过以上分析可知，桥式整流电路的效率要高于全波整流电路，并且它既可以对变压器等输出的较低的交流电压进行整流，也可以对市电电压进行整流。同样，市电电压经它整流后输出电压频率也为100Hz，并且市电整流后的波形与全波整流的波形相同。

4. 倍压整流电路

图2-50是典型的倍压整流电路。该图中的C1是升压电容，C2是滤波电容，VD1和VD2是整流管。

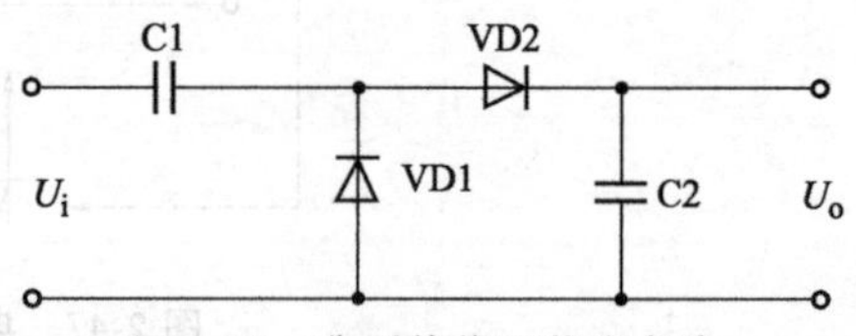

图2-50 典型的倍压整流电路

当输入电压U_i为下正、上负时，它通过VD1、C1构成的整流回路为C1充电，使C1两端建立左正、右负的电压。当输入电压U_i为下负、上正时，整流管VD1截止，U_i电压与C1所充电压叠加后通过VD2整流，再利用C2滤波产生输出电压U_o。一般情况下，U_o是U_i的2倍。

四、稳压电路识图

稳压二极管的应用电路主要有基准电压形成电路和保护电路。

图2-51是一种简易型5V电源电路。输入电压U_i（12V左右）经C1滤波后，不仅加到调整管Q1的c极，还经R1限流，在5.6V稳压二极管ZD1两端产生5.6V基准电压，该电压加到Q1的b极后，Q1的e极就会输出5V电压。

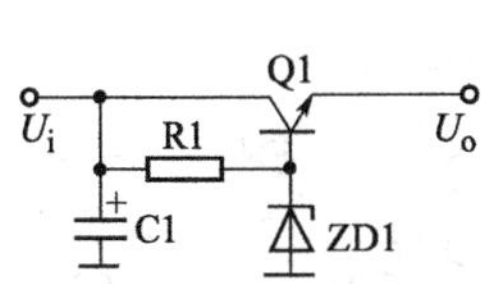

图 2-51　简易型 5V 稳压电源电路

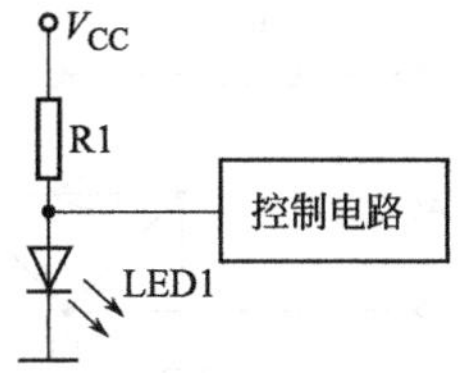

图 2-52　指示灯控制电路

【提示】 基准电压形成电路不仅应用在稳压电路上，还广泛应用在误差信号比较电路和数字电路中。

五、指示灯电路识图

图 2-52 是典型的指示灯电路。当控制电路的指示灯控制端为高阻状态时，V_{CC} 经 R1 限流，为指示灯 LED1 供电，使其发光，表明电路的工作状态。当控制电路的指示灯输出端为低阻状态后，LED1 因无供电而熄灭。

六、遥控发射电路识图

图 2-53 是富士宝 FS40-E8A 型遥控落地扇遥控发射电路。该电路的核心元器件是单片机 BA5104、455kHz 时钟晶体 XT1、红外发射管 LED。

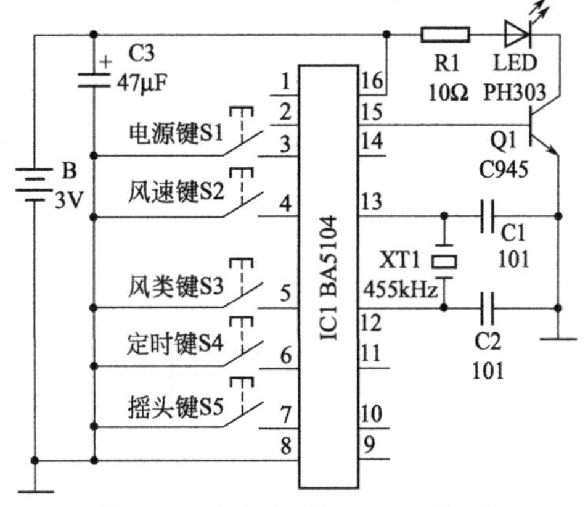

图 2-53　富士宝 FS40-E8A 型遥控落地扇遥控发射电路

由两节电池构成的 3V 电源经 C3 滤波后，不仅加到 IC1（BA5104）的 16 脚，为 IC1 供电，而且通过 R1 限流为发射电路供电。IC1 获得供电后开始工作，它内部的振荡器与 12、13 脚外接的晶振 XT1 和移相电容 C1、C2 通过振荡产生 455kHz 时钟信号，再经分频后产生 38kHz 载波频率。

IC1 的 3～7 脚外接的按键 S1～S5 是功能操作键，当按下某个按键时，低电平的操作信号输入到 IC1，被 IC1 内部的编码器进行编码后，由 15 脚输出后经 Q1 放大，驱动红外发射管向电风扇发射红外线控制信号。

七、瞬间电压抑制电路识图

如图 2-54 所示是一种典型的瞬间电压抑制电路。该电路的核心元器件是单向瞬间电压抑制二极管 VD2、开关变压器 T、开关管 VT。

当激励脉冲为高电平时 VT 导通，T 的 P1 绕组产生的电动势为上正、下负；当激励脉冲为低电平时 VT 截止，T 的 P1 绕组产生的电动势为下正、上负。该脉冲电压通过 VD1 使 VD2 瞬间击穿导通，将过高的反峰电压泄放到 300V 电源，从而避免了 VT 在截止瞬间过电压损坏，实现尖峰脉冲抑制功能，也就是瞬间电压抑制功能。

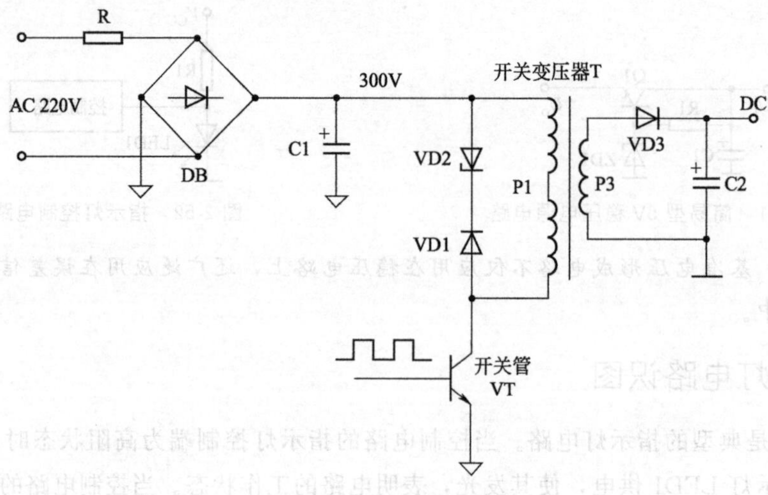

图 2-54　瞬间电压抑制电路

八、双向二极管触发电路识图

图 2-55 是典型的电子调温式电炒锅电路。该电路由双向晶闸管 VS、双向触发二极管 VD 为核心构成的。

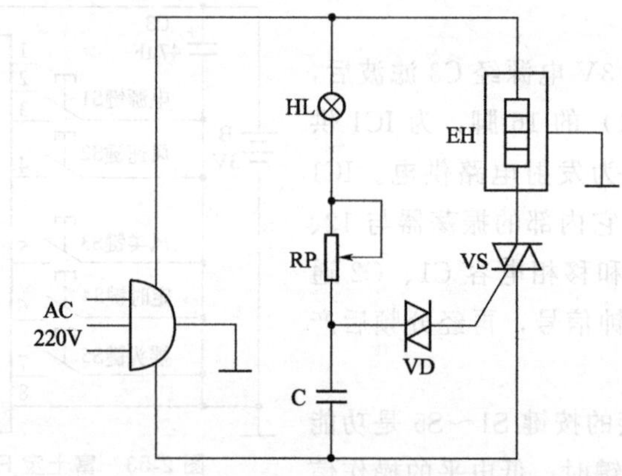

图 2-55　典型电子调温式电炒锅电路

插好电源线，220V 市电电压经指示灯 HL、可调电阻 RP 向电容 C 充电。充电不仅使 HL 发光，而且在 C 两端建立电压。当 C 两端电压达到双向二极管 VD 的导通电压时 VD 导通，进而触发双向晶闸管 VS 导通，为加热器 EH 供电使它开始加热。

调节 RP 可改变充电速率，而 VD 的导通电压是恒定的，所以可改变它的触发时刻，从而改变 VS 的导通角大小，也就可以改变加热器供电电压的大小，从而实现对加热器两端电压的无级调整，最终可实现温度的调整。

第四节　三极管及其应用电路识图

三极管也称晶体管或晶体三极管，它也是电子产品中应用相当广泛的半导体器件之一。常见的三极管实物如图 2-56 所示。

图 2-56 三极管实物

一、三极管的构成

三极管是在一块半导体基片上制作两个相距很近的 PN 结，两个 PN 结把半导体分成三部分，中间部分是基区，两侧部分是发射区和集电区，排列方式有 PNP 和 NPN 两种。从三个区引出相应的引脚，分别为基极（b 极）、发射极（e 极）和集电极（c 极），如图 2-57 所示。

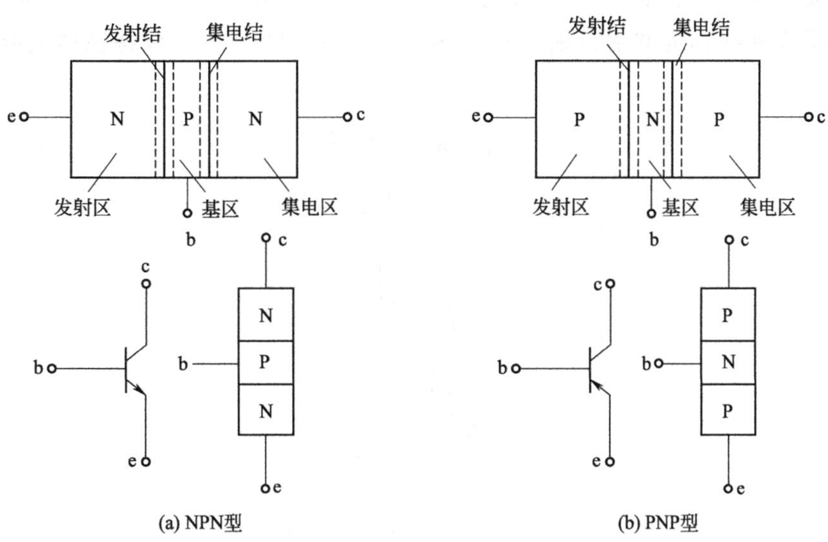

图 2-57 三极管的构成和电路符号

发射区和基区之间的 PN 结叫发射结，集电区和基区之间的 PN 结叫集电结。NPN 型三极管的发射区“发射”的是自由电子，其移动方向与电流方向相反，故发射极箭头向外。PNP 型三极管发射区“发射”的是空穴，其移动方向与电流方向一致，故发射极箭头向里。

二、三极管的特性曲线

三极管外部各极电压和电流的关系曲线称为三极管的伏安特性曲线。它不仅能反映三极管的质量与特性，还能用来定量地估算出三极管的部分参数，对分析和设计三极管电路至关重要。

对于三极管的不同连接方式，有着不同的特性曲线。应用最广泛的是共发射极电路，它的特性曲线测试电路如图 2-58 所示，它的特性曲线可以由晶体管特性图示仪直接显示出来，也可以用描点法绘制出来。

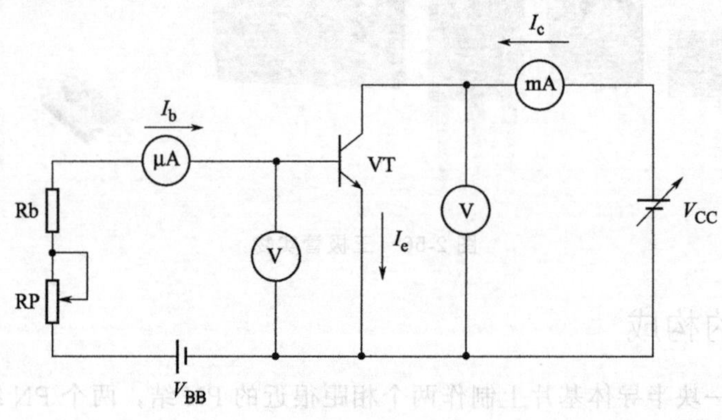

图 2-58　三极管特性曲线测试电路

1. 输入特性曲线

在三极管共射极电路中，当基极与发射极之间的电压 U_{be} 维持不同的定值时，U_{be} 和 I_b 之间的关系曲线称为共射极输入特性曲线，如图 2-59 所示。该特性曲线有以下两个特点。

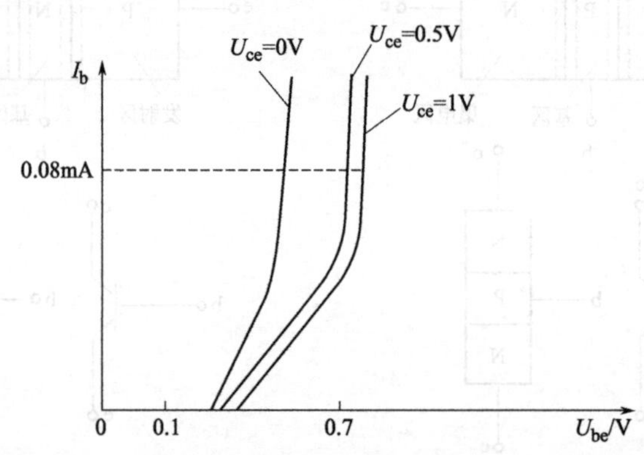

图 2-59　三极管输入特性曲线

一是调节电位器 RP，为三极管 VT 的 b 极提供开启电压 U_{be}，当 U_{be} 低于 VT 的开启值时，VT 不能导通，I_b 仍为零；当 U_{be} 大于 VT 的开启值后，VT 导通，I_b 才随 U_{be} 的增加按指数规律增大。硅三极管的开启电压值约为 0.5V，发射结导通电压 U_{on} 为 0.6～0.7V；锗三极管的开启电压值约为 0.2V，发射结导通电压为 0.2～0.3V。

二是三条曲线分别为 $U_{ce}=0$V、$U_{ce}=0.5$V 和 $U_{ce}=1$V 三种情况。当 $U_{ce}=0$V 时，相当于集电极和发射极短路，即集电结和发射结并联，输入特性曲线和二极管的正向特性曲线相类似。当 $U_{ce}=1$V 时，集电结已处在反向偏置状态，三极管工作在放大区，集电极收集基区扩散过来的电子，使在相同 U_{be} 值的情况下，流向基极的电流 I_b 减小，输入特性随着 U_{ce} 的增大而右移。当 $U_{ce}>1$V 以后，输入特性几乎与 $U_{ce}=1$V 时的特性曲线重合，这是因为 $U_{ce}>1$V 后，集电极已将发射区发射过来的电子几乎全部收集走，对基区电子与空穴的复合影响不大，I_b 的变化也不明显。

2. 输出特性曲线

输出特性曲线如图 2-60 所示。从该图可以看出，输出特性曲线可分为截止、放大、饱和三个区域。

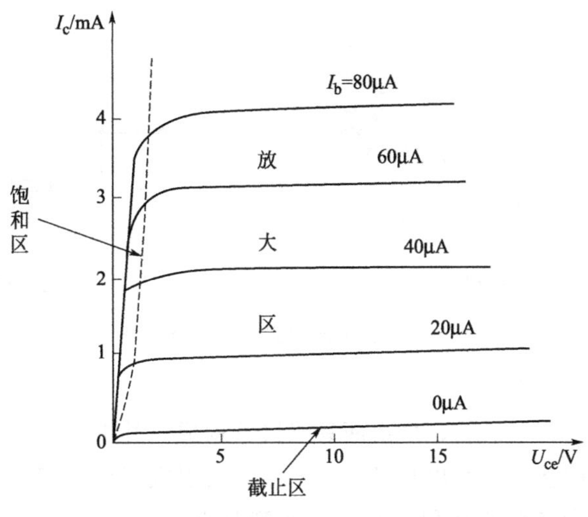

图 2-60 三极管输出特性曲线

（1）截止区

指 $I_b=0\mu A$ 的那条特性曲线以下的区域。在此区域里，三极管的发射结和集电结都处于反向偏置状态，三极管不工作，集电极只有微小的穿透电流 I_{ceo}。

（2）饱和区

在此区域内，对应不同 I_b 值的输出特性曲线簇几乎重合在一起。也就是说，U_{ce}较小时，I_c 虽然增加，但增加不大，即 I_b 失去了对 I_c 的控制能力。这种情况称为三极管饱和。饱和时，三极管的发射结和集电结都处于正向偏置状态。三极管集电极与发射极间的电压称为集-射饱和压降，用 U_{ces}表示。U_{ces}很小，中小功率硅管的 $U_{ces}<0.5V$；三极管基极与发射极之间的电压称为基-射饱和压降，以 U_{bes}表示，硅管的 U_{bes}在 0.8V 左右。在临界饱和状态下的三极管，其集电极电流称为临界集电极电流，以 I_{cs}表示；其基极电流称为临界基极电流，以 I_{bs}表示。这时 I_{cs}与 I_{bs}的关系仍然成立。

（3）放大区。在截止区以上，介于饱和区与截止区之间的区域为放大区。在此区域内，特性曲线近似于一簇平行等距的水平线，I_c 的变化量与 I_b 的变化量基本保持线性关系，即 $\Delta I_c=\beta\Delta I_b$，且 $\Delta I_c\gg\Delta I_b$，就是说在此区域内，三极管具有电流放大作用。在放大区，集电极电压对集电极电流的控制作用也很弱，当 $U_{ce}>1V$ 后，即使再增加 U_{ce}，I_c 几乎也不再增加，此时若 I_b 不变，则三极管可以看成是一个恒流源。

在放大区，三极管的发射结处于正向偏置状态，集电结处于反向偏置状态。

三、特殊三极管

1. 行输出管

行输出管是彩色电视机、彩色显示器行输出电路采用的一种大功率三极管。行输出管从内部结构上分为两种：一种是不带阻尼二极管和分流电阻行输出管，另一种是带阻尼二极管和分流电阻的大功率管。其中，不带阻尼二极管和分流电阻的行输出管和普通三极管的检测方法是一样的，而带阻尼二极管和分流电阻的行输出管与普通三极管的检测方法有较大区别。带阻尼二极管、分流电阻的行输出管的实物和电路符号如图 2-61 所示。

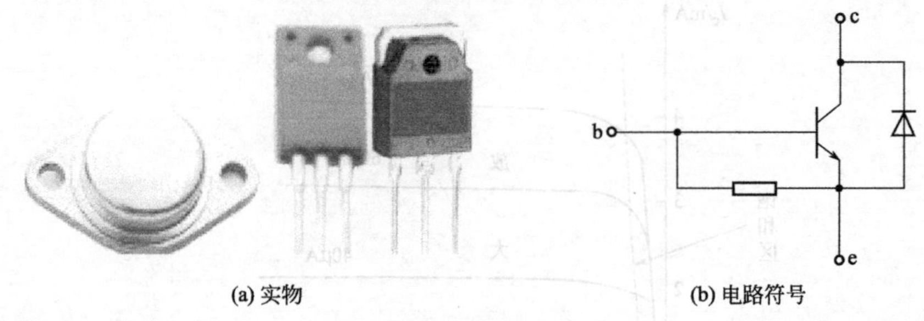

图 2-61　行输出管实物和电路符号

2. 达林顿管

达林顿管是一种复合三极管，多由两只三极管构成。其中，第一只三极管的发射极直接接在第二只三极管的基极，引出基极、集电极、发射极三个引脚。由于达林顿管的放大倍数是级联三极管放大倍数的乘积，所以可达到几百、几千，甚至更高，如 2SB1020 的放大倍数为 6000。常见的达林顿管多由两只三极管级联构成。达林顿管如图 2-62 所示。

【提示】 大功率达林顿管内的电阻 R1、R2 是为漏电流提供泄放回路而设置的，而 VT2 的集电极和发射极上并联的续流二极管 VD 用于过电压保护。

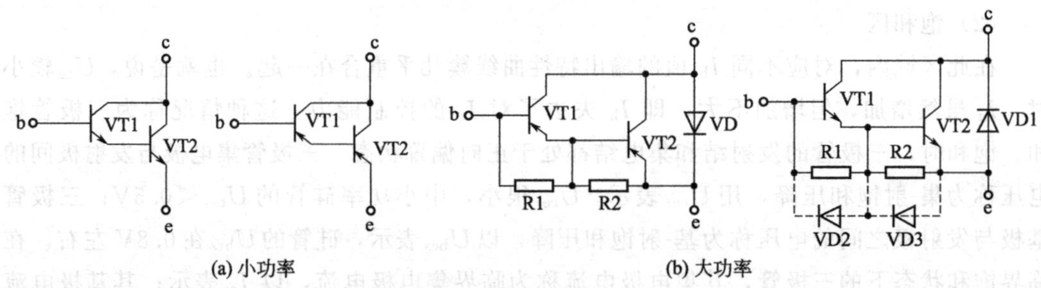

图 2-62　达林顿管

3. 带阻三极管

从外观上看，带阻三极管与普通的小功率三极管几乎相同，但内部构成却不同，它由一只三极管和 1~2 只电阻构成，如图 2-63 所示。带阻三极管在电路中多用字母“QR”表示。不过，因为带阻三极管多应用在国外或合资的电子产品中，所以电路符号各不相同，如图 2-64 所示。

带阻三极管在电路中多被用作“开关”，管中内置的电阻决定它的饱和导通程度，基极电阻 R 越小，三极管导通程度越强，集电极、发射极间压降就越低，但该电阻不能太小，否则会影响开关速度。

4. 光敏三极管

光敏三极管简称光敏管，它是在光敏二极管的基础上开发生产的一种具有放大功能的光敏器件，在电路中多用“TV”表示。常见的光敏三极管实物和电路符号如图 2-65 所示。

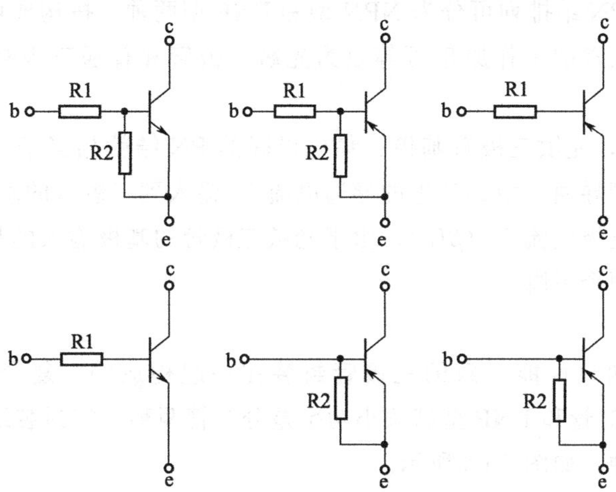

图 2-63　带阻三极管的构成

公司 / 类型	松下、东芝、蓝宝	三洋、日电、罗兰士	夏普、飞利浦	日立	富丽、珠波
PNP型	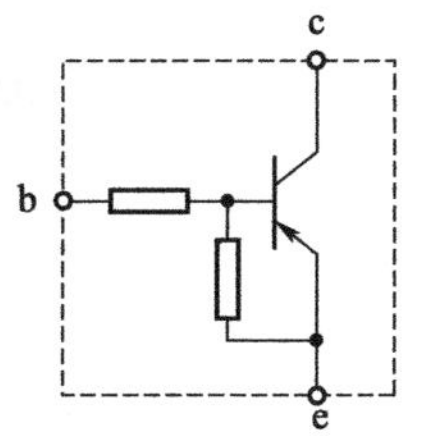	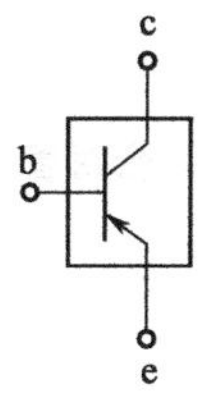	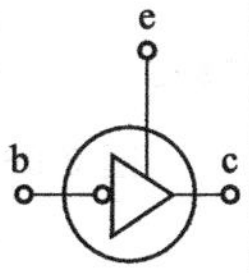	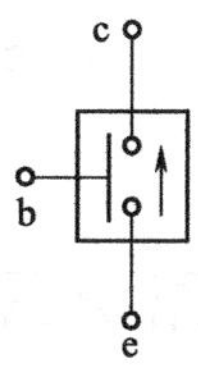	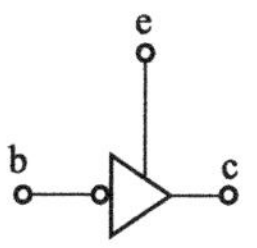
NPN型	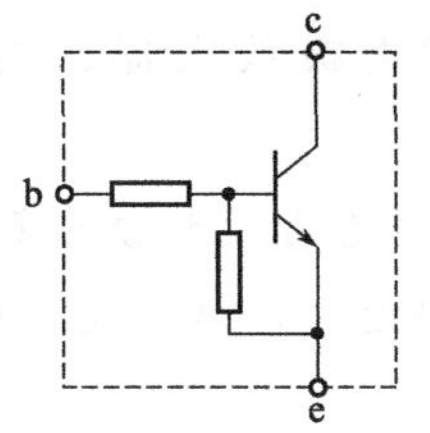	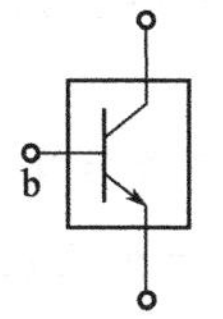	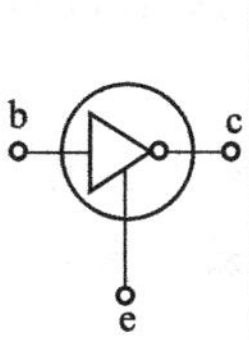	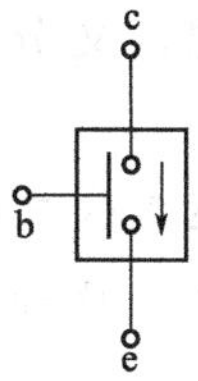	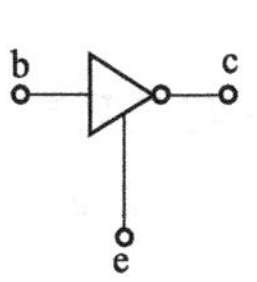

图 2-64　带阻三极管的电路符号

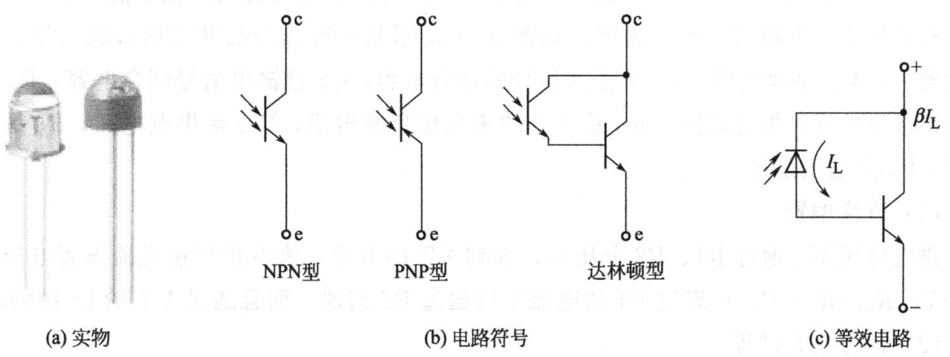

(a) 实物　(b) 电路符号　(c) 等效电路

图 2-65　光敏三极管

光敏三极管按PN结排列可分为NPN型和PNP型两种，按构成可分为普通型和达林顿型两种。光敏三极管的工作原理可等效为光敏二极管和普通三极管的组合，如图2-65（c）所示。

参见图2-65(c)，光敏三极管基极、集电极间的PN结就相当于一个光敏二极管，有光照时，光敏二极管导通，由其产生的导通电流 I_L 输入到三极管的基极，使三极管导通，它的集电极流过集电极电流 I_c（βI_L）。由于光敏三极管的基极输入的是光信号，所以它只有发射极、集电极两个引脚。

5. 复合对管

复合对管是将两只性能一致的三极管封装在一起构成的。复合对管按结构可分为NPN型高频小功率对管和PNP型高频小功率差分对管两种，按封装结构有金属封装结构和塑料封装结构两种，如图2-66所示。

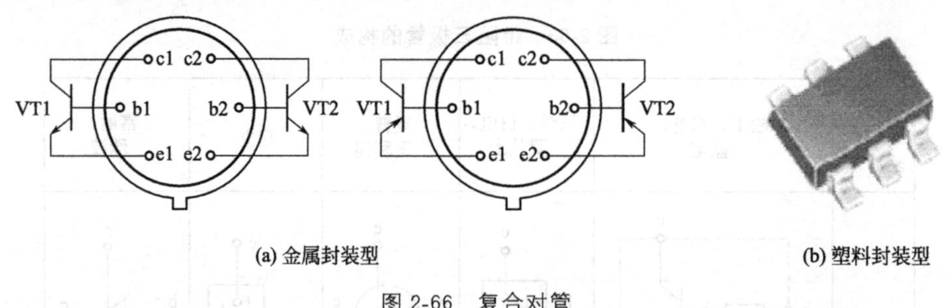

(a) 金属封装型　　(b) 塑料封装型

图2-66　复合对管

四、单级放大电路识图

三极管构成的单级放大电路在电子电路中是应用最多的单元电路。单级放大电路根据电路构成的不同，又分为共基极放大器、共发射极放大器、共集电极放大器三种。

【方法与技巧】 区别这三种放大器的最简单方法就是查看放大管的交流接地引脚，就可以确认放大器的种类，比如，放大管的发射极交流接地，则该放大器就是共发射极放大器。

1. 共发射极放大器

共发射极放大器是应用最广泛的放大器。所谓的共发射极放大器就是信号输入和信号输出都要依靠发射极完成的放大器。如图2-67所示是一种典型的共发射极放大器。在该放大器内，VT是放大管，C1是输入信号的耦合电容，C2是输出信号耦合电容，R1、R2是VT基极的直流偏置电阻，R3是VT的集电极负载电阻，V_{CC}是供电电压，U_i 是输入信号，U_o 是输出信号。

（1）直流偏置

供电电压 V_{CC}通过R1、R2分压后，加到VT的b极，为b极提供直流偏置电压，即 $U_b \approx V_{CC}R_2/(R_1+R_2)$。流过R1的电流不仅通过R2到地，而且通过VT的be结到地。

（2）信号放大过程

输入信号 U_i 经C1耦合到VT的b极，使VT的b极电流 I_b 随 U_i 变化而变化，致使

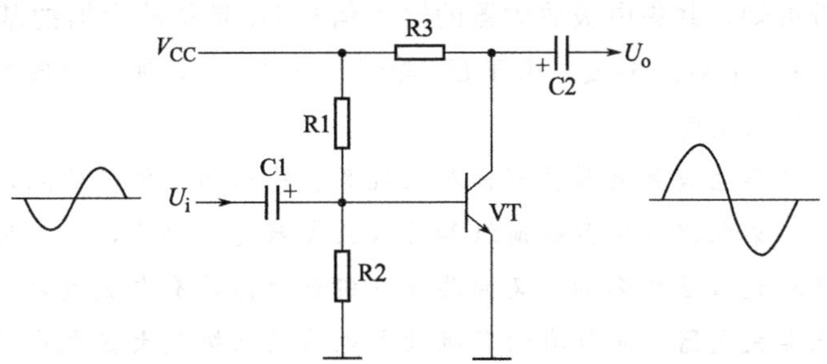

图 2-67 共发射极放大器及信号波形

VT 的集电极电流 I_c 随之变化，并且变化量为 βI_b。I_c 在 R3 两端产生随之变化的压降 U_3，而 V_{CC}减去 U_3 就是 VT 的集电极电压 U_c。因此，U_c 与 U_i 的相位相反，也就是说，该放大器属于倒相放大器。U_c 经 C2 耦合后得到交流输出信号 U_o。

通过以上分析可知，共发射极放大器不仅有电流放大功能，而且还有电压放大功能。

2. 共集电极放大器

共集电极放大器也是应用十分广泛的一种放大器。如图 2-68 所示是一种典型的共集电极放大器。在该放大器内，VT 是放大管，C1 是输入信号耦合电容，C2 是输出信号耦合电容，R1 是 VT 基极的直流偏置电阻，R2 是 VT 的发射极电阻，V_{CC}是供电电压，U_i 是输入信号，U_o 是输出信号。

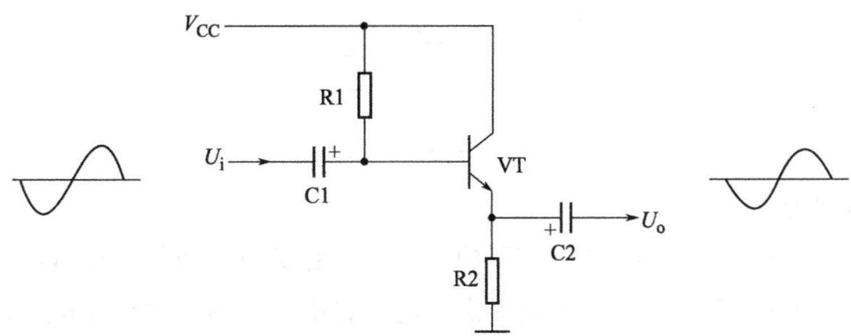

图 2-68 共集电极放大器及信号波形

前面我们曾介绍过，放大器哪个极交流接地，该放大器就属于哪类放大器，有的读者可能要问，图 2-68 中的 VT 的集电极并未接地，它怎么就是共集电极放大器呢？这是因为电源 V_{CC}的内阻较小，并且电源两端都会接有大容量的滤波电容，所以电源在交流状态下相当于短路。因此，VT 的集电极是通过电源 V_{CC}及其滤波电容接地的。

(1) 直流偏置

电源电压 V_{CC}通过 R1 限流加到 VT 的基极，为基极提供直流偏置电压。基极电流 $I_b \approx (V_{CC} - U_{be})/[R_1 + (1+\beta)R_2]$，基极电流回路是：$V_{CC}$→R1→VT 的 be 结→R2→地。

(2) 信号放大

输入信号 U_i 经 C1 耦合到 VT 的基极，使 VT 的基极电流 I_b 随 U_i 变化而变化，致使 VT 的发射极电流 I_e 随之变化，并且变化量为 $(1+\beta)I_b$。I_e 在 R2 两端产生随之变化的压降 U_2。U_2 经 C2 耦合后得到交流输出信号 U_o。由于 U_o 与 U_i 的相位相同，所以该放大器也叫射极跟随放大器，简称射极跟随器。

通过以上分析可知，共集电极放大器的输入信号 U_i 是从放大器的基极、发射极之间输入的，输出信号 U_o 取自发射极。由于 U_2 等于 $U_b-0.6V$，所以该放大器仅有电流放大功能，而没有电压放大功能。

【提示】 由于共集电极放大器具有输入阻抗高、输出阻抗低的优点，所以在多级放大电路中，通常利用共集电极放大器将前级和后级放大器进行隔离，由它对信号进行缓冲放大，以免前、后级放大器互相影响。又因共集电极放大器具有电流放大功能，所以不仅串联稳压电源采用此类放大器，而且有的多级放大电路的末级放大器也采用此类放大器。

3. 共基极放大器

共基极放大器的应用较前两种放大器要少得多。如图 2-69 所示是一种典型的共基极放大器。在该放大器内，VT 是放大管，C1 是输入信号耦合电容，C2 是输出信号耦合电容，C3 是基极的交流接地电容，R1、R2 是 VT 基极的直流偏置电阻，R3 是 VT 的集电极负载电阻，R4 是 VT 的发射极电阻，V_{CC} 是供电电压，U_i 是输入信号，U_o 是输出信号。

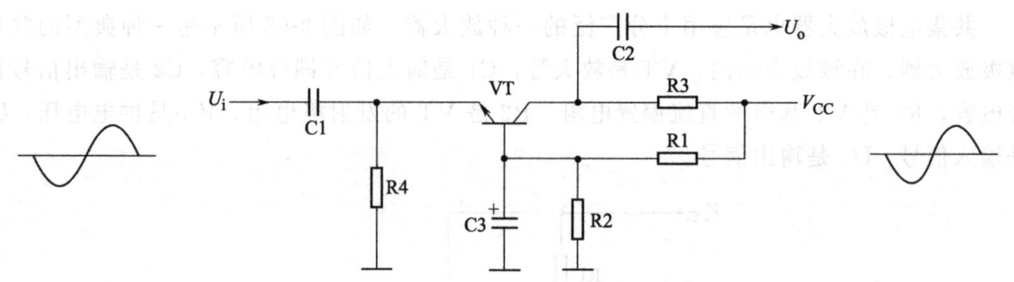

图 2-69　共基极放大器及信号波形

（1）直流偏置

电源电压 V_{CC} 不仅通过 R3 加到 VT 的 c 极，为它供电，而且通过 R1、R2 分压，利用 C3 滤波后，加到 VT 的 b 极，为其提供直流偏置电压，即 $U_b \approx V_{CC}R_2/(R_1+R_2)$。此时，流过 R1 的电流不仅通过 R2 到地，而且通过 VT 的 be 结和 R4 到地。

（2）信号放大

输入信号 U_i 经 C1 耦合到 VT 的 e 极，使 VT 的 e 极电流 I_e 随 U_i 变化而变化，致使 VT 的集电极电流 I_c 随之变化。I_c 在 R3 两端产生随之变化的压降 U_3，而 V_{CC} 减去 U_3 就是 VT 的集电极电压 U_c。因为 U_c 与 U_i 同步变化，所以相位相同。U_c 经 C2 耦合后得到交流输出信号 U_o。

【提示】 共基极放大器具有高频特性好的优点，但也存在输入阻抗小和输出阻抗大的缺点。因此，该放大器主要应用在高频信号放大电路。

五、两级放大电路识图

两级放大电路就是由两个放大器构成的放大电路。此类电路也是最常见的放大电路。根据前、后级放大器的耦合方式的不同，两级放大器有阻容耦合、直接耦合、变压器耦合和光电耦合器耦合四种。

1. 阻容耦合方式

阻容耦合方式就是后级放大器的输入端通过电容与前级放大器的输出端相接。阻容耦合放大电路具有两级放大器的直流工作点互不影响、放大倍数高、信号传输损耗小等优点，但也存在不能放大直流信号和结构相对复杂、不便于集成等缺点。

如图 2-70 所示是一种典型的阻容耦合两级放大电路。该电路内的 VT1、VT2 是放大管，C1～C3 是低频信号耦合电容，U_i 是输入信号，U_o 是输出信号。

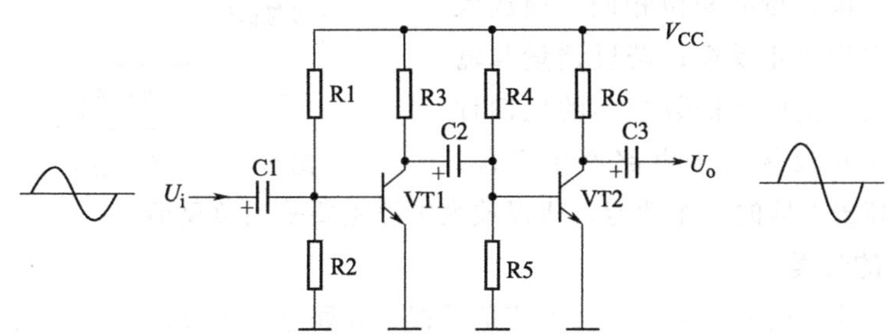

图 2-70　阻容耦合两级放大电路及信号波形

(1) 直流偏置

R1、R2 是放大管 VT1 的 b 极偏置电阻，为它的 b 极提供偏置电压；R4、R5 是放大管 VT2 的 b 极偏置电阻，为它的 b 极提供偏置电压。

(2) 信号放大

输入信号 U_i 经 C1 耦合到放大管 VT1 的 b 极，经其倒相放大后，再利用 C2 耦合到 VT2 的 b 极，经 VT2 再次倒相放大，通过 C3 耦合后得到交流输出信号 U_o。

2. 直接耦合方式

直接耦合方式就是后级放大器的输入端直接接在前级放大器的输出端上。直接耦合放大电路放大倍数高，而且可以放大直流信号，并且便于电路集成，但放大器间的直流工作点相互影响，容易出现零点漂移等异常现象。

如图 2-71 所示是一种典型的直接耦合两级放大电路。该电路内的 VT1、VT2 是放大管，U_i 是输入信号，U_o 是输出信号。R1、R2 是放大管 VT1 的 b 极偏置电阻，为它的 b 极提供偏置电压；R3 不仅是 VT1 的 c 极负载电阻，而且是 VT2 的 b 极偏置电阻，为它的 b 极提供偏置电压。

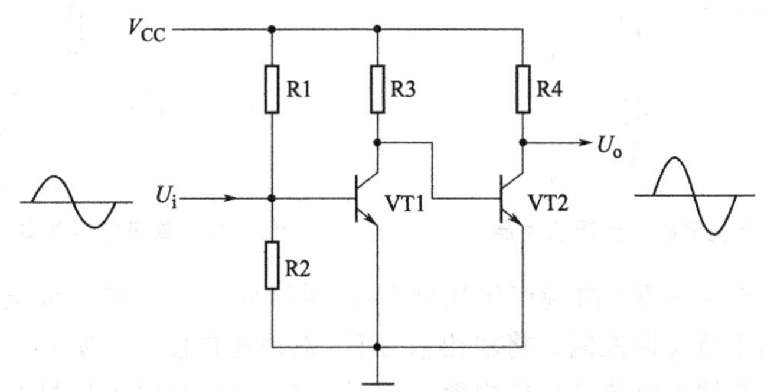

图 2-71　直接耦合两级放大电路及信号波形

六、负反馈型放大电路识图

1. 反馈电路与构成

将放大器的一部分输出量（电压或电流）送回输入端的过程就是反馈，而传送反馈量的电路就是反馈电路。典型的反馈电路构成如图 2-72 所示。

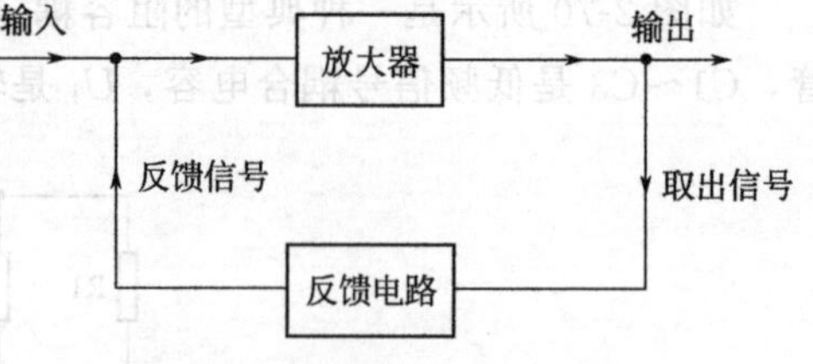

图 2-72　反馈电路构成方框图

若反馈量与输入量的相位相同，使放大倍数增大的反馈称为正反馈；若反馈量与输入量的相位相反，使放大倍数减小的反馈称为负反馈。由于正反馈用于电路产生振荡，负反馈用于提高放大器的工作性能，所以放大电路主要采用负反馈。

2. 负反馈电路的分类

放大器采用的负反馈电路有并联电流负反馈、并联电压负反馈、串联电流负反馈和串联电压负反馈四种。若负反馈量与输出电压成正比，能使输出电压稳定，输出电阻减小，称为电压负反馈；如果负反馈量与输出电流成正比，能使输出电流稳定，输出电阻增加，则称为电流负反馈。串联负反馈的反馈量以串联形式串接入输入回路，并联负反馈的反馈量以并联形式接入输入回路。串联负反馈能增大输入阻抗，而并联负反馈却减小输入阻抗和输出阻抗。

另外，还可以根据反馈信号的性质分为交流负反馈、直流负反馈和交/直流负反馈三种负反馈电路。顾名思义，反馈信号仅有交流成分，则属于交流负反馈；若反馈信号仅有直流成分，则属于直流反馈；若反馈信号不仅有交流成分，而且有直流成分，则属于交、直流反馈。

3. 单级电流串联负反馈放大器

单级电流串联负反馈放大器是一种应用十分广泛的放大器。如图 2-73 所示是一种典型的单级电流串联负反馈放大器。该放大器的核心元器件是放大管 VT 和负反馈电阻 R3。

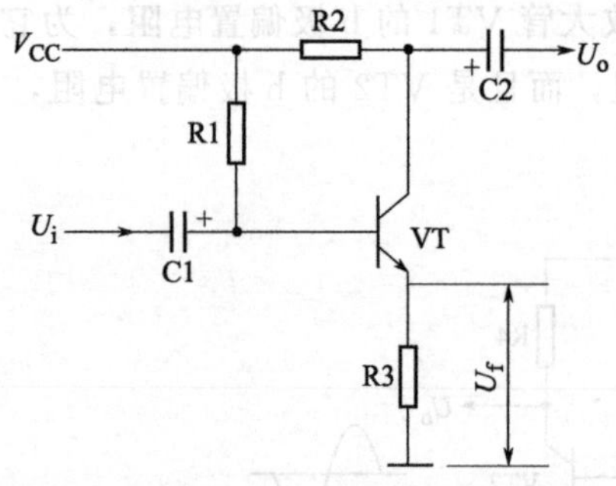

图 2-73　单级电流串联负反馈放大器

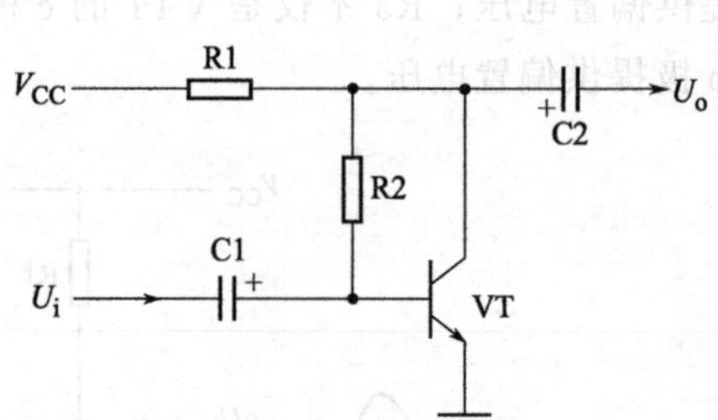

图 2-74　单级电压并联负反馈放大器

放大器的输出电流在 R3 两端产生压降 U_f，通过提高 VT 的 e 极电位来降低放大倍数，所以该电路属于负反馈控制。将输出信号 U_o 对地短接使 U_o 为 0 后，反馈电压 U_f 不会消失，说明该电路属于电流负反馈电路。同时，由于 U_f 与输入信号 U_i 串联后加到 VT 的 e 结上，所以该电路属于串联负反馈电路。又因 U_f 内不仅有直流成分，还有交流成分，所以该电路属于交、直流负反馈电路。

4. 单级电压并联负反馈放大器

单级电压并联负反馈放大器也是一种应用十分广泛的放大器。如图 2-74 所示是一种典型的单级电压并联负反馈放大器。该放大器的核心元器件是放大管 VT 和负反馈电阻 R2。

放大器的输出电压通过 R2 为 VT 的基极提供反馈电压 U_f，由于 VT 属于倒相放大器，所以 U_f 与 U_i 的极性相反，减小了输入到基极的电压，所以属于负反馈控制。将输出电压 U_o 对地短接使 U_o 为 0 后，负反馈电压 U_f 随之消失，说明该电路属于电压负反馈电路。由于 U_f 与输入信号 U_i 并联后加到 VT 的基极，所以该电路属于并联负反馈电路。

5. 两级电压串联负反馈放大器

两级电压串联负反馈放大器也是一种应用十分广泛的放大器。如图 2-75 所示是一种典型的两级电压串联负反馈放大器。该放大器的核心元器件是放大管 VT1 和 VT2、负反馈电阻 R6、负反馈电容 C3。

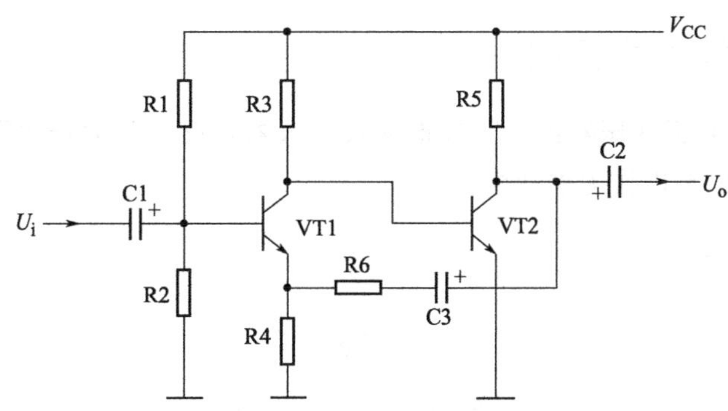

图 2-75　两级电压串联负反馈放大器

放大管 VT2 的 c 极输出的电压通过 C3、R6 为 VT1 的 e 极提供反馈电压 U_f，减小了 VT1 的 ce 结上的导通电压，所以属于负反馈控制。将输出信号 U_o 对地短接使 U_o 为 0 后，负反馈电压 U_f 随之消失，说明该电路属于电压负反馈电路。由于负反馈电压 U_f 与输入信号 U_i 串联，所以该电路属于串联负反馈电路。又因负反馈电路采用了耦合电容 C3，所以该电路属于交流负反馈电路。

七、甲乙类功率放大器识图

甲乙类功率放大器的工作介于甲类和乙类之间，它是目前应用较多的功率放大器之一。此类放大器通过偏置电阻为两只推挽放大管提供较小的静态工作电流，每个三极管导通的时间大于信号的半个周期。这样，整个周期的输入信号都能被放大，从而抑制了交越失真。典型的无变压器甲乙类互补推挽式放大器如图 2-76 所示。

正、负电源 $+V_{CC}$、$-V_{CC}$ 分别通过偏置电阻 R1、R2 加到放大管 VT1、VT2 的 b 极，为它们提供一个较小的静态电流。当输入信号 U_i 的正半周信号不仅通过 VD1、VD2、R3 加到 VT2 的 b 极使它截止，而且加到 VT1 的 b 极使它导通时，$+V_{CC}$ 经 VT1、RL 到地构成的回路形成它的集电极电流 i_{c1}，也就可以得到输出信号的上半周；当 U_i 的

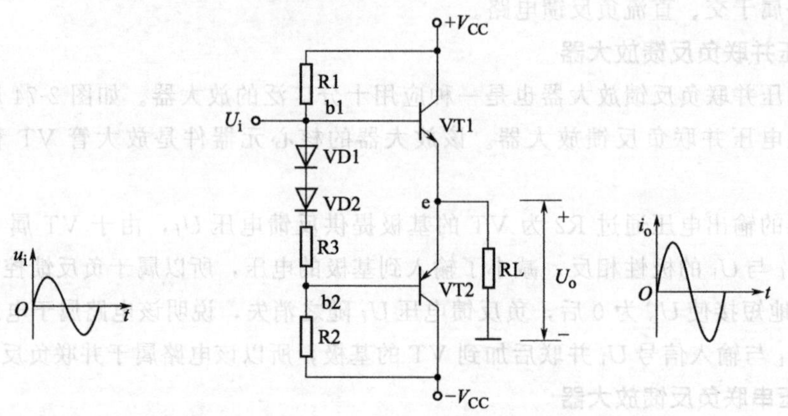

图 2-76 甲乙类互补推挽式放大器及波形

负半周信号加到 VT1 的 b 极使它截止，而 VT2 导通，它的集电极电流 i_{c2} 由地、RL、VT2 到$-V_{CC}$构成回路，形成输出信号的负半周。这样，就可以得到一个完整的信号。

八、乙类功率放大器识图

如图 2-77 所示是无变压器乙类互补推挽式放大器，此类放大器主要应用在大功率放大器或大功率开关电源内作为推动级。

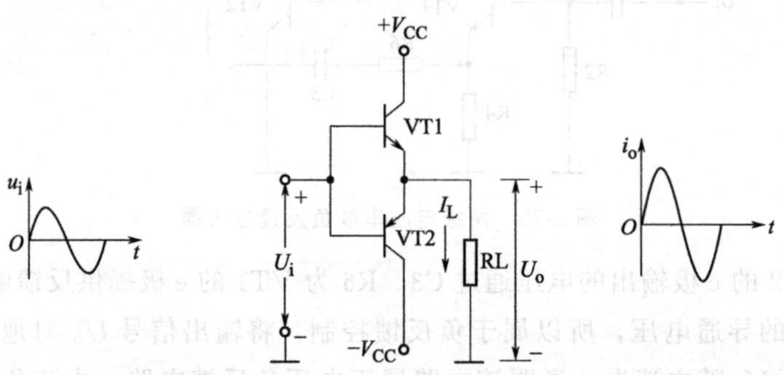

图 2-77 乙类互补推挽放大器及波形

静态时，VT1、VT2 因基极没有导通电压输入而截止。当输入信号 U_i 的正半周时，VT2 截止、VT1 导通，产生集电极电流 i_{c1}，在负载 RL 两端形成输出信号的上半周；U_i 的负半周信号时，使 VT1 截止、VT2 导通，产生集电极电流 i_{c2}，该电流经 RL 形成输出信号的负半周。这样，就可以得到一个完整的信号。

九、OTL 功率放大器识图

1. 特点与构成

OTL 是“无输出变压器”的英文缩写，也就是说 OTL 功率放大器不再使用输出变压器。因采用交流输出方式，所以该电路需要设置输出耦合电容。该形式的放大电路具有效率高、功率大、失真小和安全性高、容易集成等优点，所以得到了广泛的应用。OTL 功率放大器主要有变压器倒相式、三极管倒相式和互补对称式三种。目前，前两种 OTL 功率放大器已基本淘汰，所以下面介绍互补对称式 OTL 功率放大器的工作原理。

典型电路如图 2-78 所示。互补对称式 OTL 功率放大器的功率放大管由一只 NPN 型三极管 VT2 和一只 PNP 型三极管 VT3 构成，所以只需要一个 b 极信号就可以工作，而这个信号就是激励管 VT1 的 c 极输出的电压信号。

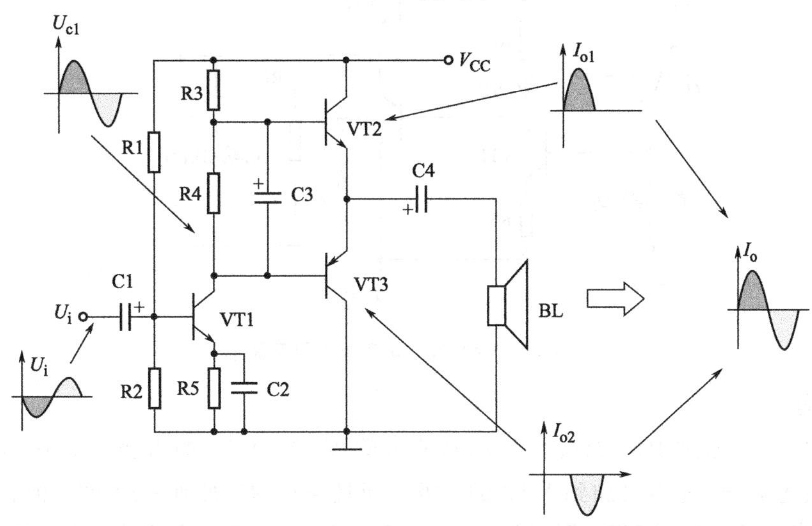

图 2-78 典型互补对称式 OTL 功率放大器及波形

2. 工作原理

电源 V_{CC} 不仅通过偏置电阻 R1、R2 为激励管 VT1 的 b 极提供一定的偏置电压，而且通过 R3、R4 为放大管 VT3、VT2 的 b 极提供偏置电压。当输入信号 U_i 的负半周信号经 C1 耦合到 VT1 的 b 极，经它倒相放大后，使 VT3 截止、VT2 导通，此时 V_{CC} 经 VT2、输出耦合电容 C4、扬声器 BL 到地构成回路产生集电极电流 i_{c1}，也就形成了输出信号的上半周，而且使 C4 建立左正、右负的直流电压（电压值为 $V_{CC}/2$ 左右）；当 U_i 的正半周信号通过 C1 耦合，再经 VT1 倒相放大后，使 VT2 截止、VT3 导通，C4 存储的电压经 VT2、BL 构成回路产生集电极电流 i_{c2}，也就形成了输出信号的负半周。这两个信号叠加后，就得到了一个完整的信号。

十、OCL 功率放大器识图

1. 特点与构成

OCL 是“无输出耦合电容”的英文缩写。OCL 功率放大器的特点：一是采用正、负电源供电方式，二是采用单端或双端输入方式，三是采用单端直接耦合输出方式。由于采用直流、交流输出方式，所以该电路没有输出耦合电容，电路更简单。此类功率放大器的效率高于 OTL 功率放大器，所以广泛应用在新型彩色电视机、彩色显示器、音响等电路中。

典型的 OCL 功率放大器如图 2-79 所示。OCL 功率放大器的功率放大管也是由一只 NPN 型三极管 VT2 和一只 PNP 型三极管 VT3 构成的，所以它们的导通电压也是由激励管 VT1 提供的。

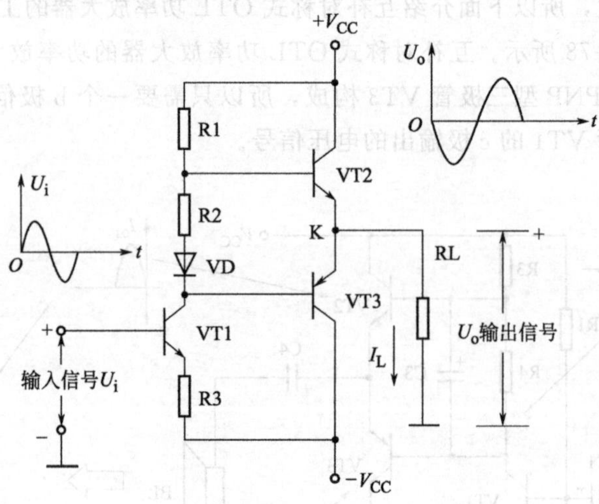

图 2-79　典型 OCL 功率放大器及波形

2. 工作原理

正电源$+V_{CC}$通过 R1、R2、VD 加到放大管 VT2、VT3 的 b 极，为它们提供偏置电压；而负电源$-V_{CC}$不仅加到 VT3 的 c 极，而且通过 R3 加到 VT1 的 e 极。当输入信号 U_i 的负半周信号通过 VT1 倒相放大，使 VT3 截止、VT2 导通时，由$+V_{CC}$经 VT2、RL 到地构成回路产生集电极电流 i_{c2}，形成了输出信号的上半周；当 U_i 的正半周信号经 VT1 倒相放大后，使 VT2 截止、VT3 导通，地、RL、VT3 到$-V_{CC}$构成回路产生集电极电流 i_{c3}，形成了输出信号的负半周。这两个信号叠加后，就可以得到一个完整的信号。

十一、BTL 功率放大器识图

1. 特点与构成

BTL 是"平衡式无输出变压器"的英文缩写。此类功率放大器属于桥式推挽放大电路。BTL 功率放大器的特点：一是采用单电源供电方式，二是采用上升沿和下降沿脉冲信号触发，三是采用双端直接耦合输出方式。此类放大器的效率高于 OCL 功率放大器，所以广泛应用在新型彩色电视机、彩色显示器、音响等电路中。

典型 BTL 功率放大器如图 2-80 所示。BTL 功率放大器的功率放大管是由两个互补对称电路构成的四桥臂电路，负载 RL 接在两个互补对称电路的输出端，并且采用直接耦合输出方式。

2. 工作原理

电源电压V_{CC}加到放大管 VT1、VT2 的 c 极，为它们供电。静态时，由于没有信号输入，VT1～VT4 截止，无电压输出，RL 上无电流流过。当输入 U_i 的正半周信号时，VT1 和 VT4 导通，V_{CC}经 VT1、RL、VT4 到地构成回路产生它们的集电极电流 i_1，形成输出信号的上半周；当输入 U_i 的负半周信号时，VT2、VT3 导通，V_{CC}、VT2、RL、VT3 到地构成回路产生了它们的集电极电流 i_2，形成输出信号的负半周。这样，两个信号叠加后，就可以得到一个完整的信号。

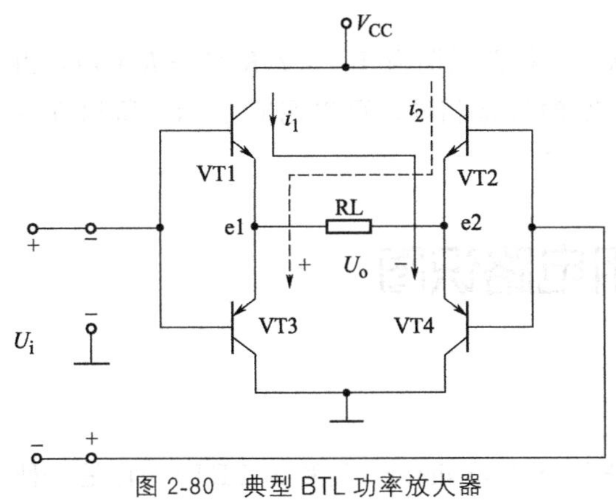

图 2-80 典型 BTL 功率放大器

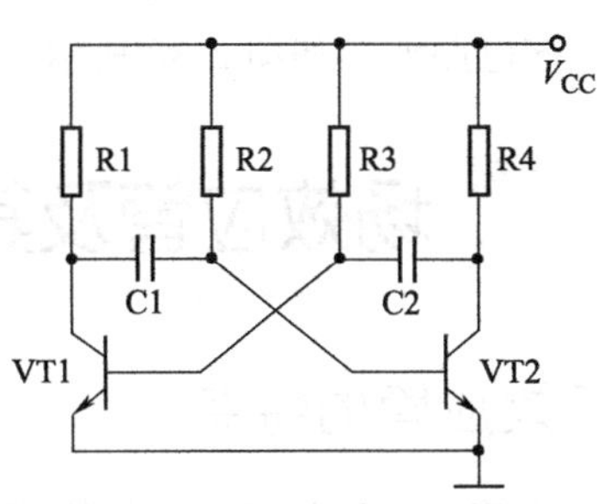

图 2-81 典型三极管多谐振荡器

十二、多谐振荡电路识图

典型的三极管构成的多谐振荡器如图 2-81 所示。该电路中，两个三极管 VT1、VT2 的 e 极接地，b 极、c 极通过电容 C1、C2 交叉连接，R2、R3 分别是 VT1、VT2 的 b 极偏置电阻，R1、R4 分别是 VT1、VT2 的 c 极负载电阻。

由于元器件的参数有一定的误差，所以 VT1、VT2 不可能同时导通，只能是一侧导通，另一侧截止，所以该电路也就存在这两个暂稳态。下面分别介绍它们的工作过程。

1. VT1 导通、 VT2 截止

VT1 导通、VT2 截止时，C1 所充的电压通过 VT1 的集电极和发射极、R2 构成的回路放电；V_{CC}通过 R4、C2、VT1 的发射结构成充电回路为 C2 充电，充电极性为左负、右正。当 C1 放电结束后，V_{CC}通过 R2、C1、VT1 的集电极、发射极构成的回路充电，充电极性为左负、右正。当 C1 右端电压达到 0.7V 后，VT2 开始导通。VT2 导通后，C2 两端电压通过 VT2 的集电极、发射极使 VT1 因发射结反偏迅速截止，电路翻转进入另一个暂稳状态。

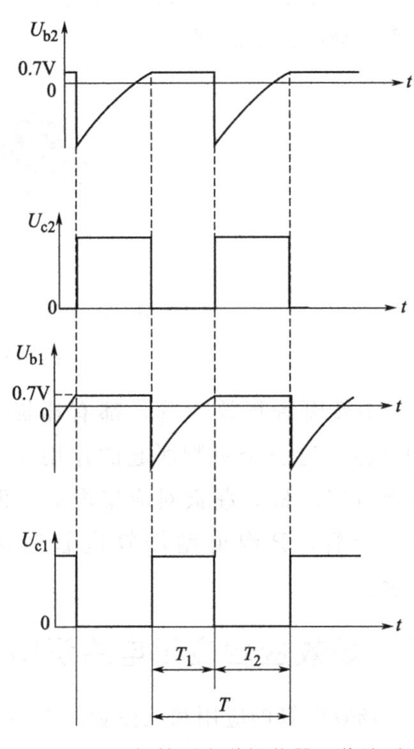

图 2-82 三极管型多谐振荡器工作波形

2. VT2 导通、 VT1 截止

VT2 导通、VT1 截止时，C2 所充的电压通过 VT2 的集电极、发射极、R3 构成的回路放电；V_{CC}通过 R1、C1、VT2 的发射结构成充电回路为 C1 充电，充电极性为左正、右负。当 C2 放电结束后，V_{CC}通过 R3、C2、VT2 的集电极、发射极构成的回路充电，充电极性为左正、右负。当 C2 左端电压达到 0.7V 后，VT1 开始导通。VT1 导通后，C1 两端电压通过 VT1 的集电极、发射极使 VT2 因发射结反偏迅速截止，电路再次翻转，进

入另一个暂稳状态。

重复以上过程，振荡器工作在多谐振荡状态，振荡周期为 $T=0.7(R_2C_1+R_3C_2)$，由于R2、R3阻值相同，可以用 R 表示，C1、C2的容量相同，可以用 C 表示，所以 $T=1.4RC$。该电路波形如图2-82所示。

第五节 场效应管及其应用电路识图

一、场效应管的特点

场效应管的全称是场效应晶体管（Field Effect Transistor，简称为FET）。它是一种外形与三极管相似的半导体器件，但它与三极管的控制特性截然不同。三极管是电流控制型器件，通过控制基极电流来达到控制集电极电流或发射极电流的目的，即需要信号源提供一定的电流才能工作，所以它的输入阻抗较低；而场效应管则是电压控制型器件，它的输出电流决定于输入电压的大小，基本上不需要信号源提供电流，所以它的输入阻抗较高；此外，场效应管比三极管的开关速度快、高频特性好、热稳定性好、功率增益大、噪声小，因此在电子产品中得到广泛应用。

二、场效应管的分类和引脚功能

场效应管根据极性不同又分为N沟道和P沟道两种，根据结构可分为结型场效应管和绝缘栅型场效应管两种，而绝缘栅型场效应管又分为耗尽型和增强型两种。常见的场效应管实物如图2-83所示。

图2-83　常见的场效应管实物

不管哪种场效应管，都有栅极（G极）、漏极（D极）和源极（S极）三个引脚（电极）。这三个引脚所起的作用与三极管对应的集电极、基极、发射极相似。其中，栅极对应基极，漏极对应集电极，源极对应发射极。而N沟道型场效应管对应NPN型三极管，P沟道型场效应管对应PNP型三极管。场效应管电路符号如图2-84所示。

三、场效应管应用电路识图

场效应管的应用和三极管的应用基本相同，也可以构成放大电路、振荡电路、开关控制电路，并且工作原理基本相同，不再介绍。

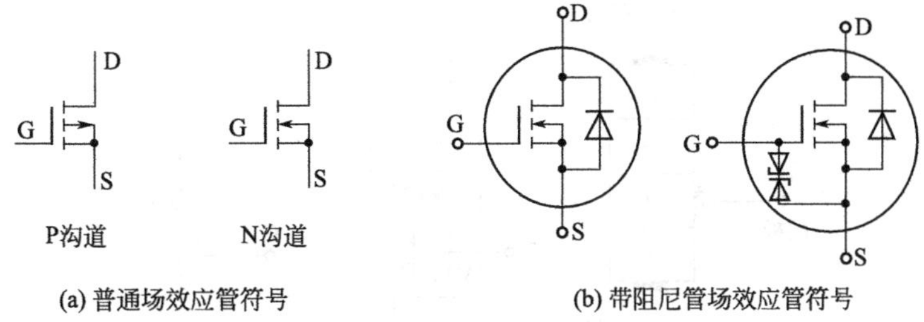

图 2-84　场效应管电路符号

第六节 晶闸管及其应用电路识图

晶闸管也称可控硅，是一种能够像闸门一样控制电流大小的半导体器件。因此，晶闸管具有开关控制、电压调整和整流等功能。晶闸管的种类较多，常用的晶闸管主要有单向晶闸管和双向晶闸管两种。常见的晶闸管实物如图 2-85 所示。

图 2-85　晶闸管实物

一、单向晶闸管

单向晶闸管也叫单向可控硅，它的英文缩写为 SCR。由于单向晶闸管具有成本低、效率高、性能可靠等优点，所以被广泛应用在开关控制、可控整流、交流调压、逆变电源、开关电源等电路中。

1. 单向晶闸管的构成

单向晶闸管由 PNPN 四层半导体构成，而它等效为两个三极管，它的三个引脚（电极）的功能分别是：G 极为控制极（或称门极）、A 极为阳极、K 极为阴极。单向晶闸管的结构、等效电路和电路符号如图 2-86 所示。

2. 单向晶闸管的基本特性

通过单向晶闸管的等效电路可知，单向晶闸管由一只 NPN 型三极管 VT1 和一只 PNP 型三极管 VT2 组成。当单向晶闸管的 A 极和 K 极之间加上正极性电压时，它并不能导通，只有它的 G 极有触发电压输入后，它才能导通。这是因为单向晶闸管 G 极输入的电压加到 VT1 的基极，使它导通，它的集电极电位为低电平，致使 VT2 导通，此时 VT2 集电极输出的电压又加到 VT1 的基极，维持 VT1 的导通状态。因此，单向晶闸管导通后，即使 G 极不再输入导通电压，它也会维持导通状态。只有使 A 极输入的电压足够小或为 A、K 极间加反向电压，单向晶闸管才能关断。

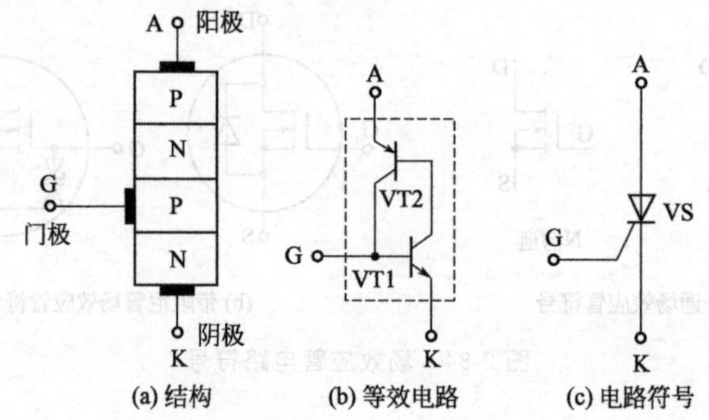

图 2-86　单向晶闸管

二、双向晶闸管

双向晶闸管也叫双向可控硅，它的英文缩写为 TRIAC。由于双向晶闸管具有成本低、效率高、性能可靠等优点，所以被广泛应用在交流调压、电动机调速、灯光控制等电路中。

1. 双向晶闸管的构成

双向晶闸管是两个单向晶闸管反向并联而成的，所以它具有双向导通性能，即 G 极输入触发电流后，无论 T1、T2 间的电压方向如何，它都能够导通。双向晶闸管的等效电路和电路符号如图 2-87 所示。

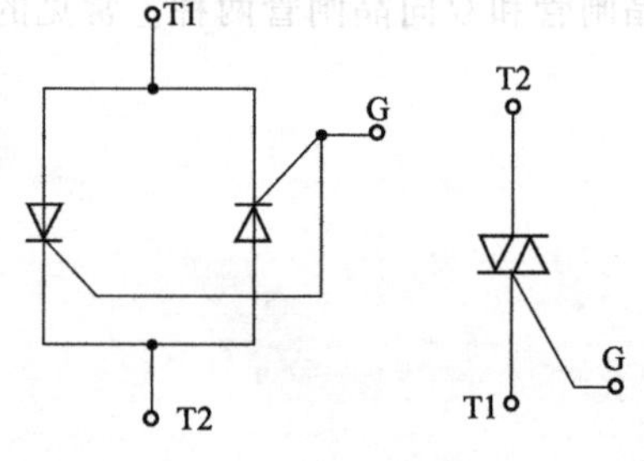

图 2-87　双向晶闸管

2. 双向晶闸管的导通方式

双向晶闸管与单向晶闸管的主要区别是可以双向导通，并且有四种导通方式，如图 2-88 所示。

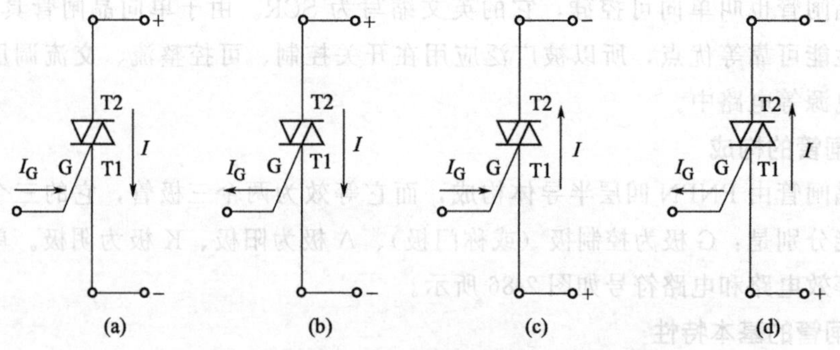

图 2-88　双向晶闸管的四种导通方式示意图

当 G 极、T2 极输入的电压相对于 T1 极输入的电压为正时，电流流动方向为 T2 到 T1，T2 为阳极、T1 为阴极。

当 G 极、T1 极输入的电压相对于 T2 极输入的电压为负时，电流流动方向为 T2 到 T1，T2 为阳极、T1 为阴极。

当 G 极、T1 极输入的电压相对于 T2 极输入的电压为正时，电流流动方向为 T1 到 T2，T1 为阳极、T2 为阴极。

当 G 极、T2 极输入的电压相对于 T1 极输入的电压为负时，电流流动方向为 T1 到 T2，T1 为阳极、T2 为阴极。

三、其他晶闸管

1. 可关断晶闸管

可关断晶闸管 GTO（GateTurn-Off Thyristor）也叫门控晶闸管。可关断晶闸管也属于 PNPN 四层三端器件，其结构及等效电路和普通晶闸管相同。尽管 GTO 与 SCR 的触发导通原理相同，但二者的关断原理及关断方式截然不同。这是因为 SCR 在导通之后即处于深度饱和状态，而 GTO 在导通后只能处于临界饱和状态，所以 GTO 的控制极（门极）输入负向触发信号后就会关断。因此，可关断晶闸管保留了 SCR 的耐压高、电流大等优点，克服了它不能通过触发信号进行关断的缺陷，所以是理想的高压、大电流开关器件。GTO 的容量及使用寿命均超过巨型晶体管（GTR），只是工作频率比 GTR 低。目前，大功率可关断晶闸管已广泛用于斩波调速、变频调速、逆变电源等领域。中小功率的 GTO 实物外形及符号如图 2-89 所示。大功率 GTO 通常制成模块。

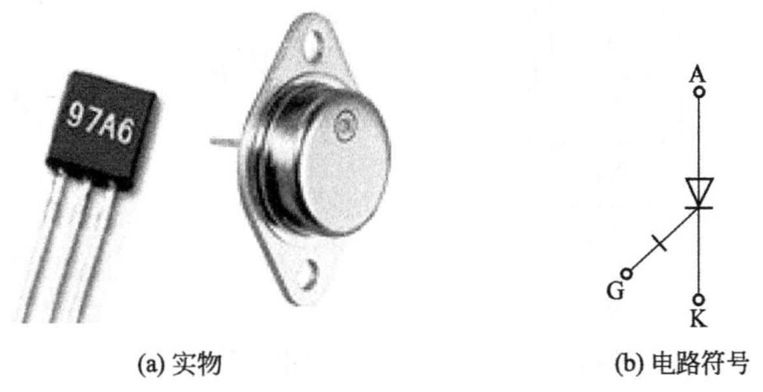

(a) 实物　　(b) 电路符号

图 2-89　可关断晶闸管实物和电路符号

可关断晶闸管最主要的参数就是关断增益 β_{off}。它是阳极最大可关断电流 I_{ATM} 与控制极最大负向电流 I_{GM} 之比，一般为几倍至几十倍。β_{off} 值越大，说明控制极电流对阳极电流的控制能力就越强。因此，β_{off} 与晶体管的电流放大倍数 h_{FE} 相似。

2. BTG 晶闸管

由于 BTG 晶闸管既可以作为晶闸管使用，也可以作为单结晶体管使用，所以也被称为程控单结晶体管 PUT 或可调式单结晶体管。BTG 晶闸管的外形和普通晶闸管相似，它的内部构成、等效电路和电路符号如图 2-90 所示。

参见图 2-91，BTG 晶闸管是一种四层三端逆阻型晶闸管。等效电路是由一只 PNP 型三极管 V1 和一只 NPN 型三极管 V2 组成。当它的控制极 G 与阳极 A 和阴极 K 之间分别安装分压电阻 R1、R2，并且在 A、K 极间加上正极性电压后，它就可以导通。这是因为供电电压 E 通过 R1、R2 取样后，使 V1 的 b 极电位低于它的 e 极电位 0.7V 后使它导通，从它的 c 极输出电压使 V2 导通，而它的 c 极电位为低电平，确保控制极的输入电压被切断后，仍可以维持 V1 的导通状态。

3. 光控晶闸管

光控晶闸管 LAT 是一种利用光信号触发导通的晶闸管。光控晶闸管属于 PNPN 四层三端器件，它的实物外形、内部结构、等效电路及符号如图 2-91 所示。

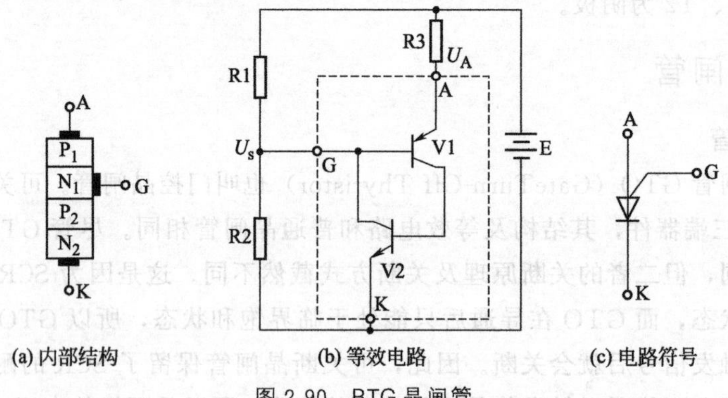

(a) 内部结构 (b) 等效电路 (c) 电路符号

图 2-90 BTG 晶闸管

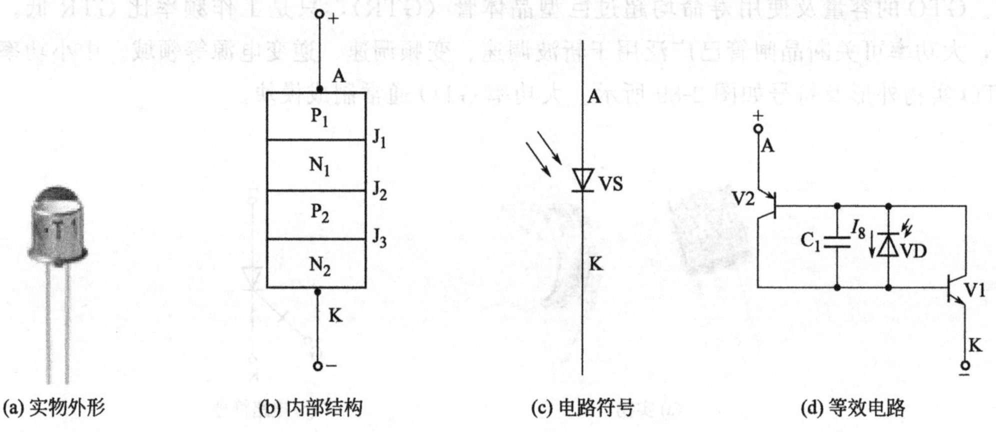

(a) 实物外形 (b) 内部结构 (c) 电路符号 (d) 等效电路

图 2-91 光控晶闸管

等效电路是由 NPN 晶体管 V1、PNP 晶体管 V2、光电二极管 VD 和消噪电容 C1 组成的。当单向晶闸管的阳极 A 和阴极 K 之间加上正极性电压时，它并不能导通，只有它的控制极有光信号电压输入后，它才能导通。这是因为光晶闸管有光信号输入后，使光电二极管 VD 导通，致使 V1 导通，它的 c 极电位为低电平，使 V2 导通，此时 V2 的 c 极输出电压又加到 V1 的 b 极，维持 V1 的导通状态。因此，光控晶闸管导通后，即使不再有光信号输入，它也会维持导通状态。只有使 A 极输入的电压足够小或为 A、K 极间加反向电压，光控晶闸管才能关断。

4. 逆导晶闸管

逆导晶闸管 RCT（Reverse Conducting Thyristor）也叫反向导通晶闸管。

逆导晶闸管的特点是在晶闸管的阳极与阴极之间反向并联一只二极管，使它具有耐高压、耐高温、关断时间短、通态电压低等优点。逆导晶闸管的关断时间仅几微秒，工作频率达到几十千赫兹，超过了快速晶闸管（FSCR）。一只 RCT 就可以胜任一只晶闸管和一只续流二极管的功能，不仅使用方便，而且简化了电路结构，所以 RCT 更适用于大功率开关电源、UPS 不间断电源。逆导晶闸管的电路符号与等效电路如图 2-92 所示。

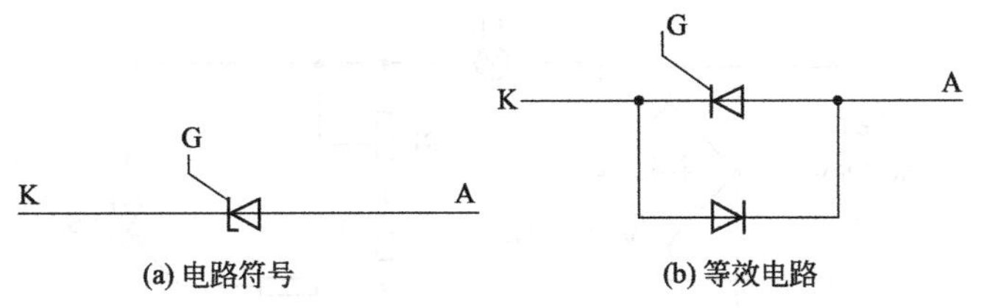

图 2-92 逆导晶闸管

四、整流电路识图

如图 2-93 所示是一种典型的晶闸管整流电路。控制电路产生的矩形触发脉冲加到两个单向晶闸管 VS1、VS2 的 G 极。当触发脉冲为高电平时，VS1、VS2 导通，对变压器 T 输出的交流电压进行整流；当触发脉冲为低电平期间，VS1、VS2 在交流电过零时截止。这样，在触发脉冲的作用下 VS1、VS2 就可以完成整流工作。另外，通过控制 VS1、VS2 的导通时间，就可以改变输出电压的大小。

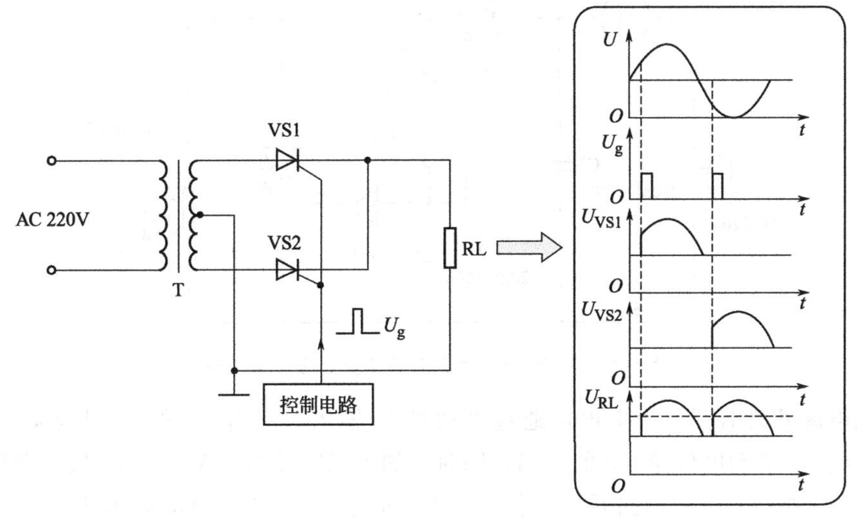

图 2-93 典型晶闸管整流电路及波形

五、台灯电路识图

如图 2-94 所示是一种采用单向晶闸管控制的台灯电路。该电路的核心元件是白炽灯 EL、单向晶闸管 VS。

在该电路中，市电电压通过 VD1～VD4 桥式整流产生脉动的直流电压，该电压通过照明灯 EL 不仅加到电位器 RP 的一端，同时还加到单向晶闸管 VS 的阳极。

旋转 RP 使 RP、R1、C 构成的充电回路开始工作，为 C 充电。当 C 的充电电压达到一定值时，利用 R2 限流为 VS 的控制极提供 0.7V 的触发电压，使 VS 导通，接通 EL 的供电回路，使 EL 开始发光。当旋转 RP 使 VS 的 G 极无触发电压输入后，它会在市电过零时截止，EL 熄灭，实现台灯的开关控制。

EL 发光期间，若调整 RP 改变 C 的充电速度，就可以改变 VS 的导通程度，也就改变了 EL 的供电电压大小，从而改变了 EL 的发光强度，实现了调光的目的。

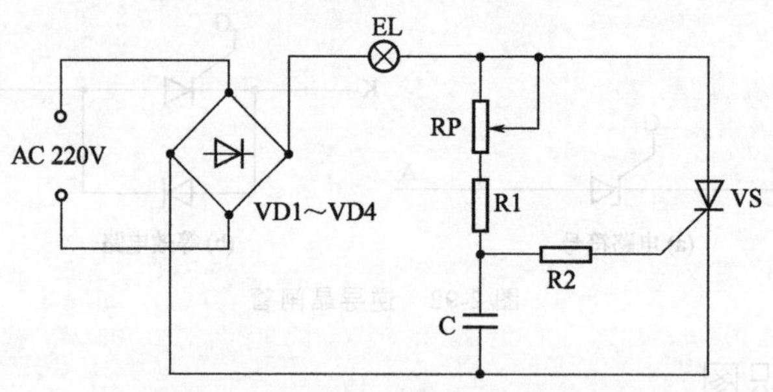

图 2-94　单向晶闸管调光式台灯电路

六、吸尘器电路识图

如图 2-95 所示是一种典型的调速式吸尘器电路。该电路核心元器件是电动机、双向晶闸管 VS、双向触发二极管 VD。

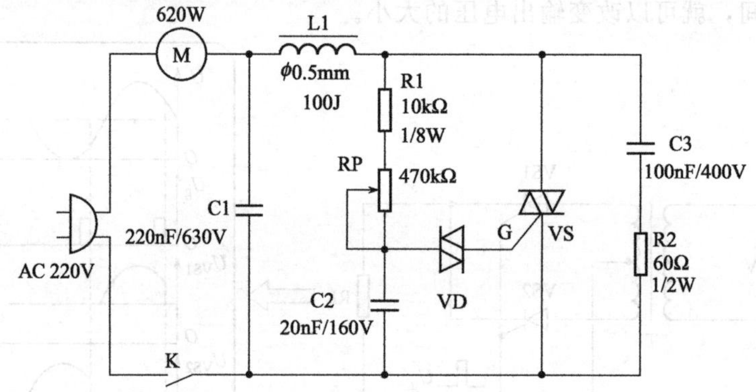

图 2-95　典型的双向晶闸管调速式吸尘器电路

接通电源开关 K 后，市电电压通过电动机 M 输入，利用 C1 和 L1 滤除高频干扰脉冲，不仅经 R1 加到电位器 RP 的一端，同时还加到双向晶闸管 VS 的 T1 极。调整 RP 使 RP、R1、C2 构成的充电回路开始工作，为 C2 充电。当 C2 的充电电压达到双向触发二极管 VD 的标称电压后，VD 导通，为 VS 的 G 极提供触发电压，使 VS 导通，接通 M 的供电回路，使 M 获得供电运转，开始吸尘。

调整 RP 改变 C2 的充电速度后，可改变 VS 的导通角大小，也就改变了 VS 输出电压的高低。M 两端电压增大后，M 转速加快，反之相反。这样，通过调整 RP 就可以改变吸尘的强弱。

由于电动机属于感性负载，所以为了保证双向晶闸管 VS 等元器件的可靠工作，还设置了由 C3、R2 构成的保护电路。

第七节　光电耦合器及其应用电路识图

一、光电耦合器简介

光电耦合器又称光耦合器或光耦，属于一种具有隔离传输性能的器件，已经广泛应用在彩色电视机、彩色显示器、电脑、音视频等各种控制电路中。常见的光电耦合器有 4 脚直插和 6 脚两种。其典型实物和电路符号如图 2-96 所示。

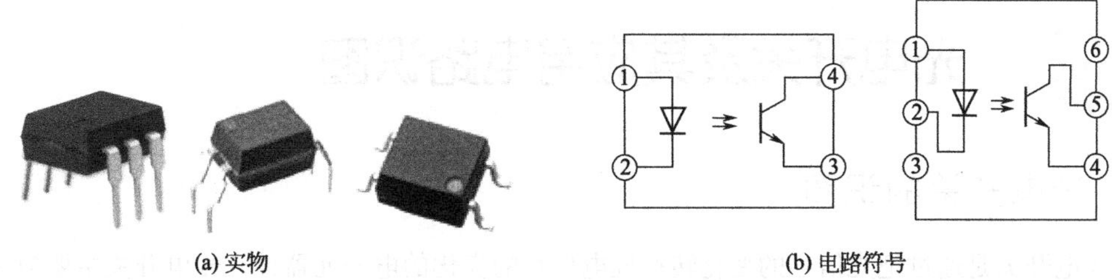

图 2-96 光电耦合器实物和电路符号

光电耦合器通常由一只发光二极管和一只光敏三极管构成。当发光二极管流过导通电流后开始发光，光敏三极管受到光照后导通，这样通过控制发光二极管导通电流的大小、改变其发光的强弱就可以控制光敏三极管的导通程度。

二、光电耦合电路识图

如图 2-97 所示是一种典型的开关电源的稳压控制电路。该开关电源的误差取样方式采用了直接取样方式，也就是该电源是通过对冷地侧的直流电压进行取样，再通过热地侧的调宽管控制开关管的导通时间，来实现稳压控制。

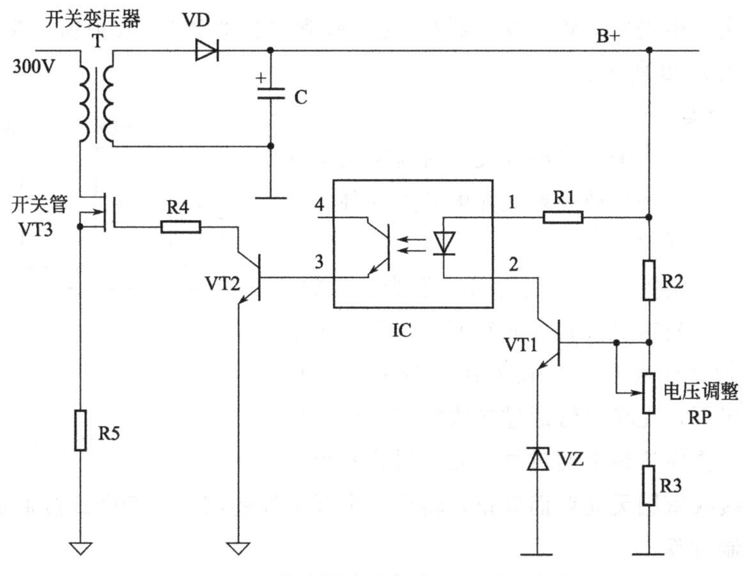

图 2-97 光电耦合器耦合两级放大电路

当 B+电压升高时，升高的 B+电压不仅通过 R1 使为 IC 的 1 脚提供的电压增大，而且通过 R2、RP、R3 取样后的电压升高，该电压加到 VT1 的 b 极，由于 VT1 的 e 极由稳压管 VZ 提供基准电压，所以 VT1 因 b 极输入电压升高而导通加强，它的 c 极电流增大，使 IC 内的发光二极管因导通电压增大而发光加强，与它对应的光敏三极管因受光加强而导通加强，从 IC 的 3 脚输出的电压增大，使调宽管 VT2 导通加强。VT2 导通加强后，通过 R4 使开关管 VT1 导通时间缩短，开关变压器 T 存储能量下降，B+电压下降到正常值。反之控制过程相反。这样通过IC的耦合，将冷地端的误差取样放大信号传递给热地端的调宽电路，从而控制开关管的导通时间，实现稳压控制。

第八节 光电开关及其应用电路识图

一、光电开关的识图

光电开关是通过把光信号的变化转换成电信号的变化的电子元器件。光电开关主要应用在录像机、复印机、打印机、柜式空调器等电子产品内。常见的光电开关实物如图2-98所示。

图2-98 光电开关实物

1. 光电开关的构成

光电开关主要由光发射管（发送器）、光接收管（接收器）、发射窗、接收窗、外壳、引脚构成，如图2-99所示。

2. 光电开关的分类

光电开关主要分为槽型光电开关、对射型光电开关、反光型光电开关和扩散反射型光电开关四种。

(1) 槽型光电开关

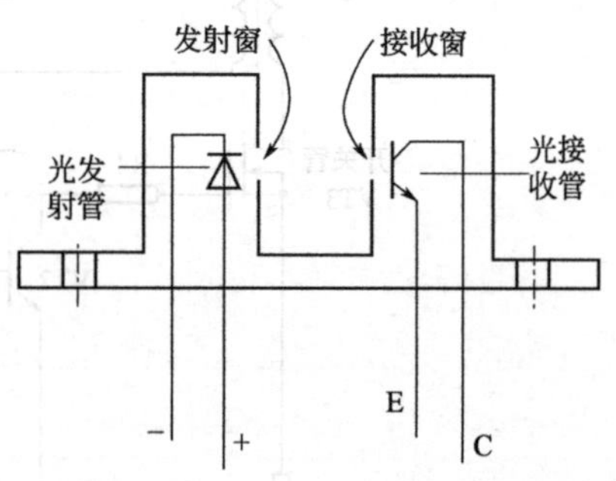

图2-99 典型光电开关的构成

槽型光电开关是把一个光发射管（发光二极管）和一个光接收管（光敏三极管）面对面地装在一个槽的两侧。光发射管能通过发射窗发出红外光或可见光，在无阻情况下，光接收管通过接收窗接收到光信号而导通。当有物体从槽中通过时，光发射管发出的光被遮挡，光接收管因无光照而截止，输出一个开关控制信号，切断或接通负载电流，从而完成一次控制过程。

【提示】 槽形开关的发射窗口与接收窗口因受整体结构的限制，一般只有几十毫米到几厘米。

(2) 对射型光电开关

对射分离式光电开关简称对射式光电开关，它是把光发射管和光接收管分开安装，加大了检测距离，能够达到几米甚至几十米。使用时把光发射管和光接收管分别安装在检测物通过路径的两侧，检测物通过时阻挡光路，光接收管就截止，输出一个开关控制信号，实现开关控制。

(3) 反光板型光电开关

反光板反射式也叫反射镜反射式，它是把光发射管和光接收管装入同一个装置内，在它的前方装一块反光板，利用反射原理完成光电控制作用的。正常情况下，反光板将光发射管发出的光反射给光接收管，使它导通。当有物体将光路挡住，光接收管因收不到光信号而截止，输出一个开关控制信号。

（4）扩散反射型光电开关

扩散反射型光电开关的前方没有反光板，而在检测头里安装了一个光发射管和一个光接收管。正常情况下，光发射管发出的光线是不能被光接收管接收的，使光接收管截止。当检测物通过时挡住了光信号，并把部分光线反射给光接收管，光接收管收到光信号后导通，输出一个开关信号。

二、光电开关应用电路识图

光电开关的应用电路和光电耦合器应用电路基本相同，也可以构成放大电路、开关控制电路，并且工作原理基本相同，不再介绍。

第九节 电感及其应用电路识图

一、电感线圈的识图

电感线圈简称电感，将一根导线绕在磁芯上就构成一个电感，一个空芯线圈也属于一个电感。因此，它是一种电抗器件，在电路中用字母“L”表示。它在电路里主要的作用是扼流、滤波、调谐、延时、耦合、补偿等。

1. 电感的特性

电感的主要物理特性是将电能转换为磁能，并储存起来，它是一个储存磁能的元件。电感在电路中的一些特殊性质与电容刚好相反。电感中的电流不能突变，这与电容两端的电压不能突变的原理相似。因此，在电路分析中常称电感为“惯性元件”。

2. 电感的单位

电感的单位是亨（H），常用的单位有毫亨（mH）、微亨（μH），其换算关系是：1H＝1000mH　1mH＝1000μH。

3. 电感的分类与识图

电感按使用特征可以分为固定电感和可变电感两种；按导磁体性质可分为空芯线圈、铁氧体线圈、铁芯线圈和铜芯线圈等多种；按工作性质可分为天线线圈、振荡线圈、扼流线圈、陷波线圈、偏转线圈等多种；按绕线结构可分为单层线圈、多层线圈和蜂房式线圈等多种；按焊接方式可分为直插焊接式和贴面焊接式两种方式。典型电感特点及其电路符号如图 2-100 所示。

二、滤波电路识图

如图 2-101 所示是一种典型的电感滤波电路。该电路的主要元器件是电感 L 和电容 C1、C2。

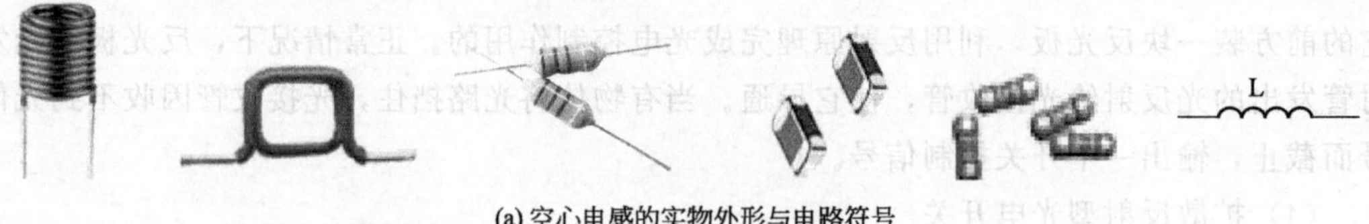

(a) 空心电感的实物外形与电路符号

(b) 铁氧体电感实物外形与电路符号

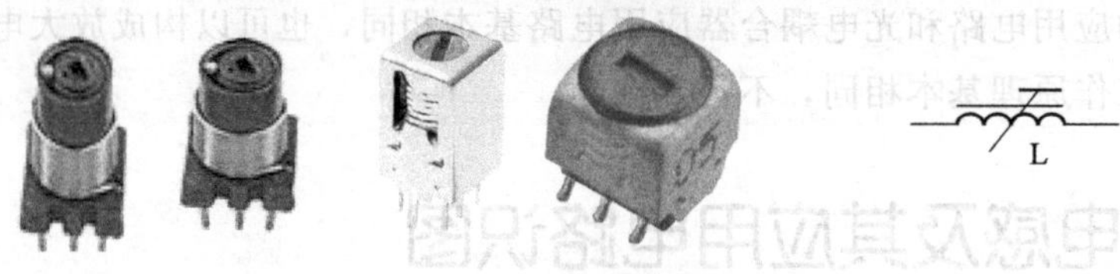

(c) 可调电感的实物外形与电路符号

图 2-100　常见的电感与电路符号

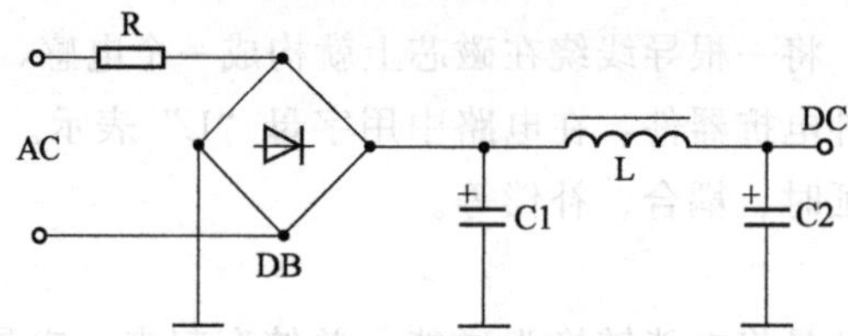

图 2-101　电感滤波电路

L、C1、C2 组成的是π形滤波器。交流电压 AC 通过整流堆 DB 桥式整流，C1 滤波，再利用 L 将脉动电压的交流部分进行阻流，随后通过 C2 进一步滤波，就可以获得较为纯净的直流电压。

三、阻高频电路识图

如图 2-102 所示是一种典型的彩色电视机、彩色显示器水平枕形失真校正电路。在该电路内，VT 是放大管，L 是调制电感，C 是调制电容。

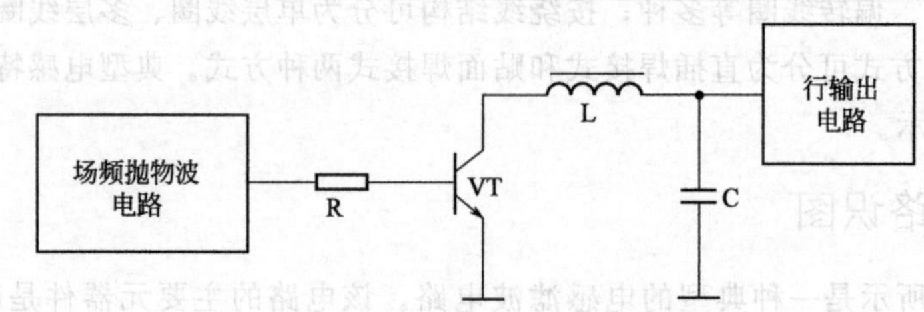

图 2-102　水平枕形失真校正电路

由场频抛物波电路输出的场频抛物波信号通过 R 限流，利用 VT 倒相放大，通过 L 加到行输出电路，对行频信号进行调制，实现水平方向的枕形失真校正。由于 L 具有阻高频功能，所以行输出电路产生的高频脉冲不能进入场扫描电路。

四、LC 谐振电路识图

如图 2-103 所示是电磁炉采用的一种典型 LC 谐振电路。该电路的核心元器件是功率管 IGBT、谐振电容 C2、谐振线圈（线盘）L2、阻尼管 VD。

【提示】 由于 C2 与 L2 并联，所以主回路组成的谐振回路为电压谐振，又因 IGBT 的 C、E 极两端接有阻尼管 VD，所以该谐振回路属于准谐振回路。对于熟悉彩色电视机行输出电路原理的维修人员，该电路的原理可谓是一目了然。

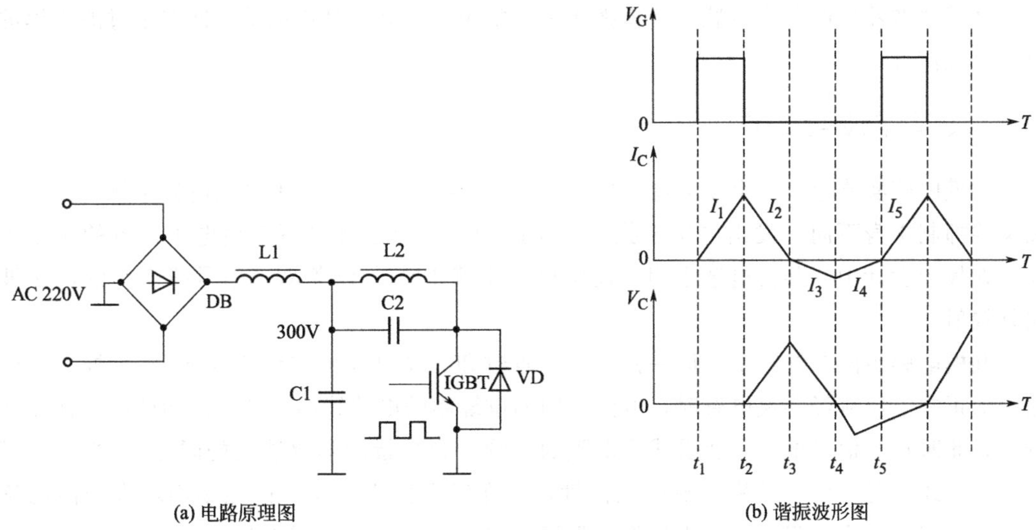

图 2-103 功率变换器及谐振波形

$t_1 \sim t_2$ 期间，高电平激励脉冲加至 IGBT 的栅极使它饱和导通，300V 电压通过 L2 和 IGBT 的集电极、发射极构成导通回路，因流过电感的电流不能突变，所以 IGBT 的集电极电流 I_C（I_1）在 $t_1 \sim t_2$ 期间线性增大，使 L2 产生左正、右负的电动势，到达 t_2 时刻电流达最大。

$t_2 \sim t_3$ 期间，由于激励脉冲变为低电平，IGBT 截止，由于 I_C 不能突变为 0，所以 L2 通过自感产生右正、左负的电动势以阻止电流的突变，该电动势对 C2 充电，充电电压由低逐渐升高，实现功率管的零电压关断，即 IGBT 关断瞬间它的集电极电压最低。C2 充电产生电流 I_2，到达 t_3 时刻 I_2 变为 0，C2 右端电压达到最大，它与 C1 两端电压叠加后加到 IGBT 的集电极、发射极，此电压就是 IGBT 截止期间产生的反峰电压，相当于彩色电视机中行输出管集电极上产生的逆程电压。

$t_3 \sim t_4$ 期间，由于 IGBT 继续截止，所以 C2 存储的电压通过 L2 放电，产生放电电流 I_3，当 I_3 达到负的最大值，C2 放电结束，它存储的电能又转为 L2 中的磁能。

$t_4 \sim t_5$ 期间，因 I_3 不能突变为 0，于是 L2 再次产生左正、右负的电动势，该电动势通过 C1 和阻尼管 VD 构成的回放电路，放电不仅可阻止振荡的持续进行，而且产生电流

I_4 为 C1 补充能量，当电流 I_4 为 0 时放电结束。t_5 时刻，IGBT 在高电平激励脉冲作用下再次导通，实现功率管的零电压导通。IGBT 导通后，产生导通电流 I_5，重复以上过程，在线盘 L2 上就产生了和激励脉冲工作频率 f(20～30kHz) 相同的脉冲电流。

综上所述，在一个谐振周期内，只有导通电流 I_1 是电源供给 L2 的能量，所以加热功率的大小主要取决于 I_1 的大小。因 I_1 与 IGBT 的导通时间成正比，所以通过调节激励脉冲的宽度就可实现加热功率的调节，当占空比大时 IGBT 导通时间延长，I_1 增大，输出功率大，反之结果相反。

第十节 共模滤波器及其应用电路的识图

共模滤波器也叫共模电感、共模扼流圈。常用于电器产品市电输入回路中过滤共模的电磁干扰信号。

一、共模滤波器识图

共模电感实质上是一个双向滤波器，它一方面要滤除信号线上共模电磁干扰，另一方面又要抑制本身不向外发出电磁干扰，避免影响同一电磁环境下其他电子设备的正常工作。在板卡设计中，共模电感也用于滤除电磁干扰 EMI，以免高速信号线产生的电磁波向外辐射。

共模电感由两个线圈绕在同一铁芯上，匝数和相位都相同（绕制反向）。这样，当电路中的正常电流流经共模电感时，电流在同相位绕制的电感线圈中产生反向的磁场而相互抵消，此时正常信号电流主要受线圈电阻的影响（和少量因漏感造成的阻尼）；当有共模电流流经线圈时，由于共模电流的同向性，会在线圈内产生同向的磁场而增大线圈的感抗，使线圈表现为高阻抗，产生较强的阻尼效果，以此衰减共模电流，达到滤波的目的。典型的共模滤波器如图 2-104 所示。

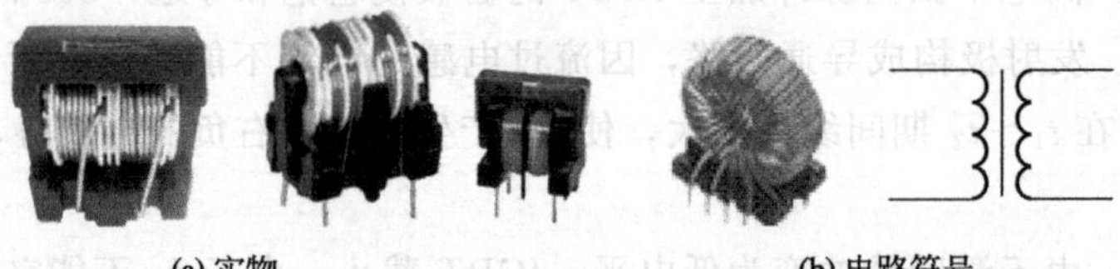

(a) 实物　　(b) 电路符号

图 2-104　共模滤波器

二、共模滤波电路识图

图 2-105 是典型的共模滤波器应用电路。该电路由共模滤波器 L 和电容 C1、C2 构成。

该电路利用 L 对市电电网内的高频干扰信号进行抑制，以免高频干扰脉冲进入该设备，影响它的正常工作，同时也对该设备产生的高频干扰进行抑制，以免它窜入市电电网，影响其他电气设备的正常工作。

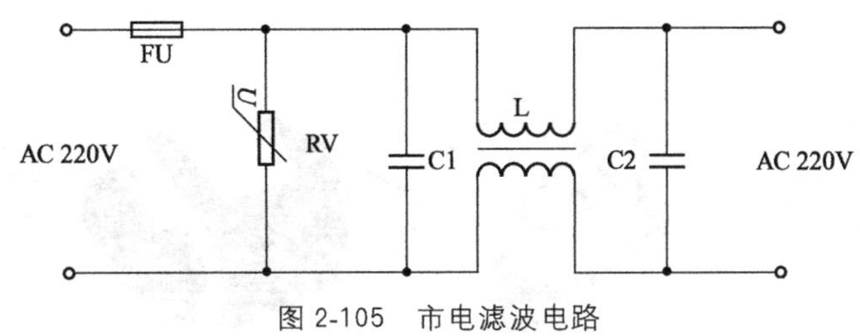

图 2-105　市电滤波电路

第十一节　变压器及其应用电路识图

变压器是利用线圈互感的原理制成的电子元器件，广泛应用在各个领域的电子产品内。变压器的主要功能有电压变换、阻抗变换、隔离耦合、稳压（磁饱和变压器）等多种。变压器在电路中常用“T”、“B”或“TR”等字母表示。变压器常用的电路符号如图 2-106 所示，常见实物如图 2-107 所示。

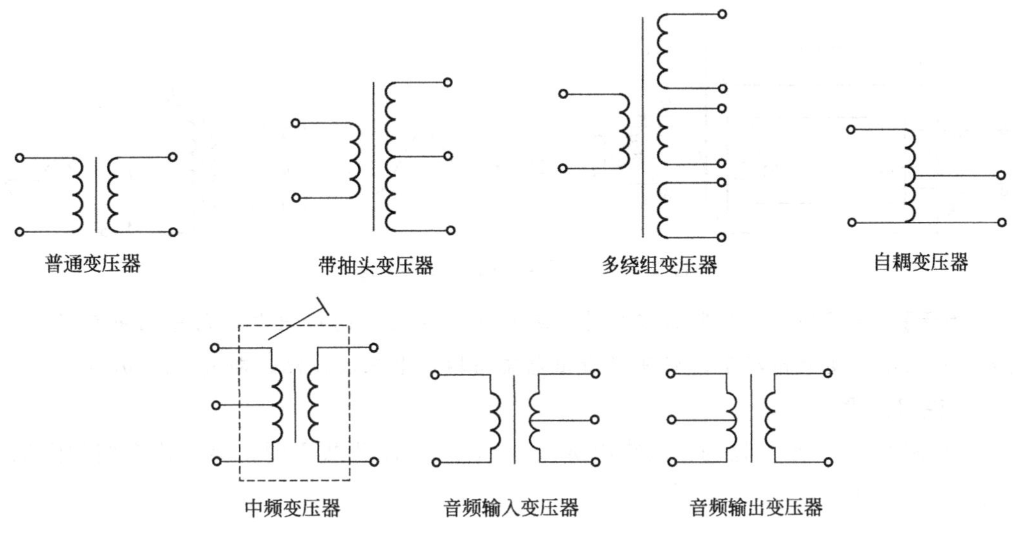

图 2-106　变压器常用的电路符号

一、变压器的构成

变压器由铁芯（或磁芯）和绕组（线圈）组成，绕组有两个或两个以上，其中接电源的绕组叫一次绕组，其余的绕组叫二次绕组。

二、变压器的基本原理

1. 电压变换原理

参见图 2-108，变压器的一次绕组 n_1 输入交流电压时，一次绕组就会有交流电流流动，铁芯（或磁芯）内会产生交流磁通，使二次绕组 n_2 感应出交流电压。n_2 绕组感应电压的大小取决于 n_2 绕组与 n_1 绕组的匝数比，即 $u_2=u_1(n_2/n_1)$。

图 2-107　变压器实物

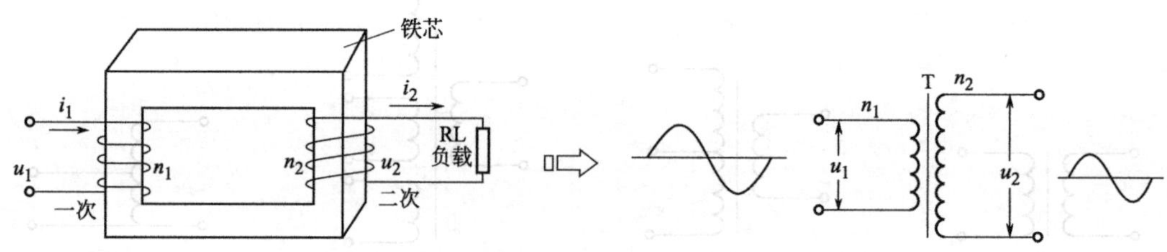

图 2-108　变压器的电压变换原理图

【提示】 为了保证变压器正常工作，还应了解变压器的输出电流与输出电压的关系。通常，在铁芯不变的情况下，变压器输出电流与输出电压成反比，即 $i_2=i_1(n_1/n_2)$。

2. 阻抗变换原理

参见图 2-109，变压器的一次绕组 n_1、二次绕组 n_2 匝数不同，会导致它们的阻抗也不同，即 $R_2=R_1(n_2/n_1)^2$。

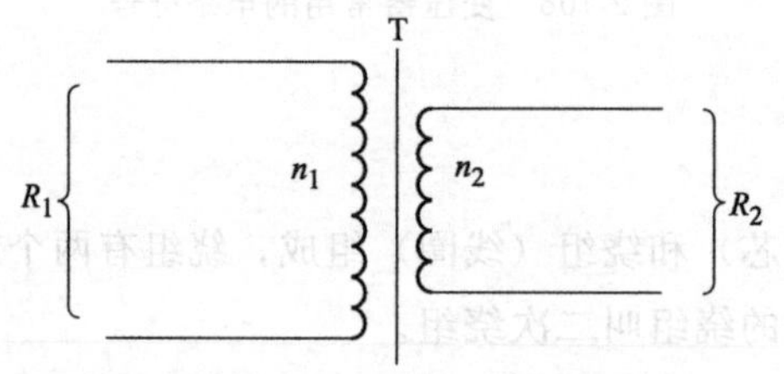

图 2-109　变压器的阻抗变换原理图

3. 相位变换原理

参见图 2-110，在绕制变压器一次绕组、二次绕组时，根据绕制方向的不同，就可以确定各个绕组的相位关系。图中绕组一端标注的黑点就是同名端的标记，即标有同名端的端上的电压极性相同。

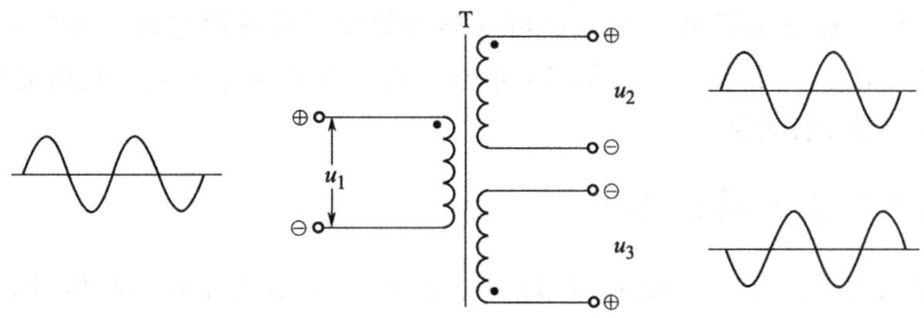

图 2-110 变压器的相位变换原理图

4. 变压器的隔离特性

变压器的隔离特性是指变压器二次绕组与一次绕组是隔离的，也就是说一次绕组在输入 220V 市电电压时，用手摸二次绕组的一个端子的输出电压，由于不能和一次绕组构成回路，所以一般不会发生触电事故。

【提示】 如果变压器匝数比为 1∶1，则说明该变压器就是隔离变压器。

【注意】 接入隔离变压器后，也不能用两只手同时接触隔离变压器的两个输出端，否则会发生触电事故。

三、彩电行激励电路识图

变压器耦合方式就是后级放大器的输入端通过变压器接在前级放大器的输出端上。变压器耦合放大电路主要应用在需要冷、热地隔离或需要提升驱动电流的场合。

如图 2-111 所示是一种典型的彩色电视机行激励电路。该电路内的 VT1 是行激励管，VT2 是行输出管，U_i 是行激励信号，R 是行激励电路的供电限流电阻，C 是滤波电容，T2 是行输出变压器。

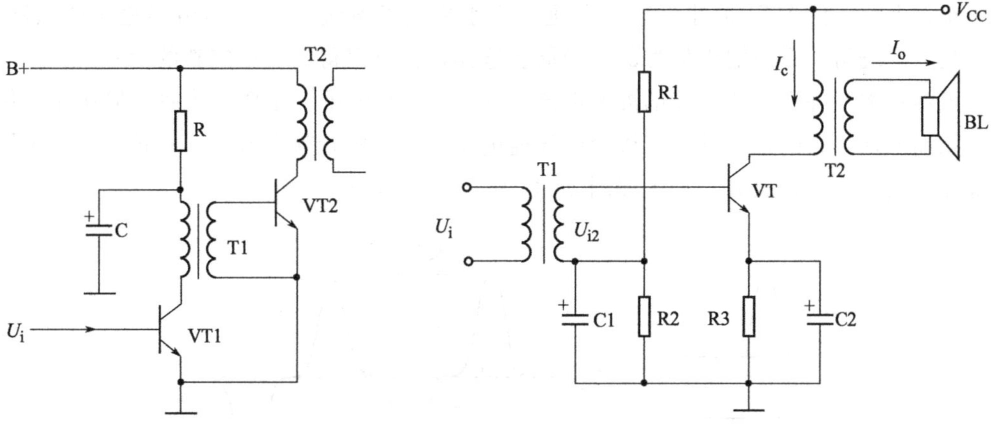

图 2-111 变压器耦合两级放大电路

图 2-112 收音机应用的甲类功率放大器

行激励信号 U_i 经 VT1 的基极，通过 VT1 倒相放大后，再利用行激励变压器 T1 变换为电压较低，但电流较大的激励信号，驱动行输出管 VT2 工作在开关状态。

四、甲类功率放大器识图

甲类功率放大器的功率放大管 VT 的 b 极接有偏置电阻，在整个信号周期内 VT 都会有导通电流，但工作效率不足50%，所以仅早期的收音机采用它做末级放大器，如图2-112所示。输入信号U_i经激励变压器T1耦合，再经VT倒相放大，利用输出变压器T2耦合，推动扬声器BL发音。

五、乙类功率放大器识图

乙类功率放大器没有偏置电阻，所以静态电流为0，也就是在激励信号的正半周期间导通，在负半周期间截止。为了使放大电路在整个信号周期都可以工作，乙类功率放大器多采用两个不同极性的三极管轮流工作，从而构成了乙类互补推挽放大器。典型的乙类互补推挽放大器如图2-113所示。其中，变压器耦合式乙类互补推挽放大器主要应用在早期扩音机等电路中。

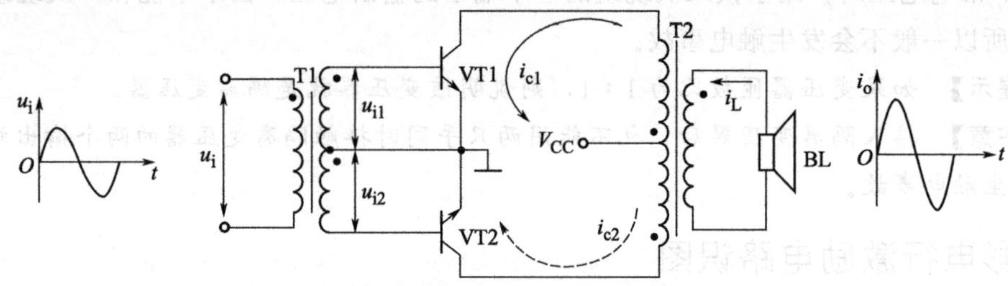

图2-113　乙类互补推挽放大器及波形

静态时，VT1、VT2因基极没有导通电压输入而截止。当输入信号U_i的正半周加到激励变压器T1的一次绕组后，它的两个二次绕组耦合输出的信号都为上正、下负，使VT2截止、VT1导通，产生集电极电流i_{c1}，该电流经输出变压器T2耦合到二次绕组，形成输出信号的上半周；U_i的负半周信号经T1耦合后，它的两个二次绕组输出的信号都为下正、上负，使VT1截止、VT2导通，产生集电极电流i_{c2}，该电流经输出变压器T2耦合到二次绕组，形成输出信号的负半周。这样，就可以得到一个完整的信号。

虽然乙类互补推挽放大器的静态电流为0，降低了功耗，提高了效率，但在输入信号的初期和末期，它的幅度低于三极管的导通电压时，三极管就会截止，导致正、负半周交接部分的信号不能被放大，产生如图2-114所示的交越失真。

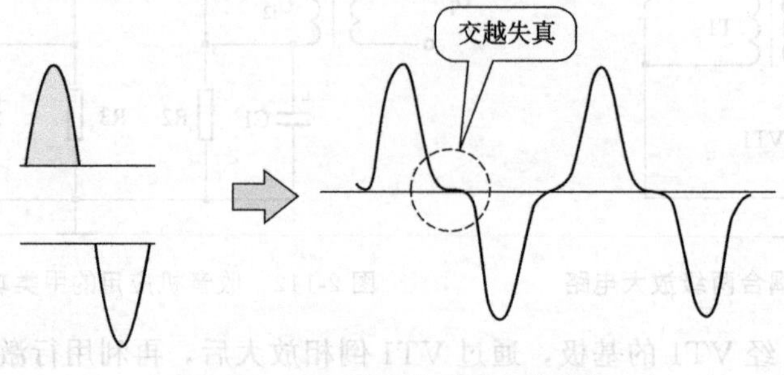

图2-114　乙类放大器的交越失真

六、变压器式电源电路识图

电源变压器的功能是将220V市电电压降为几伏到几十伏的交流电压，以满足线性稳压电源电路正常工作的需要。如图 2-115 所示是一种典型线性稳压电源电路。该电路的核心器件是变压器 T1。

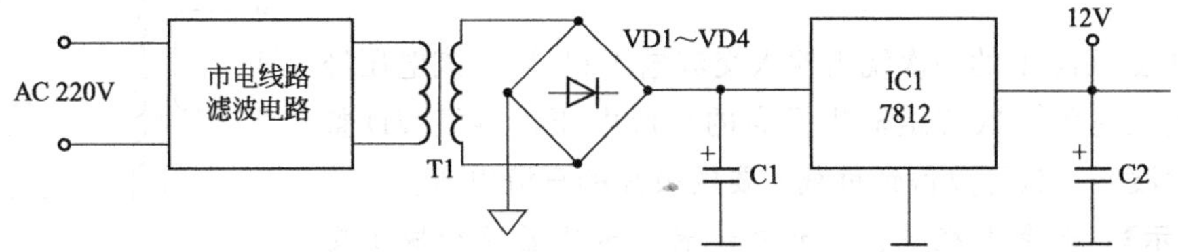

图 2-115 线性稳压电源电路

220V 市电电压加到变压器 T1 的初级绕组，利用 T1 降压后从它的次级绕组输出 15V（与市电电压高低有关）左右的交流电压，经 VD1～VD4 桥式整流，C1 滤波产生的直流电压利用三端稳压器 IC1（7812）稳压，C2 滤波获得 12V 直流电压，为它的负载供电。

T1 的一次绕组内部通常安装了温度型熔断器。当 VD1～VD4、滤波电容 C1 或稳压器 IC1 击穿，使 T1 的绕组因过电流而迅速发热，且温度达到温度型熔断器的标称温度值后，它内部的熔断器熔断，切断市电输入回路，以免扩大故障，实现了过热保护。

七、开关电源识图

开关变压器是开关电源的主要器件。如图 2-116 所示是一种典型的他励式开关电源的局部电路。

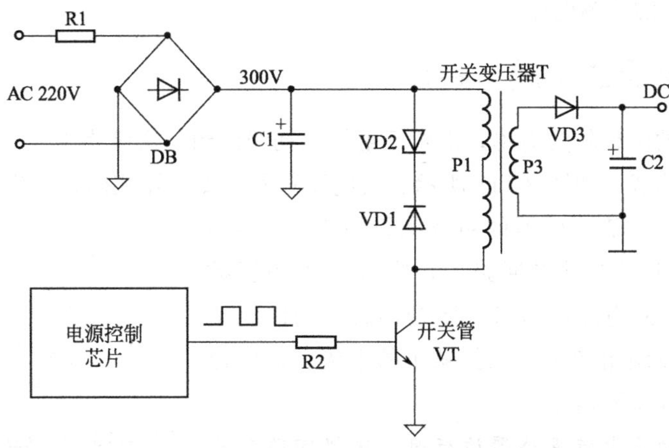

图 2-116 他励式开关电源局部电路

电源控制芯片输出的激励脉冲为高电平时，通过 R2 限流使 VT 导通，它的集电极电流使 P1 绕组产生上正、下负的电动势，此时由于 T 二次绕组 P3 的电动势为下正、上负，整流管 VD3 截止，所以能量存储在 T 内部。当激励脉冲为低电平时 VT 截止，T 的 P1 绕组产生反相的电动势，于是 P3 绕组产生上正、下负的电动势，该电动势通过 VD3 整流、C2 滤波后产生直流电压，为负载供电。

八、变压器式升压电路识图

升压变压器主要应用在微波炉磁控管供电电路、空气清新电路、煤气灶点火器等电路上。如图 2-117 所示是一种典型的升压变压器应用电路。该电路的核心元器件是升压变压器 T、高压整流管 VD、滤波电容 C。

升压变压器 T 的一次绕组输入交流电压 U_i 后，该电压经 T 变换后从它的二次绕组输出升高的交流电压，再经 VD 整流、C 滤波后，就可以得到负载需要的极高的直流电压。

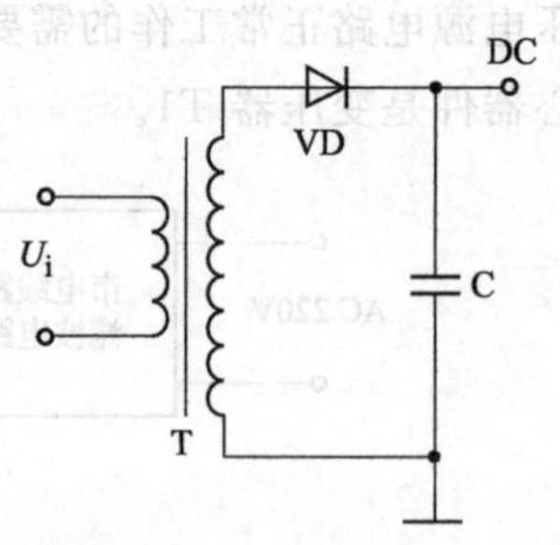

图 2-117　升压变压器应用电路

【提示】 彩色电视机、彩色显示器、示波器的行输出变压器也属于升压变压器。

【方法与技巧】 由于用万用表很难确认绕组匝间短路，所以最好采用同型号的高频变压器代换检查；引脚根部的铜线开路时，多会导致开关电源没有一种电压输出，这种情况可直接更换或拆开变压器后接好开路的部位。

第十二节　电流互感器及其应用电路识图

一、电流互感器的作用

电流互感器的作用是可以把数值较大的一次电流通过一定的变比转换为数值较小的二次电流，用来进行保护、检测等用途。如变比为 20∶1 的电流互感器，可以把实际为 20A 的电流转变为 1A 的检测电流。

二、电流互感器的构成与特点

电流互感器的结构较为简单，由相互绝缘的初级绕组、次级绕组、铁芯及构架、接线端子（引脚）等构成，如图 2-118 所示。其电路符号与变压器相同，工作原理与变压器也基本相同。不过，电流互感器的初级绕组的匝数（N_1）较少，直接串联于市电供电回路中，次级绕组的匝数（N_2）较多，与检测电路串联形成闭合回路。初级绕组通过电流时，次级绕组产生按比例减小的电流。该电流通过检测电路形成检测信号。

图 2-118　电流互感器外形示意图

【注意】 大功率电流互感器运行时，次级回路不能开路。否则初级回路的电流会成为励磁电流，将导致磁通和次级回路电压大大超过正常值而危及人身及设备安全。因此，电流互感器次级回路中不允许接熔断器，也不允许在运行时未经旁路就拆卸电流表及继电器等设备。

三、电流互感器的应用电路

图 2-119 是电流互感器典型应用电路。压缩机的一根电源线穿过 T2 的磁芯，这样 T2 就可以对压缩机的工作电流进行检测，T2 二次绕组感应的电压经 D5～D8 桥式整流，再通过 C5 滤波后，就可获得与回路电流成正比的取样电压。该电压利用 R5 和可调电阻 VR1 钳位后，加到微处理器 IC1 的 7 脚。

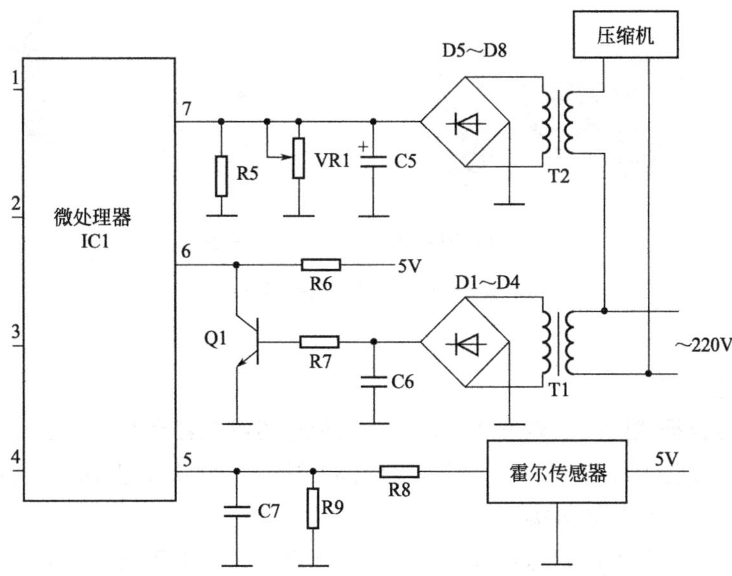

图 2-119　典型的空调器压缩机电流检测电路

当压缩机运行电流超过设定值后，使 T2 二次绕组输出的电流增大，经整流、滤波后使 C5 两端产生的取样电压升高，被 IC1 识别后，IC1 输出压缩机停转信号，使压缩机停止工作，以免压缩机过流损坏，实现压缩机过流保护。

第十三节 继电器及其应用电路识图

继电器是一种控制器件，通常应用于自动控制电路中。它由控制系统（又称输入回路）和被控制系统（又称输出回路）两部分构成。它实际上是用较小的电流、电压的电信号或热、声音、光照等非电信号去控制较大电流的一种“自动开关”。由于继电器具有成本低、结构简单等优点，所以广泛应用在工业控制、交通运输、家用电器等领域。

一、继电器的分类

继电器按工作原理可分为电磁继电器、固态继电器、时间继电器（SSR）、温度继电器、压力继电器、风速继电器、加速度继电器、光继电器、声继电器等多种。其中，电磁继电器和固态继电器两种继电器应用范围最广。继电器按功率大小可分为大功率继电器、中功率继电器和小功率继电器等多种。继电器按封装形式可分为密封型继电器和裸露式继电器两种。

二、电磁继电器识图

电磁继电器的线圈通过产生电磁场控制触点接通或断开。电磁继电器一般由线圈、铁芯、衔铁、触点簧片、外壳、引脚等构成。常见的电磁继电器的实物如图 2-120 所示。

【提示】 在固态继电器未应用时，人们习惯将电磁继电器称为继电器，所以目前资料上所介绍的继电器多指电磁继电器。

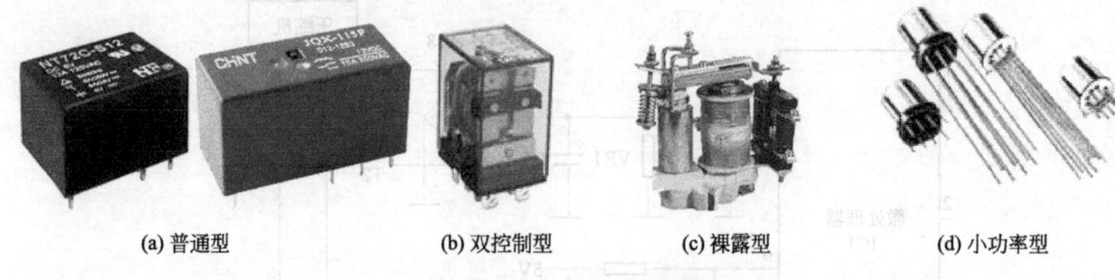

(a) 普通型　(b) 双控制型　(c) 裸露型　(d) 小功率型

图 2-120　电磁继电器实物

1. 分类

（1）按供电方式分类

电磁继电器根据线圈的供电方式可以分为直流电磁继电器和交流电磁继电器两种，交流电磁继电器的外壳上标有“AC”字符，直流电磁继电器的外壳上标有“DC”字符。

（2）按触点的工作状态分类

电磁继电器根据触点的状态可分为常开型电磁继电器、常闭型电磁继电器和转换型电磁继电器三种。三种电磁继电器的电路符号如图 2-121 所示。

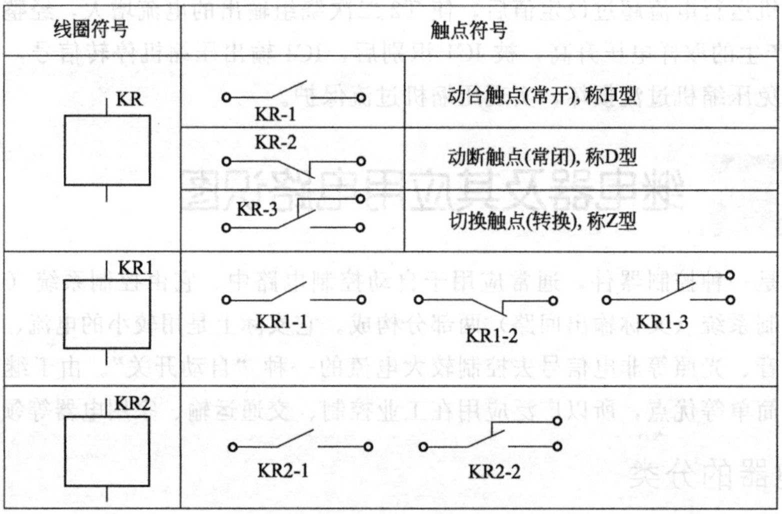

线圈符号	触点符号	
KR	KR-1	动合触点(常开), 称H型
	KR-2	动断触点(常闭), 称D型
	KR-3	切换触点(转换), 称Z型
KR1	KR1-1　KR1-2　KR1-3	
KR2	KR2-1　KR2-2	

图 2-121　普通电磁继电器的电路符号

常开型电磁继电器也叫动合型电磁继电器，通常用“合”字的拼音字头“H”表示。此类继电器的线圈没有导通电流时，触点处于断开状态，当线圈通电后触点就闭合。

常闭型电磁继电器也叫动断型继电器，通常用“断”字的拼音字头“D”表示。此类继电器的线圈没有电流时，触点处于接通状态，通电后触点就断开。

转换型电磁继电器用“转”字的拼音字头“Z”表示，转换型有三个一字排开的触点，中间的触点是动触点，两侧的是静触点。此类继电器的线圈没有导通电流时，动触点与其中的一个触点接通，而与另一个断开；当线圈通电后触点移动，与原闭合的触点断开，与原断开的触点接通。

（3）按控制路数分类

电磁继电器按控制路数可分为单路继电器和双路继电器两大类。双路继电器设置了两组可以同时通断的触点，如图 2-122 所示。

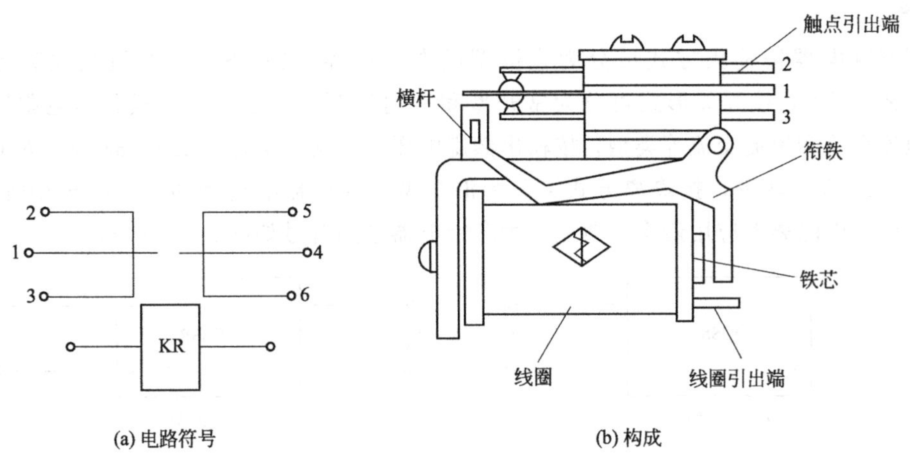

图 2-122　双路继电器

2. 工作原理

参见图 2-122，为电磁继电器的线圈加上额定电压后，线圈中的电流使线圈产生磁场，通过铁芯将衔铁吸下，衔铁上的杠杆推动弹簧使动触点与静触点闭合。当线圈断电后，线圈产生的磁场消失，衔铁在簧片作用下复位，使动触点与静触点断开。

三、固态继电器识图

固态继电器（Solid State Relays，简称为 SSR）是一种由分离器件、膜固定电阻和芯片构成的无触点电子开关，内部无任何可动的机械部件。常见的固态继电器实物如图 2-123 所示。

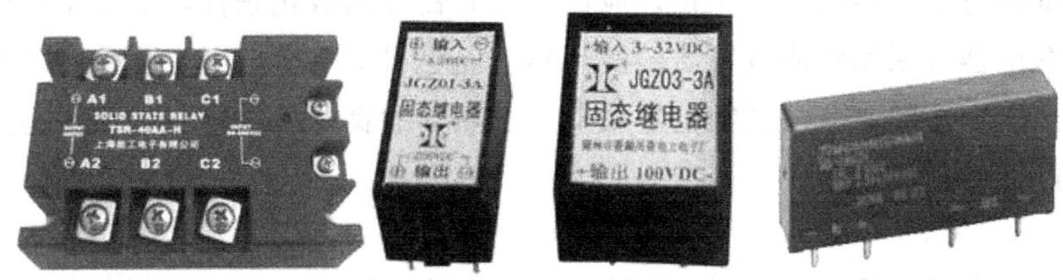

图 2-123　固态继电器实物

1. 特点

一是输入控制电压低（3～14V），驱动电流小（3～15mA），输入控制电压与 TTL、DTL、HTL 电平兼容，直流或脉冲电压均能作输入控制电压；二是输出与输入之间采用光电隔离，可在以弱控强的同时，做到强电与弱电完全隔离，两部分之间的安全绝缘电压大于 2kV，符合国际电气标准；三是输出无触点、无噪声、无火花、开关速度快；四是输出部分内部一般含有 RC 过电压吸收电路，以防止瞬间过电压而损坏固态继电器；五是过零触发型固态继电器对外界的干扰非常小；六是采用环氧树脂全灌封装，具有防尘、耐湿、寿命长等优点。因此，固态继电器已广泛应用在各个领域，不仅可以用于加热管、红外灯管、照明灯、电动机、电磁阀等负载的供电控制，而且还应用到电磁继电器无法应用的单片机控制等领域，最终将逐步替代电磁继电器。

2. 分类

固态继电器按输出方式可分为直流型固态继电器（DCSSR）、交流型固态继电器（ACSSR）两种，按开关形式可分为常开型和常闭型两种，按输入方式分为电阻限流直流、恒流直流和恒流交流等类型，按输出额定电压分为交流电压（220～380V）及直流电压（30～180V）两种，按隔离方式可分为混合型、变压器隔离型和光电隔离型等多种。其中，以光电隔离型应用最多。典型的固态继电器电路符号如图 2-124 所示。

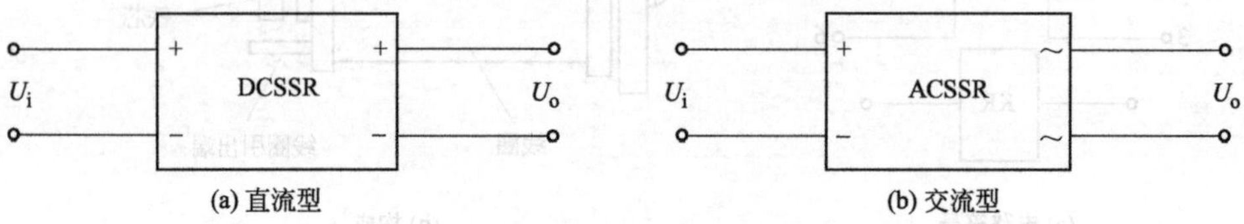

图 2-124　固态继电器电路符号

目前，直流型固态继电器的输出器件主要使用大功率三极管、大功率场效应管、IGBT 等；交流型固态继电器的控制器件主要使用单向晶闸管、双向晶闸管。交流型固态继电器按触发方式又分为过零触发型和随机导通型两种。其中，过零触发型固态继电器是当控制信号输入后，在交流电源经过零点电压附近时导通，所以干扰很小且导通损耗低。随机导通型固态继电器则是在交流电源的任一相位上导通或关断，因此在导通瞬间可能产生较大的干扰，并且它内部的晶闸管容易因导通损耗大而损坏。交流型固态继电器按采用的输出器件不同，分为双向晶闸管普通型和单向晶闸管反并联增强型两种。由于单向晶闸管比双向晶闸管具有阻断电压高和散热性能好等优点，所以单向晶闸管及并联增强型多被用来制造高电压、大电流产品和用于感性、容性负载中。

为了保证固态继电器的正常工作，应保证其有良好的散热条件，额定工作电流在 10A 以上的固态继电器应采用铝质或铜质的散热器进行散热，100A 以上的固态继电器应采用风扇强制散热。在安装时应注意继电器底部与散热器的良好接触，并考虑涂适量导热硅脂以达到最佳散热效果。

3. 构成

固态继电器主要由输入（控制）电路、驱动电路、输出（负载控制）电路、外壳和引脚构成。

（1）输入电路

输入电路的功能是为固态继电器的触发信号提供输入回路。固态继电器的输入电路多为直流输入，个别的为交流输入。直流输入又分为阻性输入和恒流输入。阻性输入电路的输入控制电流随输入电压呈线性正向变化；恒流输入电路在输入电压达到预置值后，输入控制电流不再随电压的升高而明显增大，输入电压范围较宽。

（2）驱动电路

驱动电路包括隔离耦合电路、功能电路和触发电路三部分。隔离耦合电路目前多采用光电耦合和高频变压器耦合两种电路形式。常用的光电耦合器有发光二极管-光敏三极管、发光二极管-晶闸管、发光二极管-光敏二极管阵列等。高频变压器耦合方式是将一次绕组输入的10MHz的脉冲信号通过磁芯传递到二次绕组，实现变压器耦合。功能电路包括检波整流、零点检测、放大、加速、保护电路等。触发电路的作用是给输出器件提供触发信号。

（3）输出电路

输出电路是在触发信号的驱动下，实现对负载供电的通断控制。输出电路主要由输出器件和起瞬态抑制作用的吸收回路组成，有的还包括反馈电路。目前，各种固态继电器使用的输出器件主要有三极管、单向晶闸管、双向晶闸管、MOSFET、IGBT等。

四、典型电磁继电器电路识图

如图2-125所示是一种典型的空调器室外风扇电动机供电电路。该电路的核心器件是继电器KR。

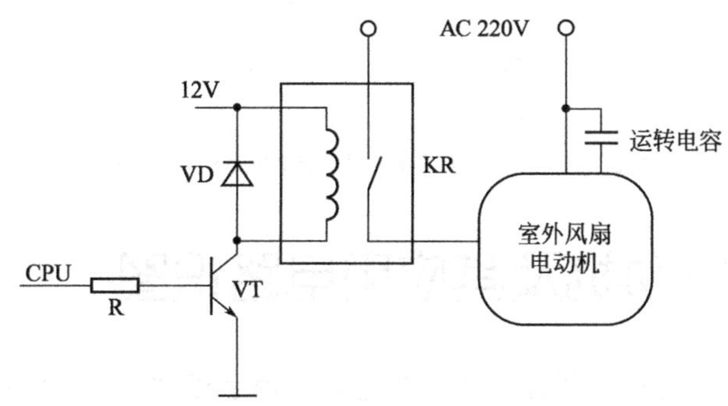

图2-125　典型空调器室外风扇电动机供电电路

需要室外风扇电动机运转时，CPU输出高电平控制信号，控制信号通过R限流，再经VT倒相放大后，为KR的线圈提供驱动电流，使KR内的触点吸合，220V市电电压加到室外风扇电动机的供电端子上，室外风扇电动机开始运转。反之，若CPU输出的控制信号为低电平，VT截止，KR的触点断开，室外风扇电动机因无供电而停转。

VD是钳位二极管，当VT截止瞬间，KR的线圈通过自感产生反相电动势。该电动势通过VD钳位到12V电源，以免VT过电压损坏。

五、固态继电器电路识图

如图2-126所示是一种典型空调器室内风扇电动机供电电路。该电路的核心器件是固态继电器IC2和IC1（CPU）、室内风扇电动机。

制冷/制热期间，IC1的室内风扇电动机供电控制端输出高电平控制电压，该电压通过R1限流，为固态继电器IC2内的发光二极管供电，使发光二极管开始发光，致使IC2内的双向晶闸管开始导通，接通室内风扇电动机的供电回路，启动风扇电动机运转，开始为室内机通风，确保室内热交换器能够完成热交换功能。当IC1的1脚输出的控制信号为低电平后，IC2内的发光二极管因无导通电流而熄灭，致使它内部的双向晶闸管截止，室内风扇电动机因失去供电而停转。

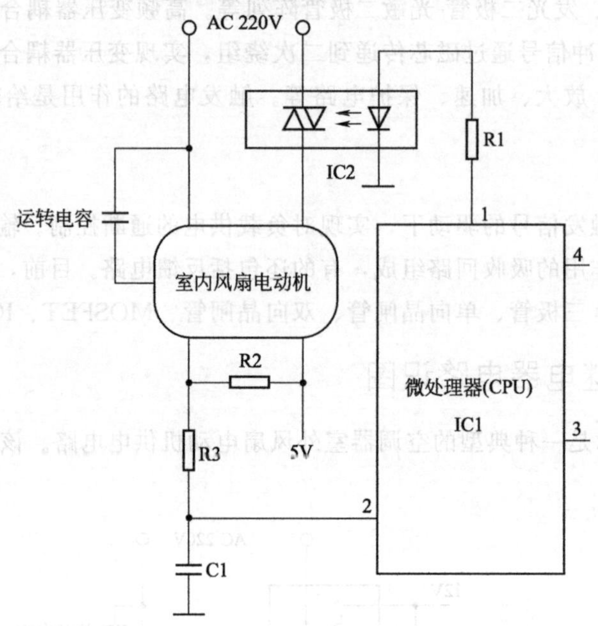

图 2-126　典型空调器室内风扇电动机供电电路

第十四节　电动机及其应用电路识图

电动机通常简称为电机，俗称马达，在电路中用字母“M”（旧标准用“D”）表示。它的作用就是将电能转换为机械能。根据工作电源的不同，电动机可分为直流电动机和交流电动机；电动机按结构及工作原理可分为同步电动机和异步电动机两种。中、小功率电气电路多采用单相异步电动机，大功率电气电路多采用三相异步电动机。

一、典型电动机识图

1. 普通电动机实物与电路符号

单相异步电动机不仅应用在电风扇、吸油烟机、空调器的散热系统、洗衣机脱水桶等产品内，还广泛应用在电钻、电锤、电刨、电动缝纫机、吸尘器、电吹风、榨汁搅拌机、微波炉、豆浆机、电动按摩器、电推子等电动工具和家用电器中。它的电路符号和常见的实物如图 2-127 所示。

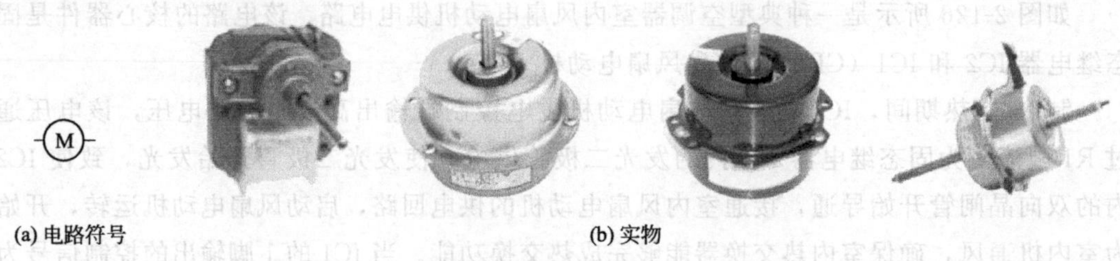

(a) 电路符号　　(b) 实物

图 2-127　普通电动机电路符号和实物

【提示】 普通电动机多为单向运转，所以它的启动绕组的匝数通常为运行绕组的

20%～40%。不过，仅双桶洗衣机的洗涤电动机采用正、反向交替运转方式，所以它的两个绕组的线径相同，并且匝数也相同。

2. 多抽头电动机

为了实现多种转速，电风扇、空调器、洗衣机等产品使用了多转速电机，即多抽头单相异步电动机，典型电机实物与电路符号如图 2-128 所示。

(a) 实物　(b) 电路符号

图 2-128　多转速电动机

当 220V 市电电压从高速抽头输入时，运行绕组匝数最少（$L3$），形成的旋转磁场最强，转速最高；当 220V 市电电压从中速抽头输入时，运行绕组匝数为 $L2+L3$，产生的磁场使电动机运转在中速；当 220V 市电电压从低速抽头输入时，运行绕组匝数最多（$L1+L2+L3$），形成的旋转磁场最弱，转速最低。

3. 压缩机电机

压缩机的作用是将电能转换为机械能，推动制冷剂在制冷系统内循环流动，并重复工作在气态、液态。在这个转换过程中，制冷剂通过蒸发器不断地吸收热量，并通过冷凝器散热，实现制冷的目的。压缩机主要应用在电冰箱、房间空调器、汽车空调器、冷库等制冷设备内。空调器、电冰箱采用的压缩机如图 2-129 所示。

(a) 空调器压缩机实物　(b) 电冰箱压缩机实物

图 2-129　空调器、电冰箱压缩机实物

电冰箱压缩机外壳的侧面有一个三接线端子，分别是公用端子 C、启动端子 S、运行端子 M。空调器压缩机外壳的上面也有一个三接线端子，分别是公用端子 C、启动端子 S、运行端子 R。压缩机的电路符号如图 2-130 所示。

因压缩机运行绕组（又称主绕组，用 CM 或 CR 表示）所用漆包线线径粗，故电阻值较小；启动绕组（又称副绕组，用 CS 表示）所用漆包线线径细，故电阻值大。又因运行绕组与启动绕组串联在一起，所以运行端子与启动端子之间的阻值等于运行绕组与启动绕组的阻值之和。

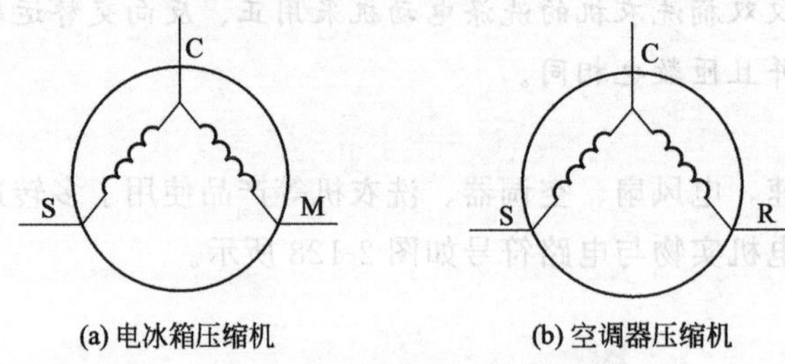

图 2-130　压缩机电路符号

二、食品加工机电路识图

下面以宏田 GM-3A 食品加工机为例介绍普通电动机应用电路。宏田 GM-3A 食品加工机由琴键开关 S1、电机、过载保护器 ST、联锁开关（安全开关）S2、指示灯等构成，如图 2-131 所示。

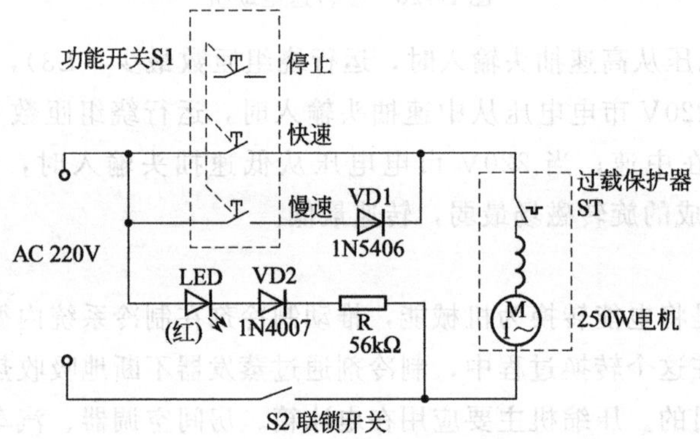

图 2-131　宏田 GM-3A 型食品加工机电路

将杯体旋转到位后联锁开关 S2 受压接通，市电电压通过 LED、VD2 和 R 构成回路，使 LED 发光，表明该机已输入市电电压。

1. 快速加工

需要快速加工时，按下快速加工键，此时，220V 市电电压通过快速键、过载保护器 ST 和联锁开关 S2 为电机供电，使电机高速运转，实现快速加工食品的目的。

2. 慢速加工

需要慢速加工时，按下慢速加工键，此时，220V 市电电压通过慢速键输入到二极管 VD1 的正极，经它半波整流后，为电机供电，使电机低速运转，从而实现慢速加工食品的目的。

3. 过载保护

ST2 是过载保护器，当电机因堵转等原因过载时，电机表面的温度升高。当电机的温度达到 ST 的标称值后 ST 动作，切断电机供电回路，电机停转，实现过热保护。

三、普通电风扇电路识图

下面以普通电风扇为例介绍多抽头电动机电路的识读方法。该电路由电动机、定时器和调速开关如图 2-132 所示。

【提示】 多抽头电动机还广泛应用在吸油烟机、空调器等电器设备内。

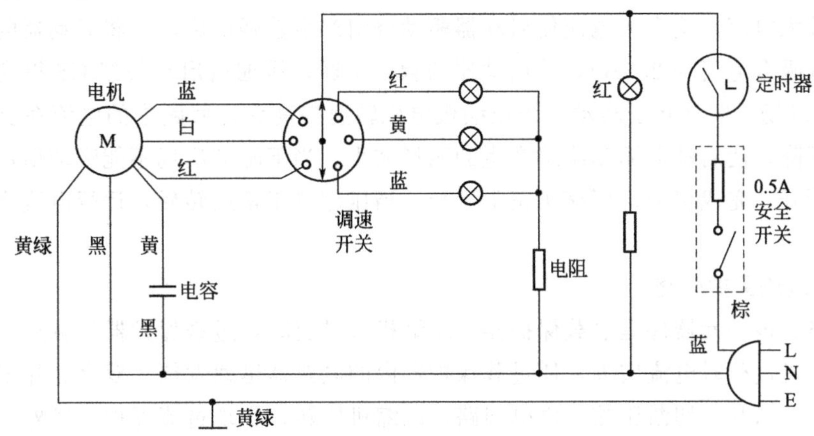

图 2-132 机械控制型电风扇电路

将电源插头插入 220V 插座，旋转定时器旋钮设置定时时间后，市电电压第一路通过电阻限流，使电源指示灯发光，表明该机已有市电电压输入；第二路通过调速开关使转速指示灯发光，表明电风扇电机的转速；第三路通过调速开关为电机相应转速的绕组供电，电机绕组在电容（运行电容）的配合下产生磁场，使电机的转子开始旋转，带动扇叶按设定风速旋转。

切换调速开关为不同的电机供电端子供电时，就会改变电机的转速，也就是实现风速的调整。

安全开关也叫防跌倒开关，当电风扇直立时，该开关接通，电风扇可以工作；若电风扇跌倒，该开关自动断开，电风扇不能工作，避免了电风扇损坏，实现跌倒保护。

四、重锤式电冰箱电路识图

重锤启动式压缩机电路多应用在老式电冰箱内，典型电路如图 2-133 所示。

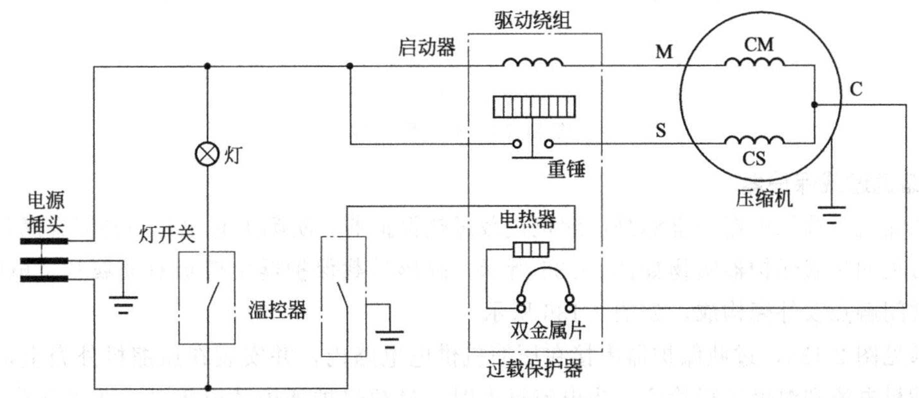

图 2-133 普通重锤启动式电冰箱电路

1. 运行电路

该电路的核心元器件是压缩机、启动器，辅助元器件是过载保护器、温控器。

当电冰箱的箱内温度较高，被温控器的感温头检测后，使温控器的触点接通，220V市电电压通过温控器的触点、启动器驱动绕组、压缩机运行绕组CM、过载保护器构成的回路产生较大电流。这个大电流使启动器驱动绕组产生较强的磁场，将启动器的衔铁（重锤）吸动（吸合电流为2.5A），使启动器的触点接通，压缩机启动绕组CS得到供电，绕组CS形成磁场，驱动转子转动。当压缩机电机转速提高后，回路中的电流在反电动势作用下开始下降，使启动器驱动绕组产生的磁场减小。当下降的磁场不能吸动衔铁时，启动器的触点断开，完成启动，压缩机正常运转。当压缩机正常运转后，运行电流降到额定电流（1A左右）。

2. 过载、过热保护电路

该电路的核心元器件是过载保护器。压缩机未过流时，过载保护器的触点处于接通状态。当压缩机过载时电流增大，使过载保护器内的电热器迅速发热，双金属片因受热迅速变形，使触点断开，切断压缩机供电回路，压缩机停转，实现过流保护。另外，因过载保护器紧固在压缩机外壳上，当压缩机的壳体温度过高时，也会导致过载保护器内的双金属片受热变形，切断压缩机供电电路，使压缩机停转，实现过热保护。过几分钟后，随着温度的下降，过载保护器内的双金属片恢复到原位，又接通压缩机的供电回路，压缩机继续运转。但故障未排除时，过载保护器会继续动作，直至故障排除。过载保护器接通或断开时，会发出“咔嗒”的响声。因此，当压缩机不能正常运转且过载保护器有规律地发出响声时，说明压缩机不能正常工作，导致过载保护器进入保护状态。

3. 启动器的识别

压缩机启动器的作用就是启动压缩机运转。启动器的实物如图2-134所示。

【**提示**】压缩机功率不同，配套使用的重锤启动器的吸合和释放电流也不同。启动器的吸合和释放电流随压缩机功率的增大而增大。

图2-134　启动器实物

4. 压缩机过载保护器

压缩机过载保护器的全称是压缩机过载过热保护器，实际上它也是一种双金属片温控器。常见的过载保护器实物如图2-135所示。碟形过载保护器由碟形双金属片、电阻丝、一对常闭触点及外壳构成，如图2-136所示。

参见图2-136，过载保护器串接在压缩机供电电路内，并安装在压缩机外壳上，以便对压缩机电流和温度进行检测。当电流过大时，过载保护器内的电阻丝产生的压降增大，温度升高，碟形双金属片受热变形，使触点分离，切断压缩机电动机的供电回路，压缩机停止工作，避免了它过电流损坏，实现过电流保护；当压缩机外壳的温度过高时，过载保护器内的双金属片也会受热变形，使触点分离，压缩机停止工作，实现过热保护。

图 2-135 过载保护器实物

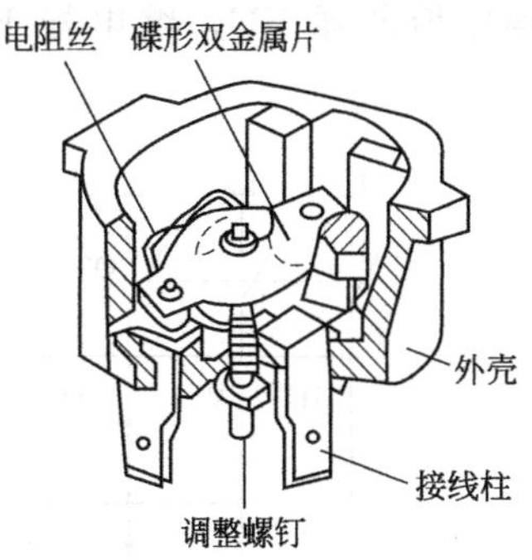

图 2-136 碟形过载保护器的构成

当压缩机的温度下降到正常范围内后，过载保护器内的触点会再次闭合。但故障未排除前，该保护器还会动作。

【提示】 压缩机功率不同，配套使用的过载保护器型号也不同，接通和断开温度也不同，维修时要更换型号相同或参数相同的过载保护器，以免丧失保护功能，给压缩机带来危害。

第十五节 交流接触器及其应用电路识图

一、交流接触器识图

交流接触器是根据电磁感应原理做成的广泛应用在电力自动控制系统的开关，它主要应用在三相电供电系统内。常见的交流接触器的实物如图 2-137 所示。

图 2-137 交流接触器实物

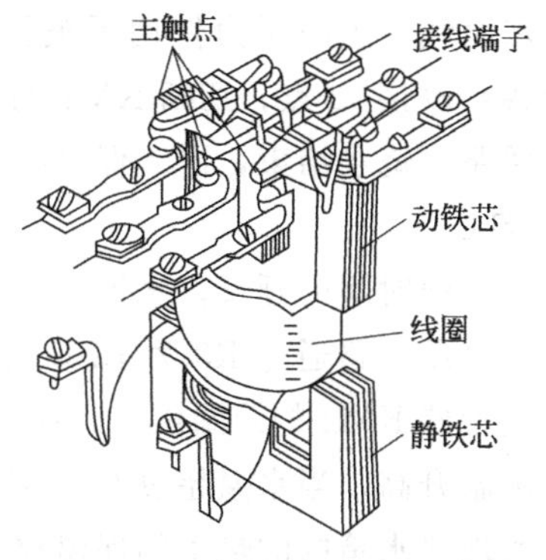

图 2-138 交流接触器构成

交流接触器由线圈、铜芯、主触点、辅助触点（图中未画出）、接线端子等构成，如图 2-138 所示。主触点用来控制电动机、加热器等负载供电回路的通断，辅助触点来执行控制指令。主触点一般只有常开功能，而辅助触点通常由两对常开和常闭功能的触点构成。

二、电开水器电路识图

下面以奥佳自动电开水器为例介绍交流接触器为核心构成的供电电路识读方法。该电路由水位开关 S1、S2，温控器 ST1、ST2，加热器 EH1～EH4，交流接触器 KM1、

KM2，温度熔断器 FU，继电器 K1、K2，指示灯 LED1～LED3 等构成，如图 2-139 所示。

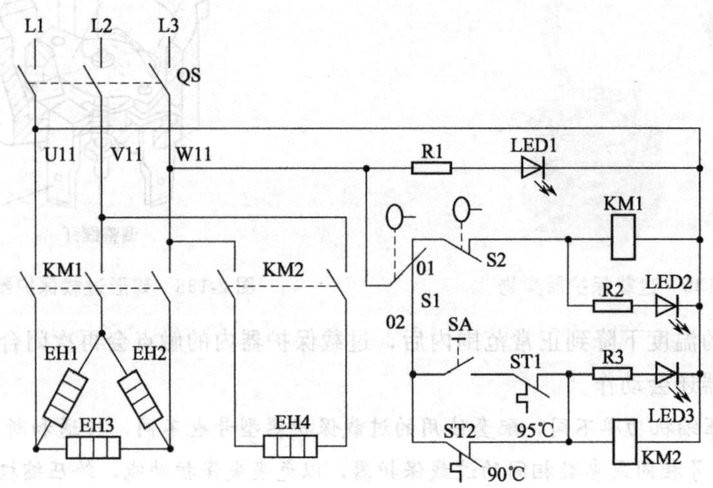

图 2-139　奥佳自动电开水器电路

1. 加热电路

加热电路由水位开关 S1、S2，加热器 EH1～EH3，交流接触器 KM1 等构成。

冷水箱水位正常，而热水箱内没有水或水位较低时，水位开关 S1 的动触点接 01 端，水位开关 S2 的触点接通，此时 220V 市电电压一路通过 R2 限流使 LED2 发光，表明该机工作在加热状态；另一路为交流接触器 KM1 的线圈供电，使 KM1 的 3 路触点吸合，接通加热器 EH1～EH3 的供电回路，使它们开始加热烧水。当水烧开产生大量水蒸气后，开水在水蒸气产生的压力作用下被压进热水箱。当热水箱的水位达到要求后，S2 动作，它的动触点改接 02 点，切断 KM1 的供电回路，KM1 的触点释放，加热器 EH1～EH3 停止加热回路，烧水结束，进入保温状态。

2. 保温电路

随着保温时间的延长，水温逐渐下降。当水温低于 90℃后，温控器 ST2 的触点接通，此时市电电压一路通过 R3 为 LED3 供电，使其发光，表明该机工作在保温状态；另一路为交流接触器 KM2 的线圈供电，使 KM2 的触点吸合，为加热器 EH4 供电，EH4 开始加热，使水温升高，当水温超过 90℃后，ST2 的触点断开，停止加热。这样，在 ST2 的控制下，实现热水箱内的热水的保温控制。

3. 再加热电路

再加热电路由开关 SA 完成。需要再沸腾的时候，按下开关 SA，市电低于通过 SA、温控器 ST1 为 KM2 的线圈供电，使它的触点接通，为加热器 EH4 供电，为热水箱内的热水加热。当水温超过 95℃后，ST2 的触点断开，停止加热，再沸腾结束。

第十六节　电磁阀及其应用电路识图

电磁阀是一种流体控制器件，通常应用于自动控制电路中。它由控制系统（又称输入回路）和被控制系统（阀门）两部分构成。它实际上是用较小的电流、电压的电信号去控制流体管路通断的一种“自动开关”。电磁阀具有成本低、体积小、开关速度快、接线简单、功耗低、性价比高、经济实用等显著特点，因而被广泛应用在自动控制领域的各个环节。

一、电磁阀的构成

阀体部分被封闭在密封管内，由滑阀芯、滑阀套、弹簧底座等组成。电磁阀的电磁部件由固定铁芯、动铁芯、线圈等部件组成，电磁线圈被直接安装在阀体上。这样阀体部分和电磁部分就构成一个简洁、紧凑的组件。电磁阀的种类较多，常见的电磁阀有液用电磁阀、气用电磁阀、油用电磁阀、消防专用电磁阀、制冷电磁阀等多种。

二、典型电磁阀识图

1. 二位二通电磁阀

二位二通电磁阀主要应用在全自动洗衣机、淋浴器、洗碗机等产品内。常见的二位二通电磁阀如图 2-140 所示。

(a) 进水电磁阀　　(b) 排水电磁阀

图 2-140　典型的二位二通电磁阀实物

洗衣机进水电磁阀的构成如图 2-141 所示。进水电磁阀的线圈不通电时，不能产生磁场，于是铁芯在小弹簧推力和自身重量的作用下下压，使橡胶塞堵住泄压孔，此时，从进水孔流入的自来水再经加压针孔进入控制腔，使控制腔内的水压逐渐增大，将阀盘和橡胶膜紧压在出水管的管口上，关闭阀门。为线圈通电，使其产生磁场后，磁场克服小弹簧推力和铁芯自身的重量，将铁芯吸起，橡胶塞随之上移，泄压孔被打开，此时，控制腔内的水通过泄压孔流入出水管，使控制腔内的水压逐渐减小，阀盘和橡胶膜在水压的作用下上移，打开阀门。这样，即可实现注水功能。

洗衣机排水电磁阀的构成如图 2-142 所示。排水电磁阀的线圈不通电时，不能产生磁场，衔铁在导套内的外弹簧推力下向右移动，使橡胶阀被紧压在阀座上，阀门关闭。为线圈通电，使其产生磁场后，磁场吸引衔铁左移，通过拉杆向左拉动内弹簧，将外弹簧压缩后使橡胶阀左移，打开阀门，将桶内的水排出。

【提示】 目前，许多全自动洗衣机的排水系统采用了牵引器，牵引器是由交流电动机和排水阀构成的。

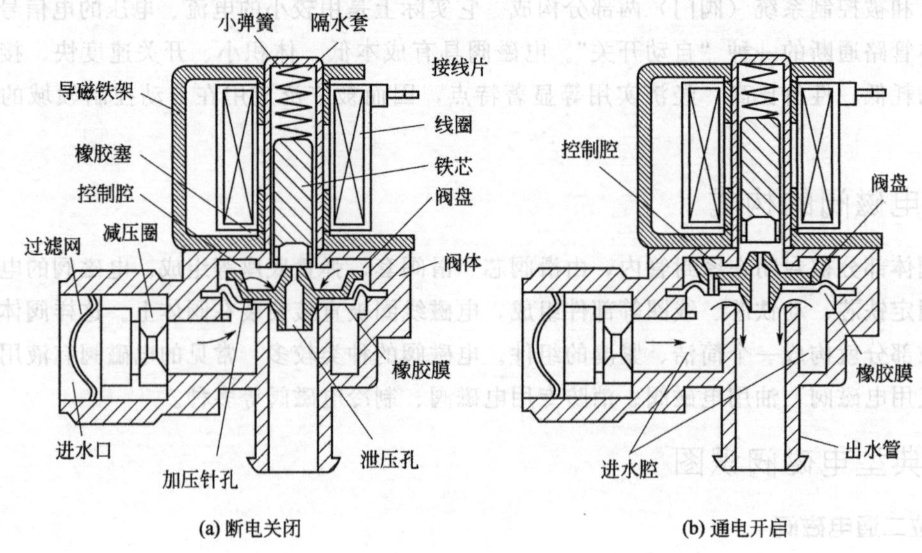

图 2-141　洗衣机进水电磁阀的构成与工作原理图

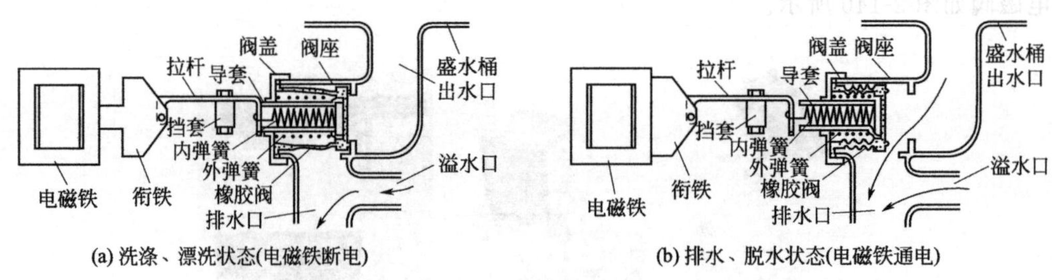

图 2-142　洗衣机排水电磁阀的构成与工作原理图

2. 二位三通电磁阀

由于二位三通电磁阀具有零压启动、密封性能好、开启速度快、可靠性能好、使用寿命长等特点，所以不仅应用在双温双控、多温多控电冰箱内，而且还广泛应用在医疗器械、制冷设备、仪器仪表、冶金、制药等行业。常见的二位三通电磁阀实物如图 2-143 所示，内部构成如图 2-144 所示。

图 2-143　二位三通电磁阀实物

二位三通电磁阀的线圈不通电时，阀芯处于原位置，使管口 1 关闭、管口 2 打开；线圈通电后产生的磁场将阀芯吸起，将管口 2 关闭，使管口 1 畅通。

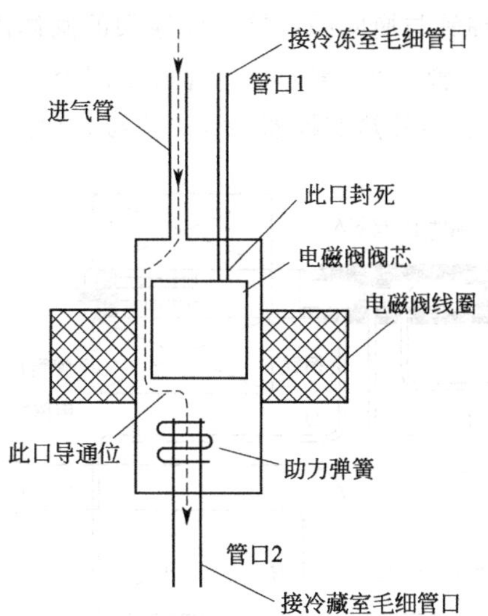

图 2-144　二位三通电磁阀的构成

3. 四通阀

四通阀也叫四通电磁阀、四通换向阀，它们都是四通换向电磁阀的简称。四通阀主要是通过切换制冷剂的走向，改变室内、室外热交换器的功能，实现制冷或制热功能，也就是说它是热泵冷暖型空调器区别于单冷型空调器最主要的器件之一。典型的四通阀实物如图 2-145 所示，它的安装位置如图 2-146 所示。

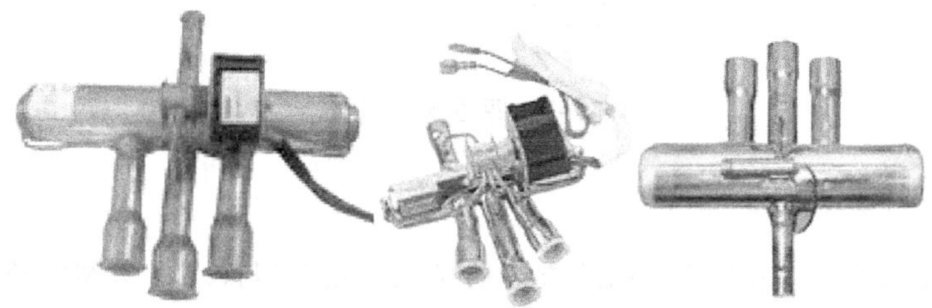

图 2-145　四通阀实物

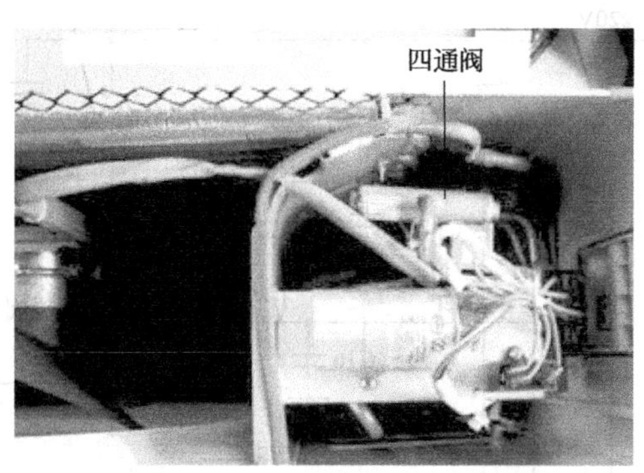

图 2-146　四通阀的安装位置

四通阀由电磁导向阀和四通换向阀两部分组成。其中，电磁导向阀由阀体和电磁线圈两部分组成。阀体内部设置了弹簧和阀芯、衔铁，阀体外部有 C、D、E 三个阀孔，它们通过 C、D、E 三根导向毛细管与换向阀连接。四通阀的阀体内设半圆形滑块和两个带小孔的活塞，阀体外有管口 1、管口 2、管口 3、管口 4 四个管口，它们分别与压缩机排气管、吸气管、室内热交换器、室外热交换器的管口连接，如图 2-147 所示。

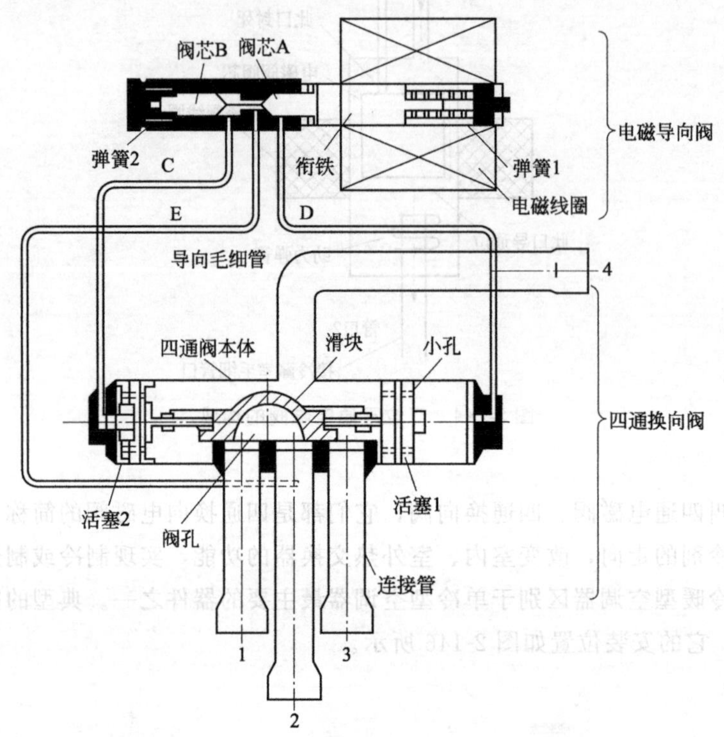

图 2-147　四通阀内部结构

三、电磁阀典型应用电路

下面以威力 XPB55-556S 型双桶洗衣机的排水电路介绍排水电磁阀电路。该电路以排水电磁阀及其供电电路构成，如图 2-148 所示。

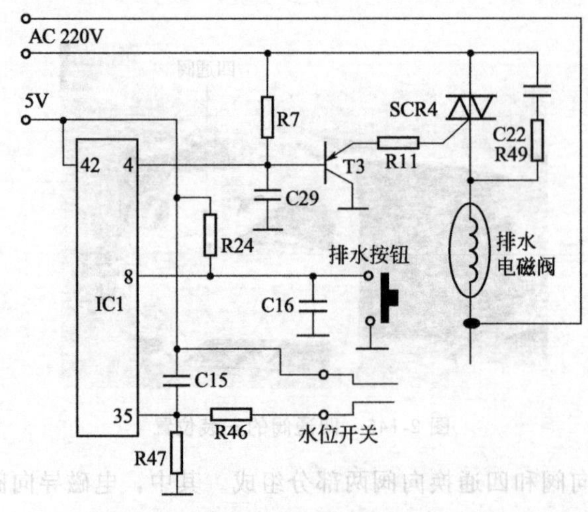

图 2-148　威力 XPB55-556S 型全自动洗衣机的排水电路

排水控制电路由水位开关、微处理器 IC1、排水电磁阀、双向晶闸管 BCR4、驱动管 T3 等构成。

洗涤结束后，按排水键使 IC1 的 8 脚电位变为低电平，IC1 检测到用户发出的排水指令后，控制 4 脚输出驱动信号。该信号通过 C29 滤波，使双向晶闸管 BCR4 导通，为排水电磁阀的线圈供电，使其产生磁场后，阀门在磁场的作用下打开排水。当水排净后，水位开关断开，使 IC1 的 35 脚电位变为高电平，IC1 判断出水被排净，切断 4 脚输出的触发信号，使 BCR4 截止，排水结束。

第十七节　电声器件及其应用电路识图

一、扬声器

1. 扬声器

扬声器俗称喇叭，是一种十分常用的电声换能器件。扬声器是音响、电视机、收音机、放音机、复读机等电子产品中的主要器件。扬声器在电路中常用字母“B”或“BL”表示，它的电路符号如图 2-149 所示，常见的扬声器实物如图 2-150 所示。

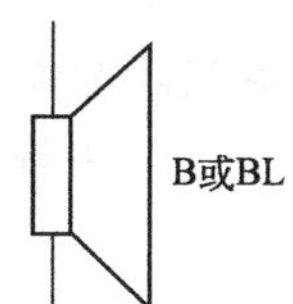

图 2-149　扬声器电路符号

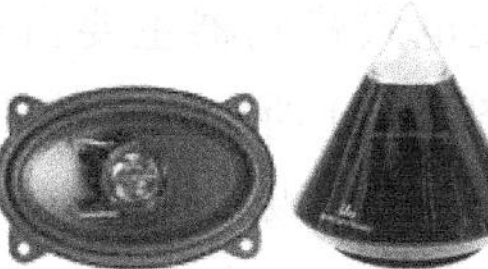

图 2-150　扬声器实物

2. 蜂鸣片和蜂鸣器

蜂鸣片、蜂鸣器是一种电声转换器件。蜂鸣片、蜂鸣器主要应用在小家电、空调器、电视机、电脑控制型洗衣机等电子产品内，它们在电路中通常用“B”、“BZ”、“BUZ”等字母表示，电路符号如图 2-151 所示。

（1）蜂鸣片

蜂鸣片是压电陶瓷蜂鸣片的简称，它也是一种电声转换器件。压电蜂鸣片由锆钛酸铅或铌镁酸铅压电陶瓷材料制成。在陶瓷片的两面镀上银电极，经极化和老化处理后，再与黄铜片或不锈钢片粘在一起就成了蜂鸣片。

图 2-151　蜂鸣片、蜂鸣器电路符号

当通过引线为蜂鸣片输入脉冲信号时，它的压电陶瓷带动金属片产生振动，从而推动周围的空气发出声音。蜂鸣片有裸露式和密封式两种，所谓的密封式就是蜂鸣片装在一个密封的塑料壳内。常见的蜂鸣片实物如图 2-152 所示。

由于蜂鸣片体积小、成本低、重量轻、可靠性高、功耗低、声响度高（最高可达到 120dB），所以广泛应用在电子计时器、电子手表、玩具、门铃、报警器、豆浆机、电磁炉、空调器等电子产品中。

(a) 裸露式

(b) 密封式

图 2-152　蜂鸣片实物

【提示】　目前，在家用电器中多将带有外壳的蜂鸣片称为“蜂鸣器”。

(2) 蜂鸣器

这里介绍的蜂鸣器和前面介绍的蜂鸣片截然不同，它不仅体积大，而且内部还设置了电路。此类蜂鸣器根据电路的构成可分为压电式和电磁式两种，根据供电方式可分为交流电压（市电电压）、直流电压供电两种。常见的蜂鸣器如图 2-153 所示。

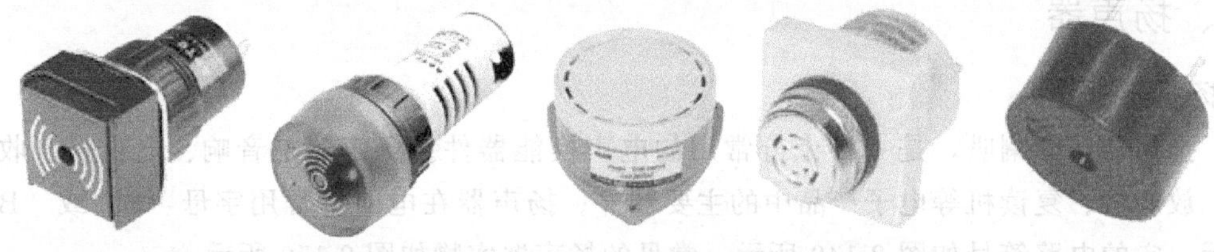

图 2-153　蜂鸣器实物

压电式蜂鸣器：压电式蜂鸣器主要由多谐振荡器、压电蜂鸣片、阻抗匹配器及共鸣箱、外壳等组成，如图 2-154 所示。有的压电式蜂鸣器外壳上还安装了发光二极管，在蜂鸣器鸣叫的同时发光二极管闪烁发光。

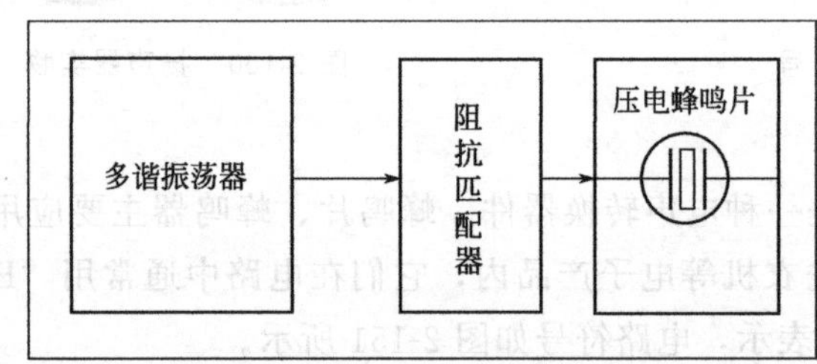

图 2-154　压电蜂鸣器构成方框图

多谐振荡器多由集成电路和电阻、电容等元件构成。当多谐振荡器得到 3～15V 的供电后开始起振，产生频率为 1.5～2.5kHz 的音频信号，通过阻抗匹配器放大后，驱动压电蜂鸣片发声。

电磁式蜂鸣器：电磁式蜂鸣器由振荡器、电磁线圈、磁铁、振动膜片及外壳等组成。接通电源后，振荡器产生的音频信号电流通过电磁线圈，使电磁线圈产生磁场。该磁场与磁铁产生的磁场相互作用后，就可以使振动膜片发生振动，从而使蜂鸣器周期性地鸣叫。

3. 传声器

传声器也叫话筒或麦克风，它是把声波信号转换成电信号的一种器件。话筒根据构成方式不同可分为动圈式、晶体式、铝带式、电容式等多种，根据信号传输方式的不同可分为有线式和无线式两种。目前，常用的话筒有动圈式和电容式两种。它的电路符号如图 2-155 所示，它在电路中原来用“S”、“M”或“MIC”表示，现在多用“B”或“BM”表示。

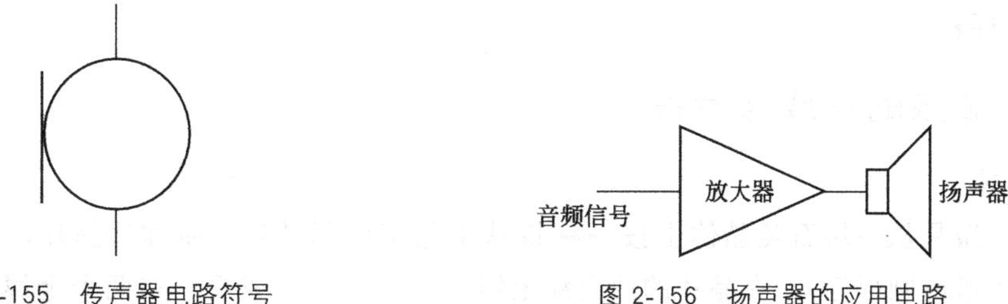

图 2-155　传声器电路符号　　图 2-156　扬声器的应用电路

二、扬声器的应用电路

如图 2-156 所示是一种典型的扬声器应用电路。该电路的核心器件是扬声器和放大器。音频信号通过放大器放大后，就可以驱动扬声器发音。

三、蜂鸣片和蜂鸣器的应用电路

如图 2-157 所示是一种典型的蜂鸣器电路。该电路的核心器件是蜂鸣器 BZ、CPU。

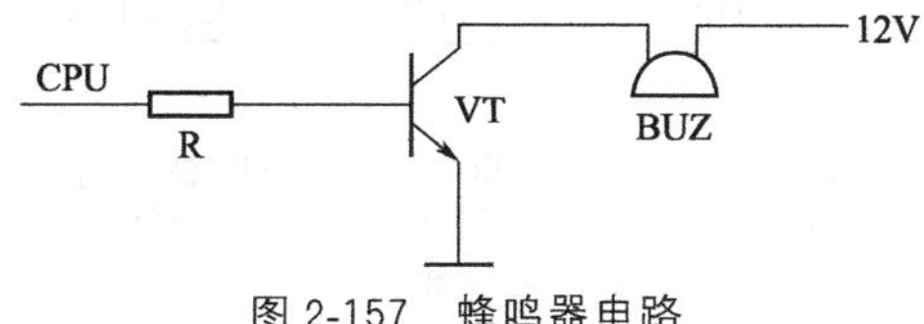

图 2-157　蜂鸣器电路

当 CPU 输出蜂鸣器驱动信号后，该信号通过 R 限流、VT 倒相放大后驱动蜂鸣器 BZ 鸣叫。若 CPU 没有驱动信号输出，则蜂鸣器停止鸣叫。

四、话筒的应用电路

图 2-158 是话筒应用电路。该电路的核心器件是话筒 BM。

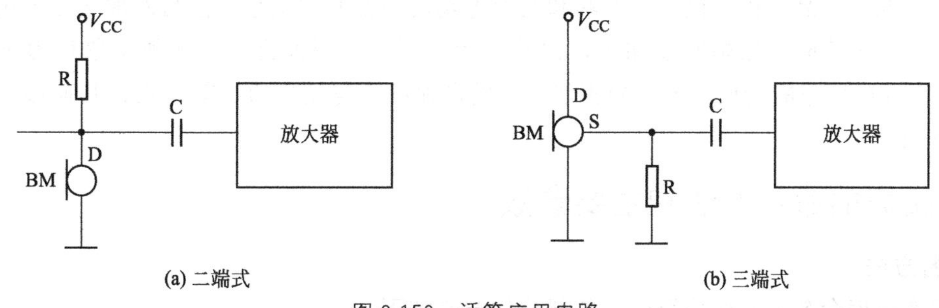

图 2-158　话筒应用电路

参见图 2-158(b)，当驻极体膜片因声波振动时，电容两端就形成了变化的电压。该电压经场效应管放大后从 S 极输出，再利用 C 耦合到放大器进行放大。

第十八节　晶振及其应用电路识图

晶振是石英振荡器的简称，英文名为 Crystal，它是利用石英晶体（二氧化硅的结晶体）的压电效应制成的一种谐振器件。晶振是时钟电路中最重要的部件，广泛应用在单片机等电路。

一、晶振的构成与特性

1. 构成

晶振是从一块石英晶体上按一种特殊工艺切成薄晶片（简称为晶片，它可以是正方形、矩形或圆形等），在晶片的两面涂上银层，然后夹（或焊）在两个金属引脚之间，再用金属、陶瓷等材料制成的外壳密封，如图 2-159 所示。

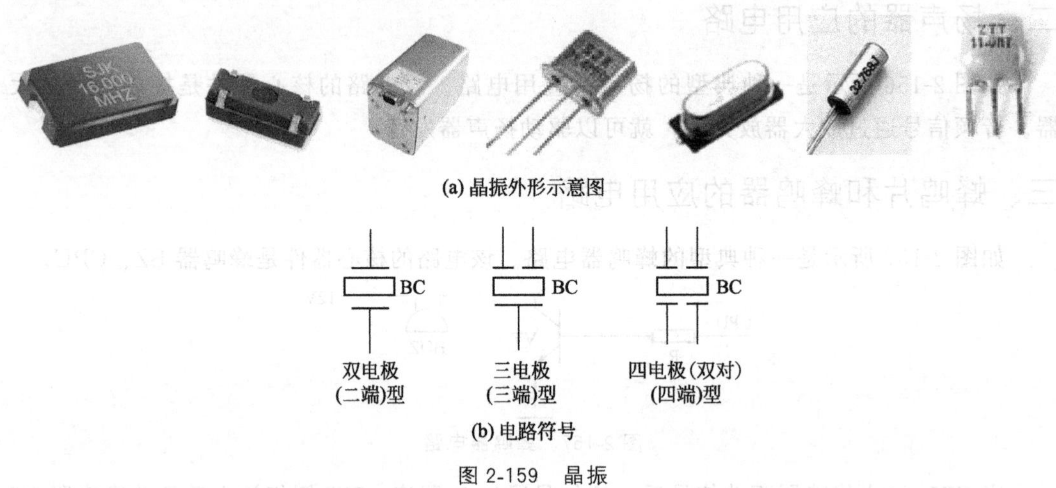

(a) 晶振外形示意图

(b) 电路符号

图 2-159　晶振

2. 特性

若在晶片的两个电极上加一电场，晶片就会产生机械变形。反之，若在晶片的两侧施加机械压力，则在晶片相应的方向上产生电场，这种物理现象称为压电效应。如果在晶片的两极上加交变电压，晶片就会产生机械振动，同时晶片的机械振动又会产生交变电场。在一般情况下，晶片机械振动的振幅和交变电场的振幅非常微小，但当外加交变电压的频率为某一特定值时，振幅明显加大，比其他频率下的振幅大得多，这种现象称为压电谐振。它与 LC 回路的谐振现象十分相似。它的谐振频率与晶片的切割方式、几何形状、尺寸等有关。

二、晶振的命名方法和主要参数

1. 命名方法

国产晶振命名由三部分组成，各部分的含义如下：

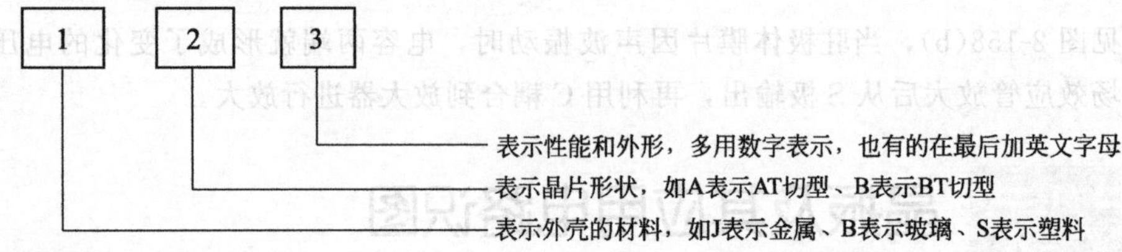

2. 主要参数

晶振的主要参数有标称频率、负载电容、频率精度、频率稳定度等。这些参数决定了晶振的品质和性能。因此，在实际应用中要根据具体要求选择适当的晶振，如通信网络、无线数据传输等系统就需要精度更高的晶振。不过，由于性能越高的晶振价格也越贵，所以购买时选择符合要求的晶振即可。

（1）标称频率

不同的晶振标称频率不同，标称频率大都标明在晶振外壳上。不过，CRB、ZTB、Ja等系列晶振的外壳上通常不标注标称频率。

（2）负载电容

负载电容是指晶振的两条引线连接IC块内部及外部所有有效电容之和，可看作晶振片在电路中串接电容。负载电容不同决定振荡器的振荡频率不同。标称频率相同的晶振，负载电容不一定相同。因为石英晶体振荡器有两个谐振频率，一个是串联谐振晶振的低负载电容晶振；另一个为并联谐振晶振的高负载电容晶振。因此，标称频率相同的晶振互换时还必须要求负载电容一致，不能轻易互换，否则会造成振荡器工作异常。

（3）频率精度和频率稳定度

由于普通晶振的性能基本都能达到一般电器的要求，对于高档设备还需要有一定的频率精度和频率稳定度。频率精度从 10^{-4} 量级到 10^{-10} 量级不等，稳定度从1ppm到100ppm不等。

三、晶振的分类与工作原理

1. 分类

（1）按封装结构分类

晶振按封装结构可分为塑料封装、金属封装、玻璃封装和胶木封装等多种。

（2）按工作频率分类

按工作频率可分为455kHz、480kHz、3.58MHz、4MHz、6MHz、8MHz、10MHz、16MHz、24MHz等几十种；按产生的频率精度可分为普通型和高精度型两种。

（3）按工作方式分类

按工作方式分为普通晶体振荡（TCXO）、电压控制式晶体振荡器（VCXO）、温度补偿式晶体振荡（TCXO）、恒温控制式晶体振荡（OCXO）、数字补偿式晶体损振荡（DCXO）等多种。

【提示】 普通晶体振荡器的频率稳定度是100ppm，此类晶振价格低廉，但没有采用任何温度频率补偿措施，通常用作普通的微处理器时钟电路。电压控制式晶振的频率稳定度是50ppm，通常用于锁相环路。温度补偿式晶振采用温度敏感器件进行温度频率补偿，频率稳定度在四种类型振荡器中最高，为1～2.5ppm，通常用于手持电话、蜂窝电话、双向无线通信设备等。恒温控制式晶体振荡器将晶体和振荡电路置于恒温箱中，以消除环境温度变化对频率的影响。

2. 工作原理

晶片和金属板构成的电容器称为静电电容C1，它的大小与晶片的几何尺寸、电极面积大小有关，一般约几皮法到几十皮法，如图2-160所示。当晶体振荡时，机械振动的惯性可等效为电感L1。一般L1的值为几十毫亨到几百毫亨，而晶片的弹性可用电容C2来表示，C2 的值很小，一般只有 0.0002～0.1pF。晶片振动时因摩擦而产生的损耗用 R 来表示，它的数值约为 100。由于 L1 很大，而 C2 和 R 很小，所以该振荡回路的品质因数 Q 很高，可高达 1000～10000。

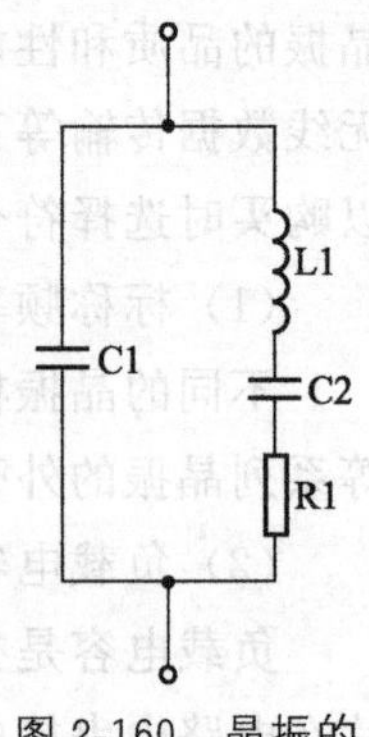

图 2-160　晶振的等效电路

该振荡回路有两个谐振频率，即当 L1、C2、R1 支路发生串联谐振时，它的等效阻抗最小（等于 $R1$），串联谐振频率用 f_s 表示，石英晶体对于串联谐振频率 f_s 呈纯阻性；当频率高于 f_s 时，L1、C2、R1 支路呈感性，可与电容 C1 发生并联谐振，其并联频率用 f_d 表示。

四、晶体振荡电路识图

由于晶体振荡器的振荡频率稳定，所以晶体振荡器是一种应用范围较广的振荡电路。常用的晶体振荡器主要有并联晶体振荡器和串联晶体振荡器两种。

1. 并联晶体振荡器

并联晶体振荡器又分 c-b（集电极-基极）型晶体振荡器（也叫皮尔斯振荡器）和 b-e（基极-发射极）型晶体振荡器（也叫密勒振荡器）两种。下面以 c-b 型晶体振荡器为例进行介绍。

典型的 c-b 型晶体振荡器如图 2-161 所示。在该电路中，晶体 X 作为反馈元件并联在 VT 的 c、b 极之间，R1、R2 是 VT 的 b 极偏置电阻，R3 是 VT 的 c 极电阻，R4 是 e 极电阻，C1 是滤波电容。因此，该电路的交流等效电路如图 2-162 所示。

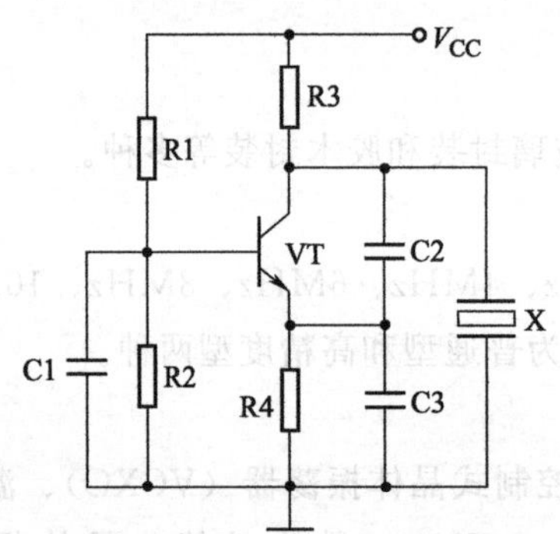

图 2-161　c-b 型并联晶体振荡器

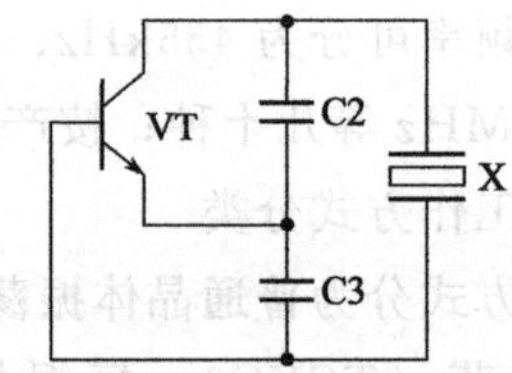

图 2-162　c-b 型并联晶体振荡器的等效电路

参见图 2-162，晶体 X 代替三点式振荡器的一个电感构成电容三点式振荡器。X 与电容 C2、C3 构成并联谐振回路，它们的参数共同决定振荡器的频率。其工作原理和电容三点式振荡器完全相同，不再介绍。

2. 串联晶体振荡器

典型的串联晶体振荡器如图 2-163 所示。VT1、VT2 构成两级阻容耦合放大器，R1、R3 分别是 VT1、VT2 的基极偏置电阻，R2、R4 分别是 VT1、VT2 的集电极电阻，晶体 X 和 C2 串联后构成正反馈网络。该电路的等效电路如图 2-164 所示。

参见图 2-164，由于 VT2 的输出电压与 VT1 的输入电压同相，所以晶体 X 可以等效为一个电阻与 C2 为 VT1 的基极提供正反馈电压，使该电路进入振荡状态。该电路的振荡频率就是 X 的固有频率。

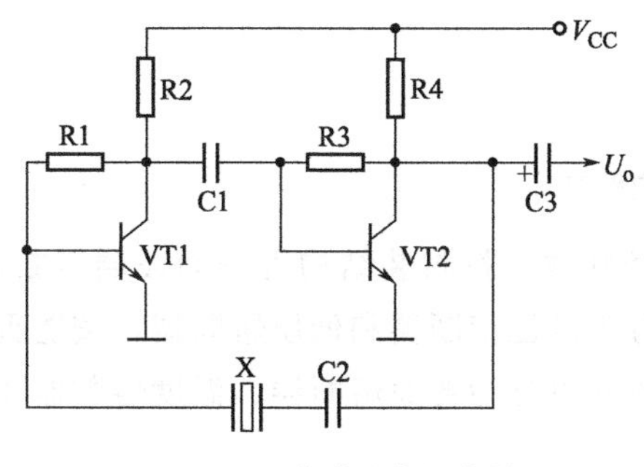

图 2-163　串联晶体振荡器

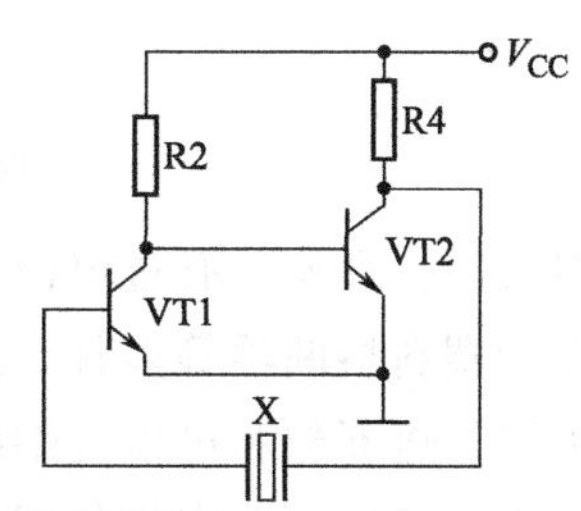

图 2-164　串联晶体振荡器的等效电路

第十九节　开关、熔断器、定时器及其应用电路识图

一、开关

开关的主要功能是用于接通、断开和切换电路。开关有手动开关、按钮、拉拔开关、旋转开关、微动开关、水银（汞）开关、杠杆式开关、行程开关等多种，其电路符号如图 2-165 所示。早期电路上的开关用 K 表示，现在电路上多用 S 或 SX 表示，常见开关实物如图 2-166 所示。另外，轻触开关（按键开关）的实物与电路符号如图 2-167 所示。

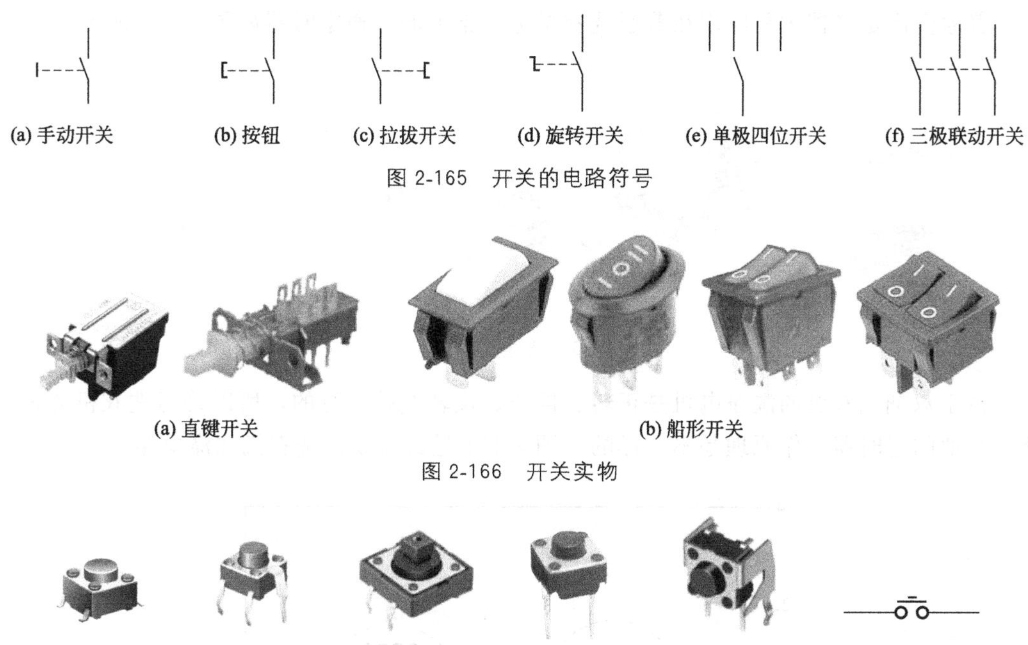

图 2-167　轻触开关

二、熔断器

熔断器俗称保险丝、保险管，它在电路中通常用 F、FU、FUSE 等表示，它的电路

符号如图 2-168 所示。

FU

图 2-168　熔断器电路符号

熔断器按工作性质分有过电流熔断器和过热熔断器，按封装结构可分为玻璃熔断器、陶瓷熔断器和塑料熔断器等多种，按电压高低可分为高压熔断器和低压熔断器，按能否恢复分为不可恢复熔断器和可恢复熔断器，按动作时间可分为普通熔断器、温度熔断器和延时熔断器，常见的熔断器实物如图 2-169 所示。

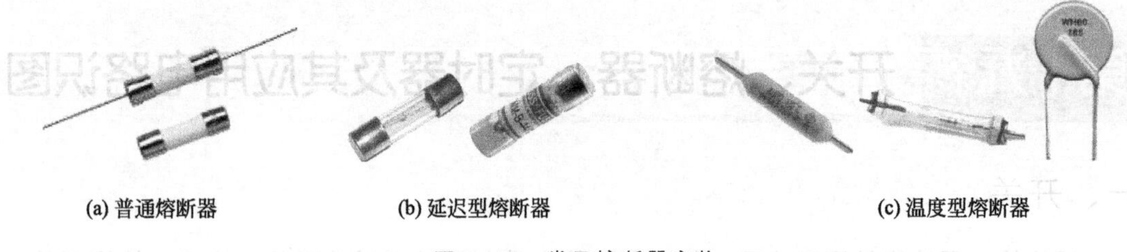

(a) 普通熔断器　　(b) 延迟型熔断器　　(c) 温度型熔断器

图 2-169　常见熔断器实物

三、定时器

1. 普通洗涤定时器

普通洗涤定时器主要应用在普通洗衣机上。常见的普通定时器如图 2-170 所示。

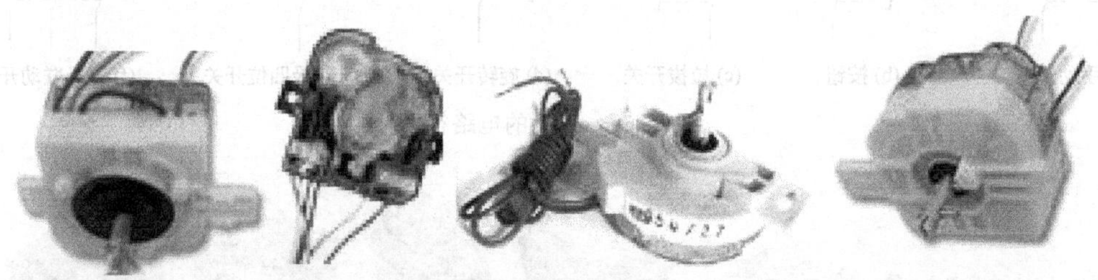

图 2-170　普通定时器实物

由于双桶洗衣机的洗涤电机是正转、停止、反转交替运行的，所以普通洗衣机的定时器与其他的定时器工作原理是不一样的。图 2-171 是典型双桶洗衣机洗涤电路。

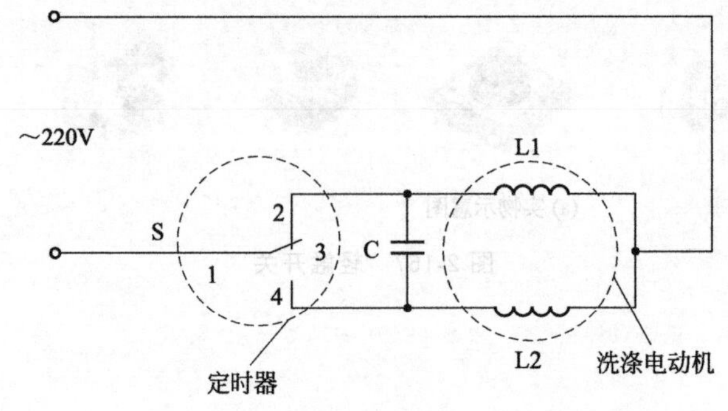

图 2-171　普通双桶洗衣机洗涤电路

为了实现电动机运转方向的控制，洗涤电动机的供电需要通过定时器提供。当定时器 S 内的触点 1、2 接通后，绕组 L2 与运转电容 C 串联而作为副绕组，绕组 L1 作为主绕组，在 C 的作用下，使流过 L2 的电流超前 L1 的相位 90°，于是 L1、L2 形成两相旋转磁场，驱动转子正向运转；当触点 1、3 接通后，绕组因没有供电不能产生磁场，电动机停转；S 内的触点 1、4 接通后，L1 与 C 串联而作为副绕组，L2 作为主绕组，在 C 的作用下，使流过 L1 的电流超前 L2 的相位 90°，于是 L1、L2 形成两相旋转磁场，驱动转子反向运转。这样，通过定时器的控制，电动机按正转、停止、反转的周期运转，带动波轮完成衣物的洗涤。

2. 万用表检测脱水定时器

脱水定时器多采用发条机械式定时器，它的外形和洗涤定时器基本相同，由于脱水定时器在定时期间，触点始终接通的，所以构成和测量都比较简单。典型的脱水电动机电路如图 2-172 所示。

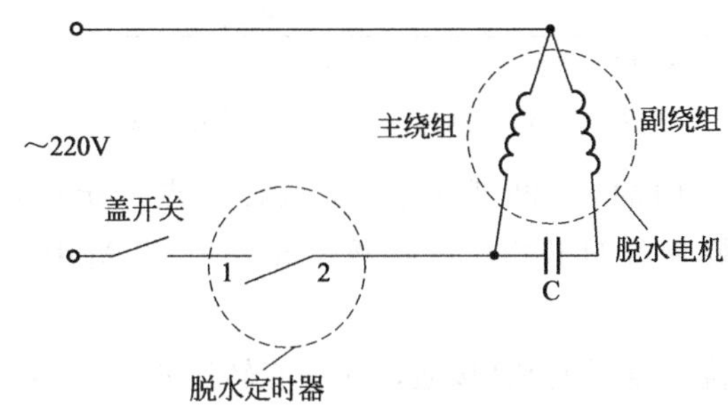

图 2-172 普通双桶洗衣机脱水电动机电路

当盖严脱水桶的上盖使盖开关接通，并且旋转脱水定时器使其触点 1、2 接通后，市电电压不仅加到脱水电动机的主绕组两端，而且在运转电容 C 的作用下，使流过副绕组的电流超前主绕组 90°的相位差，于是主、副绕组形成两相旋转磁场，驱动转子运转，带动脱水桶旋转，实现衣物的甩干脱水。

四、普通双桶洗衣机电路识图

典型的洗衣机的电路由洗涤电机、脱水电机、定时器、安全开关、启动电容等构成，如图 2-173 所示。

1. 洗涤电路

该机的面板上安装了洗涤定时器 KT2，它的轴上安装了功能旋钮，通过该旋钮就可以选择“强”、“中”、“弱”洗三种方式。当旋转到强洗位置时，SA 内的开关 T1 接通触点 c，开关 T2 的触点接通，开关 SA 接通触点 1，开关 T3、T4 的触点接 a 或 b。此时，220V 市电电压 T、SA、T2、T3、T4 的触点、洗涤电机 M2 构成回路，在启动电容 C2 的配合下，洗涤电机开始运转，实现衣物的洗涤。强洗期间，由于 T3、T4 不做切换，所以强洗状态下电机是连续且单向运转的。

当旋转中洗或弱洗位置时，KT2 内的 T1 仍接 C，T2 断开，SA 接 2 或 3，T3 和 T4 接替接通 a 或 b，这样，分别为洗涤电机两个端子轮流供电，所以洗涤电机是正转、反转交替运行的。

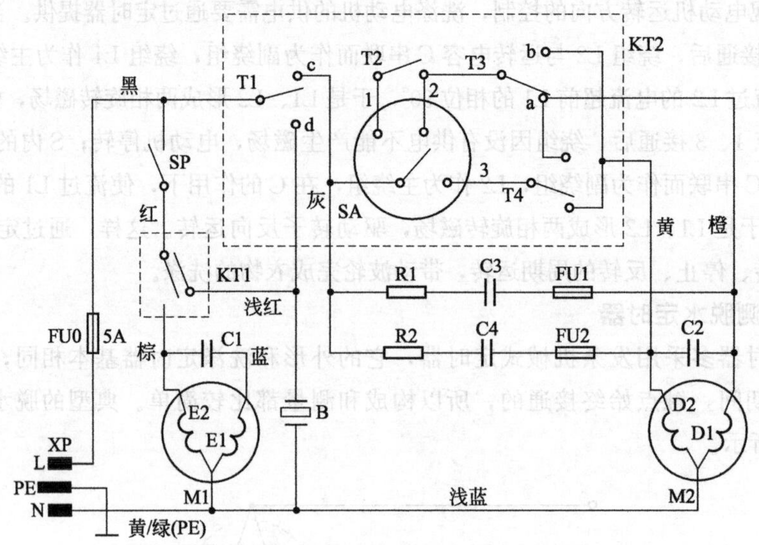

图 2-173 典型机械控制型洗衣机电路

在洗涤结束时，KT2 内的 T1 断开 c 点，而改接 d 点。断开 c 点后，使洗涤电机停转，而接通 d 点后，为蜂鸣器 H 供电，蜂鸣器开始鸣叫，提醒用户洗涤结束。

2. 脱水电路

当盖严脱水桶的上盖使盖开关 SP 接通，并且旋转脱水定时器 KT1 使其触点接通后，市电电压不仅加到脱水电机 M1 的主绕组两端，而且在运转电容 C1 的作用下，使流过副绕组的电流超前主绕组 90°的相位差，于是主、副绕组形成两相旋转磁场，驱动转子运转，带动脱水桶旋转，实现衣物的甩干脱水。

在脱水结束时，KT1 内的触点断开接 M1 的触点，而接通蜂鸣器 H 的触点，蜂鸣器获得供电后开始鸣叫，提醒用户脱水结束。

【提示】 脱水期间，若打开桶盖，使安全开关 SP 的触点断开后，脱水电机会因失去供电而停转，实现误开盖保护。

第三章

集成电路及其应用电路识图

集成电路也称为集成块、芯片，在我国港台地区称为积体电路，它的英文全称是 Integrated Circuit，缩写为 IC。

第一节 集成电路的识图

一、集成电路的构成、特点

集成电路是指采用一定的工艺，把一个电路中所需的三极管、二极管、电阻、电容、电感等元器件及导线互连在一起，制作在一小块或几小块陶瓷、玻璃或半导体晶片上，然后封装在一起，成为一个能够实现一定电路功能的微型电子器件或部件。因此，集成电路具有体积小、重量轻、引脚少、寿命长、可靠性高、成本低、性能好等优点，同时还便于大规模生产。它不但广泛应用在工业、农业、家用电器等领域，而且广泛应用在军事、科学、教育、通信、交通、金融等领域。用集成电路装配的电子设备，不仅装配密度比三极管装配的电子设备提高了几十倍至几千倍，而且延长了设备的使用寿命。

集成电路有直插双列、单列和贴面焊接等多种封装结构，如图 3-1 所示。它在电路中多用字母“IC”表示，也有的用字母“N”、“Q”等表示。

【提示】 集成电路的引脚排列顺序有一定的规律，若在引脚附近有小圆坑、色点或缺角，则这个引脚是 1 脚。而有的集成电路商标向上，左侧有一个缺口，那缺口左下的第一个引脚就是 1 脚。

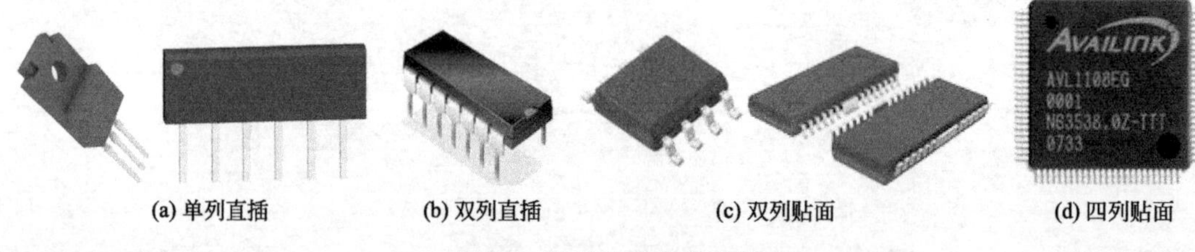

(a) 单列直插　(b) 双列直插　(c) 双列贴面　(d) 四列贴面

图 3-1　常见集成电路实物

二、集成电路的分类

1. 按电路结构分类

集成电路按电路结构的不同可分为模拟集成电路和数字集成电路两大类。

模拟集成电路主要是用来产生、放大和处理各种模拟信号，比如，复读机重放的录音信号就是模拟信号，收音机、电视机接收的音频信号也是模拟信号。模拟集成电路根据功能又分为运算放大器、电压比较器、稳压器等多种。

数字集成电路主要是用来产生、放大和处理各种数字信号，如 DVD 视盘机重放的音频信号和视频信号。数字集成电路又分为 TTL 集成电路、HTL 集成电路、STTL 集成电路、ECL 集成电路、CMOS 集成电路等多种。

2. 按集成度分类

集成电路按集成度高低的不同可分为小规模集成电路、中规模集成电路、大规模集成电路和超大规模集成电路。

3. 按导电类型分类

集成电路按导电类型可分为双极型集成电路和单极型集成电路两类。其中，双极型集成电路不仅制作工艺复杂，而且功耗较大，大部分模拟集成电路和 TTL、ECL、HTL、LST-TL、STTL 类型的数字集成电路都属于双极型集成电路。单极型集成电路不仅制作工艺简单，而且功耗也较低，易于实现超大规模化，常见的 CMOS、NMOS、PMOS 等类型的数字集成电路就属于单极型集成电路。

4. 按焊接方式分类

集成电路按焊接方式分为直插式集成电路和贴面式集成电路两大类。直插式集成电路又分为双列（双排引脚）集成电路和单列（单排引脚）集成电路两类。其中，小功率直插式集成电路多采用双列方式，而功率较大的集成电路多采用单列方式。

贴面式集成电路又分为双列贴面式和四列贴面式两大类。中、小规模贴面式集成电路多采用双列贴面焊接方式，而大规模贴面式集成电路多采用四列贴面焊接方式。

第二节 集成运算放大器及其应用电路识图

集成运算放大器（Integrated Operational Amplifier）简称集成运放，是由多级直接耦合放大器组成的高增益模拟集成电路。它的增益可高达 60～180dB，输入电阻高达几十千欧至百万兆欧，输出电阻低到几十欧，共模抑制比可高达 60～170dB，失调且漂移小，而且还具有输入电压为零时输出电压为零的特点，适用于正、负两种极性信号的输入和输出。集成运放的电路符号和常见实物如图 3-2 所示。

【提示】 电压比较器和运算放大器构成和工作原理基本相同，所以本节内容也适用于电压比较器 LM339、LM393 等集成电路。

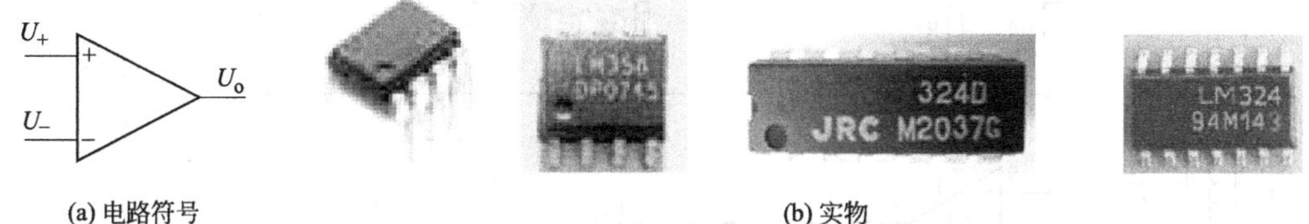

(a) 电路符号　　(b) 实物

图 3-2 集成运放电路符号与常见实物

一、集成运放电路基本原理

集成运放可在同相放大、反相放大和差动放大三种基本工作模式下工作。

1. 同相放大

如图 3-3 所示是由集成运放构成的同相放大电路。该电路的核心元器件是运放、反馈电阻 R_f、限流电阻 R。输入信号 U_i 加到运放的同相输入端，输出电压 U_o 的相位与 U_i 相同，闭环放大倍数 $A=1+R_f/R$。

2. 反相放大

如图 3-4 所示是由集成运放构成的反相放大电路。该电路的核心元器件是运放、反馈

电阻 R_f、限流电阻 R。输入信号 U_i 加到运放的反相输入端，输出电压 U_o 的相位与 U_i 的相反，闭环放大倍数 $A=R_f/R$。

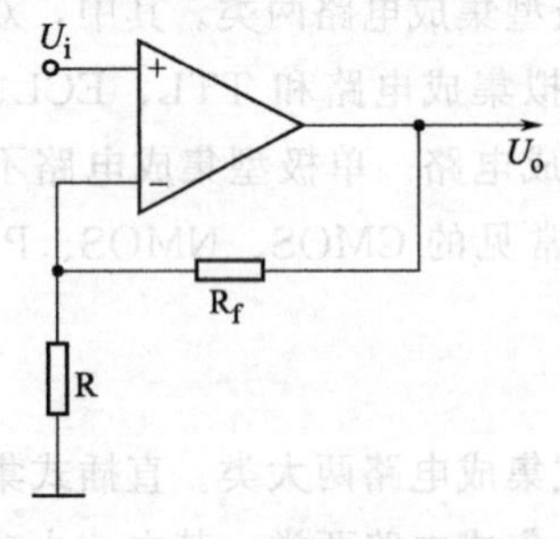

图 3-3　同相放大电路

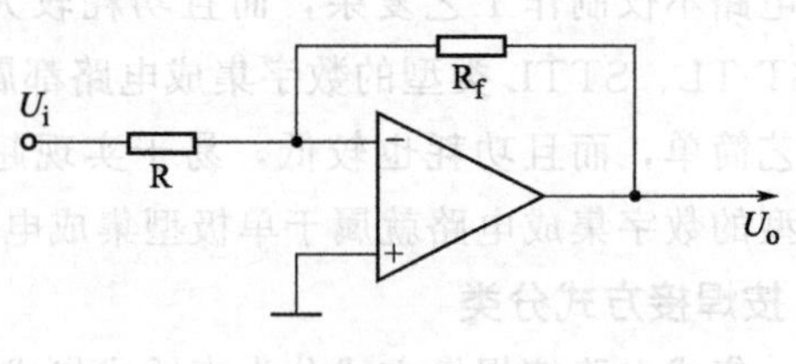

图 3-4　反相放大电路

3. 差动放大

如图 3-5 所示是由集成运放构成的差动放大电路。该电路的核心元器件是运放，反馈电阻 R_f，限流电阻 R1、R2，平衡电阻 RP。

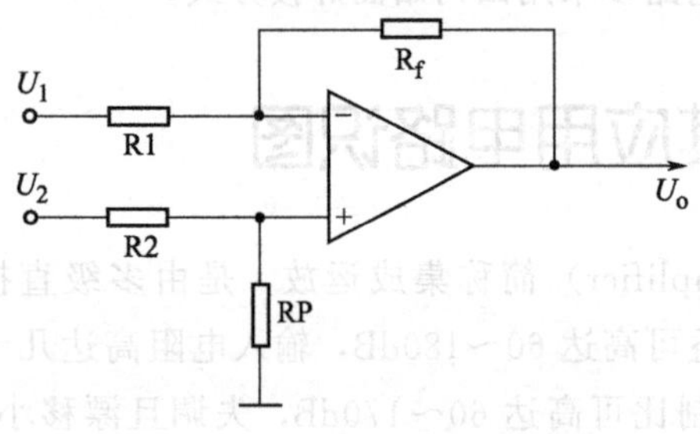

图 3-5　差动放大电路

二、吸油烟机电路识图

1. 电路构成

该机的控制电路由四运算放大器 LM324（A1～A4）和气敏传感器 BA 为核心构成，如图 3-6 所示。其中，运放 A1 和气敏传感器 BA 组成油烟检测电路，运放 A2 为蜂鸣器驱动电路，运放 A3 为电机供电控制电路，运放 A4 为防误动作电路，KA 为风扇控制继电器。气敏传感器 BA 的 1、2 脚之间的加热丝，工作时通电并保持一定温度。

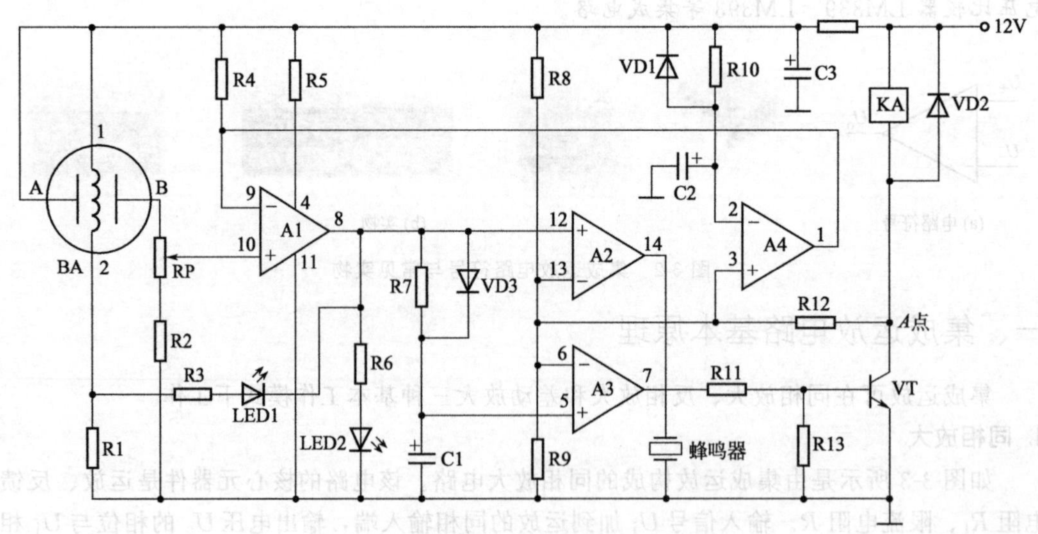

图 3-6　老板 CPT11B 型吸油烟机控制电路

BA 输出端产生的电压 U_B 随环境油烟浓度的变化而变化，当环境油烟浓度升高时，U_B 随之升高，反之则降低。这样由气敏传感器 BA 将环境油烟浓度的变化转化为相应的电信号。

2. 控制过程

无油烟时，运放 A1 的 10 脚电位低于 9 脚电位，则 A1 的 8 脚输出低电平电压，该电压第一路使红色发光二极管 LED2 熄灭，使绿色发光二极管 LED1 点亮，表明厨房内的油烟浓度较低，无须排烟；第二路使 A2 的 12 脚电位低于 13 脚电位，致使 A2 的 14 脚输出低电平信号，蜂鸣器不鸣叫；第三路使 A3 的 5 脚电位低于 6 脚电位，A3 的 7 脚输出低电平信号，使激励管 VT 截止，继电器 KA 内的触点不能吸合，电机不能旋转。

当油烟浓度超标时，U_B 增大，通过可调电阻 RP 使 A1 的 10 脚电位高于 9 脚电位，于是 A1 的 8 脚输出高电平电压。该电压第一路使 LED1 熄灭，LED2 点亮，表明厨房油烟浓度超标；第二路使 A2 的 12 脚电位高于 13 脚电位，致使 A2 的 14 脚输出高电平电压，蜂鸣器开始鸣叫，提醒用户厨房油烟超标；第三路通过 VD3 为 C1 充电，使 A3 的 5 脚电位迅速高于 6 脚电位，致使 A3 的 7 脚输出高电平激励信号。该信号通过 R11 与 R13 分压限流后使激励管 VT 导通，为 KA 的线圈提供激励电流，使它内部的触点吸合，电机开始旋转，将油烟排出室外。随着油烟的减少，A1 的 10 脚电位又转为低电平，VD3 截止，C1 经 R7、A1 的 8 脚内部电路放电。由于 R7 的阻值较大，使放电时间常数增大，放电时间较长，使 A3 的 5 脚电位在一定时间内仍高于 6 脚电位，A3 的 7 脚仍输出高电平电压，保证电机能在 A1 的 8 脚输出低电平后继续运转一段时间，将油烟彻底排净，直至 A3 的 5 脚电位低于 6 脚电位，A3 输出低电平信号后，电机停转。

RP 是可调电阻，调节它可改变气敏传感器的检测灵敏度。

3. 防误动作电路

接通电源时，为了防止气敏传感器 BA 工作不稳定，误为运放 A1 的 10 脚提供高电平信号，使 A1 输出高电平的控制信号，引起电机运转和蜂鸣器鸣叫。该机设置了由运放 A4、C2 等元件构成的防误动作电路。

由于 C2 容量较大，R10 数值很大，通电瞬间使 A4 的 2 脚电位低于 3 脚电位，从而使 A4 的 1 脚输出高电平，为 A1 的 9 脚提供的电压超过 10 脚的电压，使 A1 的 8 脚在开机瞬间输出的低电平信号。随着充电的不断进行，A4 的 2 脚电位超过 3 脚电位，于是 A4 的 1 脚输出低电平信号，使该机进入气敏检测状态。

R10 两端并联的 VD1 是泄放二极管，它的作用是该机断电后，为 C2 两端存储的电压提供快速泄放的通道，以便下次通电时该电路迅速进入防误动作状态。

三、振荡电路识图

如图 3-7 所示是由运放或电压比较器 LM339（IC1）为核心构成的振荡器。该电路核心元器件是 LM339、C3、R6 等。

谐振线圈 L2 两端产生的脉冲电压经 R1～R5 组成的电压取样电路取样后，产生两个取样电压加到 IC1 的 4、5 脚。功率管 IGBT 导通期间，L2 产生的电动势为上正、下负，使 IC1 的 4 脚电压高于 5 脚电位，经比较器 A 比较后使它的 2 脚输出低电平电压，通过 C3 将 IC1 的 6 脚电位钳位到低电平，低于 7 脚电位，经比较器 B 比较后，使 IC1 的输出端 1 脚输出高电平电压，该电压通过驱动电路（推挽放大器）放大后，使 IGBT 继续导

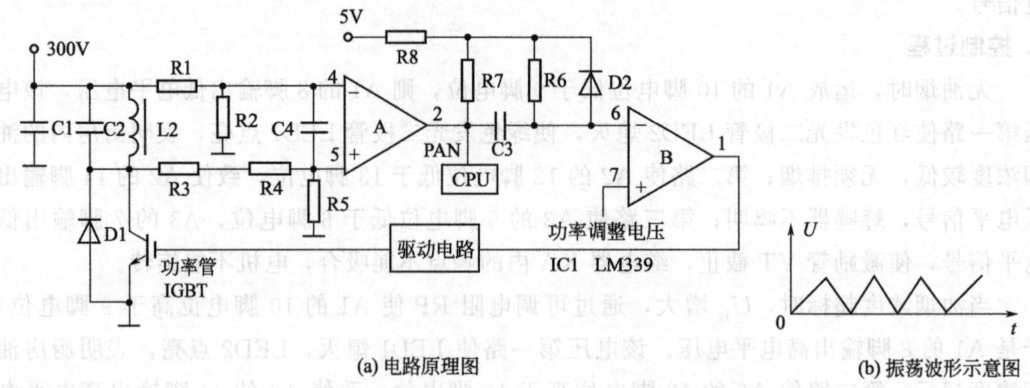

(a) 电路原理图

(b) 振荡波形示意图

图 3-7 电磁炉典型同步控制电路及振荡波形

通，同时 5V 电压通过 R8、R6、C3 和 IC1 的 2 脚内部电路构成的回路为 C3 充电，形成锯齿波脉冲的上升沿。当 C3 右端所充电压高于 IC1 的 7 脚电位后，IC1 的 1 脚电位变为低电平，通过驱动电路放大后使 IGBT 截止，流过 L2 的导通电流消失，于是 L2 通过自感产生下正、上负的电动势，使 IC1 的 5 脚电位高于 4 脚电位，致使 IC1 的 2 脚内部电路开路，C3 两端电压通过 D2、R7 构成的回路放电，形成锯齿波脉冲的下降沿。功率管截止后，无论是 L2 对谐振电容 C2 充电期间，还是 C2 对 L2 放电期间，L2 下端电位都会高于上端电位，使 IC1 的 5 脚电位高于 4 脚电位，致使 IC1 的 2 脚电位都为高电平，IGBT 都不会导通。L2 通过 C1、D1 放电期间，IC1 的 4 脚电位高于 5 脚电位，使 IC1 的 2 脚电位变为低电平，并且 C3 通过 R7 放电使 IC1 的 6 脚电位低于 7 脚电位后，IC1 的 1 脚再次输出高电平电压，通过驱动电路放大后使功率管 IGBT 再次导通，不仅实现了同步控制，而且通过控制 C3 充电、放电形成了锯齿波振荡脉冲。

【提示】 C3 通过 R7 放电的时间常数是个很重要的时间常数，若它大于 L2 通过 C1、D1 的放电时间常数，会导致功率管 IGBT 再次导通时间被滞后，降低了主回路的工作效率，输出功率减小。

四、OTL 功率放大器识图

图 3-8 是采用运放 TDA2030 为核心构成的 OTL 功率放大电路。该电路的核心元器件是 TDA2030，TDA2030 的引脚功能如表 3-1 所示。

表 3-1 功率放大器 TDA2030 的引脚功能

引脚	符号	功能	引脚	符号	功能
1	IN+	同相输入端	4	OUT	功率输出端
2	IN−	反相输入端	5	V_{CC}	正电源供电端
3	V_{EE}	负电源供电端			

音频信号经 R615、C609、C610 送至 TDA2030 同相输入端 1 脚，经功率放大后从 4 脚输出，利用 C604 耦合给扬声器，使其发音。TDA2030 的脚为放大器的反相输入端，该脚外接 C602、R602 构成负反馈电路，调节 R602 的阻值，可以改变功率放大器的增益。

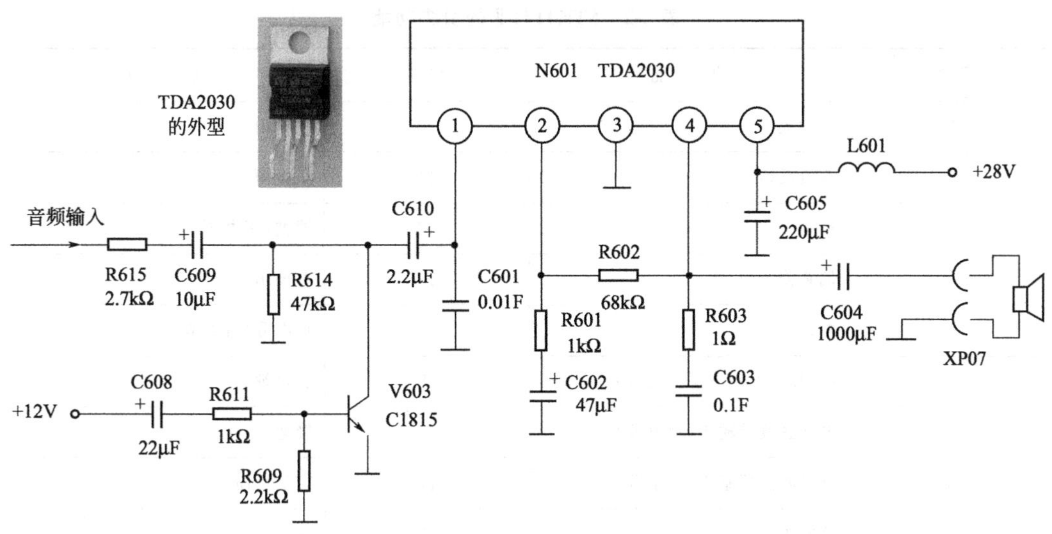

图 3-8　音频功率放大电路和开机静噪电路（熊猫 C54P29D 型机）

+28V 的电源电压经 L601、C605 组成的 LC 滤波器滤波后，为 TDA2030 的 5 脚提供工作电压。该脚电压的高低直接影响到输出功率的大小。

V603、C608、R611、R609 组成开机静噪电路。开启电源瞬间，+12V 电源经 R611、R609 向 C608 充电。R609 两端电压瞬间为 0.7V，V603 饱和导通，将 C609 输出的噪声信号短路到地，TDA2030 无信号输入，从而消除了开机瞬间的噪声。

五、OCL 功率放大器识图

图 3-9 是由 STK4141Ⅱ构成的 OCL 功率放大电路。STK4141Ⅱ采用单列 18 脚结构，其额定电源电压为±27V，输出功率达 2×25W，总谐波失真小于 0.3%，输出噪声低于 1.2mV，它的引脚功能如表 3-2 所示。

左、右声道信号 L、R 分别经 1kΩ 电阻和 2.2μF 电容耦合到 STK4141Ⅱ的 1、18 脚，经它内部的左、右声道 OCL 放大器放大后，从 10、13 脚输出，驱动 L、R 扬声器发音。

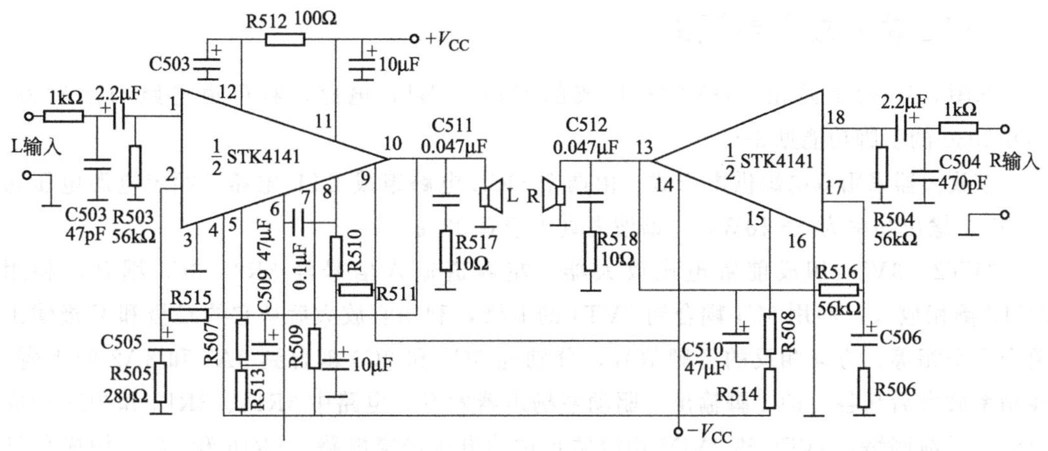

图 3-9　STK4141Ⅱ构成的 OCL 功率放大电路

表 3-2　STK4141Ⅱ的引脚功能

引脚	功　　能	引脚	功　　能
1	左输入	10	左输出
2	右负反馈	11	正电源
3	接地	12	滤波(正电源)
4	偏置输入(负电源)	13	右输出
5	左自举	14	负电源(右声道)
6	控制端(控制电子滤波管)	15	右自举
7	电子滤波器输出(负电源)	16	接地
8	电子滤波器基极(负电源)	17	右负反馈
9	负电源(左声道)	18	右输入

该电路采用双电源供电，其直流供电通路是：$+V_{CC}$不仅直接加到 11 脚，为左、右声道功率放大管的集电极提供正电压，而且经 R512 电阻限流，C503 滤波后加到 12 脚，为输入级和推动级提供正电压。$-V_{CC}$直接加到 9、14 脚，为左、右声道的功放输出级供电；9 脚上的$-V_{CC}$经 R511、R510 加到 8 脚内的电子滤波管基极，使电子滤波器从 7 脚输出直流负电压，经 R509 加到 4 脚，分别经 R513、R507 和 R514、R508 加到 5、15 脚，为推动级提供负偏压。7 脚输出回路中的 R509 采用熔断电阻，起过流保护作用。C505 和 R505、C506 和 R506 分别是左、右声道的交流负反馈网络。R515、R516 分别是左、右声道放大器环路的直流和交流负反馈电阻。R503、R504 分别为左、右声道输入级的偏置电阻。C503、C504 用来消除输入回路中的高频干扰和进行滞后补偿。C509、C510 分别是左、右声道的自举电容。C511 和 R517、C512 和 R518 是“茹贝尔”网络，该容性网络与扬声器感性阻抗并联后，可使功放的负载接近纯阻性质，不仅可以改善音质、防止高频自激，还能保护功放输出管。

六、BTL 功率放大器识图

如图 3-10 所示是由 TDA2030 构成的左声道 BTL 电路，右声道电路与之对称。TDA2030 的引脚功能见 3-1。

该放大器采用双电源供电方式，由两个 OCL 电路组成 BTL 电路，额定电源电压为±16V，输出功率为 4×18W，总谐波失真小于 0.08%。

3VT2、3VT4 组成前置电压放大器。左声道输入信号经 3R2、3C3 耦合，利用 3VT2 倒相放大，利用 3C4 耦合到 3VT4 的 b 极，利用它放大后从它的 C 极和 E 极输出两个大小相等、方向相反的音频信号，分别经 3C5 和 3C6 耦合到 3A1 和 3A2 的 1 脚，经功率放大后从各自的 4 脚输出，驱动左扬声器发音。电路中 3R14、3R13 和 3C8 构成交流负反馈网络，3VD6 和 3VD7 用以防止过冲电压击穿电路，3R15 和 3C10 构成茹贝尔网络。

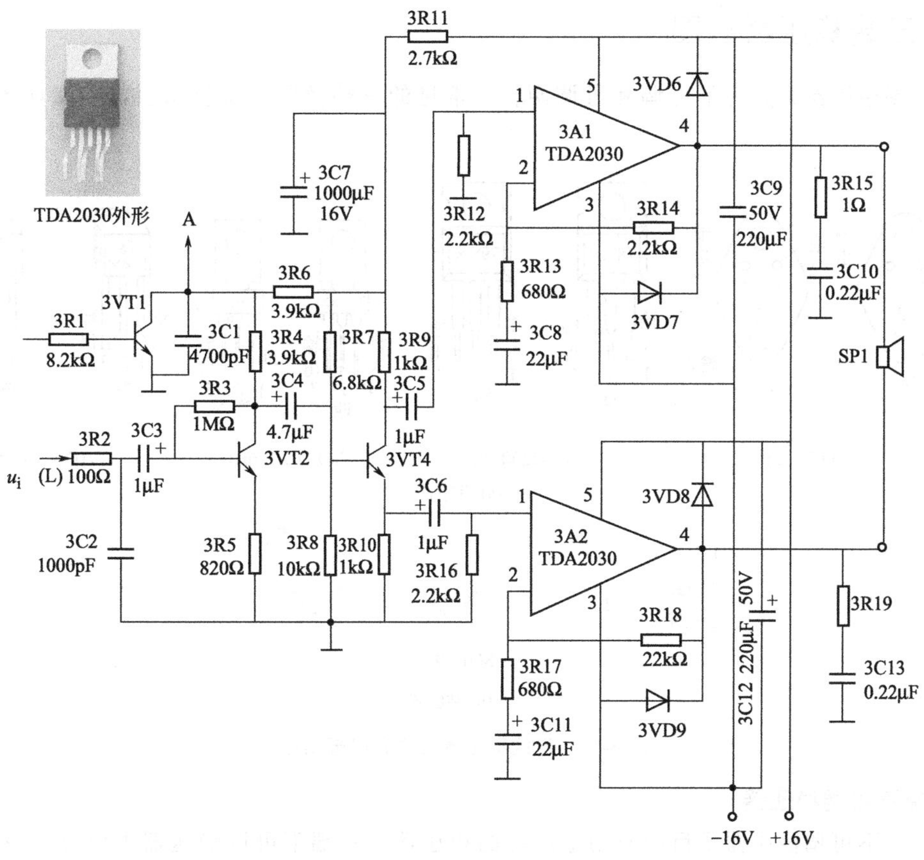

图 3-10　由 TDA2030 构成的左声道 BTL 电路

第三节　集成稳压器及其应用电路识图

稳压器的作用是将不稳定的直流电压变换为稳定的直流电压。集成稳压器凭借体积较小、稳压性能好和保护功能完善等优点，应用范围越来越广。集成稳压器有线性电源式稳压器和开关电源式稳压器两大类。由于开关电源式稳压器属于模拟、数字混合电路，所以在后文介绍此类稳压器，下面仅介绍模拟集成稳压器。模拟集成稳压器有三端式和多端式两种。常见的集成稳压器的电路符号如图 3-11 所示。

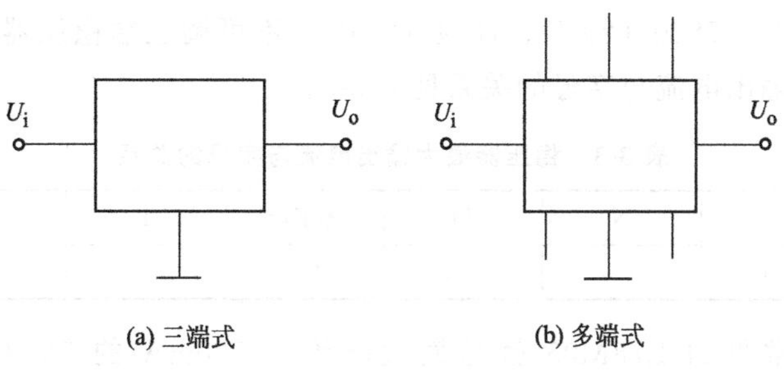

图 3-11　集成稳压器的电路符号

一、三端稳压器识图

三端稳压器又分为不可调和可调两种。常见的三端稳压器实物与引脚功能如图 3-12 所示。

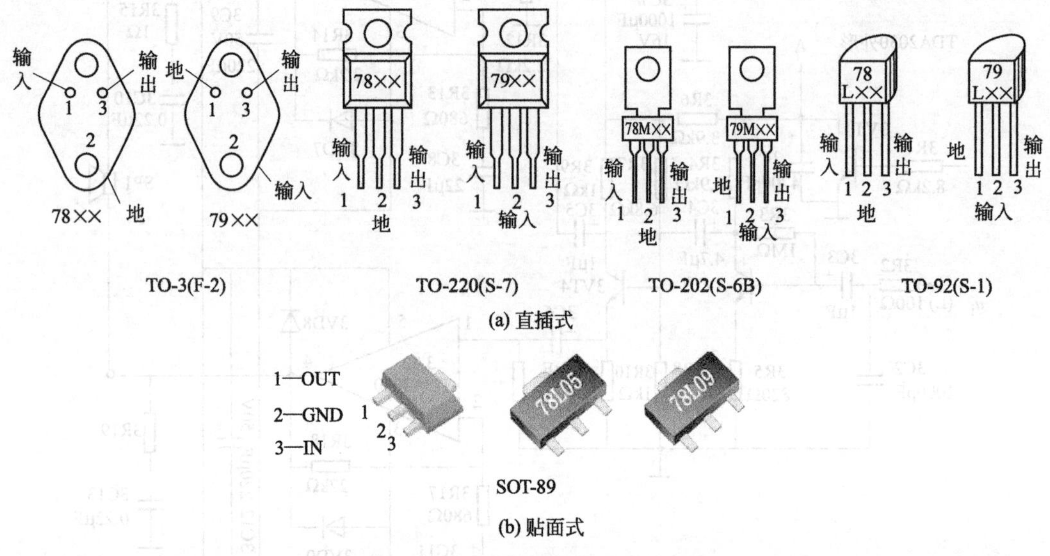

图 3-12　三端稳压器实物和引脚功能

1. 三端不可调稳压器

三端不可调稳压器是目前应用最广泛的稳压器。三端不可调稳压器主要有 78××系列和 79××系列两大类。其中，78××系列稳压器输出的是正电压，而 79××系列稳压器输出的是负电压。三端不可调稳压器主要的产品有 NC 公司的 LM78××/79××、摩托罗拉公司的 MC78××/79××、仙童公司的 μA78××/79××、东芝公司的 TA78××/79××、日立公司的 HA78××/79××、日电公司的 μPC78××/79××、三星公司的 KA78××/79××以及意法联合公司生产的 L78××/79××等。其中，××代表电压数值，比如，7812 代表的是输出电压为 12V 的稳压器，7905 代表的是输出电压为 5V 的稳压器。

(1) 分类

三端不可调稳压器按输出电压可分为 10 种，以 78××系列稳压器为例介绍，包括 7805 (5V)、7806 (6V)、7808 (8V)、7809 (9V)、7810 (10V)、7812 (12V)、7815 (15V)、7818 (18V)、7820 (20V)、7824 (24V)。不可调三端稳压器按输出电流可分为多种，稳压器最大输出电流与字母的关系见表 3-3。

表 3-3　稳压器最大输出电流与字母的关系

字母	L	N	M	无字母	T	H	P
最大电流/A	0.1	0.3	0.5	1.5	3	5	10

参见表 3-3，常见的 L78M05 就是最大电流为 500mA 的 5V 稳压器，而常见的 KA7812 就是最大电流为 1.5A 的 12V 稳压器。

（2）工作原理

下面以78××系列三端不可调稳压器为例介绍三端不可调稳压器的工作原理。78××系列三端不可调稳压器由启动电路（恒流源）、取样电路、基准电压形式电路、误差放大器、调整管、保护电路等构成，如图3-13所示。

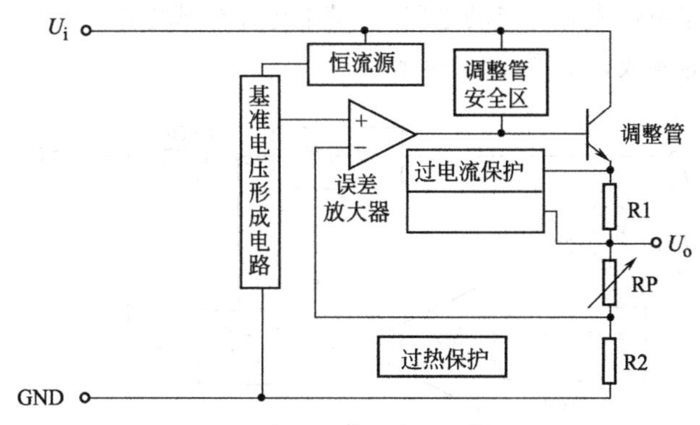

图3-13　78××系列三端不可调稳压器构成

当78××系列三端不可调稳压器输入端有正常的供电电压输入后，该电压不仅加到调整管的集电极，而且通过基准电压形成电路产生基准电压。基准电压加到误差放大器后，误差放大器为调整管的基极提供基准电压，使调整管的发射极输出电压，该电压经R1限流，再通过三端不可调稳压器的输出端子输出后，为负载供电。

当输入电压降低或负载变重，引起三端不可调稳压器输出电压U_o下降时，通过可调电阻RP与R2取样后的电压减小。该电压加到误差放大器的反相输入端，与同相输入端输入的参考电压比较后，输出的电压增大，调整管因基极输入电压增大而导通程度加强，使U_o升高到规定值，实现稳压控制。当输出电压升高时，稳压控制过程相反。

当负载异常引起调整管过电流，被过电流保护电路检测后，调整管停止工作，避免调整管过电流损坏，实现了过电流保护。另外，调整管过电流时，温度会大幅度升高，被芯片内的过热保护电路检测后，也会使调整管停止工作，避免了调整管过热损坏，实现了过热保护。

2. 三端可调稳压器

三端可调稳压器是在三端不可调稳压器的基础上发展而来的，它最大的优点就是输出电压在一定范围内可以连续调整。它和三端不可调稳压器一样，也有正电压输出和负电压输出两种。

（1）分类

三端可调稳压器按输出电压可分为四种：第一种是输出电压为1.2～15V的，如LM196/396；第二种是输出电压为1.2～32V的，如LM138/238/338；第三种是输出电压为1.2～33V的，如LM150/250/350；第四种是输出电压为1.2～37V的，如LM117/217/337。

三端可调稳压器按输出电流分为0.1A、0.5A、1.5A、3A、5A、10A等多种。在稳压器型号后面加字母“L”的稳压器的输出电流为0.1A，如LM317L就是最大电流为0.1A的稳压器；在稳压器型号后面加字母“M”的稳压器的输出电流为0.5A，如

LM317M 就是最大电流为 0.5A 的稳压器；在稳压器型号后面不加字母的稳压器的输出电流为 1.5A，如 LM317 就是最大电流为 1.5A 的稳压器。而 LM138/238/338 是 5A 的稳压器，LM196/396 是 10A 的稳压器。

（2）工作原理

三端可调稳压器由恒流源（启动电路）、基准电压形成电路、调整器（调整管）、误差放大器、保护电路等构成，如图 3-14 所示。

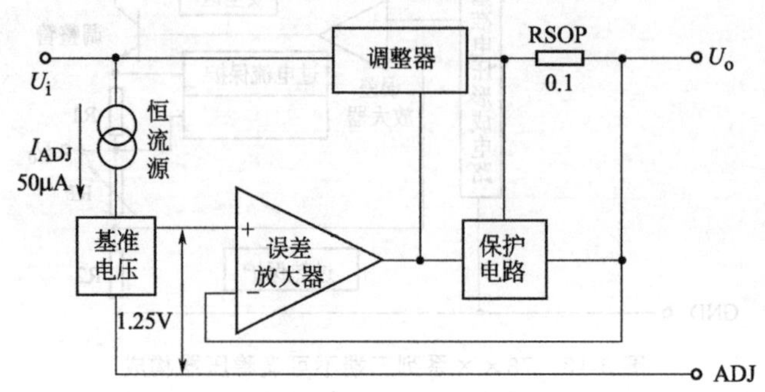

图 3-14 三端可调稳压器 LM317 的构成

当稳压器 LM317 的输入端有正常的供电电压输入后，该电压不仅为调整器供电，而且通过恒流源为基准电压放大器供电，由它产生基准电压。基准电压加到误差放大器的同相输入端后，误差放大器为调整器提供导通电压，使调整器开始输出电压，该电压通过输出端子输出后，为负载供电。

当输入电压减小或负载变重，引起 LM317 输出电压下降时，误差放大器反相输入端输入的电压减小，误差放大器为调整器提供的电压增大，调整器输出电压增大，最终使输出电压升高到规定值，实现稳压控制。输出电压升高时，稳压控制过程相反。

LM317 内的 1.25V 基准电压形成电路的输出电压受调整端 ADJ 输入电压的控制，当 ADJ 端子输入电压升高后，基准电压形成电路输出的电压就会升高，误差放大器输出的电压因同相输入端电压升高而升高，使调整器输出电压升高。反之，控制过程相反。这样，通过调整 ADJ 端子的电压，也就可以改变 LM317 输出电压的大小。

另外，LM317 内的保护电路和 LM7812 内的保护电路工作原理相同，不再介绍。

二、多端稳压器

1. 四端稳压器

四端稳压器是由夏普（Sharp）公司生产的一种新型稳压器，它实际上是在三端不可调稳压器的基础上发展而来的，与三端不可调稳压器相比，最大的区别是具有输出电压控制功能，所以该稳压器加设了控制端子，但其稳压值与普通三端稳压器相同，如型号（系列）PQ××后面的“××”代表稳压值，如 PQ05RD21 就是 5V 稳压器。常见的 PQ 系列四端稳压器实物如图 3-15 所示。

图 3-15 PQ 系列四端稳压器实物

四端稳压器由基准源（误差放大器）、调整管VT1、放大管VT2、开关控制电路、基准电压形成电路、自动保护电路、取样电阻等构成，如图3-16所示。

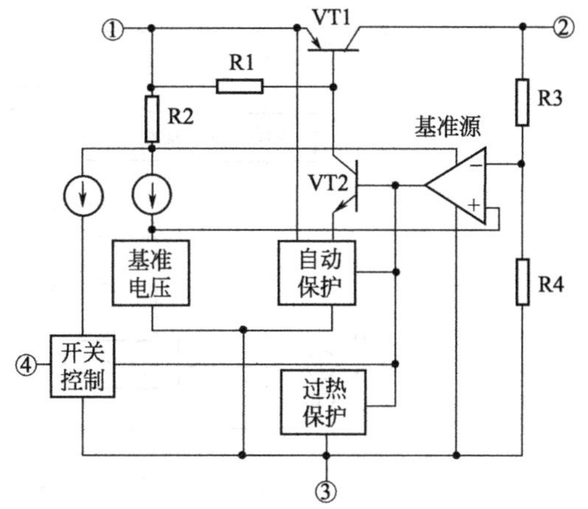

图3-16　PQ系列四端稳压器的构成方框图

当稳压器的1脚有正常的供电电压输入后，该电压第一路加到调整管VT1的发射极，为它供电；第二路经R1加到放大管VT2的集电极，为VT2供电；第三路通过R2限流，不仅为基准源和开关控制电路供电，而且通过基准电压形成电路产生基准电压，为基准源的同相输入端提供基准电压。基准源开始为放大管VT2的基极提供导通电压，使VT2导通，致使调整管VT1导通，由它的集电极输出电压，该电压通过2脚输出后为负载供电。

当输入电压升高或负载变轻，引起稳压器的2脚输出电压升高时，该电压经R2、R3取样后使基准源反相输入端输入的电压增大，基准源为VT2提供的电压减小，VT2导通程度减弱，使VT1的导通程度减弱，于是VT1的集电极输出的电压减小，最终使2脚输出的电压下降到规定值，实现稳压控制。2脚输出的电压下降时，稳压控制过程相反。

当负载异常引起调整管VT1过电流时，被自动保护电路检测后，自动保护电路输出低电平保护信号，使放大管VT2截止，调整管VT1因基极电位为高电平而截止，避免VT1过电流损坏，实现了过电流保护。另外，调整管VT1过电流时，温度会大幅度升高，被芯片内的过热保护电路检测后，也会输出低电平保护信号，使VT2和VT1相继截止，避免了VT1等元器件过热损坏，实现了过热保护。

该稳压器的2脚能否输出电压，不仅取决于1脚能否输入正常的工作电压，而且还取决于4脚能否输入控制信号（开关信号）。当4脚有高电平的控制信号输入后，开关控制电路变为高阻状态，不影响放大管VT2的基极电位，此时VT2和VT1能正常工作，稳压器的2脚开始输出电压。当4脚输入低电平信号后，开关电路输出低电平信号，使VT2截止，致使VT1截止，稳压器的2脚无电压输出，实现开关控制。

2. 五端稳压器

五端稳压器主要有具有复位功能和输出电压可调两种。

(1) 五端稳压、复位稳压器

五端稳压、复位稳压器广泛应用在彩色电视机、电脑等电子产品中，下面以常用的五端稳压器L78MR05FA为例进行介绍。L78MR05FA的内部由启动电路、基准电压形成电路、调整管VT1、放大管VT2、误差放大器、复位电路、保护器、取样电阻等构成，如图3-17所示。它的引脚功能与检测参考数据见表3-4。

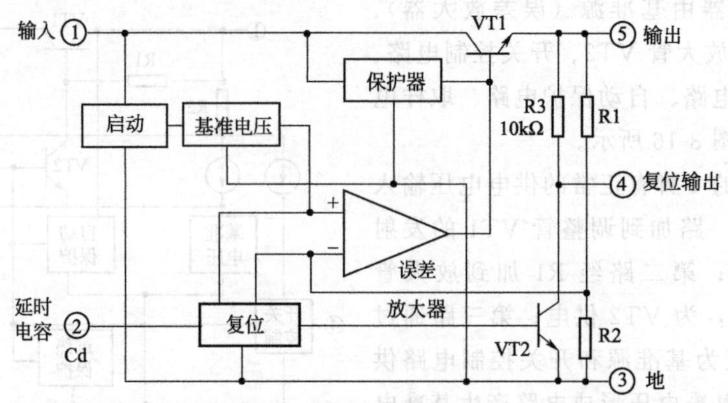

图 3-17 五端稳压器 L78MR05FA 的构成方框图

表 3-4 五端稳压器 L78MR05FA 的引脚功能和检测参考数据

引脚号	引脚名	功能	电压/V	在路阻值/kΩ	
				黑表笔测量	红表笔测量
1	IN	供电	7.6	187	37
2	Cd	外接延时电容	4.6	∞	6.4
3	GND	接地	0	0	0
4	RESET	复位信号输出	4.8	22	5.2
5	OUT	5V 电压输出	5	7.3	3.8

(2) 五端受控稳压器

五端受控稳压器广泛应用在彩色电视机、录像机、彩色显示器等电子产品中，常见的五端受控稳压器有 BA××系列等产品。该系列稳压器根据输出电压的不同，可分为 3.3V、5V、6V、9V 等多种。在 BA 后面的数字就代表稳压器的输出电压值，如 BA033ST 就是输出电压为 3.3V 的稳压器，BA12ST 就是输出电压为 12V 的稳压器。该系列稳压器根据有无电压取样功能可分为两种：一种是内置电压取样电路，5 脚外无需设置取样电阻的稳压器，此类稳压器通过加“AST”/“ASFP”字符进行表示；另一种是内部无电压取样电路，外部需要设置取样电阻的稳压器，此类稳压器通过加“ST”/“SFP”字符进行表示。

BA××系列五端受控稳压器的内部由基准电压形成电路、调整管、控制开关、误差放大器、保护电路等构成，如图 3-18 所示。它的引脚功能如表 3-5 所示。

当稳压器的 2 脚有正常的供电电压输入后，该电压第一路加到调整管 VT 的发射极，为它供电；第二路经基准电压形成电路产生基准电压。该电压加到误差放大器的反相输入端后，误差放大器输出低电平信号，使 VT 导通，由其集电极输出电压，该电压通过 4 脚输出后，为负载供电。

当输入电压降低或负载变重，引起稳压器的 4 脚输出电压下降时，经外接的取样电阻取样后的电压减小，该电压通过稳压器的 5 脚输入到误差放大器的同相输入端后，使误差放大器输出电压减小，使调整管 VT 的导通程度加强，于是 VT 的集电极输出的电压升高，最终使 4 脚输出的电压升高到规定值，实现稳压控制。4 脚输出的电压下降时，稳压

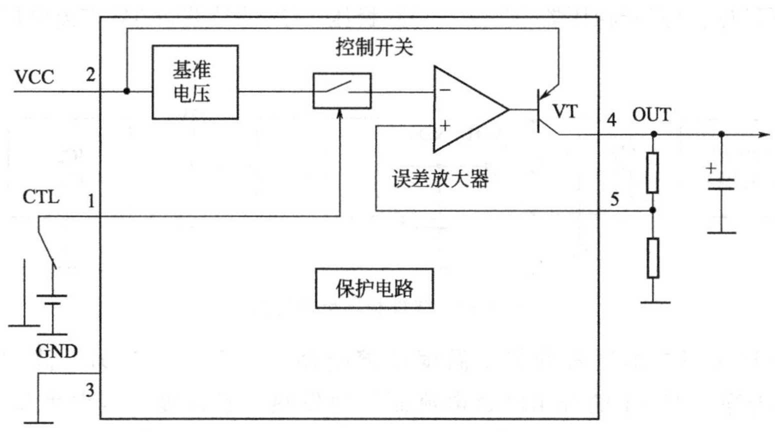

图 3-18　BA××系列五端受控稳压器的构成方框图

表 3-5　BA××系列五端稳压器的引脚功能

引脚号	引脚名	功　能
1	CTL	控制信号输入
2	VCC	供电
3	GND	接地
4	OUT	电压输出
5	NC	空脚
	C	输出电压取样信号输入

控制过程相反。

当负载异常引起调整管 VT 过电流时，芯片温度会大幅度升高。当芯片温度达到 25℃时，被过热保护电路检测后，控制误差放大器输出的电压随温度升高而增大，使调整管 VT 导通逐渐减弱，致使稳压器输出的电压随温度升高而减小；当温度超过 125℃时，过热保护电路控制信号使误差放大器始终输出高电平电压，使 VT 截止，避免了 VT 等元器件过热损坏，实现了过热保护。

该稳压器的 4 脚能否输出电压，不仅取决于 2 脚能否输入正常的工作电压，而且还取决于 1 脚能否输入控制信号（开关信号）。当 1 脚输入高电平的控制信号，经开关电路处理后，不影响误差放大器反相输入端的电位，调整管 VT 导通，稳压器的 4 脚输出电压。当 1 脚输入低电平信号后，控制开关电路输出低电平信号，使误差放大器输出高电平控制信号，致使 VT 截止，稳压器的 4 脚无电压输出，实现开关控制。

三、不受控三端稳压电源识图

如图 3-19 所示是一种典型的由不受控稳压器构成的线性稳压电源电路。该电路的核心器件是稳压器 IC1 和 IC2。

220V 市电电压利用变压器 T1 降压，从它的次级绕组输出 15V（与市电电压高低有关）左右的交流电压，再通过 VD1～VD4 桥式整流，C1 滤波后，产生的直流电压利用三端稳压器 IC1（7812）稳压，C2 滤波获得 12V 直流电压。12V 电压可以为它的负载直接供电，而且可以通过三端稳压器 IC2（7805）稳压，C3 滤波获得 5V 直流电压，为它的负载供电。

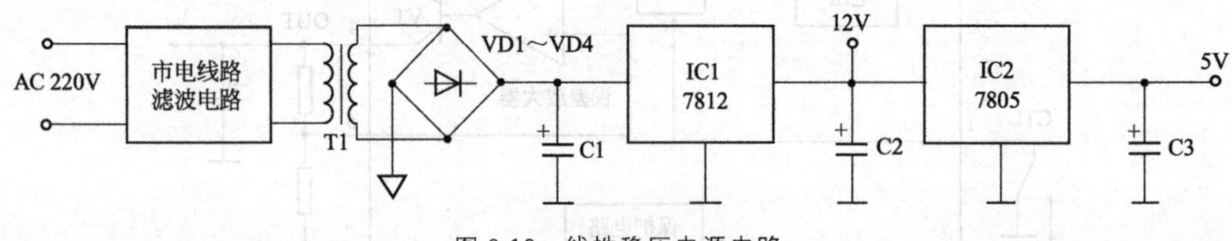

图 3-19 线性稳压电源电路

T1 的一次绕组内部通常安装了温度型熔断器。当 VD1～VD4、滤波电容 C1 或稳压器 IC1 击穿，使 T1 的绕组因过电流而迅速发热，且温度达到温度型熔断器的标称温度值后，它内部的熔断器熔断，切断市电输入回路，以免扩大故障，实现了过热保护。

四、受控三端稳压电源识图

如图 3-20 所示是典型三端受控稳压器构成的可调稳压电源。该电路的核心元器件三端受控稳压器 LM317。

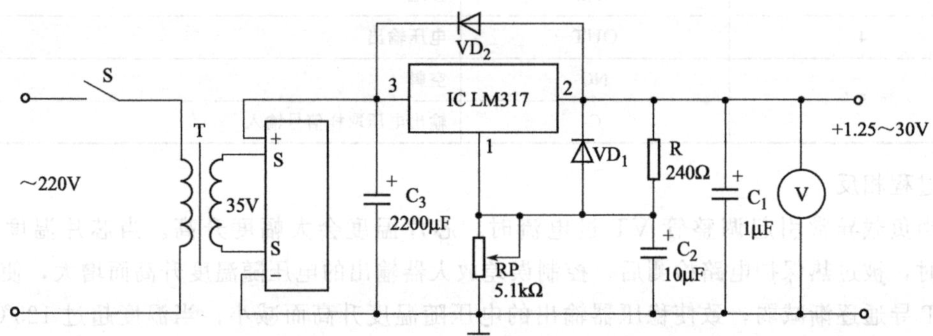

图 3-20 三端可调稳压电源

开关闭合后，市电电压经变压器 T 降压输出交流电压，利用整流堆桥式整流，C3 滤波产生 40V 左右的直流电压。该电压加到稳压器 IC 的输入端，被其内部的稳压器稳压后，就会输出稳压后的直流电压。

RP 是电压调整电位器，调整 RP 使 IC 的 1 脚内的 1.25V 基准电压形成电路的输出电压受调整端 1 输入电压的控制，当 1 脚输入电压升高后，基准电压形成电路输出的电压就会升高，误差放大器输出的电压因同相输入端电压升高而升高，使调整器输出电压升高。反之，控制过程相反。这样，通过调整 RP，也就可以改变 LM317 输出电压的大小，实现输出电压的调整。

五、受控稳压电源识图

图 3-21 是海信 TLM4277 型液晶彩电的 3.3V 电源，该电源的核心元器件是四端受控稳压器 AIC1084。由于 AIC1084 属于受控型稳压器，所以只有它的控制端 4 脚 TAB 输入

高电平控制信号后，它的 2 脚才能输出标称电压。如果 4 脚电位为低电平，它的 2 脚则不能输出电压。因此，若通过微处理器为稳压器的 4 脚提供控制信号，就可以实现待机/开机等控制功能。不过，图 3-21 的 2、4 脚相接，所以未采用受控方式。

5V 电压 5V-M 经 C315 和 C316 滤波后，加到 N020（AIC1084）的 3 脚，经它内部的稳压器稳压后从 2 脚输出 3.3V 电压。

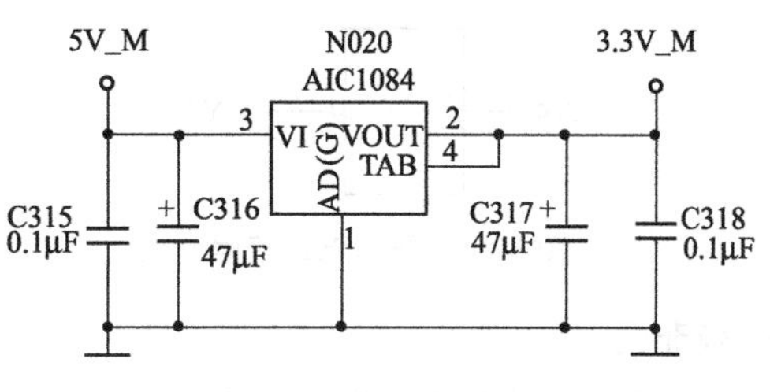

图 3-21　海信 TLM4277 型液晶彩电线性稳压电源电路

第四节　数字集成电路及其应用电路识图

数字集成电路主要由逻辑门电路、触发器、寄存器等构成，下面介绍这些电路的识图方法。

一、逻辑门电路

逻辑门电路除了可以实现各种逻辑处理，还可以用于多谐振荡器和模拟放大电路，常用的逻辑门电路主要有与门、或门、非门、与非门、或非门、异或门、异或非门等。

1. 与门

与门电路的电路符号如图 3-22 所示。它的逻辑关系是 Y＝AB，也就是 A、B 两个输入信号都为高电平时，输出端输出的信号 Y 才能为高电平，否则 Y 就为低电平。

2. 或门

或门电路的电路符号如图 3-23 所示。它的逻辑关系是 Y＝A＋B，也就是 A、B 两个输入信号的其一为高电平时，输出端输出的信号 Y 就为高电平；若想 Y 为低电平，则需要 A、B 两个信号都为低电平。

图 3-22　与门电路符号　　图 3-23　或门电路符号

3. 非门

非门电路的电路符号如图 3-24 所示。它的逻辑关系是 $Y=\overline{A}$，也就是输出端信号 Y 和输入信号 A 相反，因此非门也叫反相器或倒相器。

4. 与非门

与非门电路的电路符号如图 3-25 所示。它的逻辑关系是 $Y=\overline{AB}$，该逻辑关系和与门电路的逻辑关系正好相反：只有 A、B 两个输入信号都为高电平时，输出信号 Y 才能为低电平，否则 Y 为高电平。

图 3-24 非门电路符号　　图 3-25 与非门电路符号

5. 或非门

或非门电路的电路符号如图 3-26 所示。它的逻辑关系是 $Y=\overline{A+B}$，该电路的逻辑关系与或门的逻辑关系正好相反：只有 A、B 两个信号都为低电平时，输出端信号 Y 才能为高电平；而 A、B 两个输入信号的其一为高电平时，Y 就为低电平。

6. 异或门

异或门电路的电路符号如图 3-27 所示。它的逻辑关系是 $Y=A\overline{B}+\overline{A}B$，也就是 A、B 两个输入信号不同时，输出信号 Y 就为高电平；若 A、B 两个信号相同时，Y 则为低电平。

图 3-26 或非门电路符号　　图 3-27 异或门电路符号

二、触发器

触发器是实现时序处理的主要电路之一，常见的触发器主要有 RS 触发器、JK 触发器、D 触发器、单稳态触发器、施密特触发器等。

1. RS 触发器

RS 触发器是最基本的触发器，它的逻辑图和逻辑符号如图 3-28 所示。通过图 3-28 可以看出，RS 触发器由两个与非门构成，所以可按照与非门的逻辑关系进行分析。

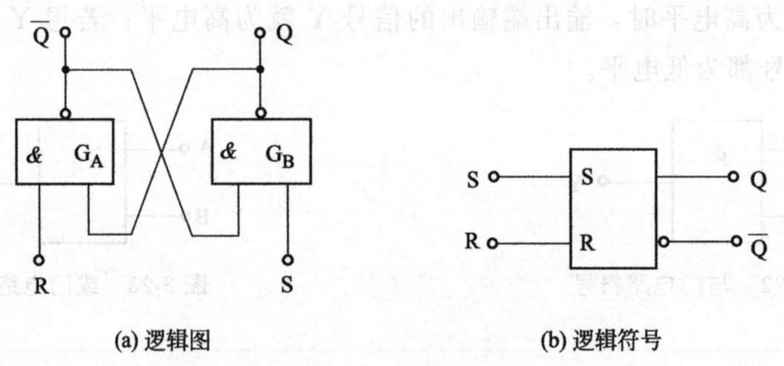

(a) 逻辑图　　(b) 逻辑符号

图 3-28 RS 触发器的逻辑图和逻辑符号

在 S=0、R=0 状态，由于 S、R 端均输入低电平信号，两个与非门的输出端 Q、$\overline{Q}$ 的电位都会变为高电平，当低电平过后使 R、S 端同时输入高电平信号时，会导致输出端 Q、$\overline{Q}$ 输出的电位紊乱，所以这种状态是不允许出现的。

在 S=0、R=1 状态，由于 S 端输入低电平信号，Q 端电位变为高电平，而 R 端输入的信号也为高电平，所以 $\overline{Q}$ 端的电位变为低电平。

在 S=1、R=0 状态，由于 R 端输入低电平信号，Q 端电位变为高电平，而 S 端输入的信号也为高电平，所以 Q 端的电位变为低电平。

在 S=1、R=1 状态，Q、$\overline{Q}$ 端的电位会保持原有的状态而不发生变化，所以这种状态也叫记忆状态。

【提示】 分析触发器的逻辑关系时，通常将 Q=1、$\overline{Q}$=0 的状态称为“1”态，将 Q=0、$\overline{Q}$=1 的状态称为“0”态。因此，S 端被称为置“1”端，R 端被称为置“0”端，也就是 S=0 时 Q=1，R=0 时 Q=0。

2. JK 触发器

JK 触发器是一种功能完善、应用广泛的双稳态触发器。如图 3-29 所示的是一种典型结构的 JK 触发器。它由两个可控的 RS 触发器串联构成，分别称为主触发器和从触发器，所以此类 JK 触发器也叫主从型 JK 触发器。J、K 是信号输入端；CP 是时钟信号输入端，由它控制主触发器和从触发器的翻转。

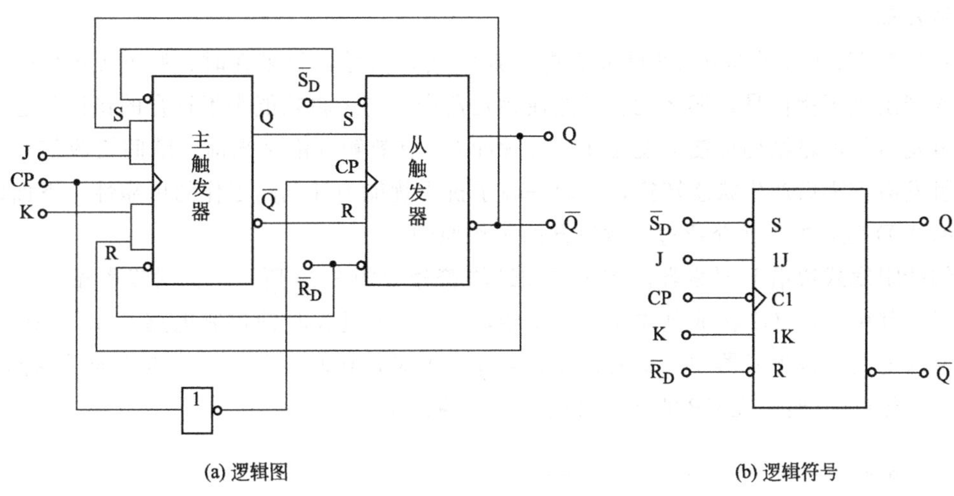

图 3-29　主从型 JK 触发器的逻辑图和逻辑符号

当 CP=0 时，主触发器状态不变，从触发器输出状态与主触发器的输出状态相同。

当 CP=1 时，输入信号 J、K 的电位高低影响主触发器的状态，而从触发器状态不变。当 CP 从 1 变为 0 时，主触发器输出的状态传送到从触发器，即主、从触发器是在 CP 下降沿到来时才能控制触发器翻转的。主从型 JK 触发器的逻辑分析如下。

(1) J=1、K=1

J=1、K=1 时，设触发器的初始状态在时钟脉冲到来前（即 CP=0）为 0。这时主触发器的 R=0、S=1，时钟脉冲到来后（即 CP=1）主触发器翻转成为 1 态。当 CP 从 1 跳变为 0 时，主触发器状态不变，从触发器的 R=0、S=1，所以它会翻转成 1 态。反之，若设触发器的初始状态为 1，则主、从触发器就会翻转成 0 态。因此，主从型触发器在 J=1、K=1 的情况下，来一个时钟脉冲就会翻转一次，也就是在此状态下该触发器具有计数功能。

(2) J=0、K=0

J=0、K=0 时，设触发器的初始状态为 0，当 CP=1 时，由于主触发器的 R=0、

S=0，它的状态保持不变。当CP跳变为0时，由于从触发器的R=1、S=0，它的输出为0态，即触发器始终保持0态不变；如果初始状态为1，则触发器会始终保持1态不变。

(3) J=1、K=0

J=1、K=0时，设触发器的初始状态为0。当CP=1时，由于主触发器的R=0、S=1，它翻转成1态。当CP跳变为0时，由于从触发器的R=0、S=1，所以也翻转成1态。如果触发器的初始状态为1，当CP=1时，由于主触发器的R=0、S=0，它保持原态不变；在CP从1跳变为0时，由于从触发器的R=0、S=1，也会保持1态不变。

(4) J=0、K=1

J=0、K=1时，设触发器的初始状态为1态。当CP=1时，由于主触发器的R=1、S=0，它翻转成0态。当CP下跳时，从触发器也翻转成0态。如果触发器的初始状态为0态，当CP=1时，由于主触发器的R=0、S=0，它保持原态不变；在CP从1跳变为0时，由于从触发器的R=1、S=0，也保持0态。

3. D触发器

主从型JK触发器是在CP脉冲高电平期间接收信号，如果在时钟脉冲CP高电平期间输入端出现干扰信号，那么就有可能使触发器产生与逻辑功能表不符合的错误状态。而边沿触发器的电路结构可使触发器在时钟脉冲CP有效触发沿到来前一瞬间接收信号，在有效触发沿到来后产生状态转换，从而提高了抗干扰能力和电路工作的可靠性。下面以维持阻塞式D触发器为例介绍边沿触发器的工作原理。

维持阻塞式边沿D触发器的逻辑图和逻辑符号如图3-30所示。该触发器由六个与非门组成，其中G1、G2构成基本RS触发器，G3、G4组成时钟控制电路，G5、G6组成数据输入电路。该触发器的逻辑关系是：当D=1时，在时钟脉冲CP的下降沿期间，Q端置1；当D=0时，在CP的下降沿期间，Q端置0。

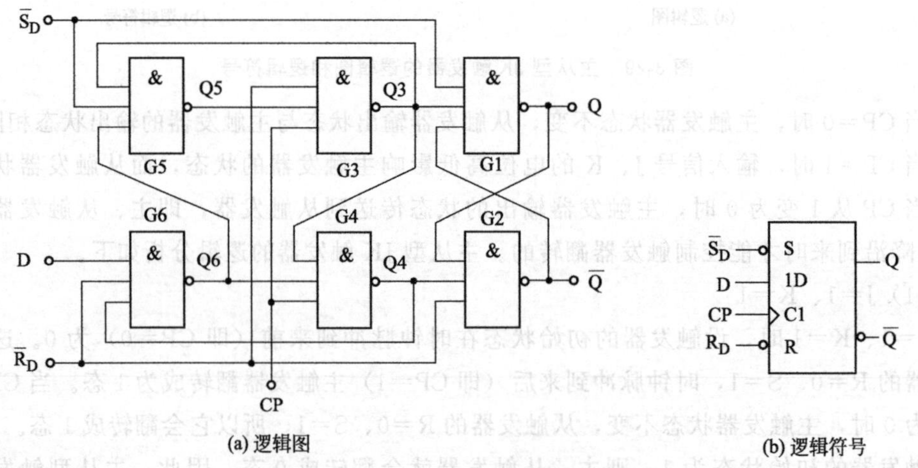

图3-30　D触发器的逻辑图和逻辑符号

4. T触发器

T触发器是在D触发器基础上开发的。T触发器的逻辑符号如图3-31所示。该触发器的逻辑关系是：当T=1时，该触发器处于计数状态，每来一个时钟脉冲CP，触发器翻转一次；当 T=0 时，该触发器处于记忆状态，时钟脉冲即使到来也不会影响触发器的状态。

5. 单稳态触发器

单稳态触发器的逻辑符号如图 3-32 所示。图中的 TR+是上升沿触发脉冲输入端，$\overline{\mathrm{TR}}$−是下降沿触发脉冲输入端，Q 为输出端，$\overline{Q}$ 为反相输出端。单稳态触发器的特点是，当它被触发后就会输出一个频率固定的矩形脉冲，然后自动返回。频率大小由 C_e、R_e 端外接的阻容元件参数来决定，即 $f=1/(0.69R_eC_e)$。

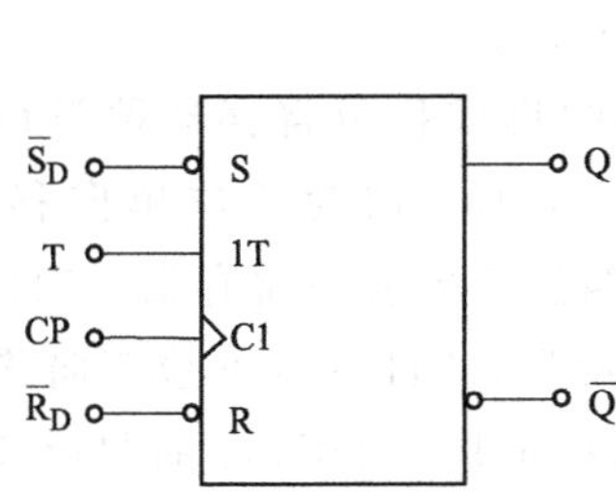

图 3-31　T 触发器的逻辑符号

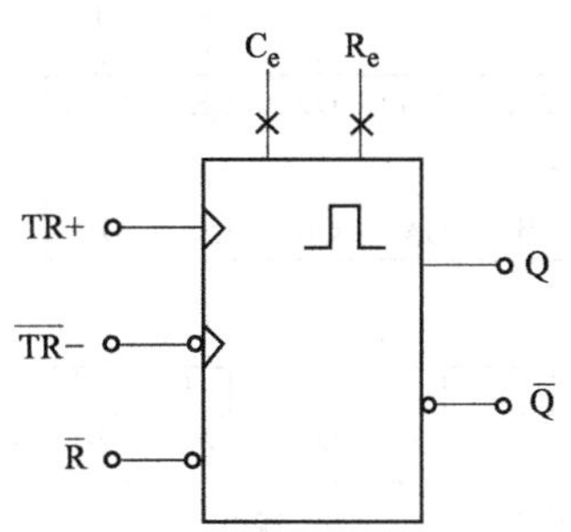

图 3-32　单稳态触发器的逻辑符号

6. 施密特触发器

施密特触发器有同相输出和反相输出两种类型，它们的逻辑符号如图 3-33 所示。施密特触发器的特点是具有滞后电压特性，即当输入电压升高到正向阈值电压 U_{T+} 时触发器翻转，当输入电压下降到负向阈值电压 U_{T-} 时触发器再次翻转，波形如图 3-34 所示。

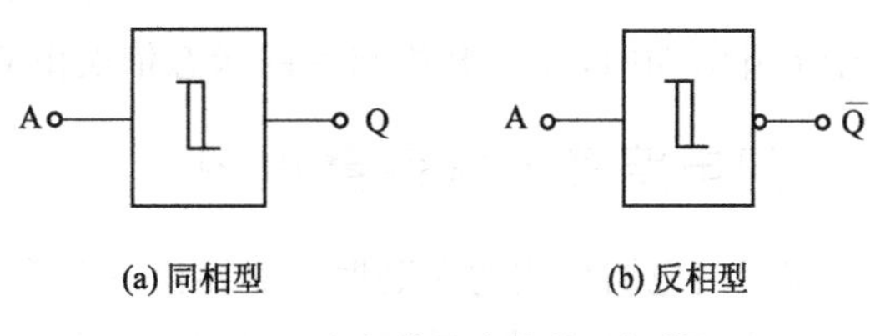

图 3-33　施密特触发器的逻辑符号

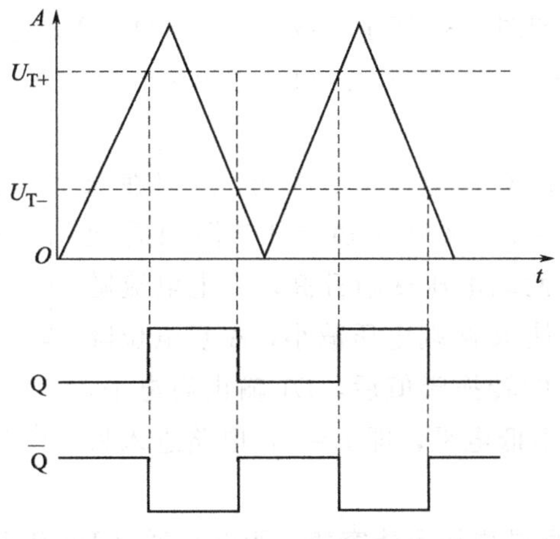

图 3-34　施密特触发器波形

三、寄存器

在数字电路中，用来存放二进制数据或代码的电路称为寄存器。寄存器是由具有存储功能的触发器组合起来构成的。一个触发器可以存储一位二进制代码。存放 N 位二进制代码的寄存器，需用 n 个触发器来构成。寄存器主要有基本寄存器和移位寄存器两种。基本寄存器主要设置在单片机内部，所以不做介绍，而移位寄存器被许多电子产品用于操作显示电路，下面简单介绍移位寄存器。

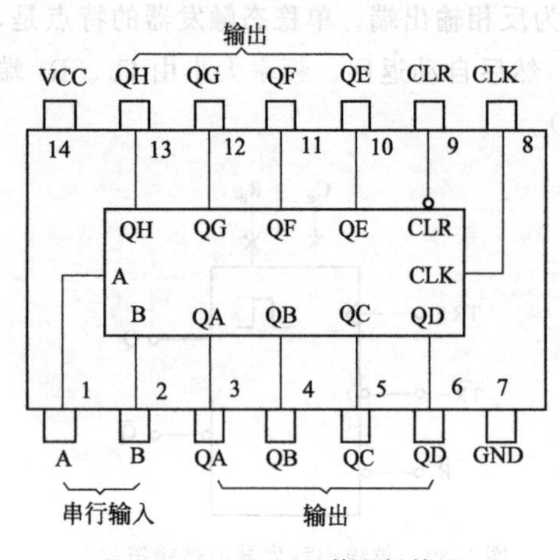

图 3-35 74HC164 的逻辑符号

移位寄存器中的数据可以在移位脉冲作用下一次逐位右移或左移，数据既可以并行输入、并行输出，也可以串行输入、串行输出，还可以并行输入、串行输出，串行输入、并行输出，十分灵活，用途也很广。

目前常用的集成移位寄存器种类很多，如 74164、74165、74166 均为八位单向移位寄存器，74195 为四位单向移位寄存器，74194 为四位双向移位寄存器，74198 为八位双向移位寄存器。如图 3-35 所示是 74HC164 的逻辑符号。图中 A、B 为串行码信号输入端，CLR 为清零信号输入端，CLK 为时钟信号输入端。当时钟信号处于上升沿期间，A、B 相与后的状态依次由 QA 移向 QH。

四、门电路多谐振荡器识图

采用门电路构成的多谐振荡器要比三极管构成的多谐振荡器结构简单、性能稳定，所以门电路构成的多谐振荡器应用比较广泛。常见的门电路多谐振荡器主要是采用非门构成。

1. 普通非门多谐振荡器

普通非门多谐振荡器如图 3-36 所示。该电路中，D1、D2 是非门，R 为定时电阻，C 为定时电容。B 点（D1 输出端）和 E 点（D2 输出端）分别输出相位相反的方波脉冲信号。电路工作过程如下。

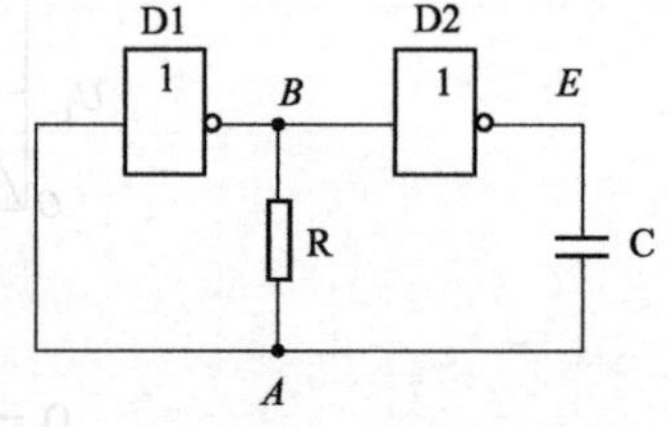

图 3-36 普通非门多谐振荡器

当 $E=1$ 时，由于流过 C 的电流可以突变，所以在 R 两端的电压最大，即 $A=1$，该电压通过 D1 倒相后使 $B=0$。随后，C 充电。C 两端电压逐渐升高，充电电流随充电电压升高而减小，致使 R 两端电压减小，A 点电位降低，当 A 点电位达到 D1 的转换阈值后，D1 输出高电平，使$B=1$。该电压使 D2 输出低电平，即 $E=0$，电路进入另一个暂稳态。

当 $E=0$ 时，由于 C 两端电压不能突变，所以 C 通过 D2 和 R 构成的回路放电。随着放电的不断进行，A 点电位开始升高，当 A 点电位达到 D1 的转换阈值后，D1 输出低电平，使 $B=0$。该电压使 D2 输出高电平，即 $E=1$，电路进入下一个暂稳态。

重复以上过程，振荡器工作在多谐振荡状态，振荡周期为 $T=1.4RC$。该电路波形如图 3-37 所示。

2. 改进型非门多谐振荡器

改进型非门多谐振荡器如图3-38所示。该电路中，在非门D1的输入端增加了补偿电阻R2，可以有效地改善由于电源电压变化引起的振荡频率偏离现象。当$R2>10R1$时，振荡周期$T=2.2RC$。

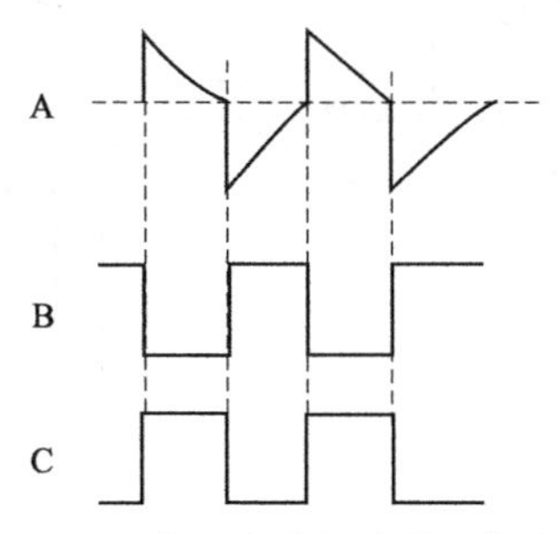

图3-37　非门多谐振荡器工作波形

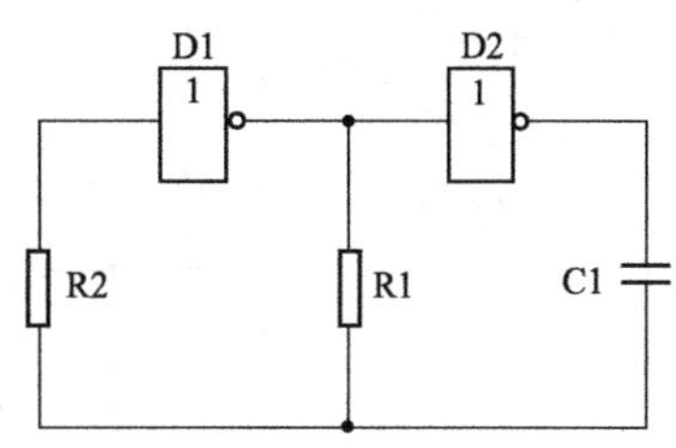

图3-38　改进型非门多谐振荡器

五、彩显行输出电源

由于彩显的行频变化范围较大，所以采用单独的电源电路为行输出电路提供随行频升高而升高的工作电压B+。下面介绍由行、场扫描芯片TDA4853/TDA4854内的B+电源控制电路为核心构成的行输出电源。此类电源电路产生的B+电压随行频升高是利用检测行逆程脉冲幅度来控制实现。

采用TDA4853/TDA4854内B+电源控制电路和储能电感L、开关管VT1为核心构成的升压型开关电源，如图3-39所示。VT1采用N沟道型场效应管。

1. 激励脉冲电压的形成

RS触发器的置位端S输入的触发信号是行激励信号（V_{HDRV}），复位端R输入的触发信号是稳压控制电路提供的误差放大信号和C4两端的锯齿波比较信号。

当行激励信号为高电平时，RS触发器的S输入端为高电平，使RS触发器置位，输出端Q为高电平、$\overline{Q}$为低电平。Q为高电平时，经VT2倒相放大，使TDA4853/4854脚6输出的激励电压为低电平。$\overline{Q}$为低电平时，放大管VT3截止。此时，6脚输出的低电平激励电压经缓冲放大器（多为倒相放大器、推挽放大器）放大后，使开关管VT1导通。VT1导通后，其源极电流在R4两端产生的电压经R5对C4充电。当C4两端充电电压高于比较器2反相输入端电压时，比较器2输出端为高电平，即触发器R端为高电平，触发器复位，Q变为低电平、$\overline{Q}$变为高电平。Q为低电平时，经VT2倒相放大，使TDA4853/4854的6脚输出的激励电压为高电平。$\overline{Q}$为高电平时，VT3导通，C4两端电压经VT3释放，使触发器R端变为低电平。随后，低电平的行激励信号使触发器状态保持不变。当下一个行周期到来时，使触发器S端输入的信号变为高电平后，触发器再次置位翻转。重复以上过程，便由TDA4853/4854的6脚输出矩形激励脉冲电压。

2. B+电压形成

TDA4853/4854的6脚输出的激励信号为低电平时，通过激励电路倒相放大后，使开关管VT1导通。VT1导通后，由主电源提供的供电电压U_i经L1、VT1、R4构成导通回路，回路中的电流在L1两端产生上端正、下端负的电动势。当6脚输出的激励信号为高

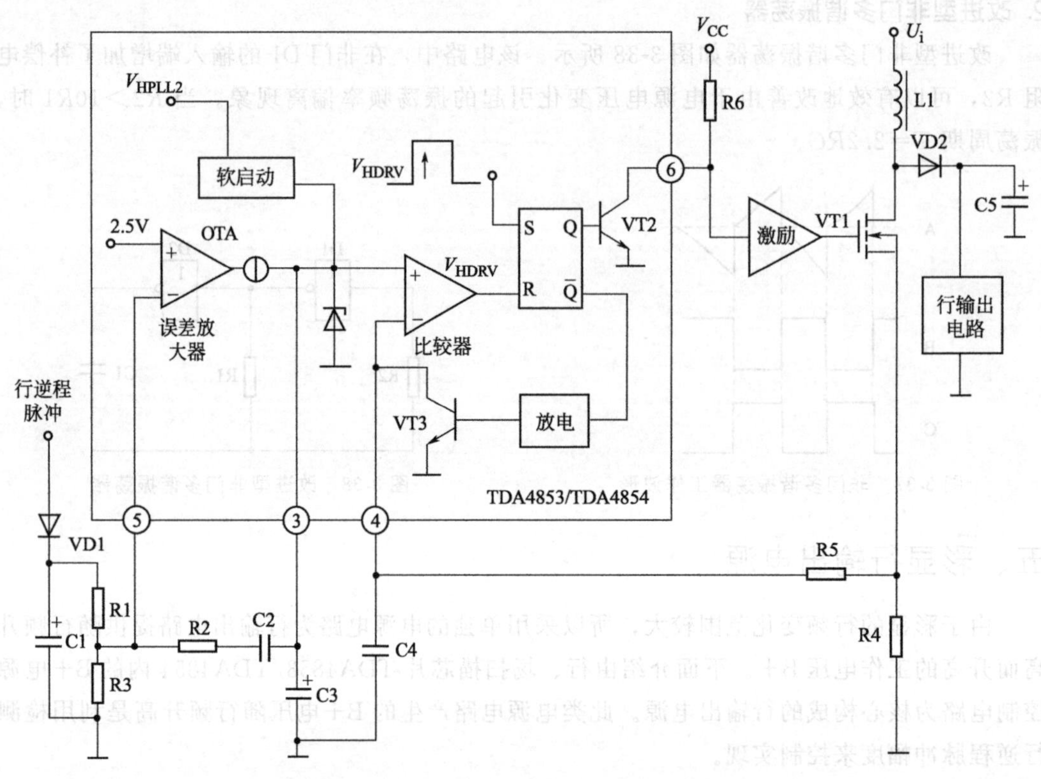

图 3-39 采用 TDA4853/TDA4854 构成的行输出电源电路

电平时，通过激励电路的倒相放大，使 VT1 截止。VT1 截止后，流过 L1 的电流消失。由于电感中的电流不能突变，所以 L 通过自感形成下端正、上端负的电动势。该电动势与直流电压 U_i 叠加后，经 VD2 整流，C3 滤波获得与行频成正比的供电电压 B+，为行输出电路供电。

3. B+ 电压控制

B+电压控制是通过 TDA4853/TDA4854 的 5 脚输入的误差取样信号大小来实现。该取样信号与行逆程脉冲电压成正比。

用户改变显示模式使行频升高时，行正程时间缩短，使行输出变压器 T1 产生的行逆程脉冲电压下降。下降的行逆程脉冲由 VD1 整流，C1 滤波获得的取样电压下降。该电压经 R1、R3 分压限流后，使 TDA4853/TDA4854 误差放大器输入端 5 脚输入的控制电压低于 2.5V。该电压送到比较器 1 反相输入端，与其同相输入端上的 2.5V 参考电压比较后，输出高电平控制电压，该电压再与比较器 2 同相输入端上的三角波信号比较后，使比较器 2 输出高电平的时间变长，致使触发器翻转的时间被延迟，TDA4853/TDA4854 的 6 脚输出低电平时间延长，经倒相放大后使开关管 VT1 导通时间延长，从而使 B+电压随行频升高到需要值。行频下降时，控制过程相反。

4. 软启动控制

开机瞬间 TDA4853/TDA4854 的 3 脚经 C3 构成充电回路，使 3 脚电位由低逐渐升高。由于 3 脚接 B+电源误差放大器输出端，当它的电位由低逐渐升高时，6 脚输出的激励电压的低电平时间由小逐渐增大，从而避免了开机瞬间稳压控制电路未及时工作，可能导致开关管 VT1 等元件损坏。当 C3 充电结束后，软启动控制结束。

第五节　时基集成电路及其应用电路识图

时基集成电路也叫时基芯片，是一种可以产生时间基准和能完成各种定时控制功能的模拟集成电路。由它构成的单稳态触发器、无稳态触发器（多谐振荡器）、双稳态触发器和施密特触发器应用较为广泛。目前常用的时基芯片是 555 单时基芯片和 556 双时基芯片。下面以 555 单时基芯片为例进行介绍。

一、构成

555 单时基芯片（型号主要有 EN555、HA17555、CA555、LM555）有 DIP-8 双列直插 8 脚和 SOP-8（SMP）双列扁平两种封装形式。它的内部由电阻分压器、比较器、RS 触发器、放电开关、输出电路五部分构成，如图 3-40 所示。它的引脚功能如表 3-6 所示。555 单时基芯片是由它内部的三个 5kΩ 分压电阻而得名的。

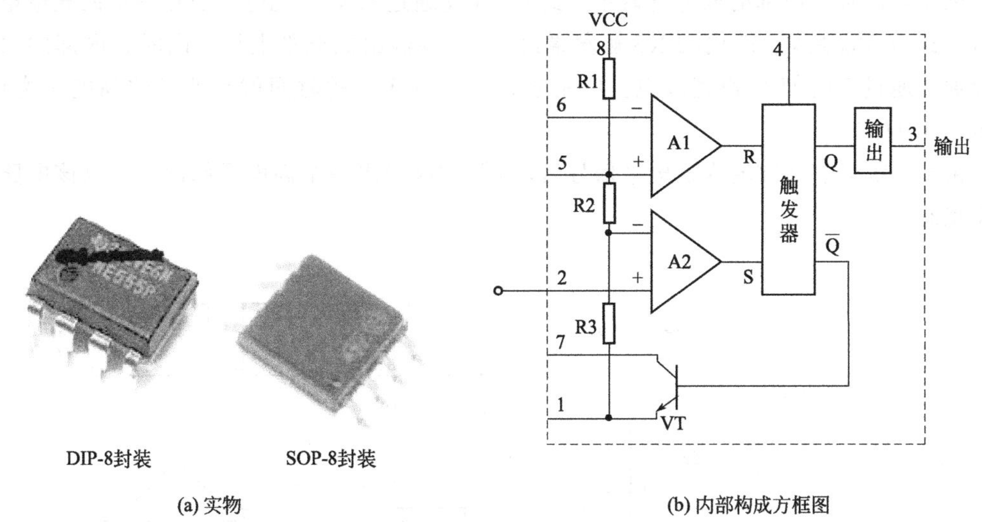

(a) 实物　　(b) 内部构成方框图

图 3-40　555 单时基芯片实物和内部构成方框图

表 3-6　555 单时基芯片的引脚功能

引脚号	引脚名	功能	引脚号	引脚名	功能
1	GND	接地	5	VC	控制信号输入
2	TR	置 1 信号输入	6	TH	置 0 信号输入
3	VO	输出	7	DIS	电容放电控制
4	MR	复位控制信号输入	8	VCC	供电

二、工作原理

首先，电源电压 V_{CC}通过 R1、R2、R3 取样后，产生（1/3）V_{CC}和（2/3）V_{CC}两个

取样电压。其中，(1/3) V_{CC}作为基准电压加到比较器 A2 的反相输入端，(2/3) V_{CC}作为基准电压加到比较器 A1 的同相输入端。

当 555 单时基芯片的 2 脚电位低于 (1/3) V_{CC}时，比较器 A2 输出低电平控制电压，该电压加到 RS 触发器的 S 端，使 RS 触发器翻转为 1 态。它的 Q 端输出高电平信号，$\overline{Q}$ 端输出低电平信号。Q 端输出的高电平电压通过输出电路放大后从 3 脚输出，而 $\overline{Q}$ 端输出的低电平使放电管 VT 截止。

当 555 单时基芯片的 6 脚输入的电压超过 (2/3) V_{CC}后，比较器 A1 输出低电平电压，该电压加到 RS 触发器的 R 端使它翻转为 0 态，它 Q 端输出的低电平电压通过输出电路放大后使输出变为低电平，同时从 $\overline{Q}$ 端输出高电平电压使 VT 导通。

另外，触发器能否工作受 4 脚电位的控制。若 4 脚为低电平，触发器不工作；只有 4 脚为高电平后，触发器才能工作。下面介绍由 555 单时基芯片构成的几种触发器的原理。

1. 单稳态触发器

如图 3-41 所示是 555 单时基芯片构成的一种典型单稳态触发器。该电路的核心是 555 单时基芯片、电阻 R 和电容 C，u_i 是输入信号，u_o 是输出信号，V_{CC}是供电电压。

当输入信号 u_i 为低电平，使 555 的 2 脚电位低于 (1/3) V_{CC}时，555 的 3 脚输出高电平电压，而且它内部的放电管截止，此时，V_{CC}通过 R 对 C 充电。当 C 两端的充电电压超过 (2/3) V_{CC}后，555 内的 RS 触发器翻转，3 脚输出低电平电压，同时它内部的放电管导通，通过 7 脚使 C 快速放电。C 充电到 (2/3) V_{CC} 的时间就是波形的高电平宽度，即 $t_W=1.1RC$。

由于 555 只有 2 脚输入低电平信号后，3 脚才能输出一个高电平脉冲，所以该电路属于单稳态触发器。

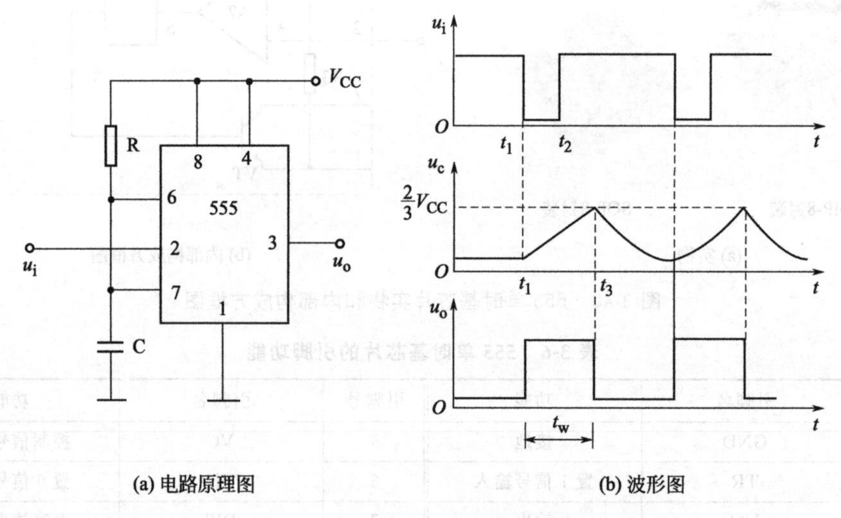

(a) 电路原理图　　(b) 波形图

图 3-41　555 单时基芯片构成的单稳态触发器

2. 无稳态触发器

如图 3-42 所示是 555 单时基芯片构成的一种典型无稳态触发器。该电路的核心是 555 单时基芯片、电阻 R1、R2 和电容 C。u_C 是输入信号，u_o 是输出信号，V_{CC}是供电电压。

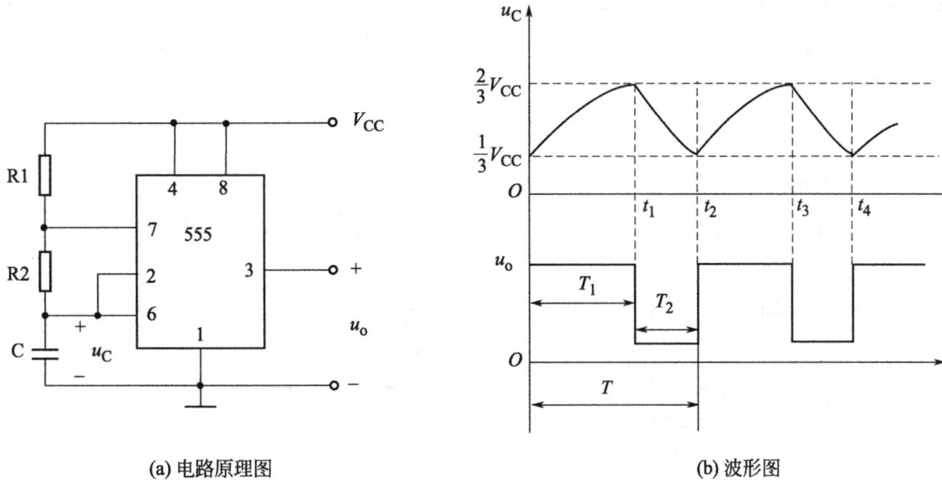

图 3-42　555 单时基芯片构成的无稳态触发器

通电瞬间，电源电压 V_{CC} 通过 R1、R2 对 C 充电，使其两端电压逐渐升高，充电电压使 u_C 不足（1/3）V_{CC} 时，555 的 3 脚不仅输出高电平电压，而且它内部的放电管截止；当 C 两端的充电电压超过（2/3）V_{CC} 后，555 内的 RS 触发器翻转，使 3 脚输出低电平，同时它内部的放电管导通，通过 R2 使 C 快速放电。当 C 两端电压低于（1/3）V_{CC} 后，555 的 3 脚再次输出高电平，重复以上过程，从而形成了多谐振荡脉冲。

3. 双稳态触发器

如图 3-43 所示是 555 单时基芯片构成的一种双稳态触发电路。该电路的核心是由 555 单时基芯片。

当负脉冲经 C1 加到 IC 的 2 脚后，555 的 3 脚电位为高电平电压；当 6 脚输入高电平脉冲，使 IC 的 2、6 脚电位大于（1/3）V_{CC} 后，IC 的 3 脚输出低电平电压，从而形成了双稳态触发脉冲。

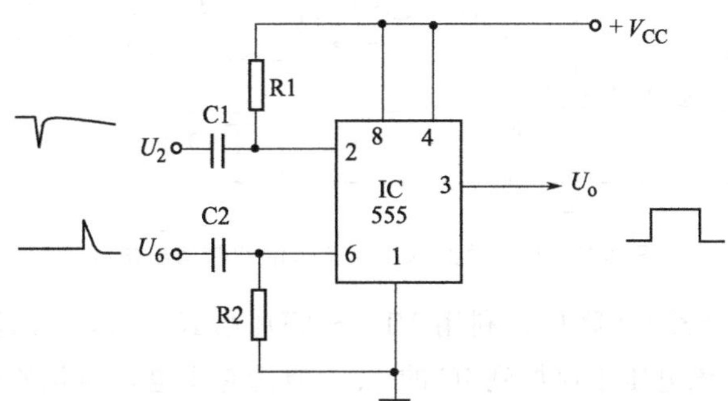

图 3-43　555 单时基芯片构成的双稳态触发电路

4. 施密特触发器

如图 3-44 所示是 555 单时基芯片 IC1 构成的一种典型施密特触发器电路。该电路的核心是由 555 单时基芯片、开关 K1 等元器件。

开关 K1 打开时，电源 V_{CC} 通过 R1 为 2、6 脚提供的电压大于（1/2）V_{CC}，而 IC1 的

5 脚电位在 C1 的作用下低于（1/2）V_{CC}，所以 IC1 的 3 脚电位为低电平；当 K 接通时，使 IC1 的 2、6 脚电位低于（1/3）V_{CC}后，IC1 的 3 脚输出高电平电压，从而形成了施密特触发脉冲。

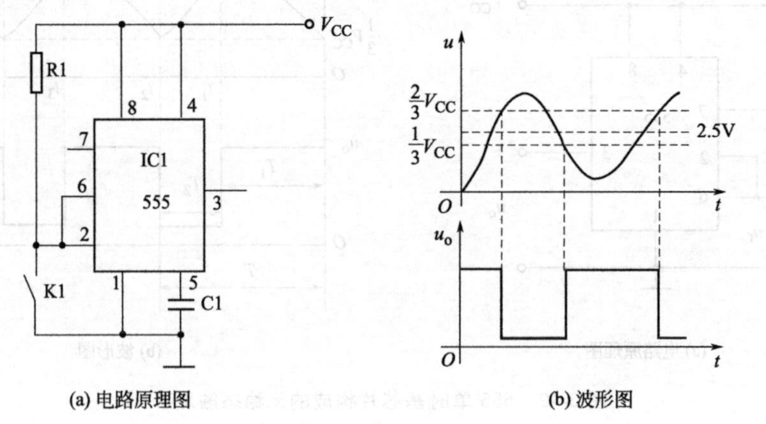

图 3-44　555 单时基芯片构成的施密特触发电路

三、空气清新电路识图

如图 3-45 所示是 555 单时基芯片 IC、高压变压器 T、负离子发生器构成的一种空气清新电路。其中，芯片 IC 用于产生无稳态触发脉冲，变压器 T 用于产生高压脉冲电压，负离子发生器用于产生臭氧。

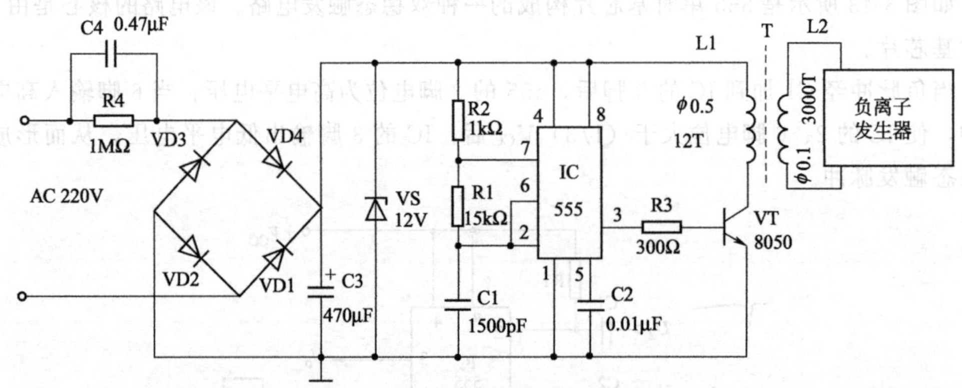

图 3-45　555 单时基芯片构成的空气清新电路

通电后，市电电压经 C4 降压，利用 VD1～VD4 桥式整流，C3 滤波后，由 VS 稳压产生 12V 直流电压。该电压不仅加到 IC 的 4、8 脚为它供电，而且通过 R2、R1 对 C1 充电，使其两端电压逐渐升高，当充电电压不足（1/3）V_{CC}时，IC 的 3 脚不仅输出高电平电压，而且它内部的放电管截止；当 C1 两端的充电电压超过（2/3）V_{CC}后，IC 内的 RS 触发器翻转，使 3 脚输出低电平，同时它内部的放电管导通，通过 R1 使 C1 快速放电。当 C1 两端电压低于（1/3）V_{CC}后，IC 的 3 脚再次输出高电平，重复以上过程，从而形成了多谐触发脉冲。

IC 的 3 脚输出的触发电压经 R3 加到 VT 的 b 极，经它放大后，就可以驱动高压变压器T输出高压脉冲电压，该电压为负离子放大器供电后，它就探头放电，就会电离空气产生臭氧，对室内空气进行杀毒灭菌，实现空气清新功能。

四、触摸开/关电路识图

如图3-46所示是555单时基芯片IC、双向晶闸管VTH构成的一种典型照明灯触摸开关电路。芯片IC产生双稳态脉冲，VTH用于开关控制。

【提示】 *若将HL换成电动机，那该电路就是电动机触摸开关电路。*

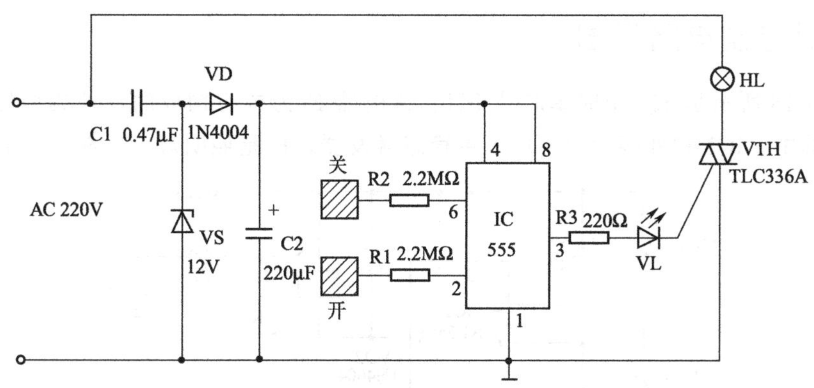

图3-46 555单时基芯片构成的双稳态触发电路

用手触摸开关面板上的开灯键（触点），人体产生的负脉冲经R1加到IC的2脚后，IC的3脚输出高电平电压，该电压经R3限流，通过指示灯VL触发双向晶闸管VTH导通。VTH导通后，接通照明灯HL的供电回路，HL得电发光，实现开灯控制。

用手触摸开关面板上的关灯键（触点），人体产生的高电平脉冲加到IC的6脚，使IC的2、6脚电位大于（1/3）V_{CC}后，IC的3脚输出低电平电压，不仅使VL熄灭，而且使VTH过零关灯，HL因失去供电而熄灭，实现关灯控制。

五、自动开关控制电路识图

如图3-47所示是555单时基芯片IC1、继电器K构成的一种典型灯光自动控制电路。其中，555单时基芯片、光敏电阻RG等元器件构成了施密特触发器，K构成了照明灯供电开关。

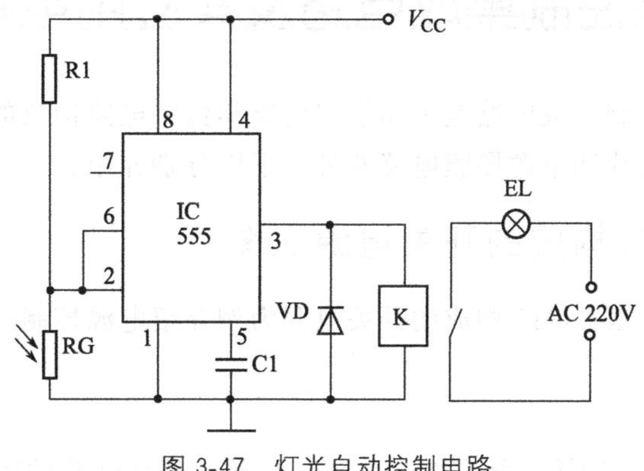

图3-47 灯光自动控制电路

【提示】 若将EL换成电动机，那该电路就是电动机自动开关控制电路。

无光照时，光敏电阻RG的阻值较大，电源V_{CC}通过R1分压后提供电压为（1/2）V_{CC}，而IC的5脚电位在C1的作用下低于（1/2）V_{CC}，所以555的3脚电位为低电平，不能为继电器K的线圈供电，K的触点常闭闭合，接通EL的供电回路，EL发光。有光照时，RG的阻值迅速变小，使IC的2、6脚电位低于（1/3）V_{CC}后，IC的3脚输出高电平电压，该电压使K的线圈产生磁场，致使K内的触点断开，EL失去供电而熄灭，实现照明灯开关的自动控制。

六、延时控制电路识图

如图3-48所示是555单时基芯片IC1、继电器K为核心构成的一种典型灯光延迟控制电路。其中，IC1和外接元件构成了单稳态触发器，K是照明灯EL的供电开关。

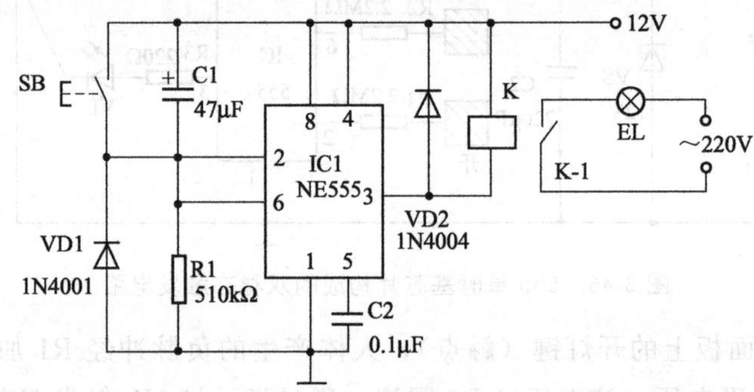

图3-48　555单时基芯片构成的灯光延迟控制电路

按下轻触开关SB，它的触点将C1短接，使IC1的2、6脚输入的电压超过（2/3）V_{CC}，IC1内的RS触发器翻转，3脚输出低电平电压，继电器K的线圈流过导通电流，使它内部的常开触点闭合，接通照明灯EL的供电回路，EL得电发光。手松开后，SB的触点自动断开，此时12V电压经C1、R1构成的回路对C1充电，随着充电不断地进行，6脚电位逐渐下降，25s左右，2、6脚输入的电压低于（2/3）V_{CC}，它内部的触发器翻转，使IC1的3脚输出高电平电压，没有电流流过K的线圈，使它的触点断开，于是EL熄灭，实现延时供电控制。

第六节　电源控制集成电路及其应用电路识图

他励式开关电源控制集成电路是采用模拟电路和数字电路构成的，根据是否内置开关管，又分为电源控制芯片和电源厚膜电路两种。下面分别介绍。

一、电源控制芯片构成的开关电源识图

下面以典型的UC/KA3842构成的开关电源为例介绍电源控制芯片构成的开关电源识图方法。

1. 特点

UC/KA3842属于单端输出脉宽控制芯片，它是一种高性能的固定频率电流型控制电

路，采用它构成的开关电源广泛应用在彩色电视机、彩色显示器、VCD、DVD、充电器、卫星接收机等电子设备中。它主要的优点是外接元器件少、结构简单、成本低。它的内部电路包括如下性能：一是可调整的充放电振荡器，可精确控制占空比；二是采用电流型控制，并可在500kHz高频状态下工作；三是误差放大器具有自动补偿功能；四是带锁定的PWM控制电路，可进行逐个脉冲的电流控制；五是具有内部可调整基准电压，具有欠电压保护锁定功能；六是采用图腾柱输出电路，提供大电流输出，输出电流可达到±1A；七是可直接驱动场效应管或双极三极管。

2. 实物与构成

UC/KA3842、UC/KA3843有双列直插Minidip（DIP）式和双列贴片SO8式两种封装结构，如图3-49所示，它的引脚功能见表3-7。

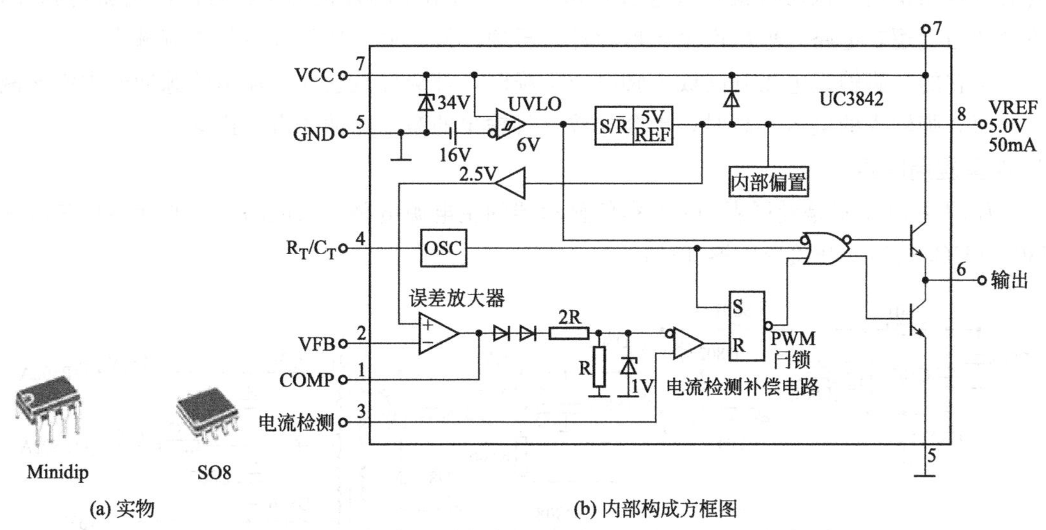

(a) 实物　　(b) 内部构成方框图

图3-49 UC/KA3842的实物和内部构成方框图

表3-7 UC/KA3842的引脚功能

引脚号	功　能
1	误差放大器输出，与2脚间接有RC补偿网络，缩短放大器响应时间
2	误差信号输入，该脚输入的电压与开关电源输出的电压成反比
3	开关管电流检测信号输入
4	振荡器外接R、C定时元件端/外触发信号输入
5	接地
6	开关管激励脉冲输出
7	供电/欠电压检测
8	5V基准电压输出

UC3842～UC3845/UC2842～UC2845属于一个系列产品，仅供电端7脚的启动电压、关闭电压和激励脉冲输出端6脚输出的激励信号的最大占空比不同，见表3-8。

表 3-8　UC3842～UC3845/UC2842～UC2845 主要参数

型　号	启动电压/V	关闭电压/V	输出激励信号占空比最大值
UC3842/UC2842	16	10	100%
UC3843/UC2843	8.5	7.6	100%
UC3844/UC3844	16	10	50%～70%可调
UC3845/UC2845	8.5	7.6	50%～70%可调

3. 基本原理

当 UC3842 的 7 脚电压达到 16V 后，UC3842 内的启动电路开始启动，通过 5V 基准电压形成电路产生 5V 电压，该电压不仅由 8 脚输出，而且为它内部的振荡器、PWM 调制器等电路供电。振荡器获得供电后开始工作，利用 4 脚外接的 RC 元件产生振荡脉冲，该脉冲通过逻辑电路处理后产生矩形脉冲，再通过推挽放大器放大后从 6 脚输出。

当它的 2 脚输入电压升高或 1 脚电位下降时，都会导致它 6 脚输出的脉冲的占空比减小；而 3 脚输入的电压升高时，也会导致 6 脚输出的激励脉冲的占空比减小。

4. 典型应用电路

如图 3-50 所示是爱国者 400A 彩色显示器的主电源电路。该电路的核心元器件是芯片 I801（UC3842）、开关变压器 T801。

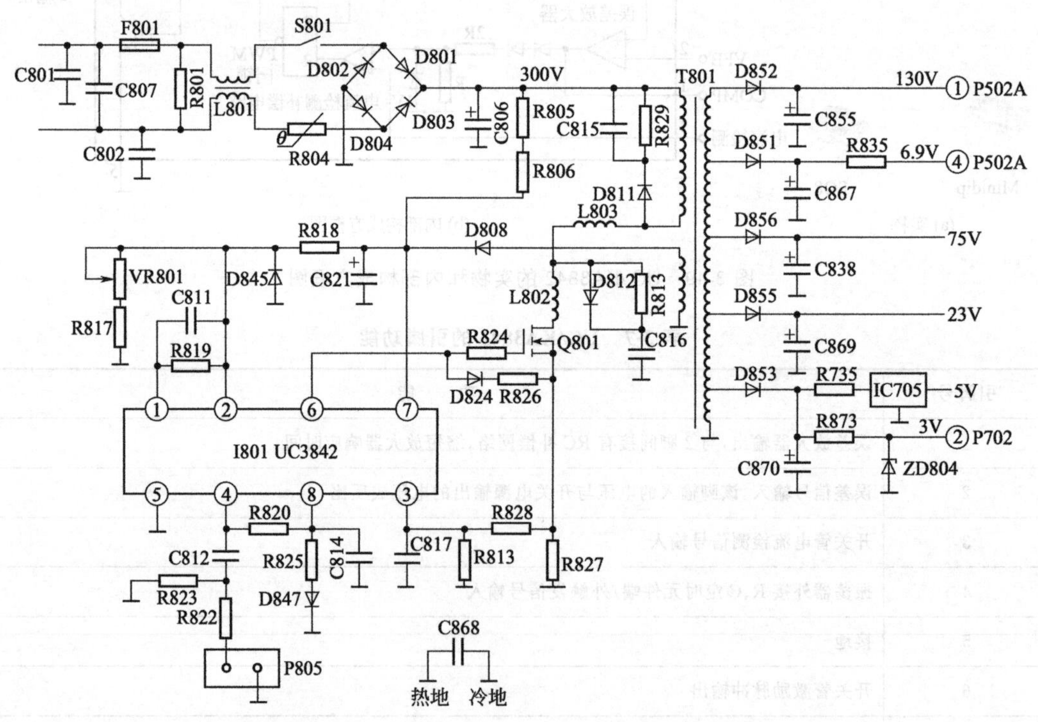

图 3-50　UC/KA3842 的典型应用电路

I801 的 2 脚外接的 VR801、R817、R818 是误差取样电路；7 脚外接的 D808、C821 组成的整流、滤波电路不仅为 I801 提供启动后的工作电压，而且为误差取样电路提供取样电压；4 脚外接的 C812、R823、R820 是振荡器的外接定时元件，R822 是行频触发脉冲输入限流电阻；3 脚外接的 C817、R828 构成开关管电流检测信号输入电路。

二、电源模块型开关电源识图

下面以常用的电源模块 VIPer12A 构成的串联型开关电源为例，介绍电源模块型开关电源的识图。电路如图 3-51 所示。VIPer12A 是意法半导体公司（ST）开发的低功耗离线式电源 IC，采用 8 脚双列直插式封装结构。内部由控制芯片和场效应管二次集成为电源厚膜电路，控制芯片内含电流型 PWM 控制电路、60kHz 振荡器、误差放大器、保护电路等。

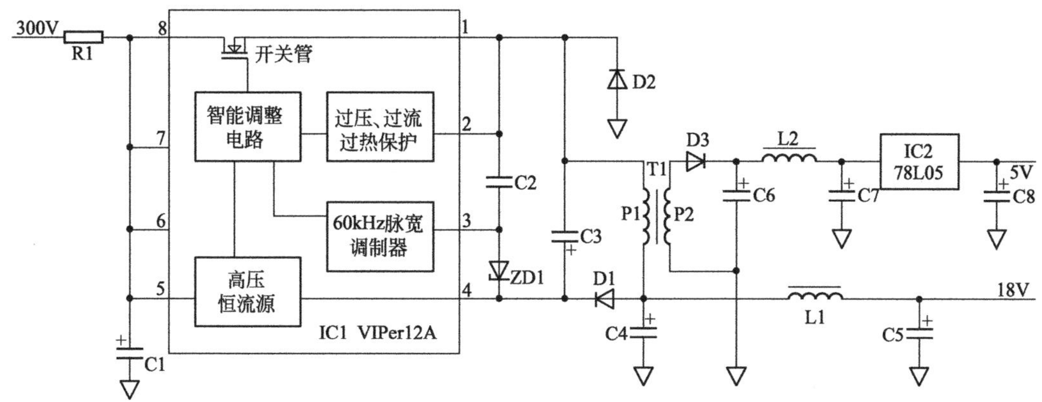

图 3-51 VIPer12A 构成的串联型开关电源

1. 功率变换

300V 电压通过 R1 限流，再经滤波电容 C1 滤波后，加到 IC1（VIPer12A）的供电端 5～8 脚，该电压不仅加到开关管的 D 极为它供电，而且通过高压电流源对 4 脚外接的滤波电容 C3 充电。当 C3 两端建立的电压使 IC1 的 4 脚电压达到 14.5V 后，IC1 内的 60kHz 调制控制器等电路开始工作，由该电路产生的激励脉冲使开关管工作在开关状态。开关管导通期间，300V 电压通过 R1、开关管 D/S 极、开关变压器 T1 的 P1 绕组、C4 构成充电回路，不仅为 C4 充电，而且在 P1 绕组上产生上正、下负的电动势。开关管截止期间，流过 P 绕组的导通电流消失，由于电感中的电流不能突变，所以 P1 通过自感产生下正、上负的电动势，该电动势第一路通过 D1 整流，C3 滤波后产生 40V 左右的电压，取代启动电路为 IC1 供电；第二路通过 C4、续流二极管 D2 构成放电回路，继续为 C4 提供能量。由于 C4 在一个振荡器周期都可以得到能量，所以该开关电源不仅效率高于并联型开关电源，而且由于开关管 D、S 极间电压相对较低，所以一般不需要设置尖峰脉冲吸收回路。但此类开关电源存在的最大一个缺点是开关管击穿后，300V 电压会进入 18V 供电回路，容易导致大量的负载元件过压损坏，所以应该在 C5 两端接一只 20V 左右的稳压管作为过压保护管。当开关管击穿后，该稳压管击穿会导致限流电阻 R1 过流熔断，切断 300V 供电回路，实现过压保护。

2. 稳压控制

当市电电压升高或负载变轻引起开关电源输出电压升高时，滤波电容 C3 两端升高的电压使稳压管 ZD1 击穿导通加强，为 IC1 的 3 脚提供的误差电压升高，被 IC1 内部电路处理后，使开关管导通时间缩短，开关变压器 T1 存储的能量下降，开关电源输出电压下降到正常值。反之，稳压控制过程相反。因此，通过该电路的控制可保证开关电源输出电压不受市电高低和负载轻重的影响，实现稳压控制。

3. 欠压保护

当 D1 或 C3～C5 击穿使 IC1 的 4 脚不能建立 14.5V 以上的电压，IC1 内部的电路不能启动；若 D1 开路或 T1 异常，为 C3 两端提供的电压低于 8V 时，IC1 内的欠压保护电路动作，避免了开关管因激励不足而损坏。

第四章 小家电电路识图

第一节 电饭锅(煲)电路识图

一、普通电饭锅电路识图

下面以美的 MB-YHB50 型电饭锅为例介绍普通电饭锅电路识图方法。该电路由加热器及其供电电路构成，如图 4-1 所示。

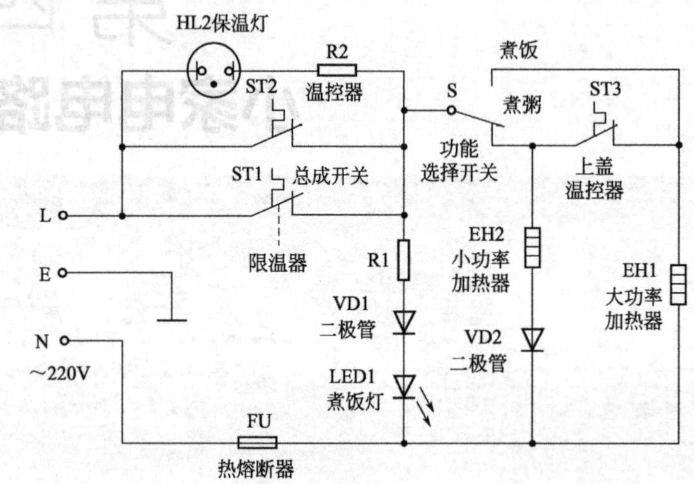

图 4-1 美的 MB-YHB50 机械控制型电饭锅电路

1. 煮饭电路

煮饭电路的核心元器件是转换开关 S、主加热器（加热盘）EH1、总成开关、限温器（磁钢）、温控器 ST2。

需要煮饭时，将功能选择开关 S 拨到煮饭的位置，并且按下总成的按键，磁钢内的永久磁铁在总成内杠杆作用下克服弹簧的推力，上移与感温磁铁吸合，使总成开关的触点 ST1 接通，不仅将保温指示灯 HL2 短接，使其不发光，而且接通加热器的供电回路。此时，220V 市电电压不仅为主加热器 EH1 供电，使 EH1 开始加热煮饭，而且通过 R1 限流，VD1 半波整流，使煮饭灯 LED1 发光，表明电饭锅工作在煮饭状态。随着煮饭的进行，锅内温度逐渐升高，当温度达到 65℃后，温控器 ST2 的触点断开，此时 ST1 的触点仍接通，EH1 继续加热，当温度升至 103℃时，饭已煮熟，磁钢的感温磁铁磁性消失，在弹簧的作用下复位，通过杠杆将总成开关 ST1 的触点断开，不仅使 EH1 停止加热，而且不再短接 HL2，于是市电电压经 HL2、R2 和 EH1、FU 构成的回路使 HL2 发光，表明它进入保温状态。随着保温的进行，锅内温度不断下降，当温度低于 65℃后，ST2 的触点吸合，使市电电压通过 EH1 构成的回路，使 EH1 开始加热，对米饭加热。这样，在 ST2 的控制下，米饭的温度被控制在 65℃左右。

2. 煮粥电路

煮粥电路的核心元器件是转换开关 S、主加热器（加热盘）EH1、副加热器 EH2、总成开关 ST1、温控器 ST3。部分机械控制型电饭锅煮粥电路未设置温控器 ST3。

需要煮粥时，将功能选择开关 S 拨到煮粥位置，再按下总成开关的按键，使总成开关的触点 ST1 接通，不仅将保温指示灯 HL2 短接，使其不发光，而且接通加热器的供电回路，市电电压一路为加热器 EH1、EH2 供电，使它们同时加热煮粥；另一路通过 R1 限流，VD1 半波整流，使煮饭灯 LED1 发光，表明电饭锅工作在煮粥状态。随着加热器加热的不断进行，锅内温度逐渐升高，当水沸腾使上盖温度达到设置值，被 ST3 检测后它的触点断开，切断 EH1 的供电回路，此时，市电电压通过 VD2 半波整流后，为 EH2 供电，使 EH2 进行小功率加热，以满足煮粥的需要。

3. 过热保护电路

过热保护电路是通过热熔断器 FU 构成。当总成开关的触点或温控器 ST2、ST3 的触点粘连，使加热器 EH1 加热时间过长，导致加热温度超过 165℃后 FU 熔断，切断市电输入回路，EH1 停止加热，避免了 EH1 等器件过热损坏，实现过热保护。

二、电脑控制型电饭锅

下面以尚朋堂 SC-1253 型电饭锅电路为例，介绍电脑控制型电饭锅电路的识图方法。该机电路由电源电路、控制电路、加热盘供电电路等构成，如图 4-2 所示。

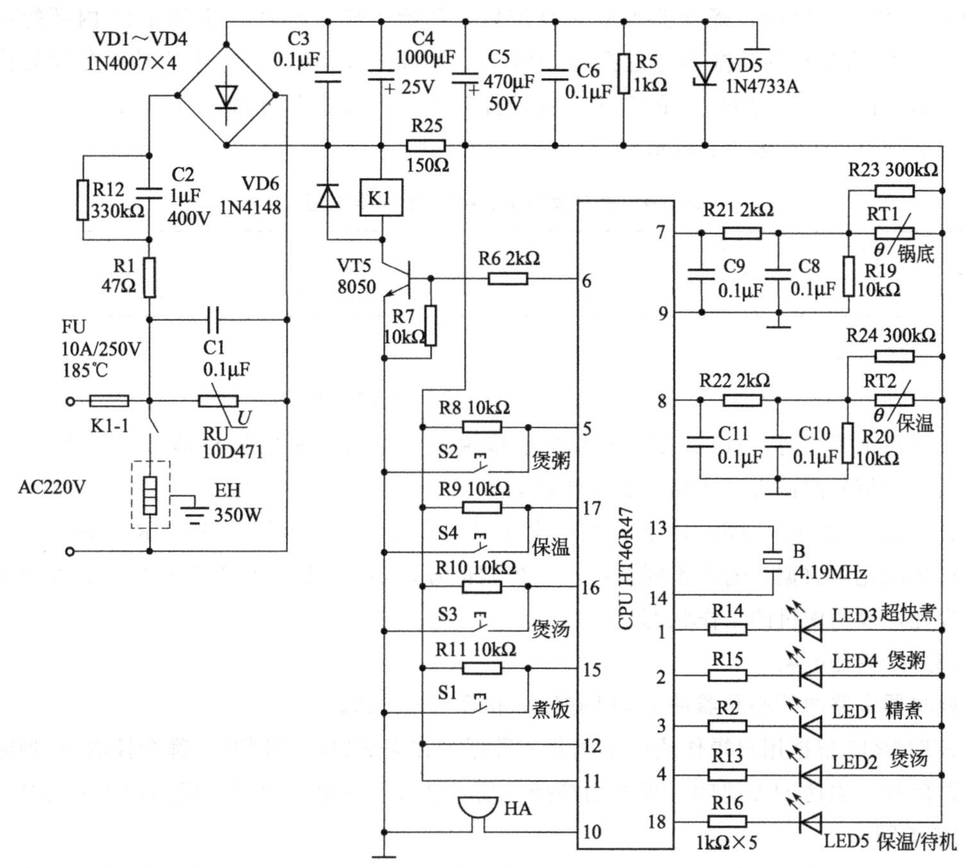

图 4-2 尚朋堂 SC-1253 型电饭锅电路

1. 电源电路

电源电路的核心元器件降压电容 C2、整流管 VD1～VD4、稳压管 VD5。

该机输入的 220V 市电电压经 C1 滤除高频干扰后，一路通过继电器的触点 K1-1 为加热盘 EH 供电，另一路经 R1 限流、C2 降压，再经 VD1～VD4 进行桥式整流，利用 C3、C4 滤波产生 12V 左右（与市电高低成正比）的直流电压。该电压不仅为继电器 K1 的线圈高低，而且经 R25 限流，VD5 稳压，C5、C6 滤波产生 5.1V 直流电压，为微处理器、温度采样等电路供电。

市电输入回路的 RU 是压敏电阻，它在市电电压正常时，相对于开路；一旦市电升高，使其峰值电压超过 470V 时 RU 击穿，使 FU 过流熔断，切断市电输入回路，以免电源电路等元器件过压损坏。

2. 微处理器电路

微处理器电路的核心元器件是微处理器 HT46R47、晶振 X、操作键、指示灯。

（1）微处理器工作条件电路

该机的微处理器基本工作条件电路由供电电路、复位电路和时钟振荡电路构成。

当 5V 电源工作后，由其输出的 5V 电压经 C5、C6 滤波，加到微处理器 HT46R47 的 11、12 脚，为它供电。HT46R47 获得供电后，它内部的复位电路产生一个复位信号，使 HT46R47 内的存储器、寄存器等电路复位后，开始工作。同时，HT46R47 内部的振荡器与 13、14 脚外接的晶振 B 通过振荡产生 4.19MHz 的时钟信号。该信号经分频后协调各部位的工作，并作为 HT46R47 输出各种控制信号的基准脉冲源。HT46R47 在保温状态下的引脚电压值如表 4-1 所示。

表 4-1　微处理器 HT46R47 的引脚电压值

引脚	1～4	5	6	7	8	9	10	11	12	13	14	15	16	17	18
电压/V	5	0	0	0.65	0.72	0	0	5.1	5.1	2.3	2.2	5	0	0	0

（2）操作显示电路

微处理器 HT46R47 的 2 脚、15～17 脚外接的按键是煲粥、保温、煲汤、煮饭操作键，按下每个按键时，HT46R47 的相应引脚输入一个低电平的操作信号，被 HT46R47 识别后控制信号使该机进入相应的工作状态。

HT46R47 的 1～4 脚、18 脚外接的发光二极管是功能指示灯，HT46R47 根据用户操作或内部固化的数据，输出不同的指示灯控制信号，哪个引脚电位为低电平时，相应的指示灯发光，表明该机的工作状态。

（3）蜂鸣器电路

蜂鸣器电路的核心元器件是 HT46R47 和蜂鸣器 HA。

HT46R47 根据用户操作或内部固化的数据，在完成每次控制时，都会控制 10 脚输出蜂鸣器信号，驱动 HA 鸣叫，提醒用户操作信号被接收或电饭锅已完成用户需要的功能。

3. 加热电路

加热电路的核心元件是加热盘、微处理器 HT46R47、温度传感器（负温度系数热敏电阻）RT1、继电器 K1。由于煲粥、煮饭、煲汤的加热过程基本相同，下面以煮饭为例进行介绍。

放入内锅，按下煮饭键 S1，HT46R47 的 15 脚输入低电平信号，被 HT46R47 识别后，执行煮饭程序，输出控制信号使煮饭指示灯发光，表明该机工作在煮饭状态，同时从 6 脚输出的高电平信号经 R6 限流，再经 VT5 倒相放大，为继电器 K1 的线圈供电，使 K1 内的触点 K1-1 闭合，为加热盘 EH 供电，EH 发热，使锅内温度逐渐升高。当锅底的温度升至 103℃左右时，锅底温度传感器 RT1 的阻值减小到需要值，5V 电压通过 RT1、R19 取样后，产生的取样电压经 C9 滤波，再经 R21 输入到 HT46R47 的 7 脚，HT46R47 将该电压与内部存储器固化的温度/电压数据比较后，判断饭已煮熟，控制 6 脚输出低电平信号，VT5 截止，K1 的线圈失去供电，触点 K1-1 断开，同时输出控制信号使煮饭指示灯熄灭。若米饭未被食用，则进入保温状态。此时，HT46R47 的 18 脚输出低电平信号，使 LED5 发光，表明该机进入保温状态。保温期间，锅内的温度逐渐下降，当锅底的温度低于设置值（多为 60℃）时，保温传感器 RT2 的阻值增大到需要值，5V 电压经 RT2 与 R20 分压后，利用 C10 滤波，再经 R22 输入到 HT46R47 的 8 脚，HT46R47 将该电压与内部存储器固化的温度/电压数据比较后，判断锅内温度低于保温值，于是控制 6 脚输出高电平，重复以上过程，开始加热。随着加热的不断进行，达到温度后，RT2 的阻值减小到需要值，为 HT46R47 的 8 脚提供的电压升高到设置值，于是 HT46R47 的 6 脚再次输出低电平信号，加热盘停止加热。这样，继电器 K1 的触点 K1-1 在 RT2、HT46R47 的控制下间断性闭合，使加热盘间断性的加热，确保米饭的温度保持在 65℃左右，实现保温控制。

4. 过热保护电路

过热保护电路的核心元器件是一次性温度熔断器 FU。当继电器 K1 的触点粘连或驱动管 VT5 的 ce 结击穿或微处理器 HT46R47 工作异常，使加热盘 EH 加热时间过长，导致加热温度达到 185℃时 FU 熔断，切断市电输入回路，EH 停止加热，实现过热保护。

第二节 电压力锅、电炖锅电路识图

一、普通电压力锅

下面以苏泊尔普通电压力锅为例介绍普通电压力锅电路的识图方法。该电路由加热电路、定时电路、保温电路、保护电路构成，如图 4-3 所示。

1. 加热、保压电路

该电路的核心元件是加热盘、压力开关、限温器、定时器，辅助元器件是过热熔断器。

旋转定时器旋钮设置需要的保压时间，使定时器的触点 K 接通，同时未加热前由于锅内温度较低，所以压力开关 P 的触点和限温器的触点接通，此时市电电压利用过热熔断器 FU 输入到锅内电路，不仅通过压力开关 P、限温器、定时器开关的触点为加热器 H 供电，使它开始加热，而且通过 R3 限流使加热指示灯 D3 发光，表明压力锅进

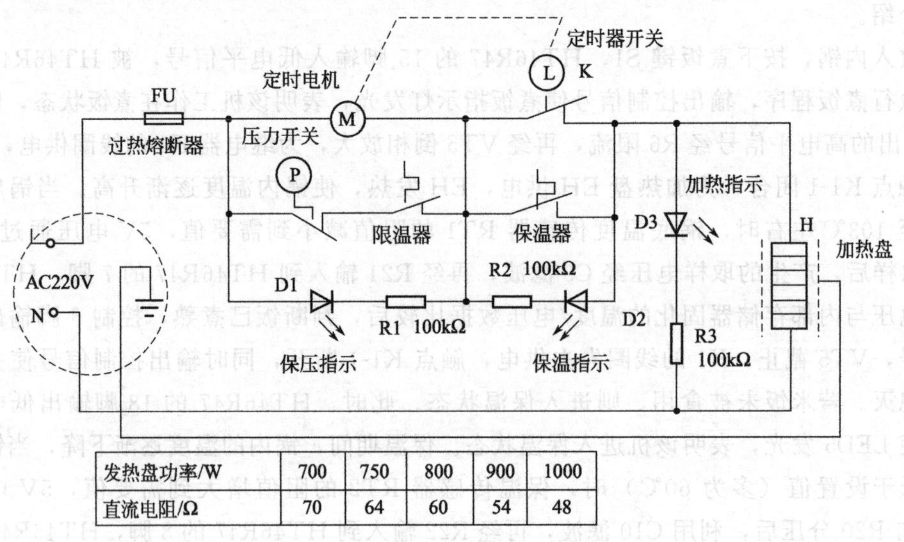

发热盘功率/W	700	750	800	900	1000
直流电阻/Ω	70	64	60	54	48

图 4-3　苏泊尔普通电压力锅电路

入加热状态。同时，P1 和限温器的触点将定时电机和指示灯 D1 短接，定时器开关将保温器和 D2 短接，使它们不工作。随着 H 的不断加热，锅内温度和压力逐渐升高，当温度高于 80℃时，保温器的触点断开，当压力达到 70kPa 时，压力开关 P 的触点断开。P 的触点断开后，第一路切断加热盘 H 和指示灯 D3 的供电回路，使 H1 停止加热，而且使 D3 熄灭，表明加热结束；第二路通过 H 和 R2 使指示灯 D1 发光，表明进入保压状态；第三路通过 H 为定时器电机 M 供电，使它开始运转，进入保压计时状态。保压期间，若压力低于 40kPa 后，压力开关 P 的触点再次闭合，再次为加热盘 H 供电，当压力达到 70kPa 后，P 的触点断开，H 停止加热。这样，保压期间，H 间断性加热，确保锅内的压力高于 40kPa。由于保压期间，压力开关是间断性的闭合，所以指示灯 D1 和 D3 是交替发光的。

2. 保温电路

该电路的核心元件是加热盘、保温器、定时器，辅助元器件是过热熔断器。

定时器定时结束后，定时器开关 K 的触点断开，解除对保温器和 D2 的短路控制。220V 市电电压通过加热盘 H、R2 使 D2 发光，表明该压力锅进入保温状态。保温期间，当温度低于 60℃时，保温器的触点闭合，H 开始加热，使温度逐渐升高，当温度达到 80℃时保温器的触点再次断开，H 停止加热。这样，压力锅在保温器的控制下，温度保持在 60～80℃。

3. 过热保护电路

过热保护电路的核心元器件是限温器和过热熔断器（超温熔断器）。

当压力开关、保温器或定时器的触点粘连，使加热器 H 加热时间过长，导致加热温度升高并达到限温器的设置温度后，它内部的触点断开，切断 H 的供电回路，H 停止加热，实现过热保护。当限温器内的触点也粘连，不能实现过热保护功能后，使加热器 H 继续加热，导致加热温度达到 150℃左右时 FU 熔断，切断市电输入回路，H 停止加热，以免 H 等器件过热损坏，实现过热保护。

二、自动电炖锅

下面以 MB-GH50A 型电炖锅为例介绍自动电炖锅的识图方法。该电路由加热电路、保温电路、加热控制电路构成，如图 4-4 所示。

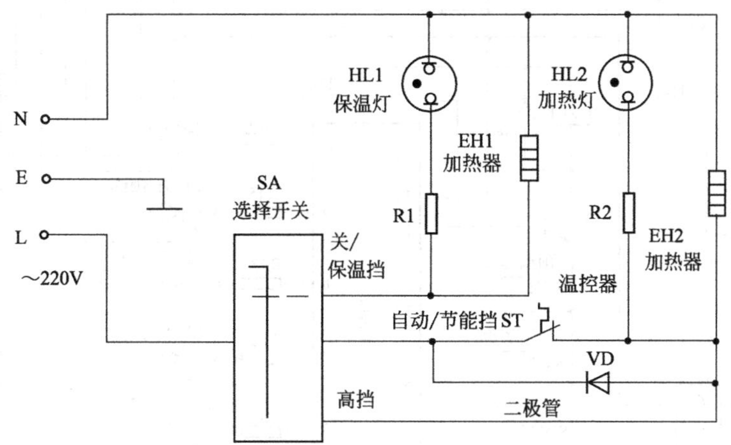

图 4-4 MB-GH50A 型电炖锅电路

1. 自动/节能加热电路

自动加热电路的核心元器件是选择开关 SA、加热器 EH2、温控器 ST。

当选择开关 SA 置于自动/节能挡时，市电电压一路经 R2 限流，为 HL2 供电，使它发光，表明它工作在加热状态；另一路经 EH2、ST、SA 构成回路，于是 EH2 获得供电后开始加热，锅内温度逐渐升高。当温度升高到温控器 ST 设置的温度后，ST 的触点断开，进入节能状态。此时，市电电压经整流管 VD 半波整流，使 EH2 进入半功率的加热状态。

2. 高挡加热电路

高挡（高温）加热电路的核心元器件是选择开关 SA、加热器 EH2。

该电路和自动/节能加热电路的不同是，加热温度不受温控器 ST 的控制，并且始终是大功率加热。

3. 保温电路

保温电路的核心元器件是选择开关 SA、加热器 EH1。

选择选择开关 SA 将其置于保温挡时，市电电压一路经 R1 限流，为 HL1 供电，使它发光，表明它工作在保温状态；另一路为 EH1 供电，使它低温加热，实现保温加热功能。

三、电脑控制型电炖锅/蒸炖煲

下面以天际 ZZG-50T 型电炖锅（蒸炖煲）为例介绍电脑控制型电炖锅电路识图方法。该机的电路由电源电路、加热盘供电电路、微处理器电路等构成，如图 4-5 所示。

1. 电源电路

电源电路的核心元器件是降压电容 C1、整流管 D1～D4、稳压 ZD、稳压器 U1。

该机输入的 220V 市电电压一路通过继电器的触点 J1-1 为加热盘 RD 供电，另一路经

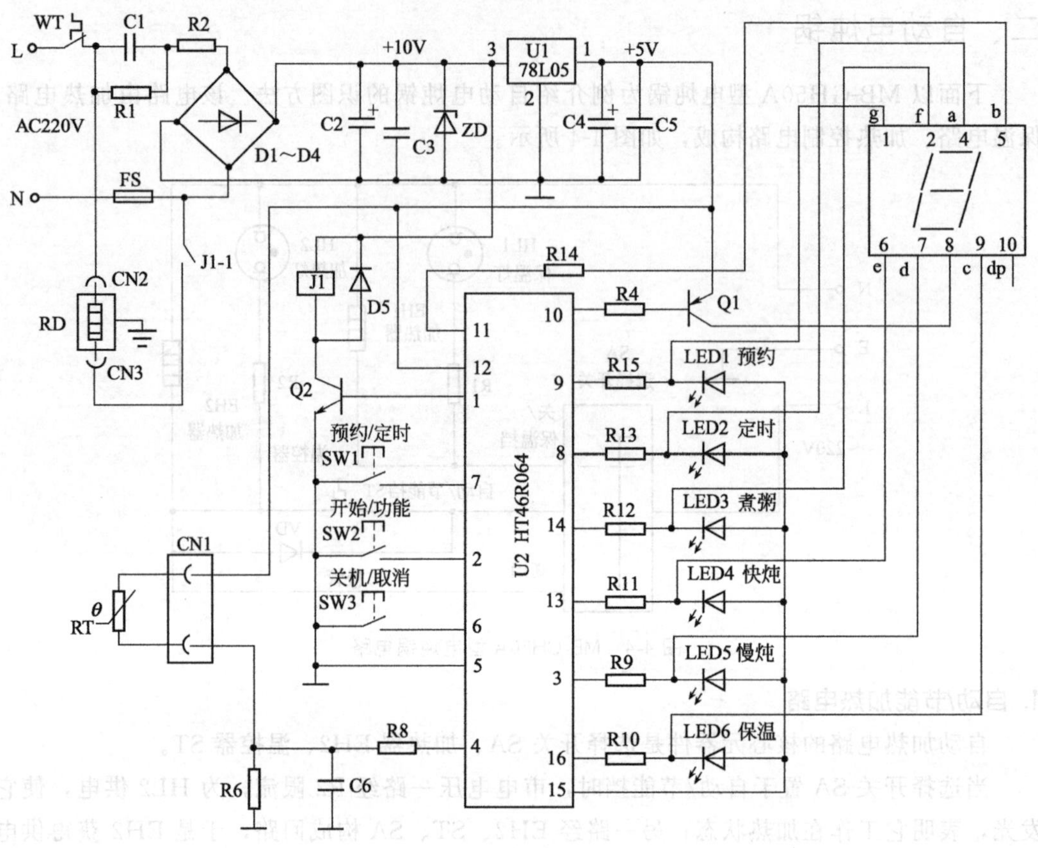

图 4-5 天际 ZZG-50T 型电脑控制型电炖锅电路

C1 降压，R2 限流、再经 D1～D4 进行桥式整流，利用 C2、C3 滤波，ZD 稳压产生 10V 直流电压。该电压不仅为继电器 J1 的线圈高低，而且经三端稳压器 U1 稳压输出 5V 电压，利用 C4、C5 滤波后，不仅为数码管显示屏、温度采样电路供电，还加到微处理器 U2（HT46R064）的 12 脚，为它供电。

2. 微处理器电路

微处理器电路的核心元器件是微处理器 U2（HT46R064）、晶振、操作键、指示灯、显示屏等。其中，HT46R064 的引脚功能和待机时的引脚电压参考数据如表 4-2 所示。

（1）微处理器工作条件电路

该机的微处理器基本工作条件电路由供电电路、复位电路和时钟振荡电路构成。

当电源电路工作后，由其输出的 5V 电压经电容 C4、C5 滤波后，加到微处理器 U2（HT46R064）的 12 脚，为它供电。U2 获得供电后，它内部的复位电路产生一个复位信号，使 U2 内的存储器、寄存器等电路复位后，开始工作。同时，U2 内部的振荡器产生时钟信号。该信号经分频后协调各部位的工作，并作为 HT46R47 输出各种控制信号的基准脉冲源。

（2）操作键电路

微处理器 U2 的 1、2、6、7 脚外接的是操作键，按下每个按键时，U2 的相应引脚输入一个低电平的操作信号，被 U2 识别后控制信号使该机进入相应的工作状态。

表 4-2 HT46R064 引脚功能和参考电压

引 脚	功 能	电压/V
1	加热盘供电控制信号输出	0
2	开始/功能操作信号输入	4.8
3	慢炖指示灯/数码管 d 驱动信号输出	2.8
4	温度检测信号输入	0.5
5	接地	0
6	关机/取消控制信号输入	4.8
7	预约/定时控制信号输入	4.8
8	定时指示灯/数码管 a 驱动信号输出	4.8
9	预约指示灯/数码管 g 驱动信号输出	2.8
10	数码管供电控制信号输出	2.8
11	数码管 b 驱动信号输出	2.8
12	5V 供电	5
13	快炖指示灯/数码管 e 驱动信号输出	1
14	煮粥指示灯/数码管 f 驱动信号输出	1.8
15	指示灯供电输出	1.1
16	保温指示灯/数码管 c 驱动信号输出	2.8

（3）显示屏、指示灯电路

U2 的 3 脚、8～10 脚、14～16 脚外接指示灯和数码管显示屏。需要指示灯显示工作状态时，U2 的 3、8、9、13、14、16 脚输出驱动信号，使相应的指示灯闪烁发光 6s 后，输出低电平，指示灯发光变为长亮。

若需要显示屏显示时，U2 的 10 脚输出低电平驱动信号，该信号经 R4 限流，再经 Q1 倒相放大，从它 c 极输出的电压加到数码管的 8 脚，为数码管内的笔段发光二极管供电，需要相应的笔段发光时，U2 的 3、8、9、13、14、16 脚相应的引脚就会输出低电平驱动信号，使该笔段发光。

3. 加热电路

加热电路的核心元器件是微处理器 U2（HT46R064）、温度传感器（负温度系数热敏电阻）RT、继电器 J1 等构成。由于煮粥、快炖、慢炖的控制过程相同，下面以煮粥控制为例进行介绍。

通过开始/功能键 SW1 选择煮粥功能时，预约到时或再次按下 SW1 键，被微处理器 U2 识别后，从 14 脚输出低电平控制信号使煮粥指示灯 LED3 发光，表明电饭锅工作在煮粥状态，同时从 1 脚输出高电平信号。该信号经 Q2 倒相放大，为继电器 J1 的线圈供电，使 J1 内的触点 J1-1 闭合，为加热盘 RD 供电，RD 发热，开始煮粥。随着加热的不断进行，锅内温度逐渐升高，当煮粥温度升至设置值后，温度传感器 RT 的阻值减小到需要值，5V 电压通过 RT、R6 取样后，产生的取样电压经 C6 滤波，再经 R8 输入到 U2 的 4

脚，U2 将该电压与内部固化的温度/电压数据比较后，判断粥已煮熟，控制 1 脚输出低电平信号，Q2 截止，J1 的线圈失去供电，触点 J1-1 断开，同时 14 输出高电平控制信号使煮粥指示灯 LED3 熄灭。若米粥未被食用，则进入保温状态。此时，U2 的 16 脚输出低电平信号，使 LED6 发光，表明该机进入保温状态。保温期间，锅内的温度逐渐下降，当温度低于设置值时，保温传感器 RT 的阻值增大到需要值，为 U2 的 4 脚提供的电压升高，U2 将该电压与内部固化的温度/电压数据比较后，判断锅内温度低于保温值，于是控制 1 脚输出高电平，重复以上过程，开始加热。随着加热的不断进行，达到温度后，RT 的阻值减小到需要值，为 U2 的 4 脚提供的电压升高到设置值，于是 U2 的 1 脚再次输出低电平信号，加热盘 RD 停止加热。这样，在 RT、U2 的控制下，继电器 J1 的触点 J1-1 间断性闭合，使加热盘间断性的加热，确保米粥的温度保持在 65℃左右，实现保温控制。

4. 过热保护电路

过热保护电路的核心元器件是温控器 WT 和超温熔断器 FS。

当继电器 J1 的触点 J1-1 粘连，或驱动管 Q2 的 ce 结击穿或微处理器 U2 工作异常，使加热盘 RD 加热时间过长，导致加热温度升高并达到 WT 的设置温度后，它内部的触点断开，切断 RD 的供电回路，RD 停止加热，实现过热保护。

当 WT 内的触点也粘连，不能实现过热保护功能后，使加热器 RD 继续加热，导致加热温度达到它的标称值后熔断，切断市电输入回路，RD 停止加热，以免 RD 等器件过热损坏，实现过热保护。

第三节 吸油烟机电路识图

一、普通吸油烟机

下面通过如图 4-6 所示的方太 CXW-150-B2 系列深吸型吸油烟机为例介绍普通吸油烟机电路识图。该电路由可变速风扇电机、运行电容、熔断器 FU 以及照明灯、按键开关等构成。

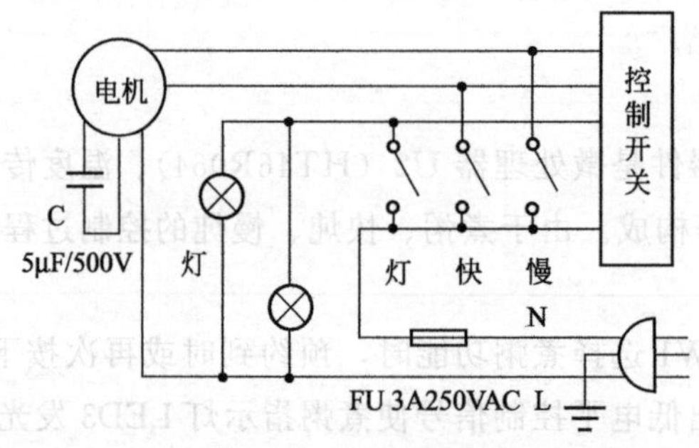

图 4-6 方太 CXW-150-B2 系列深吸型吸油烟机电路

1. 吸油烟电路

吸油烟电路核心元器件是双速风扇电机、控制开关。

厨房的油烟较少时，按下慢速键，市电电压通过慢速键的触点为电机的低速供电端子供电，电机在运行电容C的配合下低速运转，将油烟排到室外。当油烟较多时按下快速键，市电电压通过快速键的触点为电机的高速供电端子供电，电机在启动电容（运行电容）C的配合下高速运转，将油烟快速排到室外。风扇电机运转时，再按一下该键，该键复位，风扇电机停止。

2. 照明灯电路

照明灯电路的核心元器件是照明灯、照明灯开关。

按下照明灯按键，照明灯的供电回路被接通，照明灯开始发光。

3. 过流保护电路

过流保护电路的核心元器件是热熔断器FU。

当照明灯、电机或运行电容发生短路产生大电流时，FU过流熔断，实现过流保护。

二、电脑控制型吸油烟机

下面以华帝CXW-200-204E型吸油烟机电路为例介绍电脑控制型吸油烟机电路识图方法。该电路由电源电路、微处理器电路、风扇电机及其供电电路、照明灯及其供电电路构成，如图4-7所示。

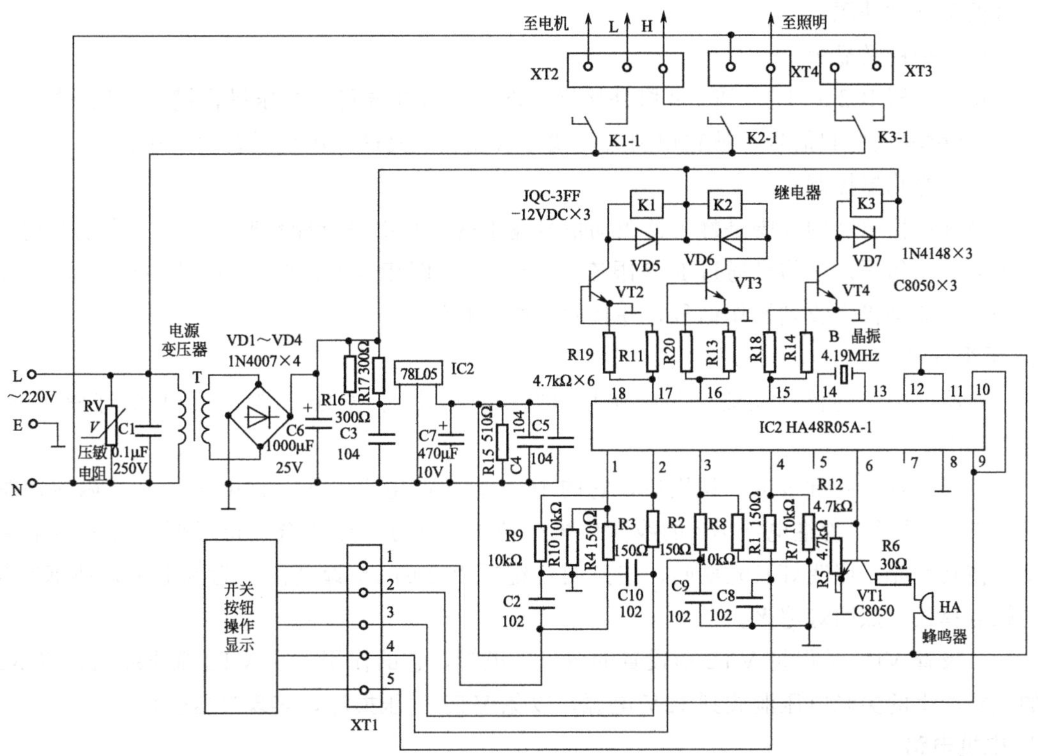

图4-7　华帝CXW-200-204E型吸油烟机电路

1. 电源电路

电源电路的核心元器件是变压器T、整流管VD1～VD4、稳压器IC2、电容C5～C7。

将电源插头插入市电插座后，220V市电电压一路经继电器K1～K3为风扇电机、照明灯（图中未画出）供电；另一路通过电源变压器T降压输出11V左右的（与市电高低有关）交流电压。该电压经VD1～VD4构成的桥式整流器进行整流，通过C6滤波产生12V直流电压。12V电压不仅为K1～K3的线圈供电，而且通过三端稳压器78L05稳压产生5V直流电压。5V电压通过C4、C5、C7滤波后，为微处理器IC2（HA48R05A-1）、蜂鸣器供电。

RV是压敏电阻，市电电压正常时RV相当于开路，不影响电路的工作；一旦市电电压升高，它的峰值电压超过470V后RV击穿，使空气开关跳闸或熔断器熔断，以免电源电路等元器件过压损坏，实现市电过压保护。

2. 微处理器电路

微处理器电路核心元器件是微处理器IC2（HA48R05A-1）、晶振B、蜂鸣器、操作键。

（1）微处理器工作条件

供电和复位：5V电压经电容C7、C5滤波后加到微处理器IC2的供电端12脚为它供电。同时，5V电压还作为复位信号加到IC2的11脚，使它内部的存储器、寄存器等电路复位后开始工作。

时钟振荡：IC2得到供电后，它内部的振荡器与13、14脚外接的晶振B通过振荡产生4.19MHz的时钟信号，该信号经分频后协调各部位的工作，并作为IC2输出各种控制信号的基准脉冲源。

（2）按键及显示

微处理器IC2的1～4脚、9脚外接操作键和指示灯电路，按压操作键时，IC2的1～4脚、9脚输入控制信号，被它识别后，就可以控制该机进入用户需要的工作状态。

（3）蜂鸣器控制

微处理器IC2的6脚是蜂鸣器驱动信号输出端。每次进行操作时，它的6脚就会输出蜂鸣器驱动信号。该信号通过R12限流，再经VT1倒相放大，驱动蜂鸣器HA鸣叫，提醒用户吸油烟机已收到操作信号，并且此次控制有效。

3. 照明灯电路

照明灯电路的核心元器件是照明灯（图中未画出）、微处理器IC2、照明灯操作键、继电器K2。

按照明灯控制键被IC2识别后，它的16脚输出高电平电压。该电压经R13限流使激励管VT3导通，为继电器K2的线圈供电，使K2内的触点闭合，接通照明灯的供电回路，使其发光。照明灯发光期间，按照明灯键后IC2的16脚电位变为低电平，使K2内的触点释放，照明灯熄灭。

二极管VD6是保护VT2而设置的钳位二极管，它的作用是在VT2截止瞬间，将K2的线圈产生的尖峰电压泄放到12V电源，以免VT2过压损坏，实现过压保护。

4. 电机电路

该机电机电路由微处理器IC2，电机风速操作键，继电器K1、K3及其驱动电路、电机（采用的是电容运行电机，在图中未画出）构成。电机风速操作键具有互锁功能。

按高风速操作键被IC2识别后，它的16脚输出低电平控制信号，15脚输出高电平控制信号。16脚为低电平时VT2截止，继电器K1不能为电机的低速端子供电。15脚输出的高电平控制电压通过R14限流，使VT4导通，为继电器K3的线圈提供导通电流，使它内部的触点闭合，为电机的高速端子供电，电机在运行电容的配合下高速运转。

按低风速操作键被 IC2 识别后，它的 16 脚输出高电平控制信号，15 脚输出低电平控制信号。15 脚为低电平时 VT4 截止，继电器 K3 不能为电机的高速端子供电。16 脚输出的高电平控制电压通过 R11 限流，使 VT2 导通，为继电器 K1 的线圈提供导通电流，使它内部的触点闭合，为电机的低速端子供电，电机在运行电容的配合下低速运转。

二极管 VD5、VD7 是钳位二极管，它的作用是在 VT2、VT4 截止瞬间，将 K1、K3 的线圈产生的最高电压钳位到 12.5V，以免 VT2、VT4 过压损坏。

第四节 消毒柜电路识图

一、普通消毒柜

下面以康宝 ZTP-108A 型消毒柜为例介绍机械控制型消毒柜电路识图方法。该机的电路由电加热电路、臭氧发生电路、指示电路等构成，如图 4-8 所示。

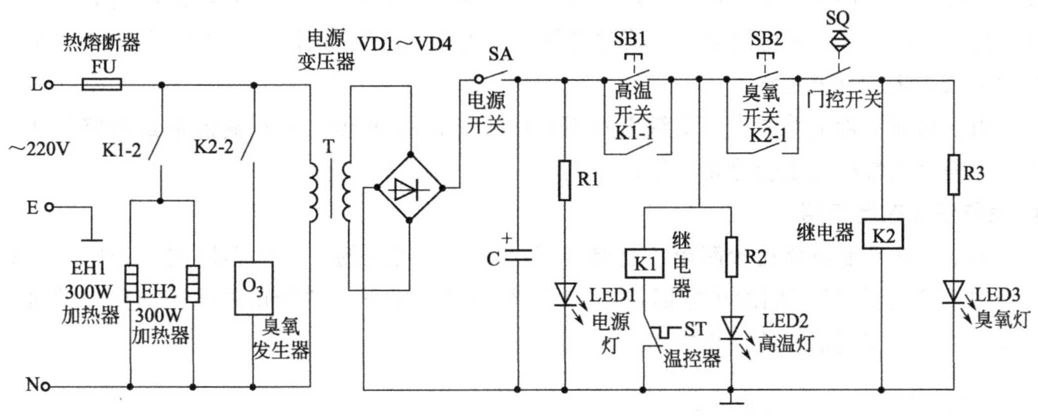

图 4-8 康宝 ZTP-108A 型消毒柜电路

1. 电源电路

电源电路的核心元器件是变压器 T、整流管 VD1～VD4、电容 C。

将电源插头插入市电插座后，220V 市电电压一路经继电器 K1、K2 为加热器、臭氧发生器供电；另一路通过电源变压器 T 降压输出 11V 左右的（与市电高低有关）交流电压。该电压经 VD1～VD4 构成的桥式整流器进行整流，通过 C 滤波产生 12V 直流电压，该电压不仅为 K1、K3 的线圈供电，而且经 R1 限流，使电源灯 LED1 发光，表明该机电源已工作。

2. 高温消毒（烘干）电路

高温消毒电路的核心元件是加热器 EH1、EH2，高温开关（非自锁开关）SB1、继电器 K1。

需要高温消毒（烘干）时，按下高温开关 SB1，市电电压通过 SB1、K1 的线圈、温控器 ST 的触点构成回路，使 K1 内部的两对触点 K1-1、K1-2 闭合。触点 K1-1 闭合后取代 SB1 不仅为 K1 的线圈供电，而且经 R2 限流使 LED2 发光，表明该机进入高温消毒状态。K1-2 闭合后，市电电压为远红外加热管 EH1、EH2 供电，EH1、EH2 开始发热，进行高温消毒。当温度升高到 85℃时，温控器 ST 的触点断开，使 K1 的两对触点断开，不仅使 EH1、EH2 停止加热，而且 LED2 熄灭，表明消毒工作结束。当室内温度低于 80℃后，ST 的触点再次闭合，但由于 SB1 没有被按下，高温消毒电路也不能工作。

过热保护电路是通过一次性温度熔断器 FU 构成。当继电器 K1 的触点 K1-2 或温控器 ST 的触点粘连，使 EH1、EH2 加热时间过长，导致加热温度达到 110℃时 FU 熔断，切断市电输入回路，EH1、EH2 停止加热，以免它们和附件过热损坏，实现过热保护。

3. 臭氧消毒电路

臭氧消毒电路的核心元件是臭氧发生器 O_3、臭氧开关 SB2、继电器 K2、门控开关 SQ。

在高温消毒期间，需要臭氧消毒时，按下臭氧消毒开关 SB2，220V 市电电压经门控开关 SQ 送给臭氧消毒电路，一路经 R3 限流，为臭氧消毒指示灯 LED3 供电，使它发光，表明该机处于臭氧消毒状态；另一路为继电器 K2 的线圈供电，使它的 2 对触点 K2-1、K2-2 闭合。K2-1 闭合后，取代 SB2 为 K2 的线圈供电；K2-2 闭合后，接通臭氧发生器 O_3 的供电回路，O_3 获得供电后开始对空气放电火花，激发周围空气中的氧气电离，从而产生臭氧，进行臭氧消毒。

由于臭氧消毒电路的供电受继电器 K1 的触点 K1-1 控制，所以高温消毒电路停止工作时，臭氧消毒电路也会停止工作。

4. 消毒停止控制电路

消毒停止控制电路比较简单，就是通过按键 SA 实现的。在消毒期间，若按下 SA，就会切断继电器 K1 线圈的供电回路，K1 的两对触点断开，切断市电输入回路，消毒电路停止工作，实现消毒的停止控制。

二、智能控制型消毒柜

下面以格力 ZGP 电脑控制型消毒柜为例介绍智能控制型消毒柜电路的识图方法。该机的电路由烘干（高温消毒）、臭氧消毒、照明、微处理器、电源电路构成，如图 4-9 所示。

1. 电源电路

电源电路的核心元器件是变压器 T、整流管 VD1～VD4、电容 C1～C4、稳压管 VD5。

该机输入的 220V 市电电压经变压器 T 降压产生 12V 交流电压，该电压通过 VD1～VD4 桥式整流，C1、C2 滤波产生 12V 左右的直流电压，该电压不仅为继电器 K1～K3 的线圈供电，而且经 R1 限流，VD5 稳压输出 5V 电压。5V 电压经 C3、C4 滤波后，为微处理器电路供电。

2. 微处理器电路

微处理器电路核心元器件是微处理器 IC（PIC16C54）、晶振 B、蜂鸣器、操作键。

（1）微处理器工作条件

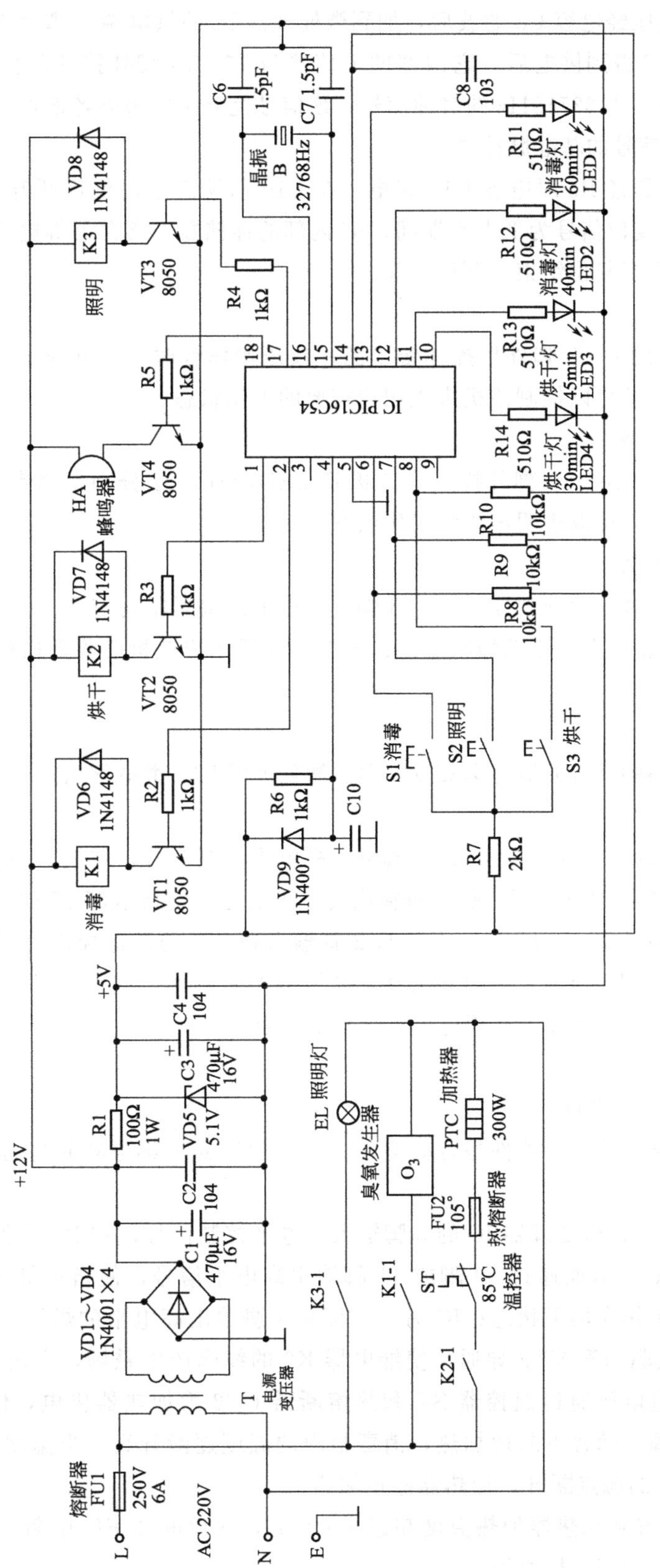

图 4-9 格力 ZGP 电脑控制型消毒柜电路

供电：5V 电压经电容 C8 滤波后，加到微处理器 IC 的供电端 14 脚为它供电。

时钟振荡：IC 得到供电后，它内部的振荡器与 15、16 脚外接的晶振 B 和移相电容 C6、C7 通过振荡产生 32768Hz 的时钟信号，该信号经分频后协调各部位的工作，并作为 IC 输出各种控制信号的基准脉冲源。

复位：5V 电压经 R6 对电容 C10 充电，在 C10 两端产生由低逐渐升高的复位信号，加到 IC 的 4 脚。复位信号为低电平期间，IC 内部的存储器、寄存器等电路清零复位；当复位信号为高电平后复位结束，开始工作。

（2）按键

微处理器 IC 的 6～8 脚外接操作键电路，按压操作键时，IC 的 6～8 脚输入控制信号，被它识别后，就可以控制该机进入用户需要的工作状态。

（3）指示灯电路

微处理器 IC 的 10～13 脚外接发光二极管 LED1～LED4 分别是消毒、烘干指示灯，当指示灯发光时，就可以表明该机的工作状态。

（4）蜂鸣器控制

每次进行操作时，微处理器 IC 的 18 脚就会输出蜂鸣器驱动信号。该信号通过 R5 限流，再经 VT4 倒相放大，驱动蜂鸣器 HA 鸣叫，提醒用户该机已收到操作信号，并且此次控制有效。

3. 臭氧消毒电路

臭氧消毒电路的核心元器件臭氧发生器、微处理器 IC、继电器 K1、消毒键 S1、放大管 VT1、指示灯。

按消毒键 S1 后，微处理器 IC 的 6 脚输入高电平控制信号，被 IC 识别后执行消毒程序。此时，IC 一方面通过 12 脚或 13 脚输出高电平信号，使指示灯 LED2 或 LED1 发光，表明该机工作在消毒状态；IC 另一方面从 2 脚输出高电平的消毒控制信号。该信号通过 R2 限流使驱动管 VT1 导通，使继电器 K1 的线圈产生磁场，它内部的触点 K1-1 闭合，为臭氧发生器供电，臭氧发生器得电后就会放电，激发周围空气中的氧气电离，从而产生臭氧，完成杀毒灭菌功能。

4. 高温消毒（烘干）电路

高温消毒电路的核心元器件是启动键 S3、微处理器 IC、继电器 K2、加热器、温控器 ST、放大管 VT2。

按烘干键 S3 后，微处理器 IC 的 8 脚输入高电平控制信号，被 IC 识别后执行烘干加热程序。此时，IC 一方面通过 10 脚或 11 脚输出高电平信号，使指示灯 LED4 或 LED3 发光，表明该机工作在烘干状态；IC 另一方面从 1 脚输出高电平的烘干控制信号。该信号通过 R3 限流使驱动管 VT2 导通，使继电器 K2 的线圈产生磁场，它内部的触点 K2-1 闭合，此时，市电电压通过温控器 ST 和热熔断器 FU2 为加热器供电，使它开始发热，进行烘干加热处理。随着不断地加热，消毒柜内的温度逐渐升高，当温度升高到 85℃左右时，温控器 ST 的触点断开，加热器停止加热。

当 K2-1 粘连导致加热器加热温度超过 110℃时，热熔断器 FU 熔断，以免加热器及其附件过热损坏，实现过热保护。

5. 照明灯电路

照明灯电路的核心元器件是照明灯 EL、微处理器 IC、按键 S2、继电器 K3。

按照明灯键 S2，使 IC 的 7 脚输入高电平控制信号后，IC 从 2 脚输出高电平电压。该电压经 R4 限流使激励管 VT3 导通，为继电器 K3 的线圈供电，使 K3 内的触点 K3-1 闭合，接通照明灯 EL 的供电回路，使其发光。照明灯发光期间，按 S2 键后 IC 的 2 脚电位变为低电平，使 K3 内的触点释放，EL 就会熄灭。

第五节 食品加工机电路识图

一、食品粉碎机

下面以怡乐 SC300-1 型食品加工机为例介绍食品粉碎机电路的识图方法。该机电路由电机及其供电电路构成，如图 4-10 所示。

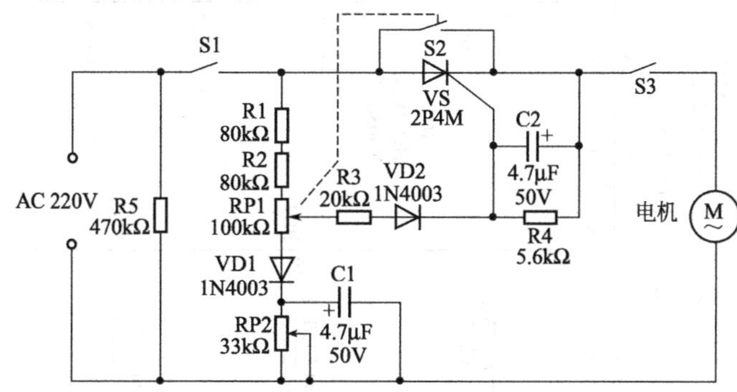

图 4-10 怡乐 SC300-1 型食品加工机（粉碎机）电路

1. 粉碎电路

粉碎电路的核心元器件是电机 M、单向晶闸管 VS 及开关 S1、S3。

将杯盖放入杯体上，并向右旋转到锁定位置后开关 S3 的触点接通，此时按下开关 S1，200V 市电电压经 S1 不仅加到单向晶闸管 VS 的阳极，而且通过 R1、R2、RP1、VD1 和 RP2、C1 取样后产生触发电压。触发电压通过 R3、VD2 限流，再通过 C2 滤波后加到 VS 的 G 极，使 VS 导通，接通电机 M 的供电回路，M 开始旋转，带动机械系统对食品进行粉碎加工。

2. 调速电路

调速电路的核心元器件是电位器 RP1、单向晶闸管 RP1、电阻 R1～R3。

调整 RP1 时，VS 的 G 极输入电压增大后 VS 导通加强，VS 输出电压增大，电机转速加强；反之，电压低时电机转速慢。调整 RP1 可实现 1～4 挡的控制。

二、豆浆机

下面以九阳 JYDZ-22 型豆浆机为例介绍豆浆机电路识图方法。该机电路由电源电路、微处理器电路、打浆电路、加热电路构成，如图 4-11 所示。

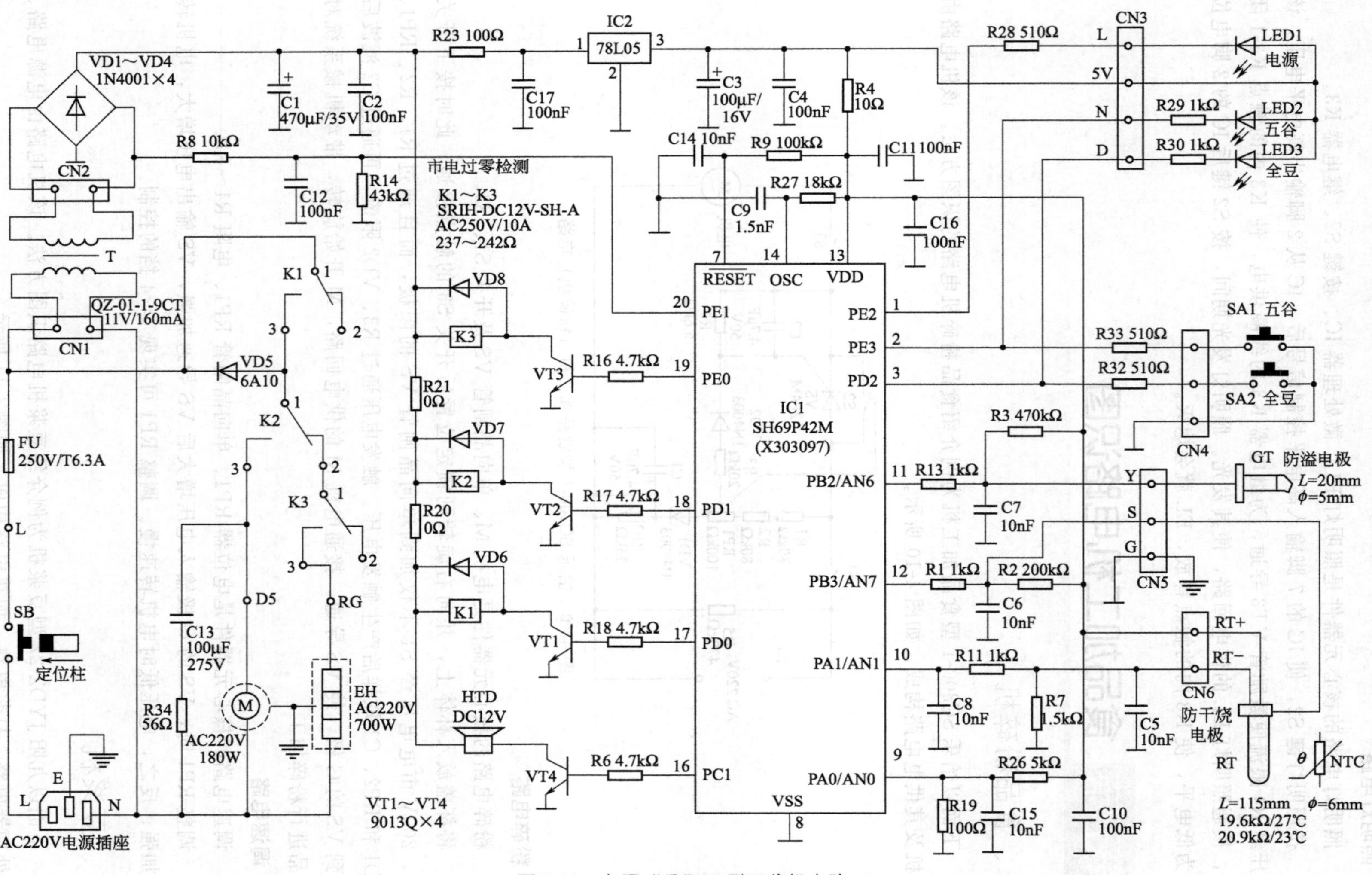

图 4-11 九阳 JYDZ-22 型豆浆机电路

【提示】 改变图中 R19 的阻值，该电路板就可以应用于多种机型。该电路的工作原理与故障检修方法还适用于九阳 JYZD-15（R19 为 100Ω）、JYZD-17A（R19 为 750Ω）、JYZD-20B、JYZD-20C、JYZD-22、JYZD-23（R19 为 8.2kΩ）等机型。

1. 供电、市电过零检测电路

供电、市电过零检测电路的核心元器件是变压器 T、整流管 VD1～VD4、稳压器 IC2、电流电阻 R8、电容 C1～C4。

将机头装入桶体，使开关 SB 接通后，再将电源插头插入市电插座，220V 市电电压经 SB 和熔断器 FU 输入到机内电路，不仅通过继电器为加热器和电机供电，而且经变压器 T 降压，从它的次级绕组输出 10V 左右的交流电压。该电压一路经 R8、R14 分压限流，利用 C12 滤波产生市电过零检测信号，加到微处理器 IC1 的 20 脚，被 IC1（SH69P42M）识别后就可以实现市电过零检测；另一路通过 VD1～VD4 桥式整流，再通过 C1、C2 滤波产生 12V 直流电压。12V 电压不仅为继电器、蜂鸣器供电，而且经三端稳压器 IC2（78L05）输出 5V 电压。5V 电压经 C3、C4 滤波，再经 R4 加到 IC1 的 13 脚，为它供电。

【提示】 由于 12V 直流供电未采用稳压方式，所以待机期间 C1 两端电压可升高到 15V 左右。

2. 微处理器电路

微处理器电路核心元器件是微处理器 SH69P42M、指示灯、按键。

(1) SH69P42M 的实用资料

SH69P42M 的引脚功能和引脚维修参考数据如表 4-3 所示。

表 4-3　微处理器 SH69P42M 的引脚功能

引脚号	引脚名	功　能
1	PE2	电源指示灯控制信号输出
2	PE3	AN1 操作信号输入/五谷指示灯控制信号输出
3	PD2	AN2 操作信号输入/全豆指示灯控制信号输出
4～6	—	未用，悬空
7	RESET	复位信号输入
8	VSS	接地
9	PA0/AN0	机型设置
10	PA1/AN1	温度检测信号输入接地
11	PB2/AN6	防溢检测信号输入
12	PB3/AN7	水位检测信号输入
13	VDD	供电
14	OSC1	振荡器外接定时元件
15	—	未用，悬空
16	PC1	蜂鸣器驱动信号输出
17	PD0	继电器 K1 控制信号输出
18	PD1	继电器 K2 控制信号输出
19	PE0	继电器 K3 控制信号输出
20	PE1	市电过零检测信号输入

（2）工作条件电路

5V 供电：插好该机的电源线，待电源电路工作后，由其输出的 5V 电压经 R4 限流，再经 C11 滤波后，加到微处理器 IC1（SH69P42M）供电端 13 脚为它供电。

复位电路：复位电路核心元器件是 IC1、R9、C14。开机瞬间，5V 供电通过 R9、C14 组成的积分电路产生一个由低到高的复位信号，并通过 IC1 的 7 脚输入。在复位信号为低电平期间，IC1 内的存储器、寄存器等电路清零复位；当复位信号为高电平后，IC1 内部电路复位结束，开始工作。

时钟振荡：时钟振荡电路的核心元器件是微处理器 IC1 及定时元件 R27、C9。IC1 得到供电后，它内部的振荡器与 14 脚外接的定时元件 R27、C9 通过控制 C9 充、放电产生振荡脉冲。该信号经分频后协调各部位的工作，并作为 IC1 输出各种控制信号的基准脉冲源。

（3）待机控制

IC1 获得供电后开始工作，它的 1 脚电位为低电平，通过 R28 为电源指示灯 LED1 提供导通回路，使它发光，同时，IC1 的 16 脚输出的驱动信号经 R6 限流，再经 VT4 倒相放大，驱动蜂鸣器 HTD 发出“滴”的声音，表明电路进入待机状态。

3. 打浆、加热电路

杯内有水且在待机状态下，按下五谷或全豆键，微处理器 IC1 检测到 2 脚或 3 脚的电位由高电平变成低电平后，确认用户发出操作指令，不仅控制蜂鸣器 HTD 鸣叫一声，表明操作有效，而且从 17、19 脚输出高电平驱动信号。17 脚输出的高电平控制信号通过 R18 限流，再经放大管 VT1 倒相放大，为继电器 K1 的线圈供电，使 K1 内的常开触点闭合，为继电器 K2 的动触点端子供电；19 脚输出的高电平控制信号通过 R16 限流，再通过放大管 VT3 倒相放大，为继电器 K3 的线圈供电，使 K3 内的常开触点闭合，为加热器供电，它开始加热，使水温逐渐升高。当水温超过 85℃，温度传感器 RT 的阻值减小到设置值，5V 电压通过它与 R7 取样后电压升高到设置值，该电压加到 IC1 的 10 脚，IC1 将该电压值与存储器存储的不同电压对应的温度值进行比较，判断加热温度达到要求，控制 19 脚输出低电平控制信号，控制 18 脚输出高电平控制电压。19 脚输出的低电平电压使 VT3 截止，K3 的常开触点断开，加热器停止加热；18 脚输出的高电平电压经 R17 限流使驱动管 VT2 导通，为继电器 K2 的线圈供电，使它的常开触点闭合，为电机供电，使电机高速旋转，开始打浆，经过 4 次（每次时间为 15 秒）打浆后，IC1 的 18 脚电位变为低电平，VT2 截止，电机停转，打浆结束。此时，IC1 的 17 脚又输出高电平电压，如上所述，加热器再次加热，直至五谷或豆浆沸腾，浆沫上溢到防溢电极，就会通过 R13 使 IC1 的 11 脚电位变为低电平，被 IC1 检测后，就会判断豆浆已煮沸，控制 17 脚输出低电平电压，使加热器停止加热。当浆沫回落，离开防溢电极后，IC1 的 11 脚电位又变为高电平，IC1 的 17 脚再次输出高电平电压，加热器又开始加热，经多次防溢延煮，累计 15min 后 IC1 的 17 脚输出低电平，停止加热。同时，16 脚输出的驱动信号经 VT4 放大，驱动蜂鸣器报警，并且控制 2 脚或 3 脚输出脉冲信号使指示灯闪烁发光，提示用户自动打浆结束。

【提示】 *若采用半功率加热或电机低速运转时，微处理器 IC1 的 16 脚输出的控制信*

号为低电平，使放大管 VT1 截止，继电器 K1 的常闭触点接通，整流管 VD6 接入电路，市电通过它半波整流后为电机和加热器供电，不仅使电机降速运转，而且使加热器以半功率状态加热。

4. 防干烧保护电路

当杯内无水或水位较低，使水位探针不能接触到水时，5V 电压通过 R2、R1 使微处理器 IC1 的 12 脚电位变为高电平，被 IC1 识别后，输出控制信号使加热管停止加热，以免加热管过热损坏，实现防干烧保护。同时，控制 16 脚输出报警信号，通过 VT4 放大后使蜂鸣器 HTD 长鸣报警，提醒用户该机进入防干烧保护状态，需要用户向杯内加水。

三、米糊机

下面以糊来王牌米糊机为例介绍米糊机电路的识图方法。该机电路由电源电路、控制电路、电机、电加热管等构成，如图 4-12 所示。

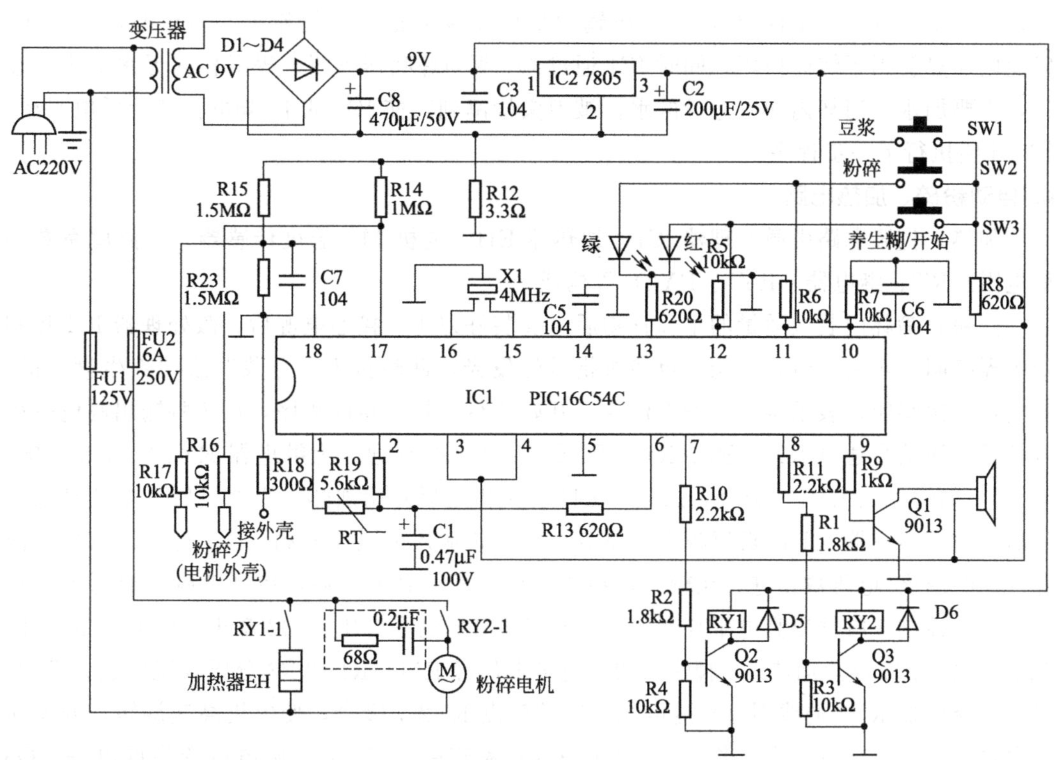

图 4-12 糊来王牌米糊机电路

1. 供电电路

接通电源，220V 市电电压不仅经熔断器 FU1、FU2 为电机和加热器供电，而且通过变压器降压输出 9V 交流电压，通过 D1～D4 桥式整流，再通过 R12 限流，利用 C8、C3 滤波产生 9V 直流电压。14V 电压不仅为继电器的线圈供电，而且经三端稳压器 IC2（7805）输出 5V 电压。5V 电压经 C2 滤波后，不仅为微处理器 IC1 供电，而且为蜂鸣器和操作键电路供电。

2. 微处理器电路

微处理器电路由 IC1（PIC16C54C）为核心构成。

电源电路工作后，由它输出的 5V 电压加到 IC1 的 3、4 脚，为它供电。IC1 获得供电后开始工作，它内部的振荡器与 15、16 脚外接的晶振 X1 通过振荡产生 4MHz 的时钟信号，该信号经分频后协调各部位的工作，并作为 IC1 输出各种控制信号的基准脉冲源。同时，IC1 内部的复位电路输出复位信号使它内部的存储器、寄存器等电路复位后开始工作。

IC1 工作后，它的 9 脚输出的蜂鸣器驱动信号经 R9 限流，再通过 Q1 倒相放大后，驱动蜂鸣器鸣叫一声，同时 IC1 的 12、13 脚输出控制信号使红色发光管发光，表明电路进入待机状态。

3. 水位检测电路

水位检测电路由水位探针（刀头）、微处理器 IC1 等构成。

当杯内无水或水位过低，粉碎刀的刀头不能接触到水，使 IC1 的 17 脚输入高电平信号，被 IC1 识别后，不仅控制 7、8 脚输出低电平控制信号，使粉碎、加热电路不工作，以免电加热管因干烧而损坏，同时 IC1 通过 Q1 驱动蜂鸣器鸣叫，提醒杯内无水或水位过低，需要加水。当杯内加入适量的水，被刀头检测到，使 IC1 的 17 脚电位变为低电平后，IC1 才能执行下一步程序。

4. 自动粉碎、加热电路

加热、打浆电路由微处理器 IC1、加热器 EH、电机 M、温度传感器（负温度系数热敏电阻）RT、继电器（RY1、RY2）等构成。

当粉碎筛杯内装入适量的水和食物后，安装好刀头，接通电源后，微处理器 IC1 控制蜂鸣器鸣叫一声的同时，控制红色待机指示灯发光，此时按下“豆浆”或“养生糊”键，蜂鸣器再次鸣叫，表示接收到操作信息，开始执行加热、粉碎程序，从 7 脚输出高电平控制信号。该信号通过 R10、R2、R4 分压限流后使 Q2 导通，为继电器 RY1 的线圈供电，使 RY1 内的触点 RY1-1 吸合，加热器 EH 得到供电后开始加热。当加热使水温达到设置值后，温度传感器 RT 的阻值减小，使 IC1 的 1 脚输入的电压升高，IC1 将该电压值与内存存储的温度/电压数据进行比较后，判断加热温度达到要求后，控制 7 脚输出低电平控制信号，控制 8 脚输出高电平控制信号。7 脚输出低电平电压后 Q2 截止，继电器 RY1 的触点释放，EH 停止加热。8 脚输出的高电平电压经 R11、R1 和 R3 分压限流使放大管 Q3 导通，继电器 RY2 的线圈有导通电流，它的触点 RY2-1 吸合，使电机高速旋转，开始粉碎食物。经过 4 次（每次工作 20s、停止 30s）粉碎后，IC1 的 8 脚电位变为低电平，Q3 截止，电机停转，打浆结束。打浆结束后，IC1 的 7 脚输出周期为 3s 的脉冲信号，控制加热器 EH 周期性加热。当豆浆或养生糊沸腾的浆沫接触防溢探针，使 IC1 的 18 脚电位变为低电平，IC1 判断到豆浆或养生糊已煮沸，IC1 的 7 脚就输出低电平电压，Q2 截止，停止加热。当浆沫回落，脱离防溢探针后，IC1 的 18 脚电位又变为高电平，IC1 的 7 脚又输出高电平，加热管又开始加热，如此反复多次防溢延煮后 IC1 的 7 脚输出低电平，停止加热。同时，IC1 的 11 脚输出高电平电压，使绿色指示灯发光，并且驱动蜂鸣器鸣叫，提醒用户豆浆或养生糊可以食用。

5. 手动粉碎电路

手动粉碎电路由微处理器 IC1、电机 M、继电器 RY1、放大管 Q3 等构成。

当需要粉碎时，先按粉碎键，预置粉碎程序，再按一下养生糊/启动键，IC1 相继检测到 11、12 脚输入高电平操作电平后，控制 8 脚输出高电平控制信号，经 R11、R1 和 R3 分压限流后使 Q3 导通，继电器 RY2 内的触点吸合，接通电机的供电回路，电机开始选择，对食物进行粉碎。

6. 手动加热电路

加热电路由微处理器 IC1、加热器 EH、温度传感器（负温度系数热敏电阻）RT、继电器 RY1 等构成。

当需要加热时，先按养生糊/启动键，预置加热程序，再按一下养生糊/启动键，IC1 检测到 12 脚两次输入了高电平操作后，控制 7 脚输出高电平控制信号，经 R10、R2 和 R4 分压限流后，使 Q2 导通，继电器 RY1 的触点吸合，接通加热器 EH 的供电回路，EH 开始加热，实现米糊的手动加热。

7. 过热保护电路

过热保护电路由温度熔断器 FU1 构成。当继电器 RY1 的触点 RY1-1 粘连等原因引起加热器加热时间过长，使加热器温度升高，当温度达到 125℃时 FU1 熔断，切断供电回路，避免加热器过热损坏，实现了过热保护。

第六节 微波炉电路识图

一、机械控制式微波炉

下面以 LG MG-4978T 微波炉为例介绍机械控制式微波炉电路的识图方法。该电路由微波加热电路、烧烤电路、照明灯构成，如图 4-13 所示。

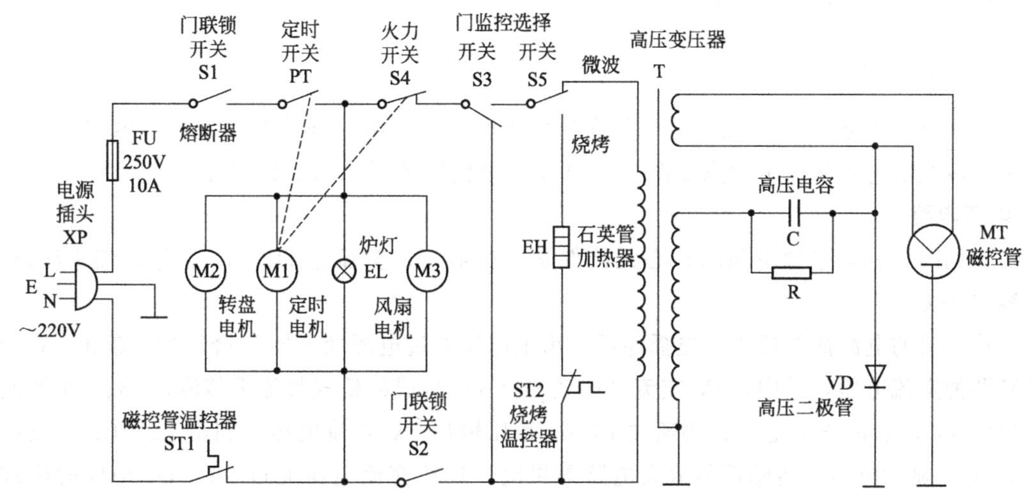

图 4-13 LG MG-4978T 机械控制式微波炉电路

（图中开关处于开门状态）

1. 微波加热电路

该电路的核心元器件是磁控管 MT、高压变压器 T、定时器、联锁开关、监控开关，辅助元器件是选择开关、风扇电动机、转盘电动机、炉灯。

首先将选择开关 S5 置于微波加热状态后，关闭炉门，门联锁机构随之动作，使门监控开关 S3 断开，门联锁开关 S1、S2 闭合，此时微波炉处于待机状态。将定时器置于某一时间挡后，定时器开关 PT 闭合，接通炉灯 EL 的供电回路，EL 开始发光。再将火力开关（功率调节器）S4 调为需要的挡位，此时 220V 市电电压不仅为定时器电动机 M1、转盘电动机 M2、风扇电动机 M3 供电，使它们开始运转，而且加到高压变压器 T 的一次绕组，使它的灯丝绕组和高压绕组输出交流电压。其中，灯丝绕组向磁控管的灯丝提供 3.3V 左右的工作电压，点亮灯丝为阴极加热；高压绕组输出的 2000V 左右的交流电压，通过高压电容 C 和高压二极管 VD 组成半波倍压整流电路，产生 4000V 的负压，为磁控管的阴极供电，使阴极发射电子，磁控管形成 2450MHz 的微波能，经波导管传入炉腔，通过炉腔反射，刺激食物的水分子使其以每秒 24.5 亿次的高速振动，互相摩擦，从而产生高热，实现食物的烹饪。

2. 烧烤加热电路

该电路的核心元器件是石英管加热器、温控器、电动机、联锁开关、监控开关，辅助元器件是选择开关、转盘电动机、炉灯。

烧烤加热电路和微波加热电路的控制基本相同，不同的是：选择烧烤时，将选择开关 S5 置于烧烤位置，此时 220V 市电电压经温控器 ST2 为加热器 EH 供电，EH 得电发热，对食物进行烤制。当加热温度达到 ST2 的设置温度后，ST2 的触点断开，切断 EH 的供电回路，若定时器的定时时间未结束，当温度低于 ST2 的设置值后它的触点再次闭合，开始下一轮加热，直至定时结束。

为了防止 ST2 的触点粘连，导致加热器 EH 或附件过热损坏，设置了由热熔断器 FU 构成的过热保护电路。当加热温度升高并达到 FU 设置值后，它内部保险丝熔断，切断 EH 的供电回路，实现过热保护。

二、电脑控制型微波炉

下面以安宝路 WD-850ES 傻瓜智慧型微波炉为例介绍电脑控制型微波炉电路的识图方法。该机的电气构成示意图如图 4-14 所示，电路原理图如图 4-15 所示。

1. 电源电路

参见图 4-15，电源电路的核心元器件是变压器 T、整流管 D1～D8、稳压器 L7905、电容 C1～C5。

将该机的电源插头插入市电插座后，市电电压通过电源变压器 T 降压后，输出 5V 和 12V 两种交流电压，其中，5V 交流电压经 D5～D8 构成的桥式整流堆整流，C3、C4 滤波产生的 8V 左右的直流电压，再通过 L7905 稳压输出 5V 直流电压，利用 C2、C5 滤波后为 CPU、显示电路、传感信号放大电路等供电；12V 交流电压通过 D1～D4 构成的桥式整流堆整流，再经 C1、C2 滤波产生 12V 左右的直流电压，为继电器等电路供电。

变压器 T 初级绕组两端并联的 ZR 是压敏电阻，市电电压正常时 ZR 相当于开路；市

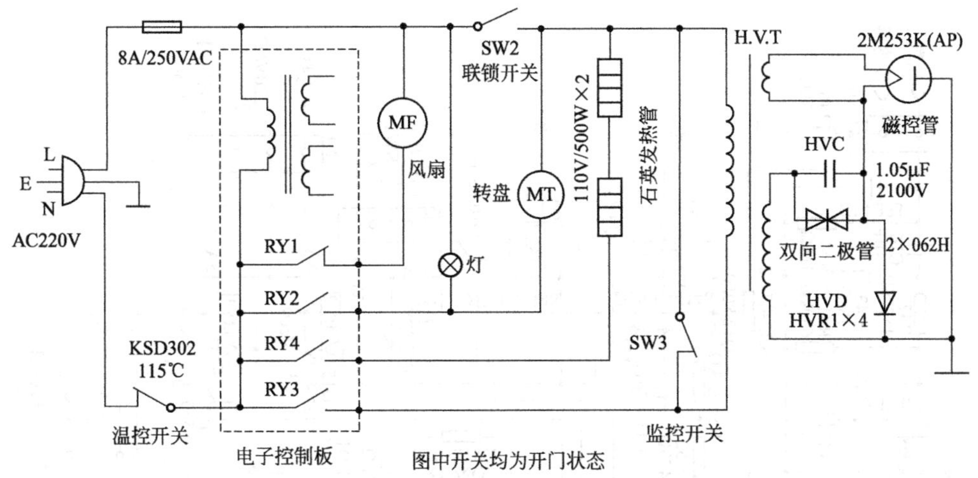

图 4-14 安宝路 WD-850ES 傻瓜智慧型微波炉电气构成示意图

电电压过高时 ZR 击穿，使市电输入回路的 8A 熔断器过流熔断，实现过压保护。

2. 微处理器电路

参见图 4-15，微处理器电路的核心元器件是由微处理器 TMP87PH47U（IC1）、晶振 X1、操作键、联锁开关。

（1）TMP87PH47U 的引脚功能

TMP87PH47U 的引脚功能如表 4-4 所示。

表 4-4 TMP87PH47U 的引脚功能

引脚号	功 能	引脚号	功 能
1、3～8	显示屏驱动信号输出	32	蜂鸣器驱动信号输出
9～12	显示屏驱动信号输出/操作信号输入	34	使能控制信号输出
13、17	接地	36	微波控制信号输出
14	复位信号输入	37	烧烤控制信号输出
15、16	时钟振荡器	38	风扇电机供电控制输出
18	供电	39	LED 控制信号输出
19～22	键盘操作信号输入	40	供电
23～25	编码器信号输入	41～43	显示屏驱动信号输出
26、30	蒸汽传感器信号输入	44	炉门控制信号输入

（2）CPU 工作条件电路

① 5V 供电　当该机的电源电路工作后，由它输出的 5V 电压经电容 C5、C2 滤波后，加到微处理器 IC1（TMP87PH47U）的供电端 18、40 脚，为它供电。

② 复位　该机的复位电路由微处理器 IC1、PNP 型三极管 Q1、稳压二极管 ZD1、电阻 R1、R2 等构成。

开机瞬间，由于 5V 供电是逐渐升高的，当它低于 4.6V 时，Q1 截止，为 IC1 的 14

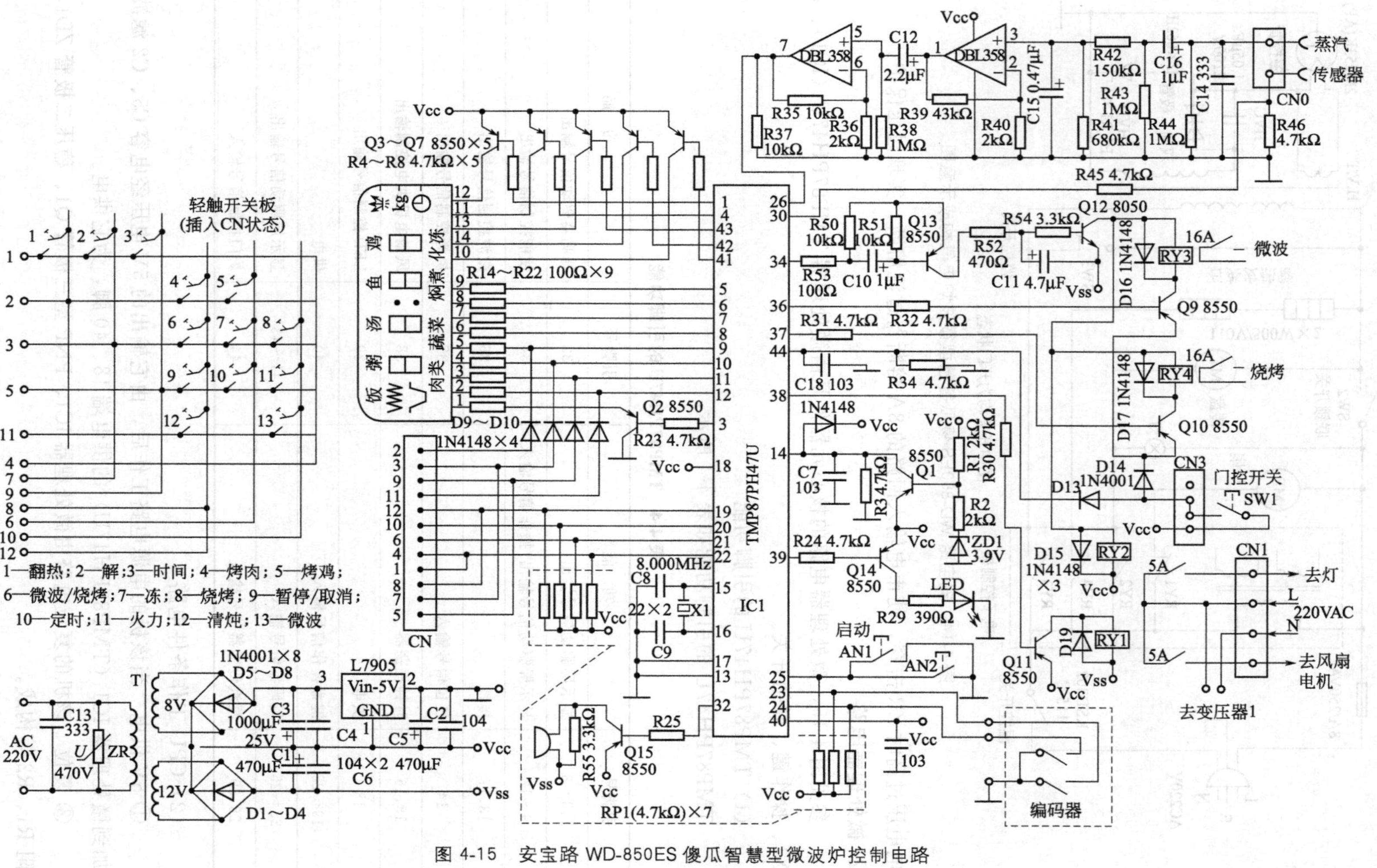

图 4-15 安宝路 WD-850ES 傻瓜智慧型微波炉控制电路

脚提供低电平复位信号，使 IC1 内的存储器、寄存器等电路清零复位。当 5V 供电超过 4.6V 后 Q1 导通，由它的 c 极输出的高电平电压经 C7 滤波后加到 IC1 的 14 脚，IC1 内部电路复位结束，开始工作。

③ 时钟振荡　微处理器 IC1 得到供电后，它内部的振荡器与 15、16 脚外接的晶振 X1 和移相电容 C8、C9 通过振荡产生 8MHz 的时钟信号。该信号经分频后协调各部位的工作，并作为 IC1 输出各种控制信号的基准脉冲源。

(3) 蜂鸣器电路

微处理器 IC1 的 32 脚是蜂鸣器驱动信号输出端。每次进行操作时，32 脚输出的蜂鸣器驱动信号经 R25 限流，再经 Q15 放大后，驱动蜂鸣器鸣叫，提醒用户微波炉已收到操作信号，并且此次控制有效。

3. 炉门开关控制电路

参见图 4-14、图 4-15，炉门开关控制电路的核心元器件是联锁开关 SW1、SW2、门监控开关 SW3、微处理器 IC1。

关闭炉门时，联锁机构动作，使联锁开关 SW1、SW2 的触点接通，而使门监控开关 SW3 的触点断开。连锁开关 SW2 的触点闭合后，接通转盘电机、高压变压器、烧烤加热器（石英发热管）的一根供电线路。联锁开关 SW1 的触点接通后，一方面 Vcc 可以通过 D14 为三极管 Q10、Q9 的 e 极供电；另一方面通过 D13 为微处理器 IC1 的 44 脚提供高电平信号，被 IC1 检测后识别出炉门已关闭，控制微波炉进入待机状态。

若打开炉门，联锁开关 SW1、SW2 的触点断开，不仅切断市电到转盘电机、加热器、高压变压器的供电线路，而且使 IC1 的 44 脚电位变为低电平，IC1 判断炉门被打开，不再输出微波或烧烤的加热信号，但 34 脚仍为输出控制信号，使放大管 Q12 继续导通，为继电器 RY2 的线圈供电，使 RY2 的触点仍接通，为炉灯供电，使炉灯发光，以方便用户取、放食物。

4. 微波加热电路

参见图 4-14、图 4-15，微波加热电路的核心元器件是启动键、微处理器 IC1、磁控管、高压变压器、继电器 RY1，辅助元器件有风扇电机、转盘电机、炉灯。

在待机状态下，首先选择微波加热功能，设置好时间后按下启动（开始）键，被微处理器 IC1 识别后，IC1 从内部存储器调出烹饪程序并控制显示屏显示时间，同时控制 36、38 脚输出高电平控制信号。38 脚输出的低电平控制电压通过 R30 使 Q11 导通，为继电器 RY1 的线圈供电，RY1 内的触点吸合，为风扇电机供电，风扇电机运转后为微波炉散热降温；36 脚输出的低电平信号通过 R32 限流，使 Q9 导通，为继电器 RY3 的线圈供电，RY3 内的触点吸合，接通转盘电机和高压变压器初级绕组的供电回路，不仅使转盘电机带动转盘旋转，而且使高压变压器的灯丝绕组和高压绕组输出交流电压。其中，灯丝绕组为磁控管的灯丝提供 3.3V 左右的工作电压，点亮灯丝为阴极加热，高压绕组输出的 2000V 左右的交流电压，通过高压电容和高压二极管组成半波倍压整流电路，产生 4000V 的负压，为磁控管的阴极供电，使阴极发射电子，从而形成微波能，该微波能经波导管传入炉腔，通过炉腔反射到食物上，产生高热，为食物加热。

5. 烧烤加热电路

参见图 4-14、图 4-15，烧烤加热电路的核心元器件与微波加热电路许多元器件是相同的，仅将微波加热系统改为石英管加热系统，并且需要使用烧烤键。

需要烧烤时，按下面板上的烧烤键，被微处理器 IC1 识别后，IC1 不仅控制 34 脚输出控制信号，而且控制 37、38 脚输出低电平控制信号。如上所述，不仅使风扇电机和转盘电机开始旋转，而且 37 脚输出的低电平控制信号通过 R31 限流，使 Q10 导通，为继电器 RY4 的线圈供电，RY4 内的触点吸合，接通烧烤加热器的供电回路，使它开始发热，将食物烤熟。

6. 过热保护

当磁控管工作异常使它表面的温度超过 115℃后，过热保护器（温控开关）的触点断开，切断整机供电，以免磁控管过热损坏或产生其他故障，实现过热保护。

7. 蒸汽自动检测电路

该机蒸汽自动检测电路由传感器和放大器等构成。传感器是一个压电陶瓷片，它安装在一个塑料盒子内。将这个塑料盒安装在蒸汽通道内，就可以通过对蒸汽进行检测。当炉内的水烧开后出现蒸汽，通过蒸汽通道排出时，被传感器检测到并产生控制信号。该信号经 C16 耦合，利用 R42 限流，再经 DBL358（同 LM358）放大，产生的控制信号加到 IC1 的 26 脚，IC1 就可以根据该信息控制显示屏显示剩余时间和加热火力。

第七节 电磁炉电路识图

一、电压比较器 LM339 构成的电磁炉

下面以格兰仕 C18D-X6BP3/C20D-X6BP3 型电磁炉为例介绍由四电压比较器 LM339 构成的电磁炉电路识图方法。该机主板电路由市电滤波、300V 供电电路、主回路（谐振回路）、驱动电路、电源电路、保护电路构成，如图 4-16 所示；控制板电路由 CPU、操作键、显示屏等构成，如图 4-17 所示。

1. 市电滤波、 300V 供电电路

参见图 4-16，市电滤波、300V 供电电路的核心元器件是电流互感器 CT1、电感 L2、整流堆 DB1、滤波电容 C3 和 C4，辅助元器件是 FUSE1、CNR1。

该机输入的市电电压通过熔断器 FUSE1 进入主板，经 C3 滤除市电电网内的高频干扰脉冲后，利用 L2 和 CT1 的初级绕组送给整流堆 DB1 进行桥式整流，再利用 L1 和 C4 滤波产生 300V 左右直流电压，为功率变换器（主回路）和电源电路供电。

市电输入回路的压敏电阻 CNR1 用于市电过压保护。

2. 电源电路

参见图 4-16，该机的低压电源采用的是他激式开关电源。核心元器件是新型绿色电源模块 VIPer22A（U92）、开关变压器 T90、稳压器 U90。

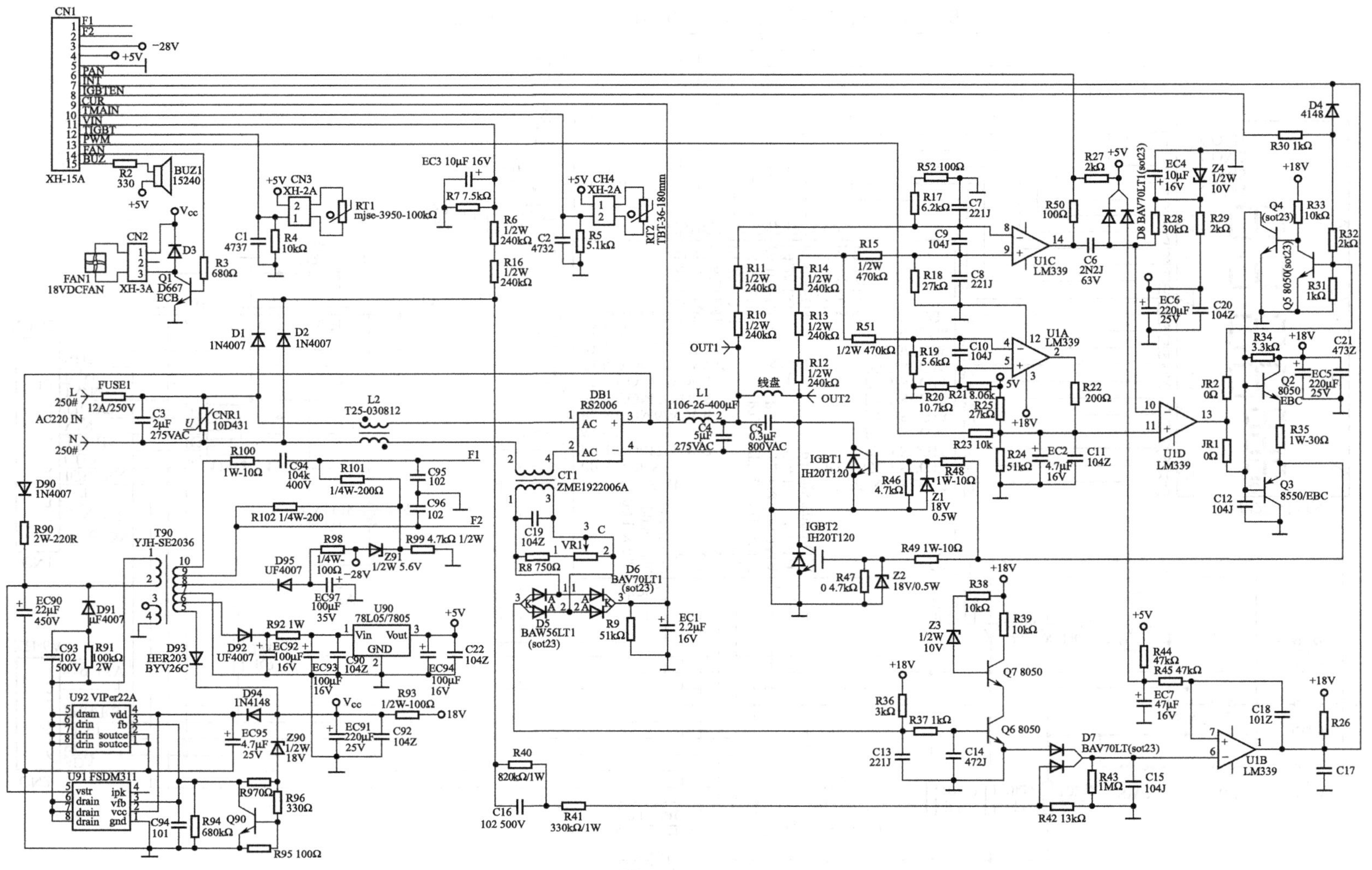

图 4-16 格兰仕 C18D-X6BP3 /C20D-X6BP3 型电磁炉主板电路

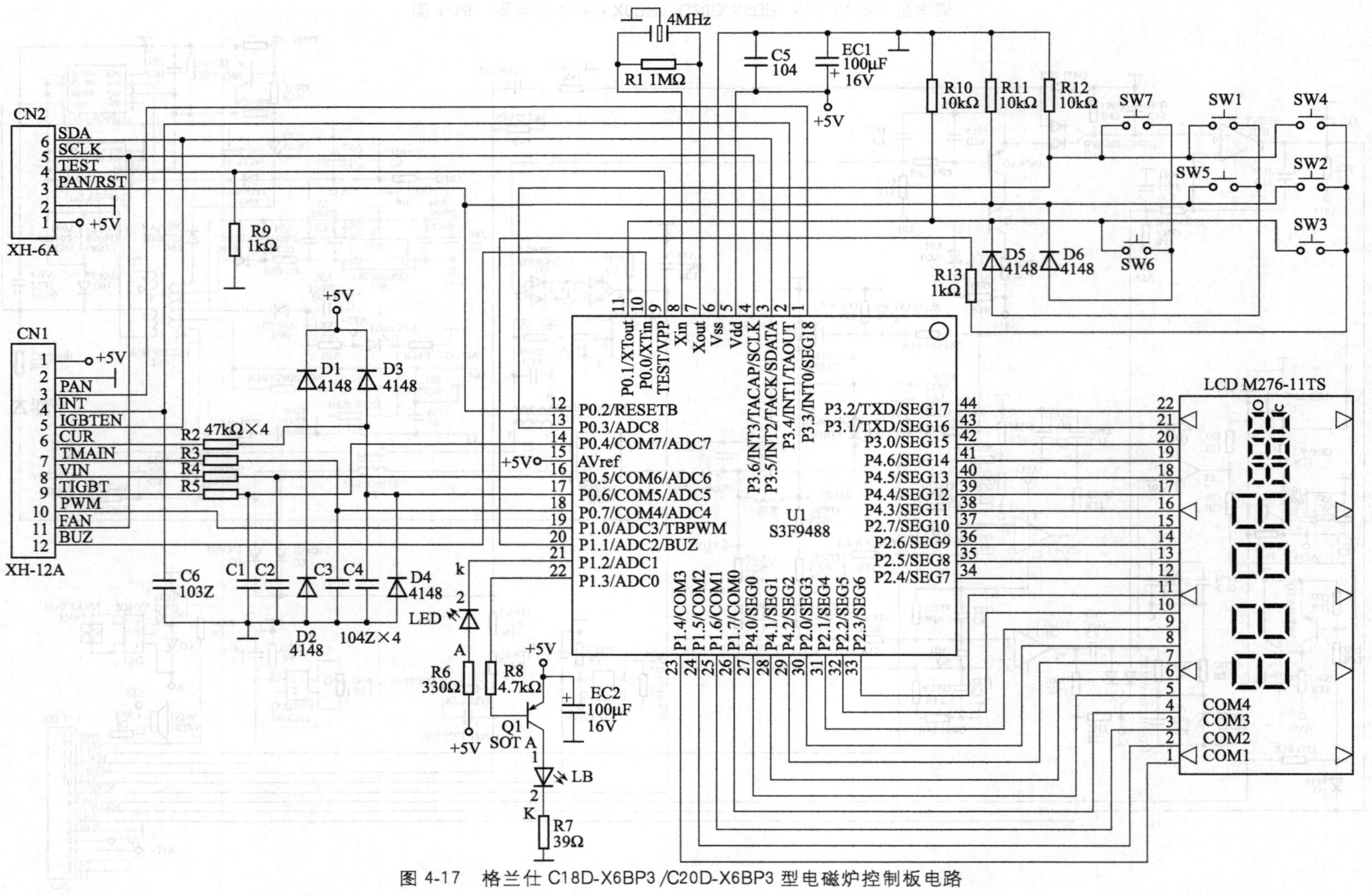

图 4-17 格兰仕 C18D-X6BP3 /C20D-X6BP3 型电磁炉控制板电路

（1）功率变换

300V 电压 D90、R90 输入到开关电源，经 EC90 滤波后，通过开关变压器 T90 的初级绕组（1-2 绕组）加到 U92 的 5～8 脚，不仅为它内部的开关管供电，而且通过高压电流源对 4 脚外接的滤波电容 EC95 充电。当 EC95 两端建立的电压达到 14.5V 后，U92 内的 60kHz 调制控制器等电路开始工作，由该电路产生的激励脉冲使开关管工作在开关状态。开关电源工作后，T90 的次级绕组便会输出需要的脉冲电压。其中，自馈电绕组输出的脉冲电压通过 D93 整流、EC91 滤波产生 18V 的电压，经 D94 加到 U92 的 4 脚，取代启动电路为 U92 供电，使开关电源工作在开关状态。EC91 两端的 18V 电压经 R93 限流，为功率管驱动电路、风扇电机、四电压比较器 U1（LM339）供电；T90 的 9-10 绕组输出的脉冲电压经过 R100、C94 为显示屏的灯丝供电；T90 的 7-8 绕组输出的脉冲电压经 D95 整流，EC97 滤波，再经 R98 限流，Z91 稳压产生－28V 电压，为显示屏的阴极供电；T90 的 6-7 绕组输出脉冲经 D92 整流，EC92 滤波，利用 R92 限流，再通过 U90（78L05）稳压输出 5V 电压，为 CPU、操作显示电路、指示灯等供电。

（2）稳压控制电路

当市电电压升高或负载变轻引起开关电源输出电压升高时，滤波电容 EC91 两端升高的电压使稳压管 Z90 击穿导通加强，通过 R970 限流，为 U92 的 3 脚提供的误差电压升高，被 U92 内部电路处理后，使开关管导通时间缩短，开关变压器 T90 存储的能量下降，开关电源输出电压将为规定值，反之，稳压控制过程相反。因此，通过该电路的控制确保开关电源输出电压不受市电高低和负载轻重的影响，实现稳压控制。

（3）欠压保护

当 EC95 漏电使 U92 的 4 脚在开机瞬间不能建立 14.5V 以上的电压，U92 内部的电路不能启动；若 T90 的自馈电绕组或 D93、D94 开路为 U92 提供启动后的工作电压低于 8V 时，U92 内的欠压保护电路动作，避免了开关管因激励不足而损坏。另外，U92 还具有过压和过流保护电路。

（4）尖峰脉冲吸收

开关变压器 T90 的初级绕组两端接的 D91、R91 和 C93 组成了尖峰脉冲吸收回路，通过该电路对开关管截止瞬间产生的尖峰脉冲进行吸收，以免开关管过压损坏。

【提示】 该机电路板上还留有安装电源芯片 U91（FSDM311）的位置，FSDM311 和 VIPer22A 基本相同，主要区别：一是 FSDM311 的 5 脚是启动电压输入端；二是 FSDM311 的 2 脚是工作电压输入端；三是 FSDM311 的稳压控制采用和 VIPer22A 相反的控制方式（即 3 脚输入电压低时开关电源输出电压低，3 脚输入电压高时开关电源输出电压升高），所以通过 Z90 产生的误差信号需要通过倒相放大器 Q90 放大后，才能为它提供。因此，使用 FSDM311 时需要拆除 R97，并补装 Q90 等元件。

3. 系统控制电路

参见图 4-17，系统控制电路的核心元器件是微处理器 S3F9488、4MHz 晶振、操作键。

（1）微处理器 S3F9488 的实用资料

微处理器 S3F9488 的引脚功能如表 4-5 所示。

表 4-5　微处理器 S3F9488 的引脚功能

引脚	功　能	引脚	功　能
1	锅具检测脉冲信号输入	13	操作键信号输入
2	过流保护信号输入	14	功率管温度检测信号输入
3	数据信号输入/输出，该机用于功率管使能控制	15	5V 基准电压
4	时钟信号输出，该机用于风扇驱动信号输出	16	电网电压检测信号输入
5	+5V 供电	17	电流检测信号输入
6	接地	18	炉面温度检测信号输入
7	振荡器输出	19	功率调整信号输出
8	振荡器输入	20	接操作键
9	测试(通过电阻接地)	21	指示灯控制信号输出
10	蜂鸣器驱动信号输出	22	指示灯控制信号输出
11	操作键信号输入	23～44	显示屏驱动信号输出
12	复位信号输出		

(2) 微处理器基本工作条件

电源电路输出的 5V 电压加到 CPU（S3F9488）供电端的 5 脚和 15 脚，为它内部电路供电。CPU 获得供电后，它内部设置的复位电路开始工作，使 CPU 内部的存储器、寄存器等电路清零复位后开始工作。同时，CPU 内的振荡器与 7、8 脚外接的 4MHz 晶振通过振荡产生 4MHz 的时钟信号。晶振两端并联的 R1 是阻尼电阻。

(3) 待机控制

CPU 获得基本工作条件后开始工作，输出自检脉冲，确认电路正常后进入待机状态。待机期间，CPU 的 3 脚输出的功率管使能控制信号为低电平。该控制电压通过连接器 CN1 的 8 脚进入主板，使 Q5 截止，此时 18V 电压通过 R33 使 Q4 导通。Q4 导通后，使驱动电路的 Q3 导通、Q2 截止，功率管 IGBT1、IGBT2 因 G 极电位为 0 而截止，该机处于待机状态。

4. 开机与锅具检测电路

参见图 4-17、图 4-16，开机与锅具检测电路的核心元器件是 CPU、同步控制电路、电流检测电路。

电磁炉在待机期间，按下“开/关”键后，CPU 从存储器内调出软件设置的默认工作状态数据，控制操作显示屏、指示灯显示电磁炉的工作状态，由 3 脚输出高电平的功率管使能控制信号，使 Q5 导通，致使 Q4 截止，解除对功率管驱动电路的关闭控制，随后 CPU 通过 PAN 端子 1 脚输出启动脉冲。启动脉冲通过 CN1 进入主板，再通过 R50 限流、C6 耦合到 U1D 的 10 脚，由 U1D 比较放大后从它的 13 脚输出，再通过 Q2、Q3 推挽放大，利用 R48、R49 限流驱动功率管导通。功率管导通后，线盘和谐振电容 C5 产生电压谐振。主回路工作后使市电输入回路产生电流，该电流被电流互感器 CT1 检测并耦合到次级绕组后，通过 C19 抑制干扰脉冲，再通过 R8 和可调电阻 VR1 进行限压，利用半桥 D5 和 D6 全波整流产生两个取样电压，其中通过 D6 整流、利用 EC1 滤波产生的直流取样电压（CUR）经 CN1 进入控制板，加到 CPU 的 17 脚。同时，由于主回路工作在电压谐振状态，所以 C5 左端的脉冲电压通过 R10、R11、R17、R52 取样后加到 U1C 的 8 脚，它右端的脉冲通过 R12～R15、R18 取样后加到 U1C 的 9 脚，使得 U1C 的 14 脚输出 PAN 脉冲，该脉冲通过 R50 限流，再通过 CN1 进入控制板，送到 CPU 的 1 脚。

当炉面上放置了合适的锅具时，因有负载使流过功率管的电流增大，电流检测电路产生的 CUR 电压较高，被 CPU 检测后，CPU 的 PWM 端子 19 脚输出的功率调整信号的占空比增大，使功率管导通时间延长，所以主回路的工作频率降低，PAN 脉冲在单位时间内降低到 3～8 个，被 CPU 检测后判断炉面已放置了合适的锅具，于是控制 PWM 端输出可调整的功率调整信号，电磁炉进入加热状态。反之，判断炉面未放置锅具或放置的锅具不合适时，控制电磁炉停止加热，CPU 通过 BUZ 端子的 10 脚输出报警信号，该信号通过连接器 CN1 进入主板后通过 R2 驱动蜂鸣器 BUZ1 发出警报声，同时 CPU 还控制显示屏显示故障代码“E1”，提醒用户未放置锅具或放置的锅具不合适。

5. 同步控制、振荡电路

参见图 4-16，该机同步控制、振荡电路核心元器件是线盘、R10～R12、比较器 U1C (LM339)、定时电容 C6 和定时电阻 R50 等构成。

线盘左端电压通过 R10、R11、R17、R52 取样产生的取样电压加到 U1C 的反相输入端 8 脚，同时它右端电压通过 R12～R15、R18 取样产生的取样电压加到 U1C 的同相输入端 9 脚。开机后，CPU 输出的启动脉冲通过驱动电路放大后使功率管导通，线盘产生左正、右负的电动势，使 U1C 的 8 脚电位高于它的 9 脚电位，经 U1C 比较后使它 14 脚电位为低电平，通过 C6 将 U1D 的 10 脚电位钳位到低电平，低于 U1D 的 11 脚输入的直流电压（功率调整电压），于是 U1D 的 13 脚输出高电平电压，使 Q2 导通、Q3 截止，从 Q2 的 E 极输出的电压通过 R35、R48、R49 限流使功率管继续导通，同时 18V 电压通过 R29 限流、Z4 稳压、EC4 滤波产生 10V 电压，通过 R28、C6 和 U1C 的 14 脚内部电路构成的充电回路为 C6 充电。当 C6 右端所充电压高于 U1D 的 11 脚电位后，U1D 的 13 脚输出低电平电压，Q2 截止、Q3 导通，通过 R48、R49 使功率管迅速截止，流过线盘的导通电流消失，于是线盘通过自感产生右正、左负的电动势，使 U1C 的 9 脚电位高于 8 脚电位，致使 U1C 的 14 脚输出高电平，通过 C6 使 U1D 的 10 脚电位高于 11 脚电位，确保功率管截止。随后，无论是线盘对谐振电容 C5 充电期间，还是 C5 对线盘放电期间，线盘的右端电位都会高于左端电位，功率管都不会导通。在线盘通过 C5、功率管内的阻尼管放电期间，U1C 的 8 脚电位高于 9 脚电位，使 U1C 的 14 脚电位变为低电平，由于电容两端电压不能突变，所以 C6 两端电压通过半桥 D8 内左侧二极管、R27、R50 构成的回路放电，使 U1D 的 10 脚电位开始下降。当线盘通过阻尼管放电结束，并且 U1D 的 10 脚电位低于 11 脚电位后，U1D 的 13 脚再次输出高电平电压，通过驱动电路放大后使功率管再次导通，从而实现同步控制。因此，该电路不仅实现了功率管的零电压开关控制，而且为 PWM 电路提供了锯齿波脉冲。该脉冲由 C6 通过充放电产生。

【提示】 由于 C6 充电采用了 10V 电压通过电阻完成，仅放电通过 5V 电源构成的回路完成，所以产生的锯齿波波形较好，大大降低了功率管的故障。

6. 功率调整电路

参见图 4-16、图 4-17，功率调整电路的核心元器件是 CPU、四电压比较器 LM339 内的一个比较器（U1D）。

需要减小输出功率时，CPU的PWM端子19脚输出的功率调整信号占空比减小，通过连接器CN1进入主板，经R23、EC2和C11组成的低通滤波器平滑滤波产生的直流控制电压减小。该电压加到比较器U1D的同相输入端11脚，与U1D的反相输入端10脚输入的锯齿波信号比较后，使U1D的13脚输出激励脉冲的低电平时间延长，Q3导通时间延长，功率管导通时间缩短，为线盘提供的能量减小，输出功率减小，加热温度低。反之，加热温度升高。

7. 电流自动控制电路

参见图4-16，电流自动控制电路的核心元器件是电流互感器CT1、整流堆D6、CPU。

当主回路电流增大使CT1次级绕组输出电压升高后，通过C19抑制干扰脉冲，再通过R8和可调电阻VR1进行限压，利用半桥D6整流、利用EC1滤波产生的直流取样电压（CUR）升高。该电压通过CN1进入控制板，加到CPU的17脚，被CPU识别后使19脚输出的调整信号的占空比减小，如上所述，功率管导通时间缩短，流过线盘的电流减小，加热功率变小，反之控制过程相反，从而实现电流自动调整。

【提示】 VR1是用于设置最大取样电流的可调电阻，调整它就可改变输入到CPU的17脚电压高低，也就可改变CPU输出的功率调整信号的占空比。

8. 风扇散热电路

参见图4-16、图4-17，风扇散热电路的核心元器件是风扇电机、CPU、放大管Q1。

开机后，CPU的风扇控制端4脚输出的风扇运转高电平指令通过CN1进入主板，利用R3限流使放大管Q1导通，为风扇电机绕组供电，风扇电机得电开始旋转，对散热片进行强制散热，以免功率管、整流堆过热损坏。

D3是为保护Q1截止不被过高的反峰电压损坏而设置的钳位二极管。

9. 保护电路

该机为了防止功率管因过压、过流、过热等原因损坏，设置了多种保护电路。保护电路通过两种方式来实现保护功能：一种是通过PWM电路切断激励脉冲输出，使功率管停止工作；另一种是通过CPU控制功率调整信号的占空比，也同样使功率管截止。

(1) 功率管C极过压保护电路

参见图4-16，该电路的核心元器件是取样电阻、LM339内的一个比较器（U1A）。

5V电压通过取样电路R21、R20取样后产生2.8V电压，作为参考电压加到U1A的同相输入端5脚，同时功率管的C极产生的反峰电压通过R12～R14、R51、R19产生取样电压，加到U1A的反相输入端4脚。当功率管C极产生的反峰电压在正常范围内时，U1A的5脚电位高于4脚电位，于是U1A的2脚内部电路为开路状态，不影响U1D的11脚电位，电磁炉正常工作。一旦功率管C极产生的反峰电压过高时，通过取样使U1A的5脚电位超过4脚电位后，U1A的2脚内部电路导通，通过R22将U1D的11脚电位钳位到低电平，U1D的13脚输出的激励信号为低电平，功率管截止，避免了过压损坏。当功率管C极电压恢复正常使U1A截止后，功率管再次进入工作状态。

(2) 浪涌保护、延迟导通控制电路

参见图 4-16，该电路的核心元器件是取样电阻和 LM339 内的一个比较器（U1B）。

5V 电压通过取样电路 R44、R45 限流后作为参考电压加到 U1B 的同相输入端 7 脚，同时市电电压通过整流管 D1、D2 全波整流产生的电压再通过 R40、R41、R42 分压后，利用半桥 D7 下面的二极管送到 U1B 的反相输入端 6 脚。当市电没有浪涌电压时，U1B 的 7 脚电位高于 6 脚电位，于是 U1B 的 1 脚内部电路为开路，二极管 D4 截止，不影响 Q5 工作状态，驱动电路正常工作，该机可以工作在加热状态。一旦市电因干扰脉冲出现浪涌电压时，使 U1B 的 6 脚电位超过 7 脚电位，U1B 的 2 脚内部电路导通，使 D4 导通，通过 R32 使 Q5 截止，致使 Q4 导通，驱动电路 Q2 截止、Q3 导通，功率管截止，避免了过压损坏。

另外，EC7、R44 和 U1B 还组成延迟导通电路。因 EC7 在开机瞬间需要充电，充电使 U1B 的 7 脚电位由低逐渐升高到正常，导致 U1B 的 1 脚在开机瞬间输出一个由低到高的控制电压。该电压使 Q5 有一个短暂的截止过程，它截止期间 Q4 导通，使 Q2 在开机瞬间不能导通，功率管截止，从而实现延迟导通控制，避免了 CPU 等电路在通电瞬间未及时进入工作状态可能导致功率管损坏。

（3）功率管过流保护电路

参见图 4-16，该电路的核心元器件是电流互感器 CT1、比较器 U1B、半桥 D7、Q6、Q7。

当主回路电流增大使 CT1 次级绕组输出电压升高后，通过半桥 D5 全波整流得到的取样电压（脉动直流电压）升高。该电压通过连接器 R37 限流使 Q6 导通加强，Q6 的 E 极输出电压升高，通过 D7 上面的二极管为 U1B 的反相输入端 6 脚提供的电压升高，使 U1B 的 1 脚电位变为低电平，如上所述，功率管截止，避免了功率管过流损坏。当大电流消失使 U1B 截止后，驱动电路恢复正常工作，功率管可再次导通。C13、C14 是高频滤波电容。

（4）功率管温度检测电路

参见图 4-16、图 4-17，该电路的核心元器件是功率管温度传感器 RT1 和 CPU。

RT1 是负温度系数热敏电阻，它安装在功率管、整流堆的散热片上，它的引脚通过连接器 CN3 接到主板，再通过连接器 CN1 进入控制板，加到 CPU 的 14 脚。当功率管的散热片的温度高于 85℃时，RT1 的阻值减小，CPU 的 14 脚输入的电压升高，被 CPU 识别后减小功率调整信号的占空比，使功率管导通时间缩短，电流下降，将功率管的工作温度限制在 85℃以内。当功率管的工作因风扇异常等原因而高于 95℃时，RT1 阻值进一步减小，CPU 的 14 脚输入的电压进一步增大，被 CPU 识别后立即输出停止加热信号，使功率管停止工作，同时驱动蜂鸣器 BUZ1 鸣叫报警，并控制显示屏显示“E2”故障代码，提醒用户该机进入功率管过热保护状态。另外，若 CPU 检测到 RT1 开路或短路，也会使该机进入该保护状态。

（5）市电检测电路

参见图 4-16、图 4-17，该电路的核心元器件是 D1、D2、取样电阻和 CPU。

220V 市电电压通过 D1、D2 全波整流产生脉动电压，再通过 R16、R6、R7 取样，利用 EC3 滤波产生市电取样电压（VIN）。该信号通过连接器 CN1 进入控制板，加到 CPU

的16脚。当市电电压高于265V或低于165V时，相应升高或降低的VIN信号被CPU检测后，CPU输出控制信号停止加热，避免了功率管等元器件因市电异常而损坏。同时，驱动蜂鸣器BUZ1鸣叫报警，并控制显示屏显示故障代码，提醒用户该机进入市电异常保护状态。市电高时显示的故障代码为“E3”，市电低时显示的故障代码为“E4”。

(6) 炉面温度检测电路

参见图4-14、图4-15，该电路的核心元器件是炉面温度传感器RT2和CPU。

RT2是负温度系数热敏电阻，它紧贴在炉面下安装，它的引脚通过连接器CN4接到主板，再通过CN1进入控制板，加到CPU的18脚，CPU通过对该电压的监测对炉面温度进行判断。当炉面的温度高于220℃时，RT2的阻值急剧减小，5V电压通过RT2与R5分压后为CPU提供的取样电压达到设定值后，CPU输出控制信号停止加热，并驱动蜂鸣器BUZ1报警，控制显示屏显示故障代码“E6”，提醒用户该机进入炉面温度过热保护状态。

【提示】 因炉面温度传感器RT2损坏后就不能实现炉面温度检测，这样容易扩大故障范围，为此该机还设置了RT2异常检测功能。

若CN4和RT2损坏，C2短路、R2或R5开路，使CPU的18脚输入的电压为0V或5V，被CPU检测后，不仅输出电磁炉停止工作的指令，而且驱动蜂鸣器报警，并控制显示屏显示故障代码“E3”，提醒用户该机的炉面温度传感器开路或短路。

二、单片机构成的电磁炉

下面以美的TS-S1-D机芯电磁炉为例介绍由单片机为核心构成的电磁炉电路识图方法。该机采用超级芯片LC87F2L08为核心构成，如图4-18所示。

1. 市电输入、电源电路

该机的市电输入300V供电、电源电路和格兰仕C18D-X6BP3/C20D-X6BP3型电磁炉相同，不再介绍。

2. 芯片LC87F2L08的简介

LC87F2L08是电磁炉专用芯片，它由微处理器、同步控制电路、振荡器、保护电路等电路构成的大规模集成电路，它不仅能输出功率管激励脉冲，还具有完善的控制、保护功能。它的引脚功能如表4-6所示。

3. 微处理器电路

微处理器电路的核心元器件是芯片U1（LC87F2L08）内的CPU、晶振XT1、C33、R50。

(1) 基本条件电路

该机的微处理器基本工作条件电路由供电电路、复位电路和时钟振荡电路构成。

① 电源电路　当电源电路工作后，由其输出的5V电压经电容EC94、C91、C34滤波后，加到芯片U1的供电端11、12脚为它供电。

② 复位电路　复位电路由U1、C33和R50构成。开机瞬间，5V电压通过R50对C33充电，从而为U1的复位信号端3脚提供一个由0V逐渐升高到5V的复位信号，在复位信号为低电平期间，U1内的存储器、寄存器等电路开始复位；当复位信号变为高电

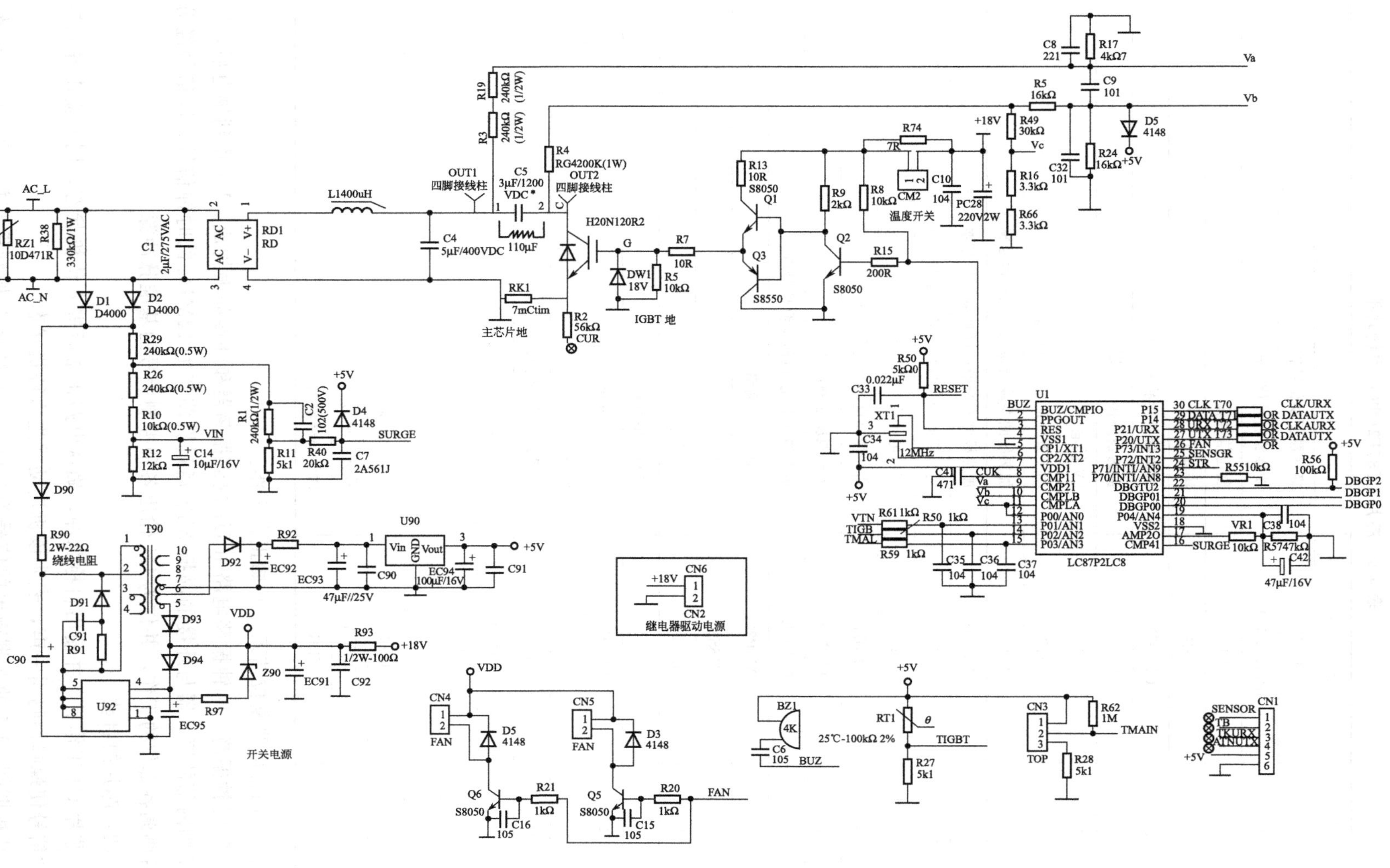

图 4-18　美的 TS-S1-D 机芯电磁炉电路

表 4-6　芯片 LC87F2L08 的引脚功能

引脚	脚　名	功　能
1	BUZ	蜂鸣器驱动信号输出
2	PPOGOUT	功率管激励信号输出
3	RES	复位信号输入
4	VSS1	接地 1
5	CF1/CX1	振荡器外接晶振端子 1
6	CF2/CX2	振荡器外接晶振端子 2
7	VDD1	5V 供电
8	AMP1I	功率管电流检测信号输入
9	AMP2I	加热线圈左端谐振脉冲取样信号输入
10	AMP3I	加热线圈右端谐振脉冲取样信号输入
11、12	Vc	功率管 C 极脉冲电压检测信号输入
13	VIN	市电电压检测信号输入
14	TIGBT	功率管温度检测信号输入
15	TMAIN	炉面温度检测信号输入
16	SURGE	市电浪涌电流/电压检测信号输入
17、19	AMP20	接 RC 滤波网络
18	VSS2	接地 2
20	DBGP0	显示屏信号输出
21	DBGP1	显示屏信号输出
22	DBGP2	显示屏信号输出
23	—	外接电阻
24	STB	待机控制信号输入
25	SENSOR	传感器信号输入
26	FAN	风扇驱动信号输出
27	UTX	数据信号输入
28	URX	时钟信号输入
29	DATA	数据信号输出
30	CLK	时钟信号输出

平后 U1 内部电路复位结束，开始正常工作。

③ 时钟振荡　时钟振荡电路由 U1 内的振荡器和外接晶振构成。U1 得到供电后，它 6、7 脚内部的振荡器与外接的晶振 XT1 通过振荡产生 12MHz 的时钟信号。该信号经分频后协调各部位的工作，并作为 U1 输出各种控制信号的基准脉冲源。

（2）芯片的启动

芯片 U1 工作后，并输出自检脉冲，确认电路正常后进入待机状态，同时输出蜂鸣器驱动信号使蜂鸣器鸣叫一声，表明该机启动并进入待机状态。

待机期间，U1 的 2 脚输出的信号为高电平，通过 R15 加到倒相放大器 Q2 的 b 极，经其倒相放大后，使推挽放大器的 Q1 截止、Q3 导通，功率管 IGBT 截止。

（3）蜂鸣器电路

当该机启动瞬间、用户进行操作或进入保护状态后，芯片 U1 内的 CPU 通过 1 脚输出蜂鸣器信号，该信号经 C6 耦合后，就可以驱动蜂鸣器 BZ1 发出声音。根据需要的不同，BZ1 鸣叫声也不同。

4. 锅具检测电路

该电路的核心元器件较多，主要是 U1 内的 CPU、电流检测元件。

该机在待机期间，按下面板上的“开/关”键后，产生的开机信号通过 CN1 的 2 脚加到 U1 的 24 脚，被 U1 内的 CPU 识别后，CPU 从存储器内调出软件设置的默认工作状态数据，首先输出蜂鸣器驱动信号使蜂鸣器鸣叫一声，其次是控制显示屏显示该机的工作状态，最后由 2 脚输出的启动脉冲通过 R15 限流，Q2 倒相放大，Q1、Q3 推挽放大产生驱动信号，该信号利用 R7 限流驱动功率管 IGBT 导通。IGBT 导通后，加热线圈（谐振线圈）和谐振电容 C5 产生电压谐振。谐振回路工作后，有电流流过电流取样电阻 RK1，在它两端产生左负、右正的压降。该压降通过 R2 限流，利用 C41 滤波后加到 U1 的 8 脚。当炉面上放置了合适的锅具时，因有负载使流过功率管的电流增大，电流检测电路产生的取样电压较高，使 U1 的 8 脚输入的电压升高，被 U1 检测后，判断炉面已放置了合适的锅具，于是控制 2 脚输出受控的激励信号，该机进入加热状态。反之，若 U1 判断炉面未放置锅具或放置的锅具不合适，控制电磁炉停止加热，U1 通过 6 脚输出报警信号，使蜂鸣器 BZ1 鸣叫报警，提醒用户未放置锅具或放置的锅具不合适。

5. 同步控制电路

该电路的核心元器件是 U1 内的 CPU、谐振电容 C5、线盘脉冲电压的取样电阻。

加热线圈两端产生的脉冲电压经 R3～R5、R17、R24 分压产生的取样电压，利用 C8、C34 和 C9 滤波后加到芯片 U1 的 9、10 脚，U1 内的同步控制电路通过对 9、10 脚输入的脉冲进行判断，确保无论加热线圈对谐振电容 C5 充电期间，还是 C5 对加热线圈放电期间，2 脚均输出低电平脉冲，使功率管截止，只有加热线圈通过 C4、功率管内的阻尼管放电结束后，U1 的 2 脚才能输出高电平信号，通过驱动电路放大后使功率管再次导通，因此，通过同步控制就实现了功率管的零电压开关控制，避免了功率管因导通损耗大和关断损耗大而损坏。

二极管 D5 是保护二极管，若取样电路异常使 U1 的 10 脚电压升高后，当电压达到 5.4V 时它们导通，将 10 脚电位钳位到 5.4V，从而避免了 U1 过压损坏。

6. 功率调整电路

（1）手动调整

该电路的核心元器件是芯片 U1 内的 CPU、温度调整键。

需要增大输出功率时，U1 内的 CPU 对其内部的驱动电路进行控制后，使 U1 的 2 脚输出的激励脉冲信号的占空比减小，经 Q3 倒相放大后，再通过 Q1、Q3 推挽放大后，使功率管导通时间延长，为加热线圈提供的能量增大，输出功率增大，加热温度升高。反之，若 U1 的 2 脚输出的激励信号的占空比增大时，功率管导通时间缩短，电磁炉的输出功率减小，加热温度减小。

(2) 自动调整

该电路的核心元器件是取样电阻 RK1、芯片 U1 内的 CPU。

功率管导通后产生的电流在取样电阻 RK1 两端产生的左负、右正的压降。该电压通过 R2、加到 U1 的 8 脚。当市电增大引起加热功率增大时，RK1 两端电压增大，使 U1 的 8 脚输入的电流检测信号较大，被 U1 内的 CPU 检测后，控制 2 脚输出的激励信号的占空比增大，如上所述，使加热功率减小。当加热功率过小时，功率管的导通电流相应减小，使 RK1 两端产生的压降减小，被 U1 的 17 脚内部的 CPU 检测并处理后，使 U1 的 2 脚输出的激励脉冲占空比减小，如上所述，使功率管导通时间延长，使加热功率减小。

7. 风扇电路

该机的风扇电机电路由芯片 U1、风扇电机等构成。

开机后，芯片 U1 的 26 脚输出风扇运转高电平指令时，通过 R20 限流，再通过 Q5 倒相放大，为风扇电机供电，使它开始旋转，为散热片进行强制散热，以免该机进入过热保护状态而影响使用。

8. 保护电路

该机为了防止功率管因过压、过流、过热等原因损坏，设置了功率管 C 极过压保护、市电异常保护、浪涌电压保护、过流保护炉面过热保护、功率管过热保护等保护电路。

(1) 功率管 C 极过压保护电路

该机的功率管 C 极过压保护电路由电压取样电路和芯片 U1 内的 CPU 等构成。

功率管 C 极电压通过 R4、R49、R16、R66 分压产生的取样电压，再通过 R61 加到 U1 的 13 脚。当功率管 C 极产生的反峰电压在正常范围内时，U1 的 13 脚输入的电压也在正常范围内，U1 的 2 脚输出正常的激励脉冲，该机可正常工作。一旦功率管 C 极产生的反峰电压过高时，使 U1 的 13 脚输入的电压达到保护电路动作的阈值后，U1 内的保护电路动作，使它的 2 脚不再输出激励脉冲，功率管截止，避免了过压损坏，实现过压保护。

(2) 市电电压异常保护电路

该电路的核心元器件是整流管 D1、D2，电压取样元件和 U1 内的 CPU。

220V 市电电压通过 D1、D2 全波整流产生脉动电压，由 R29、R26、R10、R12 取样，利用 C14 滤波后产生与市电电压成正比的取样电压 VIN。该电压通过 U1 的 13 脚送给它内部的 CPU 进行识别。当市电电压欠压或过压时，降低的 VIN 信号或过高的 VIN 信号被 CPU 检测后，CPU 输出控制信号使该机停止工作，避免了功率管等元件因市电欠压或过压而损坏，同时驱动蜂鸣器报警，并控制显示屏显示故障代码，表明该机进入市电欠压或过压保护状态。

(3) 浪涌电压、电流大保护电路

该电路的核心元器件是整流管 D1、D2，电压取样元件和 U1 内的 CPU。

市电电压通过整流管 D1、D2 全波整流产生的取样电压经 R29、R1、R11 取样后，通过 R40 加到 U1 的 1 脚。

当市电电压没有浪涌脉冲时，U1 的 25 脚输入的电压在正常范围内，被 U1 内的

CPU识别后控制该机正常工作。当市电出现浪涌电流或浪涌电压时，U1的25脚输入的电压升高，被CPU识别后，判断市电内有浪涌电流或浪涌电压，切断2脚输出的激励信号，使功率管截止，避免了功率管过压损坏，实现浪涌电压或浪涌电流大保护。

（4）功率管过流保护电路

该电路的核心元器件是芯片U1内的CPU、电流取样电阻RK1。

该机工作后，RK1两端产生左负、右正的压降。该电压通过R2限流，C41滤波后，加到U1的8脚。当功率管没有过流时，RK1两端电压较小，使U1的8脚输入的电流检测电压较低，被U1内部的CPU识别后，控制该机正常工作。当功率管因市电升高等原因过流时，RK1两端产生的压降增大，通过R2为U1的8脚提供的电压达到过流保护电路动作的阈值后，被U1内部的CPU检测，它输出控制信号使U1的2脚不再输出激励脉冲，使功率管截止，避免了功率管过流损坏。

（5）功率管过热保护电路

该电路的核心元器件是温度传感器RT1、芯片U1内的CPU。

RT1是负温度系数热敏电阻，用于检测功率管的温度。当功率管的温度正常时，RT1的阻值较大，5V电压经RT1、R27取样后的电压较小，该电压经C36滤波后，通过R60加到U1的14脚，被U1内的CPU识别后，判断功率管温度正常，输出控制信号使电磁炉正常工作。当功率管过热（温度达到100℃）时，RT1的阻值急剧减小，5V电压通过它与R27分压，使U1的14脚输入的取样电压升高，被它内部的CPU识别后使2脚不再输出激励脉冲，功率管停止工作，并驱动蜂鸣器报警，控制显示屏显示故障代码，表明该机进入功率管过热保护状态。

【提示】 由于温度传感器RT1损坏后就不能实现功率管温度检测，这样容易扩大故障范围，为此该机还设置了RT1异常保护功能。若RT1、R60开路或C36击穿，使U1输入的取样电压TIGBT过小，被U1内的CPU识别后，执行功率管温度传感器开路保护程序，使该机停止工作，并控制显示屏显示故障代码，表明该机进入功率管温度传感器开路保护状态。若RT1击穿或R27开路，使取样电压TIGBT过大，被U1内的CPU识别后，执行功率管温度传感器短路保护程序，输出控制信号使显示屏显示故障代码，表明该机进入功率管温度传感器短路保护状态。

（6）炉面过热保护电路

该机电路的核心元器件是连接器CN9外接的温度传感器RT2（符号由编者加注）、U1内的CPU。

RT2是负温度系数热敏电阻，它安装在加热线圈的中间，炉面的底部。当炉面温度正常时，RT2的阻值较大，5V电压经R28、RT2取样后的电压较大，该电压R29限流，利用C37滤波后加到U1的15脚，经U1内的CPU识别，判断炉面温度正常，输出控制信号使该机正常工作。当炉面因干烧等原因过热时，RT2的阻值急剧减小，5V电压通过R28与它分压，使U1的15脚输入的取样电压减小，被它内部的CPU识别后使2脚不再输出激励脉冲，功率管停止工作，并驱动蜂鸣器报警，控制显示屏显示故障代码，表明该机进入炉面过热保护状态。

【提示】 由于温度传感器RT2损坏后就不能实现炉面温度检测，这样容易扩大故障范围，为此该机还设置了RT2异常保护功能。若RT2、C37漏电或R28、CN3开路，使取样电压TMAIN过小，被U1内的CPU识别后，执行炉面温度传感器短路保护程序，延迟1min切断2脚输出的激励信号，使该机停止工作，并控制显示屏显示故障代码，表明该机进入炉面温度传感器短路保护状态。若RT2开路，使取样电压TMAIN过大，被U1内的CPU识别后，执行炉面温度传感器开路保护程序，输出控制信号使显示屏显示故障代码，表明该机进入炉面温度传感器开路保护状态。

第八节 电风扇、暖风扇电路识图

一、电脑电风扇

下面以富士宝FS40-E8A型遥控落地扇为例介绍电脑控制型电风扇电路的识图方法。该机电路由主控电路和遥控器电路两部分构成，如图4-19所示。

1. 主控电路

主控电路由电源电路、微处理器电路、风扇电机及其供电电路、摇头电机及其供电电路构成。

(1) 电源电路

电源电路的核心元器件是降压电容C7、稳压管ZD1、滤波电容C5。

将电源线插入市电插座后，220V市电电压经熔断器FU进入电路板，一方面经双向晶闸管为电机供电；另一方面经C7、R8降压，由ZD1稳压，利用D1半波整流，C5滤波产生5V直流电压，为微处理器IC2（BA8206A4K）、蜂鸣器、遥控接收头等供电。

市电输入回路的RZ是压敏电阻。市电电压正常时，它相当于开路；市电升高时RZ击穿，使熔断器FU过流熔断，切断市电输入回路，以免电机等器件过压损坏，实现市电过压保护。

(2) 微处理器IC2（BA8206A4K）的引脚功能

微处理器IC2（BA8206A4K）的引脚功能如表4-7所示。

表4-7 微处理器IC2（BA8206A4K）的引脚功能

引脚号	功能	引脚号	功能
1	遥控接收信号输入	10	风扇电机低速驱动信号输出
2	电源控制信号输入/指示灯控制信号输出	11	风扇电机中速电机驱动信号输出
3	定时控制信号输入/指示灯控制信号输出	12	风扇电机高速电机驱动信号输出
4	风速控制信号输入/指示灯控制信号输出	13	摇头电机驱动信号输出
5	风类控制信号输入/指示灯控制信号输出	14	供电
6	指示灯控制信号输出	15	蜂鸣器驱动信号输出
7	指示灯控制信号输出	16	外接455kHz晶振
8	指示灯控制信号输出	17	外接455kHz晶振
9	摇头控制信号输入	18	接地

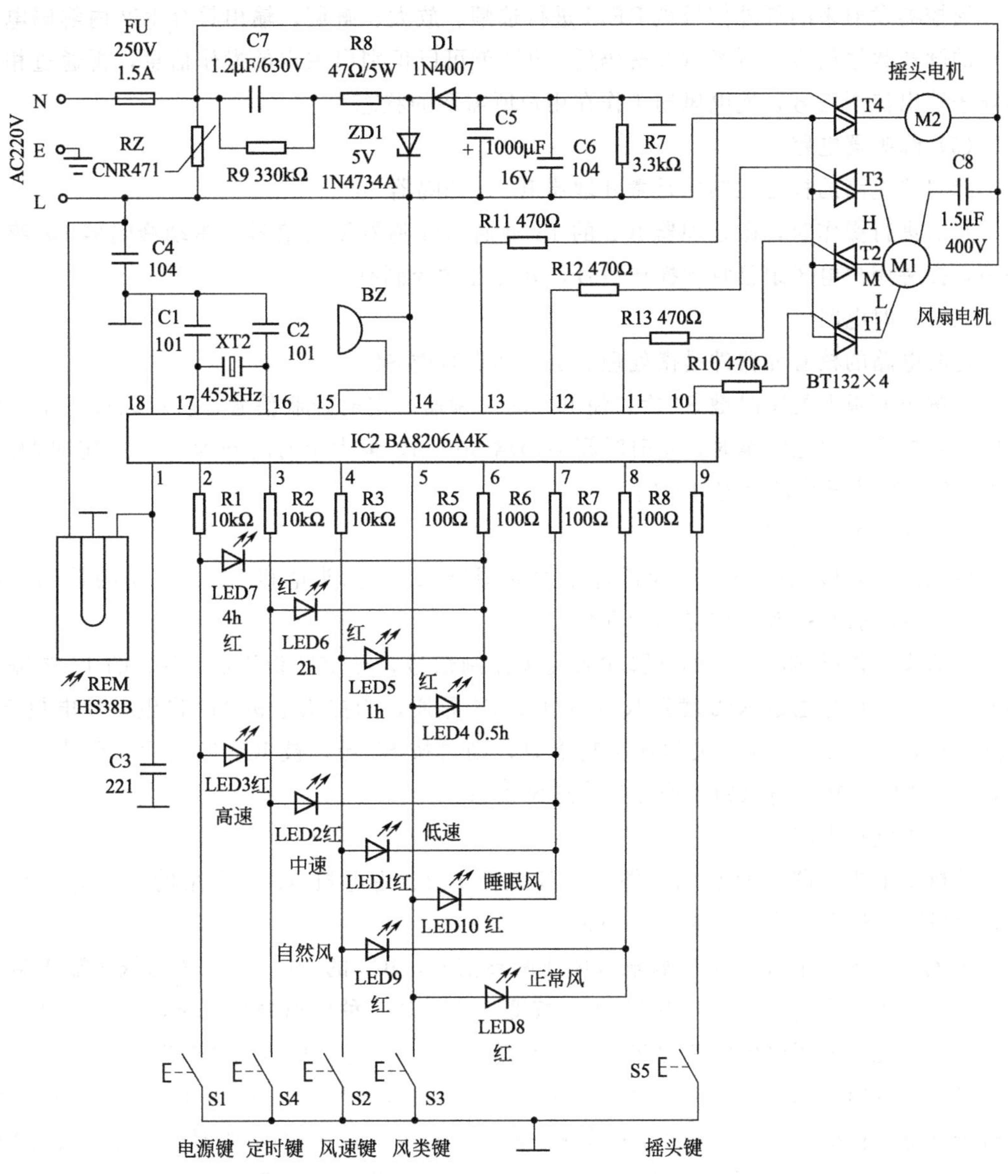

图 4-19 富士宝 FS40-E8A 型遥控落地扇主控电路

(3) CPU 工作条件电路

CPU 工作条件电路的核心元件是微处理器 IC2、晶振 XT2。

电源电路工作后，由它输出的 5V 电压加到微处理器 IC2（BA8206A4K）的 14 脚，为它供电。IC2 得到供电后，它内部的振荡器与 16、17 脚外接的晶振 XT2 通过振荡产生 455kHz 的时钟信号。该信号经分频后协调各部位的工作，并作为 IC2 输出各种控制信号的基准脉冲源。同时，IC2 内部的复位电路输出复位信号使它内部的存储器、寄存器等电路复位后开始工作。

(4) 遥控接收电路

遥控接收电路的核心元器件是遥控接收头 REM、微处理器 IC2（BA8206A4K）。

遥控器发射来的红外信号被 REM 进行选频、放大、解调，输出符合 IC2 内解码电路要求的脉宽数据信号。再经 IC2 解码后，IC2 就可以识别出用户的操作信息，再通过相应的端子输出控制信号，使电风扇工作在用户所需要的状态。

(5) 蜂鸣器电路

蜂鸣器电路的核心元器件是微处理器 IC2、蜂鸣器 BZ。

每次进行操作时，微处理器 IC2 的 15 脚输出蜂鸣器驱动信号，驱动蜂鸣器 BZ 鸣叫一声，提醒用户电风扇已收到操作信号，并且此次控制有效。

(6) 定时电路

定时电路的核心元器件是微处理器 IC2 和定时键 S4。

当按压面板上的定时键 S4 后，使 IC2 的 3 脚输入定时控制信号，就可以设置定时的时间。每按压一次定时键时，定时时间会递增 30min，最大定时时间为 7.5h。定时期间，IC2 还会控制数码管显示定时时间。

(7) 摇头电机电路

该机摇头电机电路的核心元器件是微处理器 IC2、摇头电机 M2（采用的是同步电机）、摇头控制键 S5 和双向晶闸管 T4。

按摇头操作键 S5，IC2 的 9 脚输入摇头控制信号，被 IC2 识别后，IC2 的 13 脚输出触发信号。该信号通过 R12 触发双向晶闸管 T4 导通，为摇头电机 M2 供电，使电机 M2 低速旋转，实现 90°送风。关闭摇头功能时，则再按 S5 键，被 IC2 识别后，会使 T4 截止，电机 M2 停转，电风扇工作在定向送风状态。

(8) 主电机电路

该机主电机电路的核心元器件是微处理器 IC2、主电机 M1（采用的是电容运行电机）、风速键 S2 和双向晶闸管 T1～T3。

按风速键 S2，使 IC2 的 4 脚输入风速调整信号，IC2 的 10、11、12 脚依次输出触发信号，使电机在启动电容 C8 的配合下，按低、中、高三种风速循环运转，同时控制相应的指示灯发光，表明电机旋转的速度。当 IC2 的 11、12 脚无驱动脉冲输出，10 脚输出驱动信号时，双向晶闸管 T2、T3 截止，通过 R10 触发双向晶闸管 T1 导通，为主电机的低速端子供电，使电机在 C8 的配合下低速运转。同理，若按风速键 S2 使 IC2 的 10、12 脚无驱动信号输出，而 11 脚输出驱动信号，通过 R13 触发 T2 导通，为电机的中速抽头供电，使电机中速运转。若 IC2 的 10、11 脚无驱动信号输出，而 12 脚输出驱动信号，使 T3 导通，电机会高速运转。

(9) 风型控制电路

风型控制电路的核心元器件是微处理器 IC2 和风类键 S3。

当按压面板上的“风类”键 S3 后，使微处理器 IC2 的 5 脚输入风类控制信号，就可以电风扇的工作模式。依次按压该键时，会控制转叶扇轮流工作在正常风、自然风、睡眠风三种模式。同时，U1 还会控制相应的风类指示灯发光，提醒用户该机工作的风类。

2. 遥控器电路

遥控器电路核心元器件是微处理器 IC1（BA5104）、发射管、放大管，如图 4-20 所示。

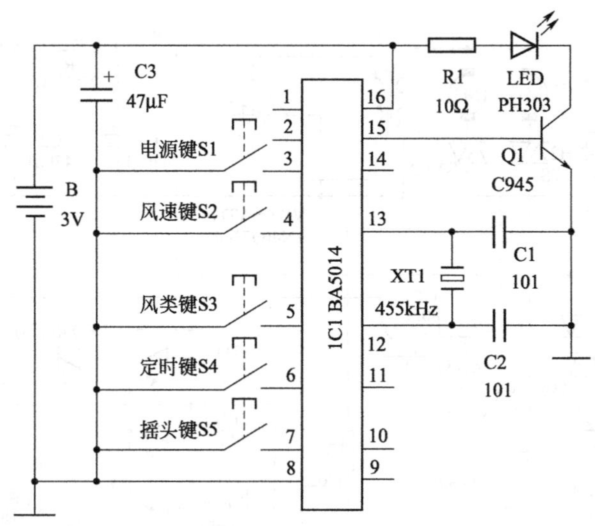

图 4-20 富士宝 FS40-E8A 型遥控落地扇遥控器电路

由两节电池构成的 3V 电源经 C3 滤波后，不仅加到 IC1（BA5104）的 16 脚，为 IC1 供电，而且通过 R1 限流为发射电路供电。IC1 获得供电后开始工作，它内部的振荡器与 12、13 脚外接的晶振 XT1 和移相电容 C1、C2 通过振荡产生 455kHz 时钟信号，再经分频后产生 38kHz 载波频率。

IC1 的 3～7 脚外接的按键 S1～S5 是功能操作键，当按下某个按键时，低电平的操作信号输入到 IC1，被 IC1 内部的编码器进行编码后，由 15 脚输出后经 Q1 放大，控制红外发射管向空间发射红外线控制信号。

二、暖风扇（机）

下面以格力 QG15A 型壁挂暖风扇电路为例介绍暖风扇电路的识图方法。该机电路由风扇电路、加热器电路、电源电路、保护电路、遥控接收电路等构成，如图 4-21 所示。

1. 供电电路

输入的市电电压通过熔断器 FU1、FU2 分三路输出：第一路经继电器 K1、K2 为加热器供电；第二路经双向晶闸管为风扇电机供电；第三路通过电源变压器 T1 降压输出 9V 左右的（与市电高低有关）交流电压。该电压经 VD1～VD4 桥式整流，再经 C1 滤波产生－9V 电压。－9V 电压不仅为 K1、K2 的线圈供电，而且通过 R1 限流，VD5 稳压产生－5V 直流电压。R2 是限压电阻。

－5V 电压经 C2 滤波后，不仅为微处理器 IC（BA3205A4M）、蜂鸣器供电，而且通过 R3 限流，为发光二极管 LED1 供电使它发光，表明电源电路已工作。

【提示】 由于该机采用负压供电方式，所以供电电压实际加到了 IC 的接地端，而它们的供电端接地。

2. 微处理器电路

该机的微处理器电路核心元器件是芯片 BA3205、晶振 XT、操作键、蜂鸣器。

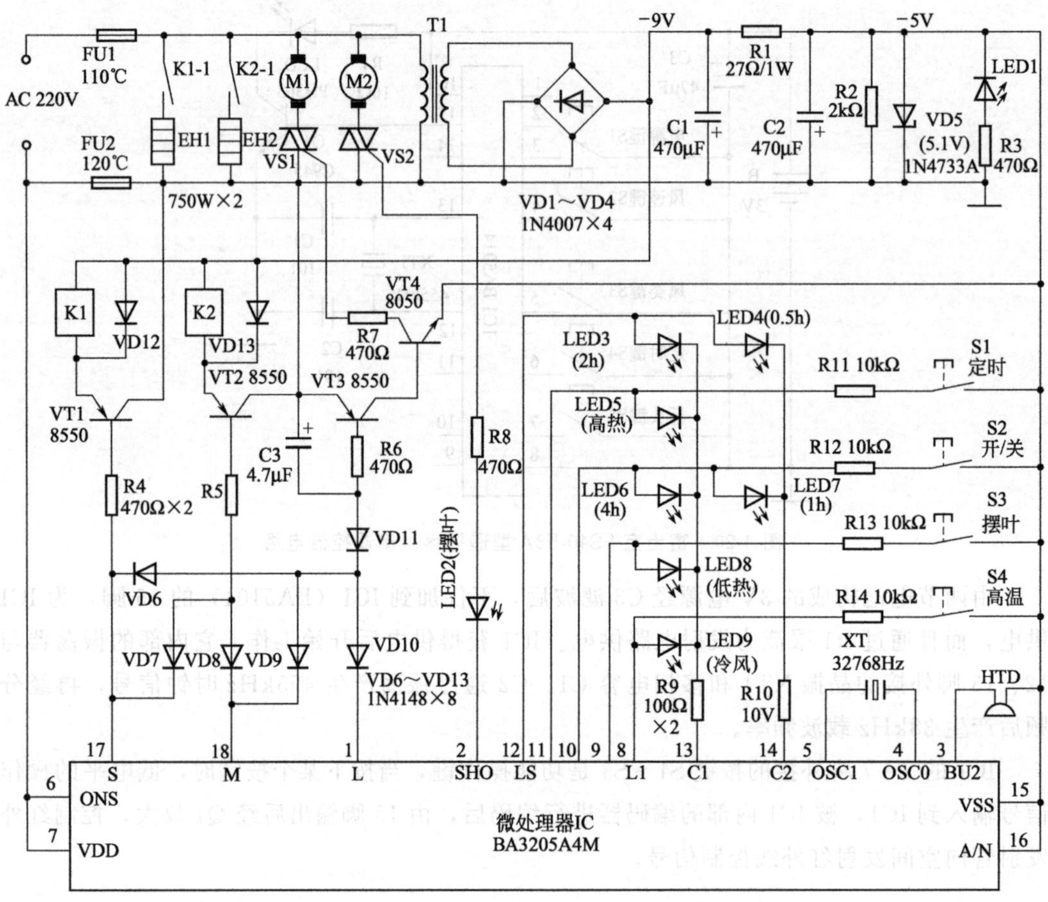

图 4-21　格力 QG15A 型干衣暖风扇电路

(1) 控制芯片的引脚功能

控制芯片 BA3205 的引脚功能如表 4-8 所示。

表 4-8　控制芯片 BA3205 的引脚功能

引脚	脚名	功　　能
1	L	主电机供电控制信号输出
2	S	摆叶电机供电控制信号输出
3	BUZ	蜂鸣器驱动信号输出
4	X1	外接 32768Hz 晶振
5	X2	外接 32768Hz 晶振
6	ONS	市电检测信号输入
7	VDD	供电(接地)
8	SPEED/L1	温度调整信号输入/指示灯控制信号输出
9	SWING/L2	摆叶控制信号输入/指示灯控制信号输出
10	ON/OFF/L3	开关机信号输入/指示灯控制信号输出
11	TIMER/LA	定时控制信号输入/指示灯控制信号输出

续表

引脚	脚名	功　　能
12	L5	指示灯控制信号输出
13	C1	输入键扫描信号/指示灯控制信号输出
14	C2	输入键扫描信号/指示灯控制信号输出
15	VSS	接地(接－5V 供电)
16	A/N	累进定时效果(接－5V 供电)
17	H	加热器 EH1 供电控制信号输出
18	M	加热器 EH2 控制信号输出

（2）基本工作条件电路

电源电路工作后，由它输出的－5V 电压加到微处理器 IC 的接地端 15 脚，为它供电。IC 得到供电后，它内部的振荡器与 4、5 脚外接的晶振 XT 通过振荡产生 32768Hz 的时钟信号。该信号经分频后协调各部位的工作，并作为 IC 输出各种控制信号的基准脉冲源。同时，IC 内部的复位电路输出复位信号使它内部的存储器、寄存器等电路复位后开始工作。

（3）功能操作电路

功能操作电路的核心元器件是微处理器 IC、操作键 S1～S4。

S2 是开/关机键，按 S2 使 IC 的 10 脚输入低电平信号后，IC 输出开机信号，控制该机进入开机状态。而在开机状态下，按 S2 键，IC 会输出控制信号使该机停止工作；S1 是定时键，在开机状态下，按 S1 使 IC 的 11 脚输入高电平信号后，可设置定时的时间长短，每按压一次 S1 键，定时时间会递增 30min，最大定时时间为 4h；S3 是摆叶控制键，在开机状态下，按 S3 键，可控制摆叶电机运转；S4 是温度调整键，在开机状态下，按该键可使 IC 的 1、18、17 脚依次输出低电平控制信号，从而使该机工作在冷风、低温、高热状态。

【提示】 累计定时功能还受 16 脚电位的控制，只有 16 脚接地（输入－5V 供电）后，累计定时功能才有效。

（4）蜂鸣器电路

蜂鸣器电路的核心元器件是微处理器 IC、蜂鸣器。

微处理器 IC 工作后，它的 3 脚输出蜂鸣器驱动信号，驱动蜂鸣器 HTD 鸣叫一声，表明该机进入待机状态。同样，若进行开机等功能操作时，IC 的 3 脚也会输出驱动信号，驱动蜂鸣器 HTD 鸣叫一声，表明微处理器接收到操作信号。

3. 冷风电路

该机的冷风电路核心元器件是微处理器 IC（BA3205）、主电机 M1、双向晶闸管 VS1、放大管 VT3、VT4。

需要该机工作在冷风模式时，微处理器 IC 的 1 脚输出驱动信号。该信号通过 VD10、VD11、R6 使 VT3 导通，从它 c 极输出的电压使 VT4 导通，利用 R7 触发双向晶闸管 VS1 导通，为主电机 M1 供电，M1 旋转，带到扇叶为室内吹冷风。

4. 摆叶电机电路

该机摆叶电机电路的核心元器件是摆叶电机 M2（采用的是交流同步电机）、微处理器 IC（BA3205）、摆叶控制键 S3 和双向晶闸管 VS2。

按操作键 S3 使 IC 的 9 脚输入转叶操作信号，致使 IC 的 2 脚输出驱动信号。该信号不仅使摆叶指示灯 LED2 发光，表明该机的摆叶电机进入工作状态，而且通过 R8 触发双向晶闸管 VS2 导通，为摆叶电机 M2 供电，使摆叶电机运转，实现大角度、多方向送风。

5. 加热电路

加热电路核心元器件是微处理器 IC（BA3205）、放大管 VT2、继电器 K1/K2、加热器 EH1/EH2、风扇电机 M1。

（1）电机供电

需要该机工作在低温模式时，微处理器 IC 的 2 脚输出低电平电压，该电压一路通过 VD9 为电机 M1 的供电回路输出控制信号，使 M1 旋转；另一路通过 VD8、R5 使 VT2 导通，为继电器 K2 的线圈供电，使 K2 内的触点 K2-1 吸合，接通加热器 EH2 的供电回路，使它开始加热。该模式下，由于仅加热器 EH2 工作，所以风扇吹出的是热风温度较低。

需要该机工作在高温模式时，IC 的 3 脚输出低电平电压，该电压一路通过 VD6 为电机 M1 的供电回路输出控制信号，使 M1 旋转；第二通过 VD7 为 EH2 的供电回路输出控制信号，使 EH2 开始加热；第三路通过 R4 使 VT1 导通，为继电器 K1 的线圈供电，使 K1 内的触点 K1-1 吸合，接通加热器 EH1 的供电回路，使它开始加热。该模式下，由于加热器 EH1、EH2 都加热，所以风扇吹出的热风温度最高。

（2）过热保护

当电机 M1 工作异常，导致加热器的过热后，温度熔断器 FU1、FU2 过热熔断，切断加热器的供电回路，加热器停止工作，以免加热器和其他部件过热损坏，实现过热保护。

第九节 饮水机、热水器、热水瓶电路识图

一、普通冷/热、消毒式饮水机

下面以安吉尔 YLR2-5-X 型冷/热、消毒饮水机为例介绍普通冷/热、消毒型饮水机电路的识图方法。该机电路由加热电路、制冷电路、消毒电路三部分构成，如图 4-22 所示。

1. 加热电路

加热电路的核心元器件是加热开关 S1、加热器 EH、温控器 ST1、过热保护器 ST2、指示灯 LED1 等构成。

插好电源线并按下加热开关 S1 后，220V 市电电压通过熔断器 FU1、温控器 ST1 输入，一路经加热器 EH、过热保护器 ST2 为加热器供电，使它开始加热，使水温逐渐升高，而且通过 R1 限流，VD1 半波整流，使发光管 LED1 发光，表明该机处于加热状态。当温度达到 88℃后，温控器 ST1 的触点断开，EH 停止加热，进入保温状态。当水温下降到某一值时，ST1 的双金属片复位，触点闭合，再次接通电源，如此反复，使饮水机

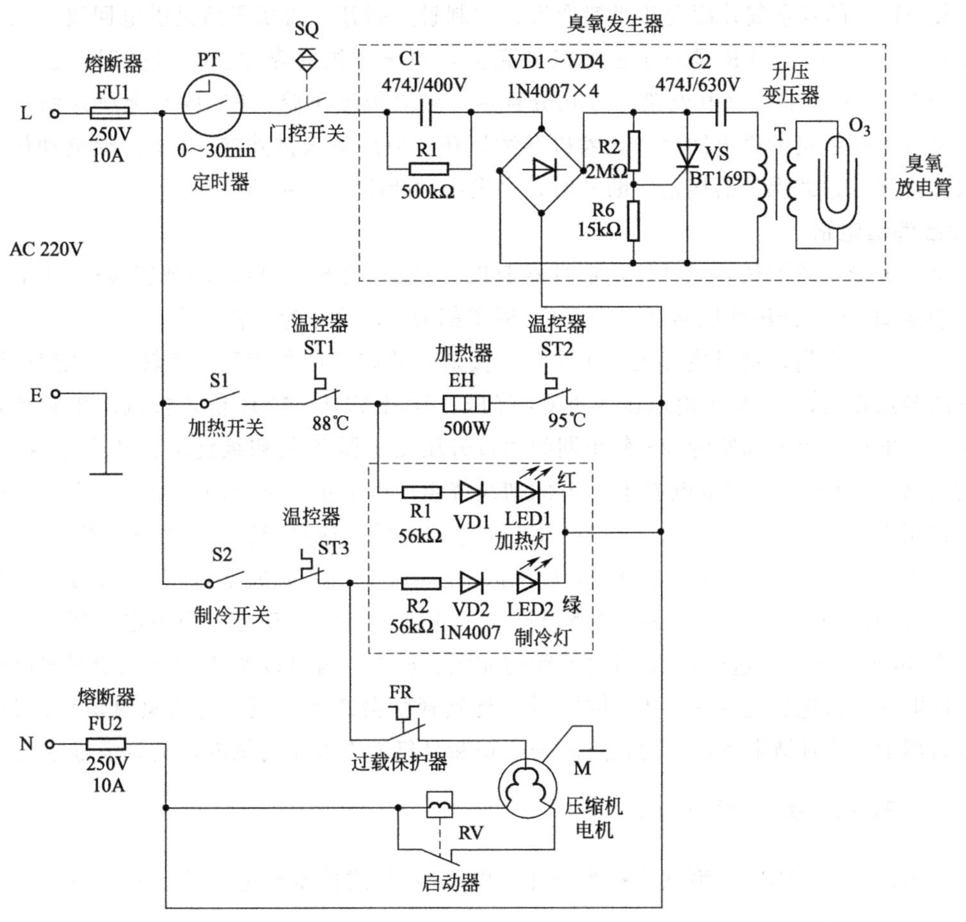

图 4-22 安吉尔 YLR2-5-X 型冷/热、消毒饮水机电路

的温度控制在一定范围内。

当水罐内无水或温控器异常，使水罐的温度超过 95℃后，过热保护器 ST2 断开，切断整机供电，以免加热器烧断或产生其他故障，实现过热保护。ST2 动作后需要手动复位才能再次接通。

2. 制冷电路

制冷电路的核心元器件是制冷开关 S2、温控器 ST3、启动器 PTC、过载保护器 FR、压缩机 M，辅助元器件是指示灯 LED2。

接通制冷开关 S2 后，220V 市电电压通过温控器 ST3 输入，一路通过 R2 限流，VD2 半波整流，使指示灯 LED2 发光，表明该机进入制冷状态；另一路通过重锤启动器为压缩机 M 的启动绕组提供启动电流，使 M 启动运转，开始制冷。随着制冷的不断进行，冷水罐的温度都在逐步下降，当冷水的温度达到 4℃，温控器 ST3 的触点释放，压缩机 M 因没有供电而停止工作，饮水机进入保温状态。随着保温的不断进行，冷水罐和冷藏室的温度都在逐步升高，当冷水的温度升高到 10℃，ST3 的触点再次吸合，压缩机 M 会再次运转，饮水机进入下一轮制冷状态。

压缩机运转正常时，过载保护器 FR 的触点处于接通状态。当压缩机过载时电流增大，使FR内的双金属片因受热迅速变形，控制触点断开，切断压缩机供电回路，压缩机停止转动。另外，因FR紧固在压缩机外壳上，当压缩机的壳体温度过高时，也会导致FR动作，切断压缩机供电电路。过几分钟后，随着温度下降，FR内双金属片恢复到原位，又接通压缩机的供电回路，压缩机继续运转。但故障未排除前，FR会继续动作，直至故障排除。过载保护器接通、断开时，会发出“咔嗒”的响声。

3. 臭氧消毒电路

臭氧消毒电路的核心元器件是定时器PT、门控开关SQ、单向晶闸管VS、电容C1/C2、臭氧管O_3、升压变压器T。C1、C2原图都为C，编号为编者加注。

关好消毒室门，室门控开关SQ的触点接通，旋转定时器PT的旋转设置定时时间，使它的触点接通，220V市电电压通过C1降压，利用VD1～VD4桥式整流产生脉动直流电压。该电压在单向晶闸管VS截止期间通过升压变压器T的初级绕组、升压电容C2构成的回路为C2充电，充电电流还使T的初级绕组产生上正、下负的电动势，此时T的次级绕组相应产生上正、下负的电动势。C2充电结束后，通过R2、R1为VS的G极提供触发电压，使VS导通。VS导通后，C2存储的电压通过VS放电，使T的初级产生下正、上负的电动势，于是T的次级绕组产生下正、上负的电动势。当市电过零时VS截止，C2再次被充电。这样，C2通过不断的充电、放电，就可以使T的次级绕组输出较高的脉冲电压。该电压为臭氧管O_3供电后，臭氧管就会产生臭氧，完成臭氧消毒的目的。当定时器PT计时结束后，它的触点断开，切断臭氧消毒电路的供电，臭氧消毒结束。

二、电脑冷/热式饮水机

下面以方太FYB-T2型饮水机为例介绍电脑冷/热式饮水机电路的识图方法。该机电路如图4-23所示。

1. 电源电路

电源电路的核心元器件是变压器T、整流管VD1～VD4、稳压器IC1、电容C1～C4。

220V市电电压经T降压输出12V交流电压，利用VD1～VD4桥式整流，C1滤波产生12V直流电压。该电压不仅为继电器供电，而且通过IC1稳压输出5V电压，利用C2～C4滤波后，为微处理器电路供电。

2. 微处理器电路

微处理器电路的核心元器件是微处理器IC2（FT002）、晶振B、操作键。

（1）FT002的引脚功能

FT002的主要引脚功能如表4-9所示。

（2）CPU工作条件电路

① 供电　插好饮水机的电源线，待电源电路工作后，由其输出的5V电压经电容C2～C4滤波后，为微处理器IC2（FT200）供电。

② 时钟振荡　IC2得到供电后，它内部的振荡器与17、18脚外接的晶振B通过振荡产生4MHz的时钟信号。该信号经分频后协调各部位的工作，并作为IC2输出各种控制信号的基准脉冲源。

③ 复位　5V电压经R1对C5充电，在C5两端产生由低逐渐升高的复位信号，当该

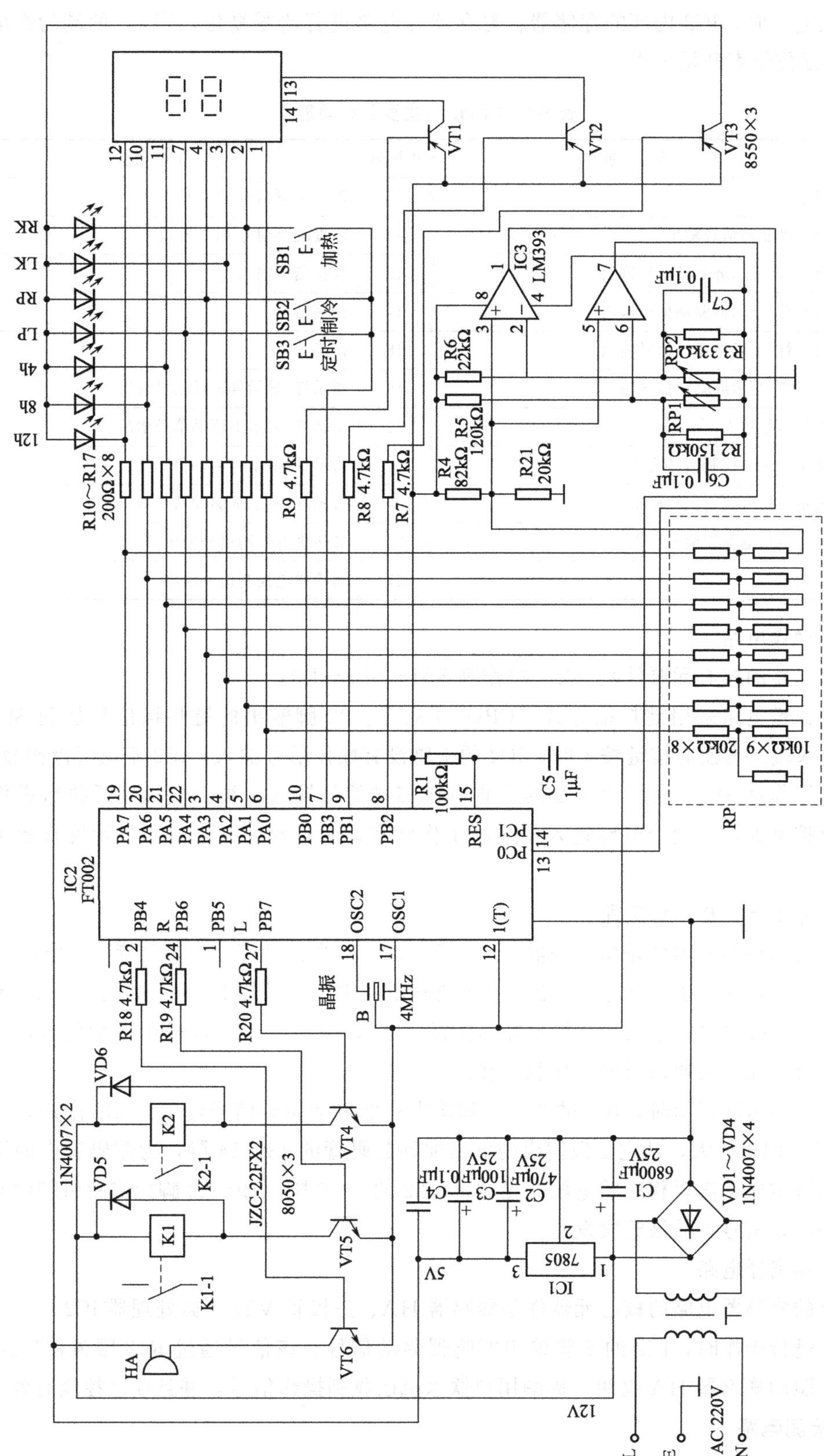

图 4-23 方太 FYB-T2 电脑冷/热饮水机电路

信号为低电平时，IC2 内部的存储器、寄存器等电路进行清零复位，当 C5 两端为高电平后，IC2 复位结束开始工作。

表 4-9　FT002 的主要引脚功能

引脚号	功　能	引脚号	功　能
1	悬空	13	温度检测信号 PC0 输入
2	蜂鸣器驱动信号输出	14	温度检测信号 PC1 输入
3	指示灯/显示屏驱动信号输出	15	复位信号输入
4	指示灯/显示屏驱动信号输出	17	振荡器
5	指示灯/显示屏驱动信号输出	18	振荡器
6	指示灯/显示屏驱动信号输出	19	指示灯/显示屏驱动信号输出
7	操作信号输入	20	指示灯/显示屏驱动信号输出
8	指示灯供电控制信号输出	21	指示灯/显示屏驱动信号输出
9	显示屏供电控制信号输出	22	指示灯/显示屏驱动信号输出
10	显示屏供电控制信号输出	24	加热供电控制信号输出
12	接地	27	制冷供电控制信号输出

（3）操作电路

操作电路的核心元器件是 IC2、操作键 SB1～SB3～D9。

该操作键电路采用键扫描方式。CPU 的 3、5、22 脚输出的键扫描信号加到 SB1～SB3 的输入端。当没有按键按下时，IC2 的 7 脚没有操作信号输入，IC2 不执行操作命令。一旦按压操作键 SB1～SB3 使 IC2 的 7 脚有键扫描信号输入，被 IC2 识别后执行操作程序，不仅控制加热、制冷电路进入相应的工作状态，而且控制指示灯、显示屏显示工作状态。

（4）显示屏、指示灯电路

该电路的核心元器件是微处理器 IC2、指示灯（发光二极管）和数码管显示屏。

需要指示灯显示工作状态时，IC2 的 8 脚输出的供电信号经 R7 限流，再经 VT3 倒相放大，从它 c 极输出的电压加到指示灯的正极，3～6 脚、19～22 脚输出驱动信号，使相应的指示灯发光，表明该机的工作状态和。

若需要显示屏显示时，IC2 的 9、10 脚输出的低电平驱动信号经 R8、R9 限流，再经 VT1、VT2 倒相放大，从它 c 极输出的电压加到数码管的 13、14 脚，为数码管内的笔段发光二极管供电，需要相应的笔段发光时，IC22 的 3～6 脚、19～22 脚相应的引脚就会输出低电平驱动信号，使该笔段发光。

（5）蜂鸣器电路

该机的蜂鸣器电路的核心元器件是蜂鸣器 HA、三极管 VT6、微处理器 IC2。

每次进行操作时，IC2 的 2 脚输出蜂鸣器驱动信号。该信号通过 R18 限流，VT6 倒相放大，驱动蜂鸣器 HA 鸣叫，提醒用户饮水机已收到操作信号，并且此次控制有效。

3. 温度检测电路

温度检测电路的核心元器件是传感器（负温度系数热敏电阻）RP1、RP2，双电压比较器 IC3（LM393）、微处理器 IC2。

5V 电压第一路经 R4、R21 取样后产生的基准电压加到 IC3 的 3、5 脚，为它的两个比较器同相输入端提供基准电压；第二路经 R6、R3、RP2 分压后，产生的温度检测电压经 C7 滤波后加到 IC3 的 2 脚；第三路经 R5、R2、RP1 分压后，产生的温度检测电压经 C6 滤波后加到 IC3 的 6 脚。

当水温升高使 RP1、RP2 的阻值减小后，IC3 的 2、6 脚输入的取样电压减小，当它们低于 3、5 脚的基准电压时，经比较后 IC3 的 1、7 脚输出高电平电压，IC2 将 13、14 脚输入的检测电压与内部存储器存储的电压值对应的温度，就会识别出水温，输出控制信号使加热器停止对热水罐加热或输出控制信号使制冷片对冷水罐进行制冷。

当水温下降使 RP1、RP2 的阻值增大后，IC3 的 2、6 脚输入的取样电压升高，当它们高于 3、5 脚的基准电压时，经比较后 IC3 的 1、7 脚输出低电平电压，IC2 将 13、14 脚输入的检测电压与内部存储器存储的电压值对应的温度，就会识别出水温，输出控制信号使加热器对热水罐加热或输出控制信号使制冷片停止对冷水罐制冷。

4. 加热电路

加热电路的核心元器件是微处理器 IC2、加热键 SB1、加热器、继电器 K1。

需要对热水罐的饮用水加热时，按一下加热键 SB1，被微处理器 IC2 识别后，IC2 第一路输出控制信号使指示灯发光，表明该机进入加热状态；第二路输出控制信号使显示屏显示加热温度；第三路从 24 脚输出高电平控制信号。该信号通过 R19 限流使驱动管 VT5 导通，为继电器 K1 的线圈供电，使它的触点 K1-1 闭合，加热器获得供电开始加热，使罐内的水温逐渐升高，当水温超过 78℃后，温度传感器的阻值减小到需要值，通过 IC3 为 IC2 提供水开的温度检测信号，被 IC2 识别后，24 脚输出低电平控制信号，使 VT5 截止，K1 的触点断开，加热器停止加热，进入保温状态。同时输出控制信号使加热指示灯熄灭。

随着保温时间的延长，水的温度逐渐下降，当温度下降到一定值，被温度传感器检测到，通过 IC3 为 IC2 提供水温下降的检测电压后，IC2 的 24 脚电位再次变为高电平，使加热器再次加热。重复以上过程，饮水机就可以为用户提供超过 78℃的热水。

5. 制冷电路

制冷电路的核心元器件是微处理器 IC2、制冷键 SB2、半导体制冷片、放大管 VT4。

需要对冷水罐的饮用水降温时，按一下制冷键 SB2，被微处理器 IC2 识别后，IC2 第一路输出控制信号使指示灯发光，表明该机进入制冷状态；第二路输出控制信号使显示屏显示制冷温度；第三路从 27 脚输出高电平控制信号。该信号通过 R20 限流使驱动管 VT4 导通，为继电器 K2 的线圈供电，使它的触点 K2-1 闭合，使半导体制冷、散热系统获得供电开始制冷，使罐内的水温逐渐下降，当水温低于 10℃后，温度传感器的阻值增大到需要值，通过 IC3 为 IC2 提供“冰水”的温度检测信号，被 IC2 识别后，27 脚输出低电平控制信号，使 VT4 截止，K2 的触点断开，制冷系统停止制冷，进入保温状态，同时输出控制信号使制冷指示灯熄灭。

随着保温时间的延长，水的温度逐渐升高，当温度升高到一定值，被温度传感器检测到，通过 IC3 为 IC2 提供水温升高的检测电压后，IC2 的 27 脚电位再次变为高电平，使制冷系统再次制冷。重复以上过程，饮水机就可以为用户提供低于10℃的“冰水”。

6. 定时控制电路

该机具有定时功能，若按下定时键SB3可在1h、4h、8h、12h四个时间段内进行选择，待达到所定的时间后自动关机，使饮水机进入待机状态。

三、电热水瓶

下面以高丽宝PZD-668型电热水瓶为例介绍电热水瓶电路的识图方法。该机电路由温控器S4、加热器R、温度熔断器BX、电机M、继电器J、放大管Q1、指示灯等构成，如图4-24所示。

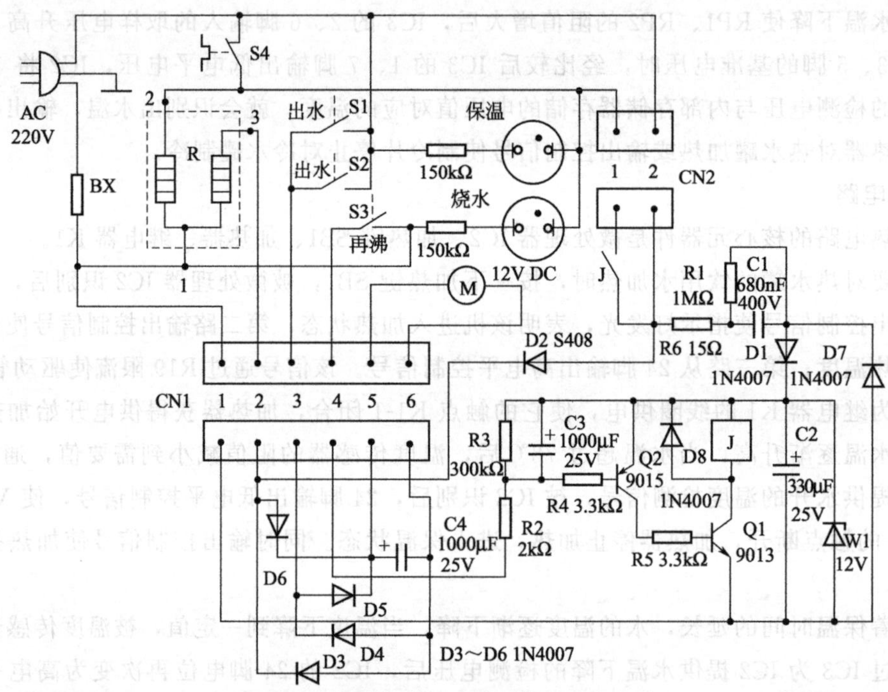

图4-24 高丽宝PZD-668型电热水瓶电路

1. 烧水电路

烧水电路的核心元器件是加热器、温控器S4。

该机通电后，220V市电电压经熔断器BX和温控器S4输入后，第一路通过加到加热器R的1、2脚上，为主加热器供电；第二路通过连接器CN2的2脚输入，利用D2半波整流，再通过连接器CN1的2脚输出到R的3脚，为它内部的副加热器供电，使R加热烧水；第三路经150kΩ电阻限流使烧水指示灯发光，表明电水瓶处于烧水状态。当水烧开被S4检测后使它的触点断开，切断烧水指示灯和主加热器的供电回路，使它们停止工作，烧水结束，进入保温状态。保温期间，市电电压通过保温指示灯、150kΩ电阻、主加热器构成的回路使保温指示灯发光，表明电水瓶处于保温状态。保温期间，由于回路中的电流较小，主加热器不发热，但保温期间，副加热器仍然加热。

2. 再沸腾电路

再沸腾电路的核心元器件是开关S3、继电器J、延迟电容C3、稳压管W1、放大管

Q2和Q1。

（1）供电电路

CN2的2脚输入的市电电压通过R6、R1、C1限流降压后，利用D1、D7整流，C2滤波，W1稳压产生12V电压，为继电器J供电。

（2）控制过程

当按下S3后，通过R2不仅使C3开始充电，而且通过R4使Q2导通。Q2导通后，从它c极输出的电压经R5使Q1导通，致使继电器J内的触点吸合，于是市电电压通过CN2、J的触点为主加热器供电，主加热器开始发热烧水。因S3是非自锁开关，所以Q2的导通电压由C3所充电压通过R4提供，约1min左右，C3存储的电压不能维持Q2导通后，它的c极无电压输出，使Q1截止，J的触点释放，切断主加热器的供电回路，再沸腾过程结束。

3. 出水电路

出水电路的核心元器件是开关S1、S2，12V直流电机、水泵。

当按动S1或S2时，接通市电输入回路，于是市电经副加热器限流，再经D3～D6构成的桥式整流电路整流，C4滤波产生12V左右的直流电压，该电压为12V电机供电后，电机运转，带动水泵将水输送到出水口，完成出水任务。

4. 过热保护电路

过热保护电路的核心元器件是一次性温度熔断器FU。当温控器S4、继电器J或其控制电路异常使加热器R加热时间过长，导致加热温度达到FU的标称值后它熔断，切断市电输入回路，加热器停止加热，实现过热保护。

第十节 热水器、加湿器电路识图

一、电热水器（淋浴器）

下面以华夏HXZD-6型储水式电热水器电路为例介绍电子控制型电热水器电路的识图方法。该热水器电路由电源电路、加热器供电电路、温度检测电路和保护电路构成，如图4-25所示。

【提示】 海尔FCD-JTHC50-Ⅲ/鲁斌QZD-1型储水式热水器与华夏HXZD-6型电热水器的电路基本相同，识读海尔FCD-JTHC50-Ⅲ/鲁斌QZD-1型储水式热水器电路图时也可参考下面内容。

（1）电源电路

该机通上市电电压后，220V市电电压经变压器T降压，产生11V（与市电高低成正比）左右的交流电压。其中11V交流电压通过VD1～VD4桥式整流，C3滤波产生12V直流电压。该电压第一路为继电器K1、K2的线圈供电；第二路经R1限流后，为水位检测电路供电；第三路经R4限流，VD6稳压产生9.6V电压。9.6V电压为IC2供电等电路供电。

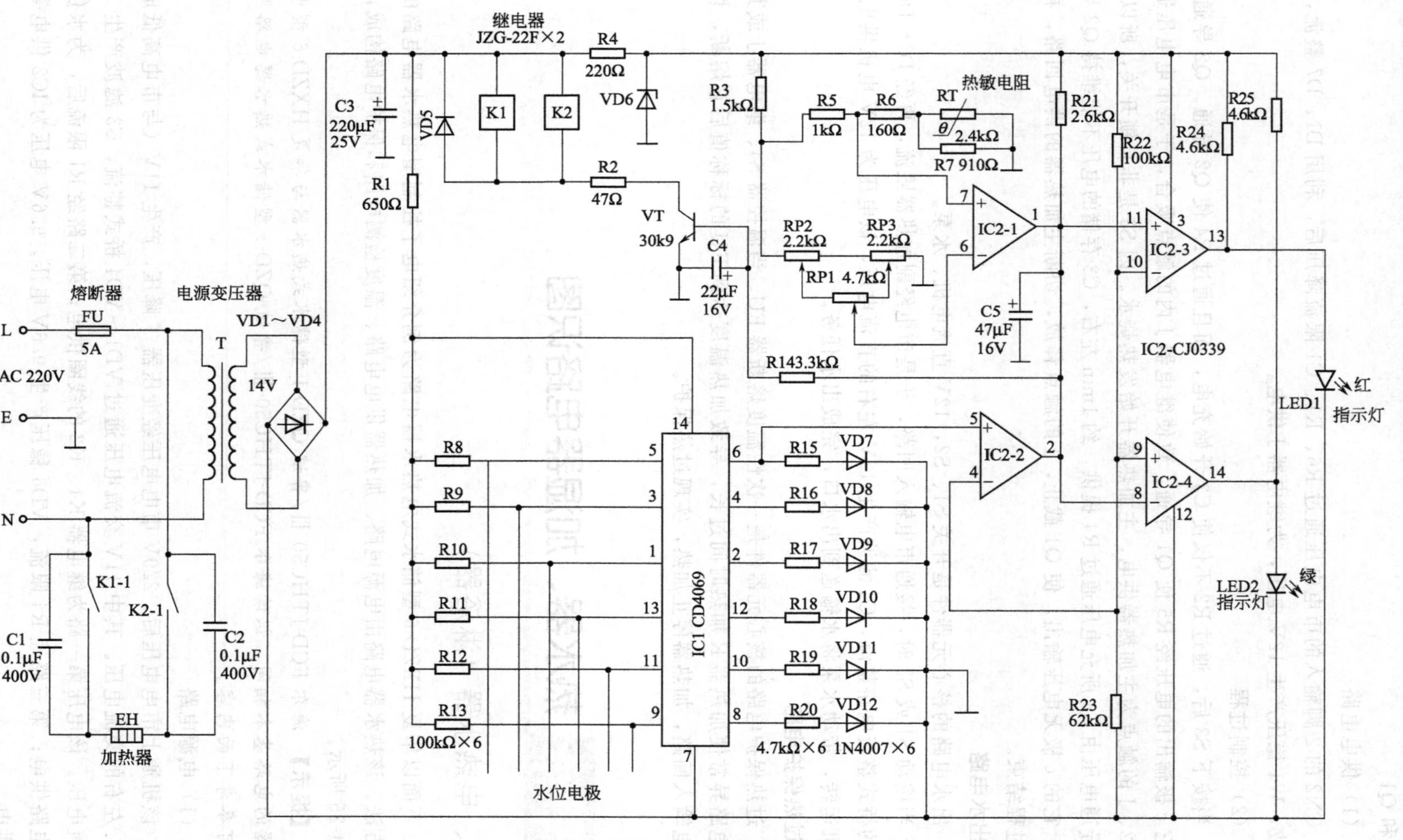

图 4-25　华夏 HXZD-6 型电热水器电路

（2）水位检测与控制电路

该机的水位检测、控制电路的核心元器件是六反相器 IC1（MC4069）、水位电极（探头）、四电压比较器 IC2（LM339）内的一个比较器，辅助元器件是指示灯。

该机采用了 7 个水位电极，最下边的电极安装在储水罐最底部，并且直接接地，另外 6 个电极由低到高安装在储水罐内部，并且分别接 IC1 的输入端 1、3、5、9、11、13 脚上，而 12V 电压通过上拉电阻 R8～R13 为 IC1 的输入端提供偏置电压，所以储水罐内无水时，6 个电极都不能与最下边的电极构成回路，从而使 IC1 的 6 个输入端输入高电平电压，经 IC1 内的 6 个反相器倒相放大后，使 IC1 的 6 个输出端 2、4、6、8、10、12 脚输出低电平电压，水位指示灯都不能发光。同时，IC1 的 6 脚输出的低电平电压还加到 IC2 的 5 脚（同相输入端），与 IC2 的 4 脚（反相输入端）输入的是参考电压比较后，使 IC1 的 2 脚内部电路导通，致使加热电路不工作，实现防干烧保护。由于 IC1 的 6 脚电位受 2/6 水位开关的控制，所以水位低于储水罐高度的 2/6 后，加热器就不能加热。

当储水罐注入自来水后水位升高，电极通过自来水构成导通回路，使 IC1 的输入端输入低电平信号后，被 IC1 内的反相器倒相放大后变为高电平，通过电阻限流使水位指示灯发光。当水位超过储水罐的 2/6 高度后，IC1 的 4 脚输出高电平电压，与 IC2 的 4 脚电压比较后，使 IC2 的 2 脚内部电路截止，解除对加热电路的控制，加热电路可以工作。

（3）加热电路

加热电路由四电压比较器 IC2（LM339）、驱动管 VT、继电器 KA、电加热管、温度传感器 RT、水温调节电位器 RP1 等构成。其中，RT 采用负温度系数热敏电阻。

9.6V 电压通过 R3、R5、R6 与 RT 分压后，加到 IC2 的 7 脚（同相输入端），同时还通过 RP1、RP2 和 RP3 取样后产生的参考电压，加到 IC2 的 6 脚（反相输入端）。当储水罐内的水位正常，并且水温较低时，RT 的阻值较大，使 IC2 的 7 脚的电位超过 6 脚电位，所以 IC2 的 1 脚电位为高电平，不仅使 IC2 的 8、11 脚电位为高电平，而且通过 R14 使 VT 导通，为 K1、K2 的线圈供电，使它内部的触点闭合，接通加热管供电回路，电加热管开始加热，使储水罐内的水温逐渐升高。IC2 的 8 脚输入高电平电压后，使 IC2 的 14 脚电位为低电平，使保温指示灯 LED2 熄灭；IC2 的 11 脚输入高电平电压后，使 IC2 的 13 脚内部电路截止，12V 电压通过 R24 使加热指示灯 LED1 发光，表明热水器工作在加热状态。

当水温达到设置的温度后，温度传感器 RT 的阻值减小，使 IC2 的 7 脚电位低于 IC2 的 6 脚电位后，IC2 的 1 脚内部电路导通，使 IC2 的 1 脚电位为低电平，不仅放大管 VT 截止，继电器 K1、K2 的触点释放，加热管停止加热，而且使加热指示灯 LED1 熄灭、保温指示灯 LED2 发光。

随着保温时间的延长，水的温度逐渐下降，当温度下降到一定值后，RT 的阻值增大，使 IC2 的 7 脚电位超过 6 脚电位后，加热电路再次进入加热状态。重复以上过程，电热水器就可以为用户提供热水。

调节水温调节电位器 RP1 可改变 IC2 的 6 脚输入的参考电压的大小，也就可以改变放大管 VT 的导通时间，实现了水温的调节。

二、超声波加湿器

亚都 YC-Y800 型超声波加湿器电路以雾气形成电路、电机电路、电源电路构成，如图 4-26 所示。

1. 电源电路

电源电路的核心元器件是变压器 T、整流管 VD1～VD4、滤波电容 C1、开关 S，辅助元器件有熔断器 FU。

接通开关S后，市电电压通过 FU、S、定时器 PT 输入，不仅为风扇电动机供电，使它开始运转，而且通过变压器 T 降压输出 48V 交流电压，再经 VD1～VD4 整流、C1 滤波产生 48V 直流电压。

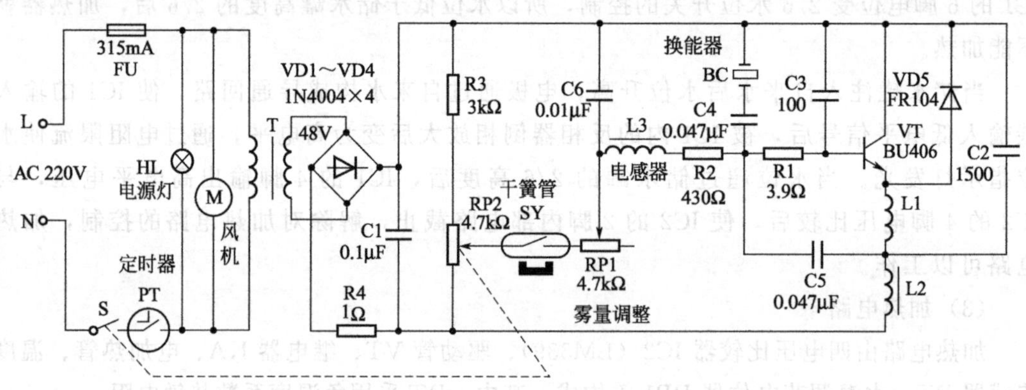

图 4-26　亚都 YC-Y800 型超声波加湿器电路

2. 喷雾电路

喷雾电路的核心元器件是振荡管 BU406、换能器 BC、干簧管 SY、电容 C2～C5、电感 L1～L3、电位器 RP1，辅助元器件有 VD5、C6。

48V 电压不仅为换能器 BC 和振荡管 BU406 供电，而且经 R3、RP2、RP1、SY、L3、R2、R1 加到 BU406 的基极，使 BU406 开始导通，在 L2、C3、R1、C2、C5 帮助下，BU406 工作在 1.6MHz 的高频振荡状态。该振荡脉冲使换能器 BC 产生高频振动，最终使水雾化，实现加湿的目的。

调节 RP1 可改变 BU406 的基极电流，也就可以改变振荡器输入信号的放大倍数，控制了换能器的振荡幅度，实现加湿强弱的控制。

RP1 是电位器，用于设置最大雾量和整机功率。

3. 无水保护电路

无水保护电路的核心元器件是干簧管和带磁铁的浮子。干簧管 SY 置于水池中的一个竖直的空心立柱内，立柱上套有一个环形浮子（浮漂），它内部有磁铁。加水后，浮子在水的浮力作用下上升到干簧管的位置，使干簧管的触点闭合，BU406 的基极有导通电压输入，加湿器正常使用。如水过少，浮子落下，干簧管的触点断开，BU406 没有导通电压输入，电路停振，避免了 BU406、换能器 BC 等元器件损坏，实现了无水保护。

第十一节　照明灯/护眼灯电路识图

一、节能灯/荧光灯电子镇流器

目前许多节能灯、荧光灯电子镇流器电路主要由300V供电电路、振荡器构成，下面以如图4-27所示的欧普MQ11-Y9节能灯供电电路为例进行介绍。该电路的核心元器件是开关管VT1、VT2，电容C5、C6，电感L2，辅助元器件是VD1～VD4、VD8、C2。

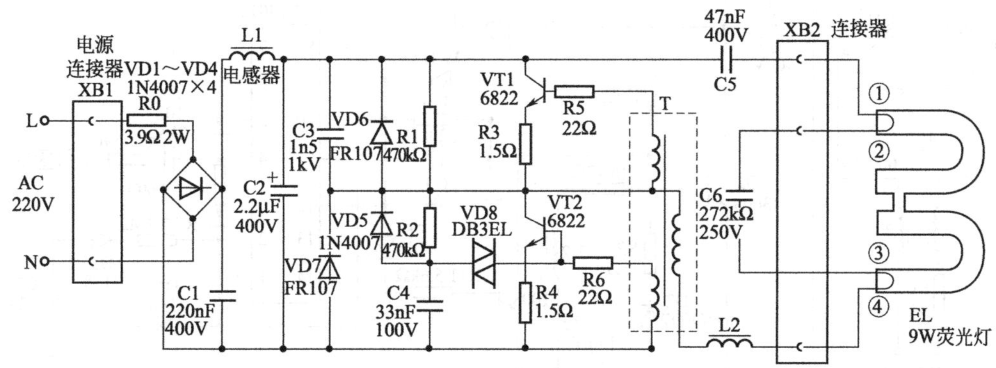

图4-27　欧普MQ11-Y9节能灯电路

打开灯开关（图中未画出），220V市电电压通过R0输入后，利用VD1～VD4桥式整流，再通过C1、L1、C2滤波产生300V左右的直流电压。300V电压不仅开关管VT1的c极为它供电，而且通过R1、R2对C4充电。当C4两端电压达到双向触发二极管VD8的转折电压后VD8导通，使开关管VT2导通。VT2导通后，C2两端电压通过C5、灯管的灯丝、谐振电容C6、灯管的灯丝、L2、开关变压器T的初级绕组VT2、R4构成导通回路，不仅使T的初级绕组建立下正、上负的电动势，而且使C5建立左正、右负的电压。通过互感，T的正反馈绕组产生电动势。上正反馈绕组产生的电动势使VT1反偏截止，下正反馈绕组产生的电动势通过R6加到VT2的b极，使VT2因正反馈迅速饱和导通。VT2饱和导通后，流过T初级绕组的电流不再增大，因电感的电流不能突变，所以T绕组通过自感产生反相电动势。此时它的正反馈绕组相应产生反相的电动势，于是下正反馈绕组产生的上负、下正的电动势使VT2迅速反偏截止，而上正反馈绕组产生的上正、下负的电动势通过R5使VT1饱和导通。VT1饱和导通后，C5两端电压通过VT1、R3、T的初级绕组、L2、灯管灯丝、C6构成的回路放电，使T的初级绕组产生下负、上正的电动势。随着C5放电的不断进行，流过T初级绕组电流减小，于是它们再次产生反相电动势，如上所述，VT1截止、VT2导通，重复以上过程，振荡器就会工作在振荡状态，为灯管供电，使它发光。

二、护眼灯

联创 DF-3021 型护眼台灯电路主要由 300V 供电电路、振荡器构成，如图 4-28 所示。

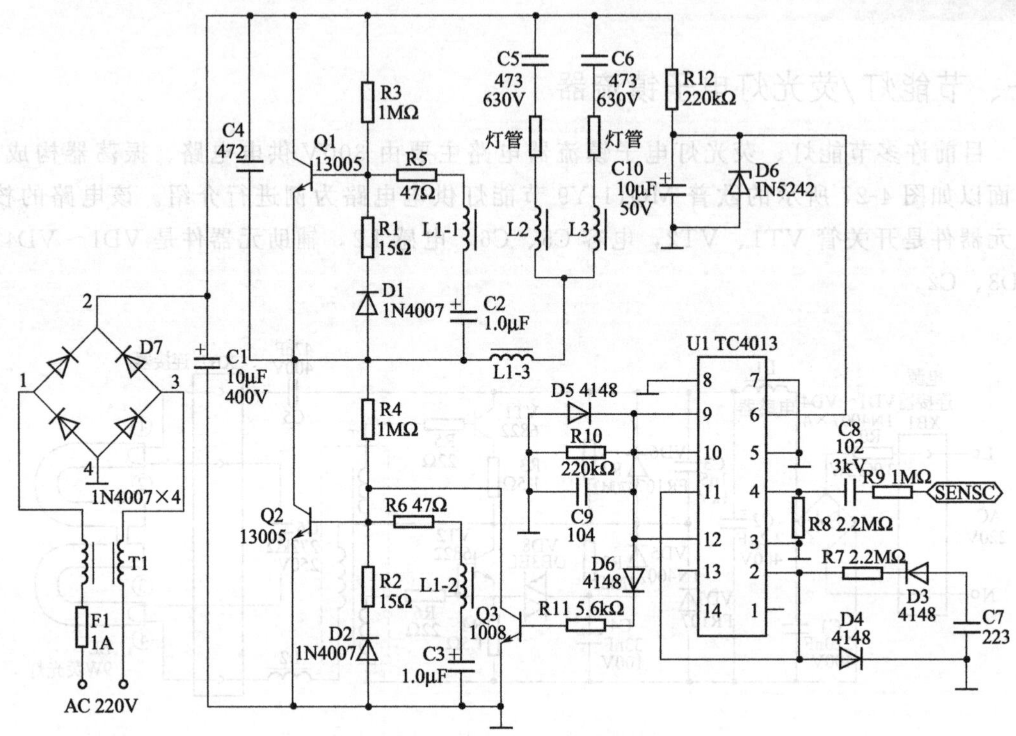

图 4-28　联创 DF-3021 型护眼台灯电路

1. 供电电路

供电电路的核心元器件是共模滤波器 T1、整流堆 D7、电容 C1、稳压器 D6。

通电后，220V 市电电压通过熔断器 F1 输入，通过共模滤波器 T1 滤波后，利用 D7 桥式整流，再通过 C1 滤波产生 300V 左右的直流电压。300V 电压不仅为振荡器供电，而且通过 R12 限流，C10 滤波，12V 稳压管 D6 稳压产生 12V 电压，该电压加到双 D 触发器 U1（TC4013）的 6 脚，为它供电。

2. 振荡电路

振荡电路的核心元器件是开关管 Q1、Q2，启动电阻 R3、R4，正反馈电阻 R5、R6，正反馈电容 C2、C3，开关变压器 L1（包括 L1-1、L1-2、L1-3 三个绕组）、灯管和 C4～C6。该振荡电路与图 4-27 的振荡器识图方法相同，不再介绍。

3. 触摸式控制电路

触发式控制电路的核心元器件是双 D 触发器 U1（TC4013）、三极管 Q3、触摸端子。

当用手触摸触发端子（感应端子）时，人体产生的感应信号通过 R9、C8 加到 U1 的 4 脚，使 U1 内的触发器翻转，从 9、10、12 脚输出控制信号。该信号通过 D5、R11 使 Q3 饱和导通时，将 Q2 的 b. e 极短接，Q2 停止工作，振荡器无脉冲电压输出，灯管熄灭。当 Q3 截止使 Q2 输入的正反馈电压达到最大时，灯管发出的灯光最亮。灯光的发光强度与 Q3 的导通程度成反比。

三、声光控照明灯

下面以 SGK-3 型声光控照明灯电路为例介绍声光控照明灯电路的识图方法。该电路主要由电源电路、光线检测放大电路、声音检测放大电路、晶闸管及其触发电路、照明灯构成，如图 4-29 所示。

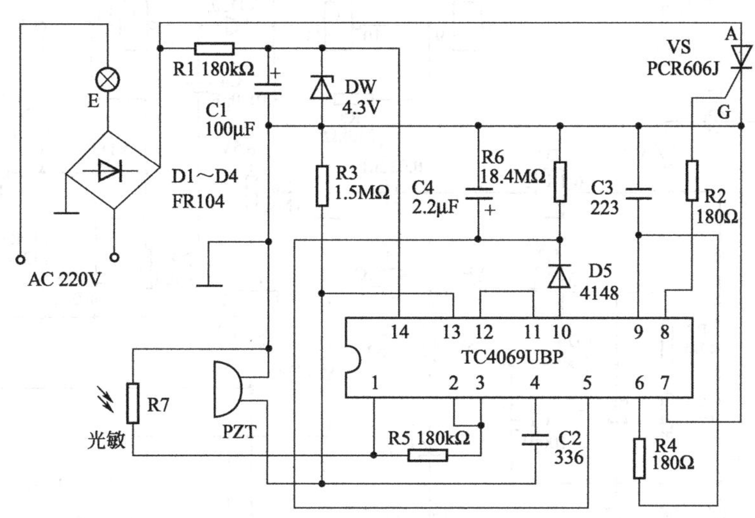

图 4-29 SGK-3 型声光控照明灯电路

1. 供电电路

供电电路的核心元器件是整流管 D1～D4、C1、稳压管 DW。

市电电压通过 25～100W 照明灯 E 输入到 D1～D4 构成的桥式整流电路，经整流后产生的 200V 左右脉动直流电压，该电压不仅为单向晶闸管 VS 供电，而且通过 R1 限流，C1 滤波，DW 稳压产生 4.3V 的直流电压，为声控电路和光控电路供电。由于该电源产生的电流较小，所以仅有微弱的电流流过照明灯 E，它不会发光。

2. 照明灯控制电路

照明灯控制电路的核心元器件包括照明灯、光敏电阻 R7、芯片 TC4069UBP、晶闸管 VS、话筒 PZT。

当光线较亮时，光敏电阻 R7 的阻值较小，使芯片 TC4069UBP 的 1 脚输入的电压较小，TC4069UBP 内部电路不工作，此时即使话筒 PZT 收到超过 38dB 的声音信号，TC4069UBP 的 8 脚也不会输出触发电压，单向晶闸管 VS 截止，市电输入回路不能形成大电流，照明灯 E 不能发光，从而避免了它在光线较亮时点亮。当光线较暗时，R7 的阻值增大，使 TC4069UBP 的 1 脚电位增大，TC4069UBP 进入工作状态。此时，PZT 收到超过 38dB 的声音信号，为 TC4069UBP 的 4、13 脚提供电压信号后，TC4069UBP 外接的 C4 开始充电，使它的 8 脚也输出触发电压，通过 R2 触发单向晶闸管 VS 导通，有大电流流过照明灯 E，E 被点亮。1～2min 后，C4 充电结束，使 TC4069UBP 的 8 脚电位再次变为低电平，VS 过零截止，照明灯 E 熄灭，实现照明灯的声、光、延时控制。

四、幸福牌调光台灯

幸福牌调光台灯电路主要由白炽灯、单向晶闸管、六反相器 IC1、触发器 IC2、蜂鸣器 HA 等构成，如图 4-30 所示。

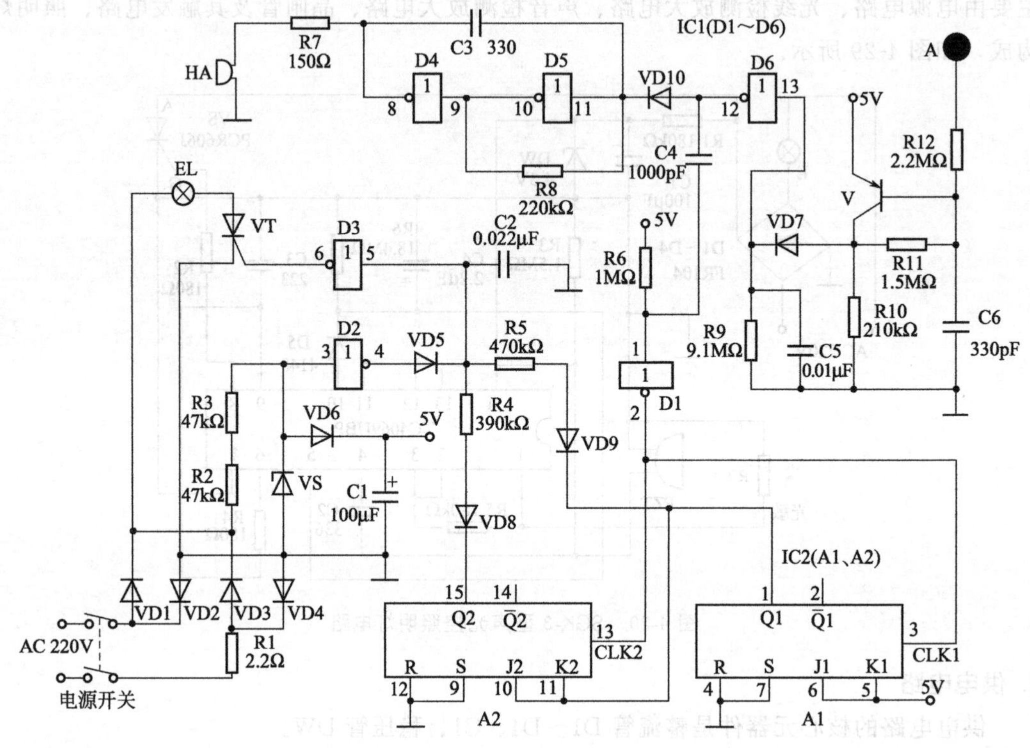

图 4-30　幸福牌调光台灯电路

1. 供电电路

供电电路的核心元器件是 R1、VD1～VD4、VS、C1。

接通电源开关后，220V 市电电压通过 R1 限流，利用 VD1～VD4 全波整流产生脉动直流电压，该电压不仅经单向晶闸管 VT 为白炽灯供电，而且利用 R2、R3 限流，VS 稳压，再利用 VD6 输出 5V 电压。5V 电压经 C1 滤波后为芯片 IC1、IC2 和放大管 V 等电路供电。

2. 照明灯控制电路

照明灯控制电路的核心元器件是晶闸管 VT，芯片 IC1、IC2，触摸端子。

IC1、IC2 获得供电后，开始工作，但由于没有感应触发信号输入，V 不能导通，IC2 的 3 脚没有触发信号输入，所以 IC2 的 Q1、Q2 端都输出高电平电压，经 IC1 的 D3 倒相放大后，使单向晶闸管 VT 截止，照明灯 EL 不发光。

当手指触摸感应端子 A，产生的低电平感应信号经 R12 限流，C6 滤波后使 V 导通，从它 c 极输出的电压利用 VD7 半波整流，经 C5 滤波，再通过 IC1 的 D6 倒相放大后，产生低电平电压从 12 脚输出。12 脚输出的低电平电压一路使 VD10 截止，此时 IC1 的 D4、D5 和 R8、C3 组成的多谐振荡器工作并产生脉冲信号，该信号通过 R7 驱动蜂鸣器 HA 鸣叫，表示该机收到触发控制信号；另一路通过 C4 耦合，再通过 IC1 的 D1 倒相产生高电平电压，该电压加到 IC2 的 3、13 脚后，IC2 的 1、15 脚输出低电平电压，使 VD8、VD9 导通，将 IC1 的 5 脚电位拉到最低，这样，经 D5 倒相后从 6 脚输出的电压最大，触发单向晶闸管 VT 导通，并且导通程度最大，EL 发光且亮度最大。

当手指第二次触摸 A 端子，D1 又会输出一个高电平电压，加到 IC2 的 3、13 脚后，IC1 的 1 脚输出高电平，15 脚仍输出低电平电压，使 VD8 导通、VD9 截止，致使 D3 的 6 脚输出电压减小，VT 导通程度减弱，EL 发光变暗。

当手指第三次触摸 A 端子后，D1 又会输出一个高电平电压，加到 IC2 的 3、13 脚后，IC1 的 1 脚输出低电平，15 脚输出高电平电压，使 VD8 截止、VD9 导通，致使 D3 的 6 脚输出电压进一步减小，VT 导通程度进一步减小，EL 发光最暗。

当手指第四次触摸 A 端子后，D1 又会输出一个高电平电压，加到 IC2 的 3、13 脚后，IC1 的 1、15 脚都输出高电平电压，使 VD8、VD9 截止，致使 D3 的 6 脚输出低电平，VT 过零截止，EL 熄灭。

五、应急灯

下面以 812 应急灯为例介绍应急灯电路原理与故障检修方法。该应急灯电路主要由充电电路、电源电路、振荡器、灯管构成，如图 4-31 所示。

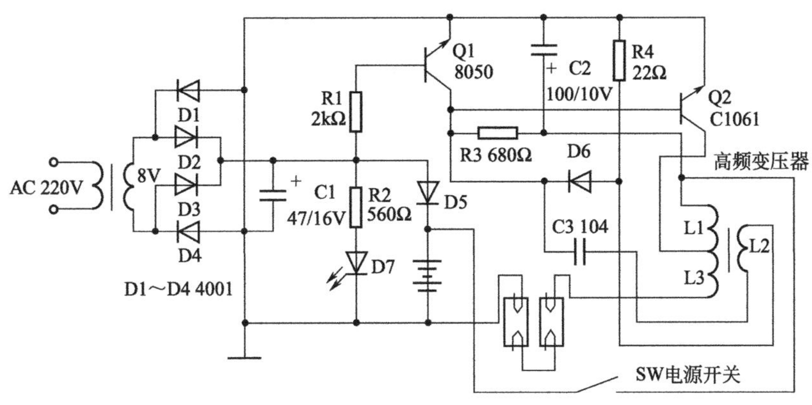

图 4-31 812 应急灯电路

1. 灯管供电电路

灯管供电电路的核心元器件是高频变压器、振荡管 Q2、正反馈电容 C3、启动电阻 R3。

接通电源开关 SW，蓄电池存储的电压通过 C2 滤波后，不仅通过高频变压器的 L1 绕组为振荡管 Q2 供电，而且通过 R3 为 Q2 的 b 极提供导通偏置电压，使 Q2 导通。Q2 导通后，它的集电极电流使 L1 绕组产生下正、上负的电动势，致使 L2 绕组产生上负、下正的电动势，该电动势通过 C3 耦合到 Q2 的 b 极，使 Q2 因正反馈迅速饱和导通。Q2 饱和导通后，流过 L1 绕组的电流不再增大，因电感的电流不能突变，所以 L1 绕组通过自感产生反相电动势，使 L2、L3 相应产生反相的电动势。此时，L2 绕组产生的上正、下负的电动势使 Q2 迅速反偏截止。Q2 截止后，变压器存储的能量通过 L3 绕组释放。随着能量的不断释放，变压器各个绕组的电流减小，于是它们再次产生反相电动势，如上所述，Q2 再次导通，重复以上过程，振荡器工作在振荡状态，L3 产生的脉冲电压为灯管供电，使它发光。

2. 充电电路

充电电路的核心元器件是 8V 变压器、D1～D5、控制管 Q1。

需要充电时，将应急灯上的电源插头插入市电插座内，220V 市电电压通过变压器降压输出 8V 交流电压。该电压通过 D1～D4 桥式整流，C1 滤波后分三路输出：第一路通过 R2 限流使 D7 发光，表明该机处于充电状态；第二路通过 R1 使 Q1 导通，确保 Q2 截止；第三路通过隔离二极管 D5 为蓄电池充电。

第五章
洗衣机电路识图

第一节 双桶洗衣机电路识图

第二章介绍了双桶普通洗衣机电路的识图方法，下面以威力 XPB55-553S 型双桶洗衣机为例介绍双桶电脑控制型洗衣机电路的识图方法。该机电路由东芝公司 47C400RN-GD87（IC1）为核心构成，如图 5-1 所示。

一、电源电路

电源电路的核心元器件是变压器 T1、整流管 D1～D4，稳压器 IC2、滤波电容 C4。

接通电源后，220V 市电电压通过 C1 滤波后，不仅为双向晶闸管供电，而且通过变压器 T1 降压产生 10V 左右的交流电压。该电压通过 D1～D4 全桥整流，R1 限流，在 C4 两端产生 12V 左右的直流电压，再通过三端稳压器 IC2（7805）稳压输出 5V 电压，为 CPU 电路、指示灯电路等供电。

市电输入回路的压敏电阻 ZM1 用于市电过压保护。当市电电压过高使峰值电压达到 470V 时它击穿，使熔断器过流熔断，切断市电输入回路，从而避免了变压器 T1 等元件过压损坏。

二、微处理器电路

微处理器电路的核心元器件是微处理器 IC1（47C400RN-GD87）、晶振 X1、操作键。47C400RN-GD87 的主要引脚功能如表 5-1 所示。

表 5-1 微处理器 47C400RN-GD87 的主要引脚功能

引脚号	功 能	引脚号	功 能
1、2	洗涤电动机供电控制信号输出	21	接地
3	脱水电动机供电控制信号输出	22～25	指示灯控制信号输出
5、6	键扫描信号输出	26～30	接地
7	蜂鸣器控制信号输出	31、32	振荡器外接晶振
9～11	操作键信号输入	33	复位信号输入
12	接地	34～41	接地
16	脱水桶桶盖检测信号输入	42	5V 供电
17～20	指示灯控制信号输出		

1. 基本工作条件电路

（1）5V 供电

接通电源开关，待电源电路工作后，由三端稳压器 IC2（7805）输出的 5V 电压经电容 C7 滤波后，再通过 R6 限流，C6 滤波后，加到微处理器 IC1 的供电端 42 脚，为它供电。

（2）复位

该机的复位电路核心元器件是 IC1 和它 33 脚外接的 T11、R47、R48、C27。

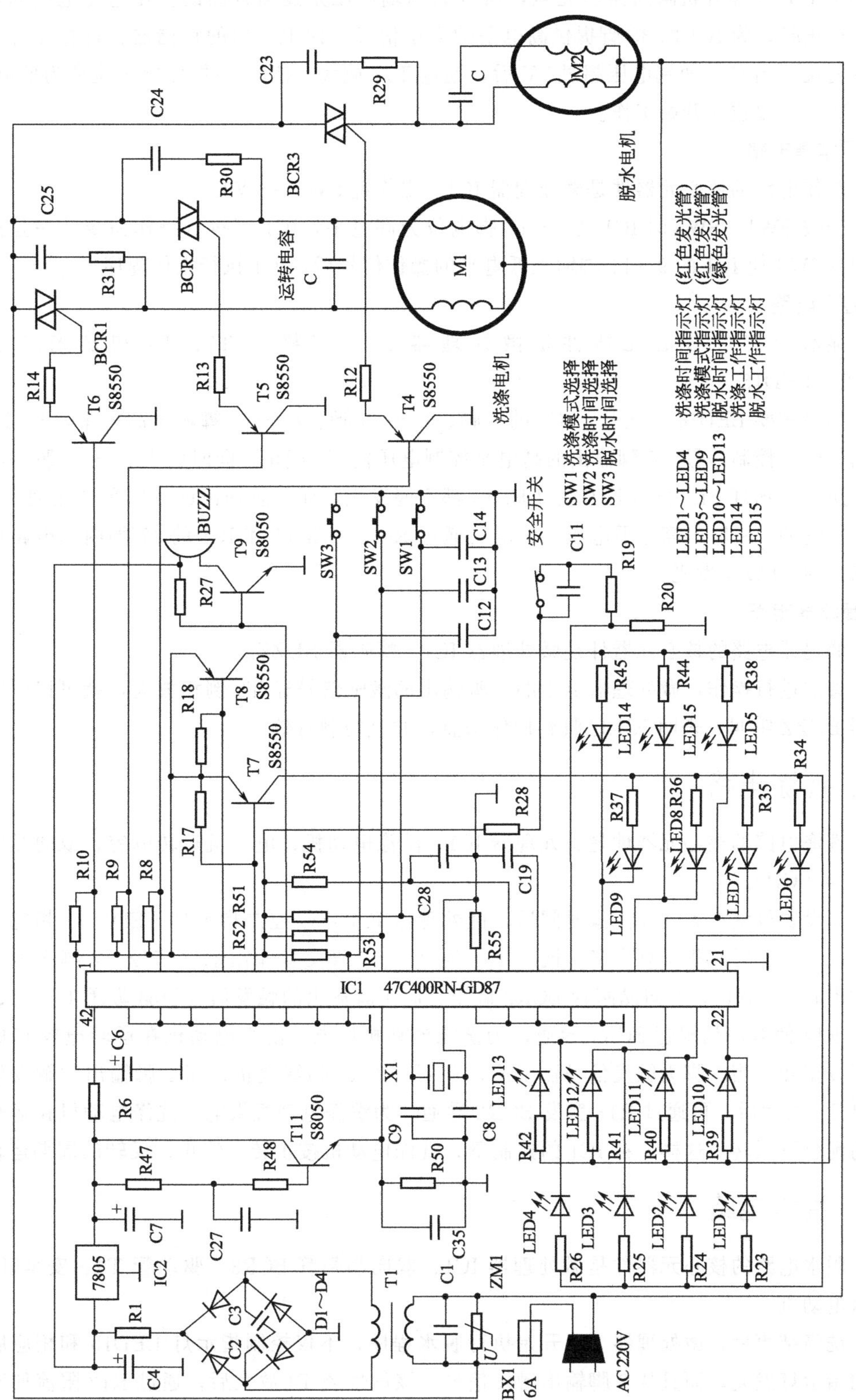

图 5-1 威力 XPB55-553S 型全自动洗衣机的电路

由于C27在开机瞬间需要充电，所以它两端电压是逐渐升高的。在它充电期间，使T11截止时，为IC1的33脚提供高电平的复位信号，使IC1内的存储器、寄存器等电路清零复位。当C27两端电压超过5V后，通过T11放大，使IC1的33脚电位变为低电平，使IC1完成复位并开始工作。

2. 操作键电路

操作电路的核心元器件是微处理器IC1、操作键SW1～SW3。

未按SW1～SW3时IC1的9～11脚电位为高电平，IC1不执行操作命令。一旦按压SW1～SW3使IC1的9～11脚输入低电平的操作信号后，IC1执行操作程序。

3. 显示电路

显示电路的核心元器件是微处理器IC1，三极管T7、T8和发光二极管LED1～LED15。

如果需要LED14发光时，IC1的6脚、18～20脚、22～25脚输出高电平，5、17脚输出低电平控制信号。6脚输出的高电平控制电压使T7截止，同时由于22～25脚为高电平，所以指示灯LED1～LED13、LED15都不能发光，而5脚输出的低电平电压使T8导通，从它的c极输出高电平电压，该电压通过R45、LED14和IC1的17脚内部电路构成回路，使LED14发光。

4. 蜂鸣器电路

蜂鸣器电路的核心元器件是微处理器IC1、蜂鸣器BUZZ。

每次进行操作，微处理器IC1的7脚输出的激励信号经T9倒相放大，就可以驱动蜂鸣器BUZZ鸣叫，表明IC1已收到操作信息，并且控制有效。

三、洗涤电路

洗涤电路的核心元器件是微处理器IC1、洗涤电动机、电动机运转电容、双向晶闸管BCR1、BCR2。

当设置好洗涤方式和洗涤时间后，微处理器IC1不仅控制指示灯LED14和相应的洗涤方式、洗涤时间指示灯发光，同时IC1还从1、2脚交替输出触发信号。2脚无触发信号输出时T5截止，双向晶闸管BCR2截止，而1脚输出的触发信号经驱动管T6放大后，通过R14使双向晶闸管BCR1导通，为洗涤电动机供电，洗涤电动机在运转电容C的配合下按正转。当1脚无触发信号输出后，T6和BCR1相继截止，而2脚输出的触发信号通过T5放大后，再通过R13触发BCR2导通，为洗涤电动机供电，洗涤电动机在运转电容的配合下反转。这样，在IC1的控制下，洗涤电动机按正转、停止、反转的周期运转。

四、脱水电路

脱水电路的核心元器件是微处理器IC1、双向晶闸管BCR3、驱动管T4、安全开关、脱水电动机。

洗涤结束后，微处理器IC1开始执行脱水程序，不仅控制指示灯LED15和相应脱水时间指示灯发光，而且从3脚输出触发信号。该信号经T4放大后，通过R12限流使双向晶闸管BCR3导通，脱水电动机在运转电容C的配合下高速运转，实现脱水电动机的控制。

脱水期间若打开桶盖，安全开关的触点断开，使 IC13 的 16 脚电位在脱水期间变为低电平，IC1 判断桶盖被打开，3 脚不再输出触发信号，使脱水电动机停转，实现开盖保护。另外，若脱水期间，振动过大，引起安全开关动作时，该保护电路也会动作。

第二节 波轮全自动洗衣机电路识图

小鸭 XQB60-815B1 型全自动洗衣机的电路由电源电路、微处理器、进水电路、洗涤电路、排水电路、自动断电电路等构成。

一、电源电路

该机的电源电路采用变压器降压式串联稳压电源，如图 5-2 所示。该电源的核心元器件是电源变压器、整流管 VD1～VD4、稳压器 IC1、滤波电容 C1～C6。

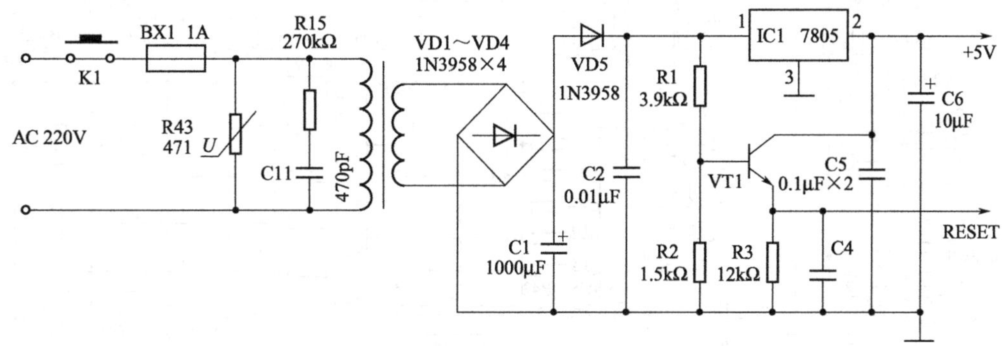

图 5-2 小鸭 XQB60-815B1 型全自动洗衣机电源电路

接通电源开关 K1 后，市电电压通过熔断器 BX1 输入，利用 C11 和 R15 滤波后，加到电源变压器的初级绕组上，由它降压后输出 12V 左右（与市电电压高低有关）的交流电压。该电压经 VD1～VD4 桥式整流，C1 滤波产生 12V 左右直流电压。该电压不仅通过 VD5 送到复位电路，而且通过 IC1 稳压输出 5V 电压。5V 电压经 C6 滤波后为蜂鸣器、微处理器等电路供电。

市电输入回路的 R43 是压敏电阻。市电电压正常时 R43 相当于开路；市电升高，其峰值电压超过 470V 时 R43 击穿，使熔断器 BX1 过流熔断，切断市电输入回路，以免变压器等器件过压损坏，实现市电过压保护。

二、微处理器电路

微处理器（CPU）电路的核心元器件微处理器 IC2（MCS8049）、晶振 JZ，如图 5-3 所示。MCS8049 主要的引脚功能如表 5-2 所示。

1. 基本工作条件电路

微处理器基本工作条件电路的核心元器件是微处理器 IC2、晶振 JZ、复位管 VT1。

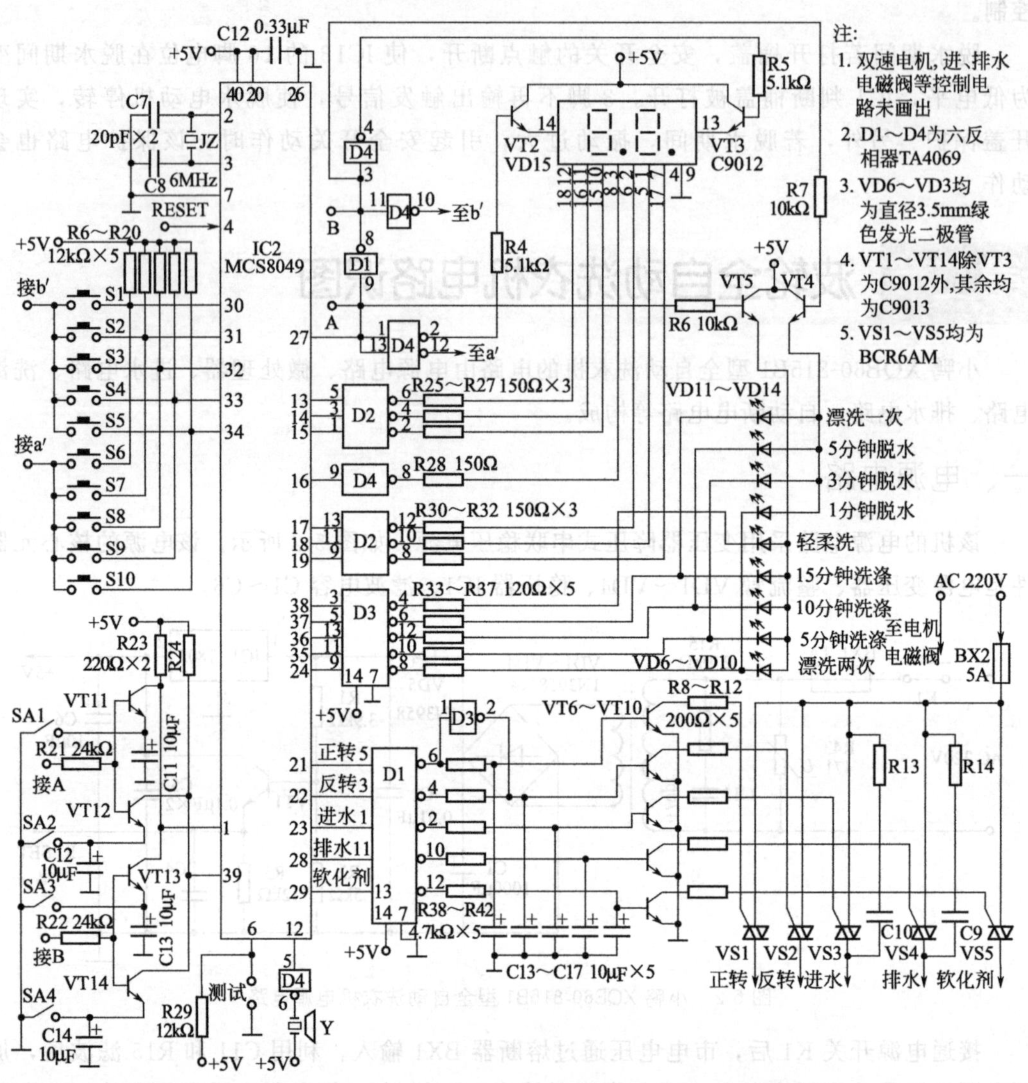

图 5-3　小鸭 XQB60-815B1 型全自动洗衣机主板电路

(1) 5V 供电

接通电源开关，待电源电路工作后，由 5V 稳压器 IC1 输出的 5V 电压经电容 C12 滤波后，加到微处理器 IC2 的供电端 40 脚，为它供电。

(2) 复位

参见图 5-2、图 5-3，该机的复位电路由微处理器 IC2 和它 4 脚外接电路构成。因 C1 需要充电，所以在开机瞬间 C1 两端电压是逐渐升高的，当 C1 两端电压低于 7V 时，经 R1、R2 取样后使 VT1 的 e 极输出低电平电压，使 IC2 内的存储器、寄存器等电路清零复位。当 C1 两端电压达到 13V 时，通过取样使 VT1 的 e 极输出 3.8V 高电平，该电压经 C4 滤波后加到 IC2 的 4 脚后，IC2 内部电路复位结束，开始工作。

(3) 时钟振荡

微处理器 IC2 得到供电后，它内部的振荡器与 2、3 脚外接的晶振 JZ 和移相电容 C7、

C8 通过振荡产生 6MHz 的时钟信号。该信号经分频后协调各部位的工作，并作为 IC2 输出各种控制信号的基准脉冲源。

表 5-2　微处理器 MCS8049 主要的引脚功能

引脚号	功　能
1	水位检测/漂洗控制信号输入
2、3	振荡器外接晶振
4	复位信号输入
6	测试
7	接地
12	蜂鸣器驱动信号输出
13～19	显示屏个位驱动信号输出
20	内部存储器编程供电
21	电动机正转驱动信号输出
22	电动机反转驱动信号输出
23	进水电磁阀触发信号输出
24	漂洗两次/1 分钟脱水指示灯控制信号输出
26	接地
27	键扫描脉冲信号输出
28	排水电磁阀触发信号输出
29	软化剂电磁阀触发信号输出
30～34	操作键信号输入
35	5 分钟洗涤/3 分钟脱水指示灯控制信号输出
36	10 分钟洗涤/5 分钟脱水指示灯控制信号输出
37	15 分钟洗涤/漂洗一次指示灯控制信号输出
38	轻柔洗指示灯控制信号输出
39	安全开关/不平衡检测开关信号输入
40	5V 供电

2. 功能操作电路

功能操作电路的核心元器件是微处理器 IC2、操作键 S1～S10、反相器 D1 和 D4。

微处理器 IC2 工作后，它的 27 脚输出键扫描脉冲信号，一路通过 D4 倒相放大后，为操作键 S6～S10 提供扫描脉冲；另一路通过 D1、D4 两级倒相器倒相后，为操作键S1～S5 提供扫描脉冲。当没有按键按下时，IC2 的 30～34 脚没有操作信号输入，IC2 不执行操作命令。一旦按压操作键 S1～S10 使 IC2 的 30～34 脚输入操作信号（键扫描信号）后，IC2 控制执行操作程序。其中，S1 是“加强洗”操作键，按压该键可以选择“加强洗”的功能；S2 是单洗操作键，按该键可选择单独洗功能；S3 是洗、漂操作键，按压该键可使洗衣机工作在洗涤、漂洗状态，而不进行脱水；S4 是标准操作键，按该键洗衣机工作在标准洗涤状态，即洗涤、漂洗、脱水；S5 是轻柔操作键，按该键时洗衣机工作在轻柔洗涤状态；S6 是轻脱水操作键，按压该键可实现轻脱水功能；S7 是漂洗次数操作键，按该键时可设置该机的漂洗次数为一次，还是二次；S8 是脱水时间设置键，通过该键可设置脱水时间；S9 是洗涤时间设置键，通过该键可设置洗涤时间长短；S10 是启动/暂停键，在停机状态时按压该键可启动，在工作中按该键时该机会暂停工作。暂停期间，按压该键会再次运行。

另外，IC2 的 27 脚输出的键扫描脉冲还送到水位开关、安全开关等控制电路。

3. 显示电路

参见图 5-3，显示电路的核心元器件是微处理器 IC2、发光二极管 VD6～VD14、数码管。

(1) 发光二极管显示

微处理器 IC2 的 27 脚输出的键扫描脉冲一路经 R6 限流，再经 VT5 放大，从它 e 极输出后，加到发光二极管的 VD6～VD10 的正极；另一路经 D1 倒相，再经 VT4 放大后，加到发光二极管的 VD11～VD14 的正极。如果需要 VD6 发光时，IC2 的 24 脚输出高电平信号，经 D3 内的倒相器变为低电平，就可以使 VD6 导通发光。

(2) 数码管显示

微处理器 IC2 的 27 脚输出的键扫描脉冲一路经 D4 倒相，再经 R4 加到 VT2 的 b 极，由其射随放大后，通过数码管的 14 脚为十位数数码管内部的发光二极管正极供电；另一路经 D1、D4 倒相，再经 VT3 射随放大后，通过数码管的 13 脚为个位数发光二极管的正极供电。而 IC2 的 13～19 脚输出的笔段高电平信号经 D2～D4 反相后，加到数码管的笔段输入端，就可以驱动数码管内的发光二极管发光，显示洗涤时间。

4. 蜂鸣器电路

蜂鸣器电路的核心元器件是微处理器 IC2、蜂鸣器 Y。

当程序结束或需要报警时，微处理器 IC2 的 12 脚输出的蜂鸣器驱动信号经 D4 倒相放大后，驱动蜂鸣器 Y 鸣叫，实现提醒和报警功能。

三、进水电路

进水电路的核心元器件是启动/暂停键 S10、水位开关 SA1、微处理器 IC2、进水电磁阀、双向晶闸管 VS3、反相器 D1。

微处理器电路工作后，按启动/暂停键 S10，使该机开始工作，当盛水桶内无水或水位太低，被水位开关 SA1 检测后它的触点不能吸合，VT11 截止，微处理器 IC2 的 1 脚没有键扫描脉冲输入，IC2 识别出桶内无水或水位太低，它的 23 脚输出触发信号。该触发信号通过 D1 内的一个反相器反相，再经驱动管 VT8 倒相放大，使双向晶闸管 VS3 被触发导通，为进水电磁阀的线圈供电，使其的阀门打开，开始注水，使桶内的水位逐渐升高。当水位达到设置值后，水的压力增大，使 SA1 的触点闭合，此时 VT11 因发射极接地而导通，于是 IC2 的 27 脚输出的键扫描脉冲通过 VT11 倒相放大后，加到 IC2 的 1 脚，被 IC2 识别后判断水已到位，切断 23 脚输出的触发信号，VS3 关断，进水电磁阀的阀门关闭，进水结束，实现进水控制。

四、洗涤电路

洗涤电路的核心元器件是微处理器 IC2、电动机、电动机运转电容、双向晶闸管 VS1/VS2、反相器 D1。

当微处理器 IC2 的 1 脚输入水到位的检测信号后，IC2 开始执行洗涤程序，它从 21、22 脚交替输出电动机触发信号。当 IC2 的 21 脚输出高电平信号时经 D1 倒相，使驱动管 VT6 截止，双向晶闸管 VS1 截止，而 22 脚输出的触发信号经 D1 倒相后，再经驱动管 VT7 倒相放大，使双向晶闸管 VS2 导通，为电动机的绕组供电，电动机在运转电容的配合下逆向运转。当 22 脚输出的高电平信号经 D1 倒相，使驱动管 VS7 截止，进而使 VS2 截止，而 21 脚输出的触发信号经 D1 反相，再经 VT6 倒相放大，使 VS1 导通，为电动机供电，电动机在运转电容 C 的配合下正向运转，而 21、22 脚都无驱动信号输出时，电机停转。这样，在 IC2 的控制下，电机按正转、停转、反转的规律周而复始地工作，通过波轮传动后，就可以完成衣物的洗涤。

五、排水、脱水电路

排水、脱水电路的核心元器件是微处理器 IC2、排水电磁阀、双向晶闸管 VS4、水位开关 SA1。

洗涤结束后，微处理器 IC2 开始执行排水程序，从它 28 脚输出的驱动信号通过 D1 反相，再经 VT9 倒相放大，触发双向晶闸管 VS4 导通，为排水电磁阀的线圈供电，使它的阀门打开，进行排水，而且将离合器组件转换为脱水状态，准备脱水。排水进行到一半时，水位开关 SA1 的触点断开，使 IC2 的 1 脚无扫描脉冲输入，IC2 判断排水正常，继续排水。如果 IC2 的 1 脚在设置时间仍有扫描脉冲输入，则 IC2 会判断排水不良，使该机进入保护状态，并控制蜂鸣器鸣叫，提醒用户洗衣机出现排水异常的故障。

当排水结束后，微处理器 IC 的开始执行脱水程序。此时，IC 的 28 脚仍输出驱动信号，使排水电磁阀继续排水，同时从 22 脚输出的触发信号使 VS2 间歇导通，进而使电动机间歇逆时针运转，该机处于间歇脱水状态。当设置的间歇脱水时间结束后，IC2 的 22 脚输出连续的触发信号，使 VS2 始终导通，电动机开始高速运转，实现快速脱水。

脱水期间若出现不平衡现象，导致洗涤桶晃动并且碰到不平衡开关的控制杆，使不平衡检测开关 SA2 的触点闭合，此时 VT12 因发射极接地而导通，于是 IC2 的 27 脚输出的键扫描脉冲通过 VT12 倒相放大后，加到 IC2 的 39 脚，被 IC2 识别后判断该机发生不平衡现象，控制 22 脚停止输出触发信号，使电机停转并关闭排水电磁阀的阀门，随后，输出控制信号使进水电磁阀重新进水，水到位后，执行漂洗程序，以便对不平衡进行校正，然后再进行脱水，若仍存在不平衡，则停止脱水，并驱动蜂鸣器鸣叫报警，提醒该机出现不平衡故障。

脱水期间若打开桶盖，安全开关（盖开关）SA4 的触点断开，使 VT14 截止，导致 IC2 的 1 脚在脱水期间无键扫描信号输入，IC2 识别后判断桶盖被打开，切断 22 脚输出的触发信号，不仅使电动机停转，而且使排水电磁阀复位，控制离合器刹车，实现开盖保护。

六、软化剂投放电路

软化剂投放电路由微处理器IC2、软化剂投放电磁阀、双向晶闸管VS5及其驱动电路构成。

需要投放软化剂时，微处理器IC2的29脚输出的驱动信号通过D1反相，再经VT10倒相放大，使双向晶闸管VS5导通，为软化剂投放电磁阀的线圈供电，使阀门打开，为洗涤液投放软化剂。当IC2的29脚不再输出触发信号后，VS5关断，软化剂投放电磁阀的阀门关闭，投放结束。

第六章

电冰箱电路识图

第一节 电脑控制定频电冰箱电路识图

第二章介绍了普通电冰箱电路的识图方法，下面以 LGGR-S24NCKE 型电冰箱电路介绍电脑控制定频电冰箱电路的识图方法。该机是一款采用制冷剂 R600a（59g）的新型三门直冷式电冰箱，它的电气系统由按键板、显示板（操作、显示板）、主控制板（电脑板）、压缩机、风扇电机、电磁阀、温度检测传感器、门灯、门开关等构成，如图 6-1 所示。

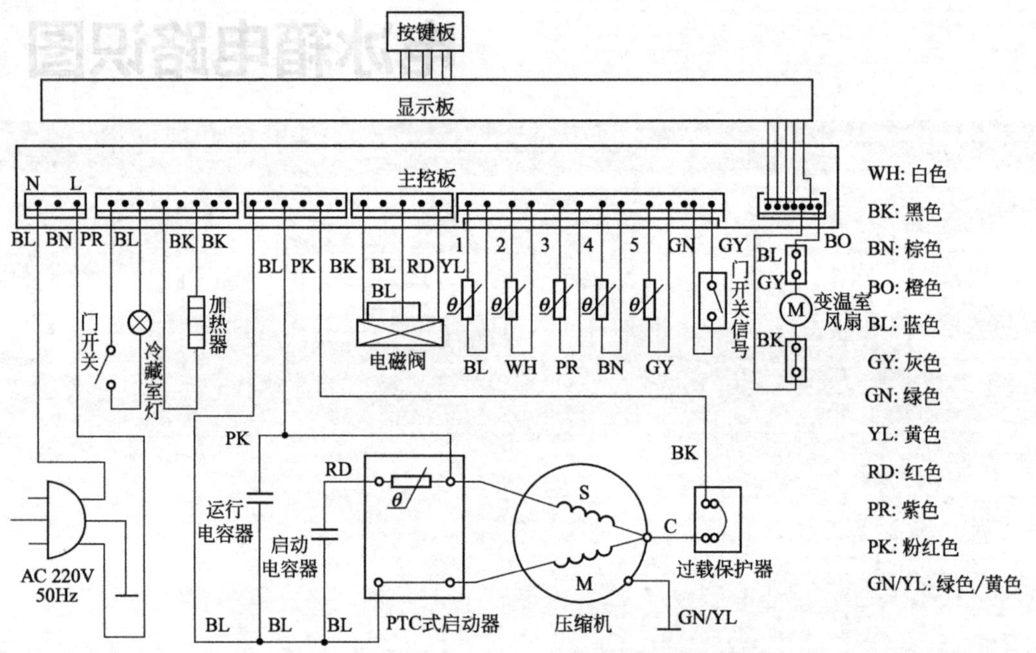

图 6-1 LG GR-S24NCKE 型电冰箱电气系统连接示意图

1—冷冻室温度传感器；2—冷藏室温度传感器；3—冷藏室蒸发器传感器；

4—变温室温度传感器；5—变温室蒸发器传感器

一、低压电源电路

该电源电路采用以变压器 TRANS、稳压器 IC2 和 IC4 为核心构成的变压器降压式直流稳压电源，如图 6-2 所示。核心元器件是 TRANS、整流管 D1～D8、稳压器 IC2 和 IC4。

插好电冰箱的电源线后，220V 市电电压经熔断器 FUSE 输入后，经 CV1 滤除高频干扰脉冲，再通过变压器 TRANS 降压，从它的次级绕组输出 15V、9V 左右（与市电电压高低成正比）的两个交流电压。其中，15V 左右的交流电压通过 D1～D4 桥式整流，利用 CE1、CC14 滤波产生 21V 左右的直流电压，再经 IC2（7812）稳压输出 12V 直流电压，不仅为继电器 RY1～RY8 的线圈和驱动电路 IC6 供电，而且为变温室风扇电机供电。9V

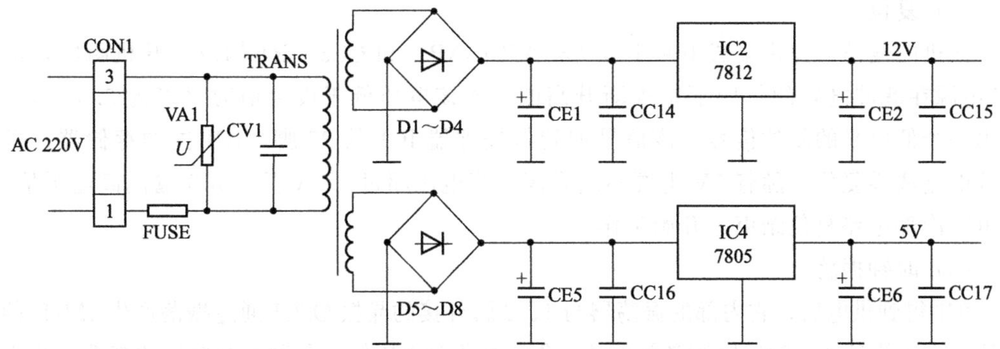

图 6-2 LG GR-S24NCKE 型电冰箱电脑板低压电源电路

左右交流电压通过 D5～D8 桥式整流，利用 CE5、CC16 滤波产生 13.5V 左右的直流电压，再经 IC4（7805）稳压输出 5V 电压，为微处理器等电路供电。市电输入回路并联的 VA1 是压敏电阻，当市电电压过高时 VA1 击穿短路，使 FUSE 过流熔断，避免了低压电源的元器件过压损坏。

二、微处理器电路

微处理器电路的核心元器件是微处理器 TMP87P809NG（IC1）、复位芯片 IC5（KIA7024AP）、晶振 OSC1、操作键，如图 6-3 所示。

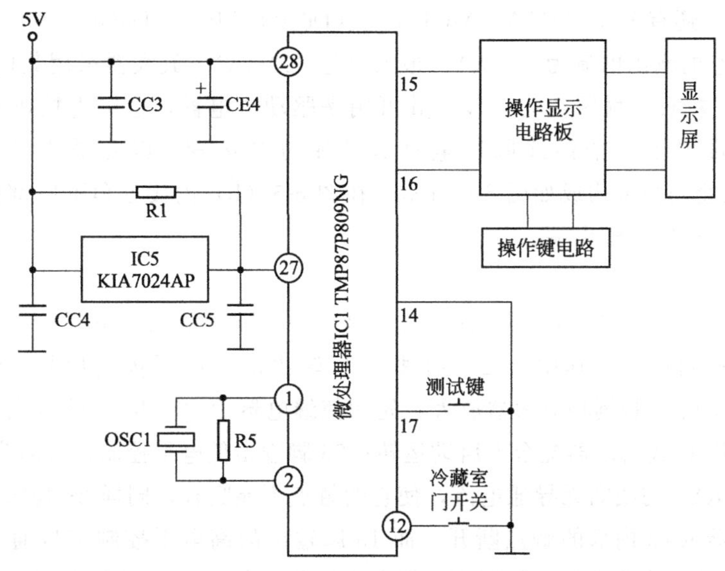

图 6-3 LG GR-S24NCKE 型电冰箱系统控制电路

1. 基本工作条件

CPU 能够工作的三个基本条件是具备正常的 5V 供电、复位信号和时钟振荡信号。

（1）5V 供电

插好电冰箱的电源线，待低压电源工作后，由输出的 5V 电压经 CC3 和 CE4 滤波后，加到微处理器 IC1 的供电端 28 脚，为 IC1 供电。

(2) 复位

该机的复位电路由集成电路 IC5（KIA7042AP）和 CC5、R1 构成。开机瞬间，由于 5V 电源在滤波电容的作用下是逐渐升高的，当该电压低于设置值时（多为 3.6V），IC5 输出一个低电平的复位信号。该信号加到微处理器 IC1 的 27 脚，IC1 内的存储器、寄存器等电路清零复位。随着 5V 电源不断升高，当电压超过 3.6V 后，IC5 输出高电平信号，使 IC1 内部电路复位结束，开始工作。

(3) 时钟振荡

IC1 得到供电后，它内部的振荡器与 1、2 脚外接的晶振 OSC1 通过振荡产生 4MHz 的时钟信号。该信号经分频后协调各部位的工作，并作为 IC1 输出各种控制信号的基准脉冲源。

2. 显示屏控制

该机采用了液晶显示屏，由微处理器 IC1 的 15、16 脚输出的显示信号，通过操作显示板处理后，为显示屏提供行、列驱动信号，控制显示屏显示电冰箱的工作状态和温度等信息。

三、制冷电路

制冷电路的核心元器件是微处理器 IC1、温度检测电路、压缩机、驱动块 ULN2003、风扇电机、电磁阀、继电器 RY1～RY6，如图 6-4 所示。

1. ULN2003 简介

ULN2003（还有 ULN2003A、MC1413、TD62003AP、KID65004 等）是由七个非门电路构成的，它的输出电流为 200mA（最大可达 350mA），放大器采用集电极开路输出，饱和压降为 1V 左右，耐压约为 36V。其可用来驱动继电器，也可直接驱动白炽灯等器件。它内部还设置了一个消线圈反电动势的钳位二极管，以免放大器过电压损坏。ULN2003 的实物与内部构成如图 6-5 所示。在图 6-5（b）内接三角形底部的引脚是输入端，接小圆圈的引脚是输出端。

2. 制冷控制

需要制冷时，微处理器 IC1 的 21、22、13、25、24 脚输出高电平控制信号，23、26 脚输出低电平控制信号。其中，22、21 脚先后输出的高电平控制信号，经驱动块 IC6（ULN2003）的 4、5 脚倒相放大器放大，先后使继电器 RY2、RY1 的触点闭合，压缩机在启动电容、PTC 式启动器配合下启动运转；26 脚输出低电平控制信号时带阻三极管 Q2 截止，继电器 RY5 的线圈无导通电流，使它的触点不能吸合，同样 23 脚输出低电平控制信号时，继电器 RY3 内部的触点断开。而 13 脚输出的高电平控制信号通过带阻放大管 Q3 倒相放大，为继电器 RY6 的线圈提供导通电流，使 RY6 内的触点闭合，市电电压通过 D15 半波整流，为电磁阀 1 的线圈正向供电，使电磁阀 1 关闭通往冷冻室毛细管的端口，而打开通往电磁阀 2 的端口；25 脚输出的高电平控制信号通过 IC6 的 1 脚内的倒相放大器放大，为继电器 RY4 提供导通电流，使 RY4 内的触点闭合，市电电压通过 D17 半波整流，为电磁阀 2 的线圈正向供电，使电磁阀 2 关闭通往冷藏室毛细管的端口，而打开通往变温室毛细管的端口。这样，制冷剂可以通过变温室蒸发器、冷冻室蒸发器对变温室和冷冻室进行降温。随着压缩机的不断运行，变温室的温度开始下降。当变温室的温度达

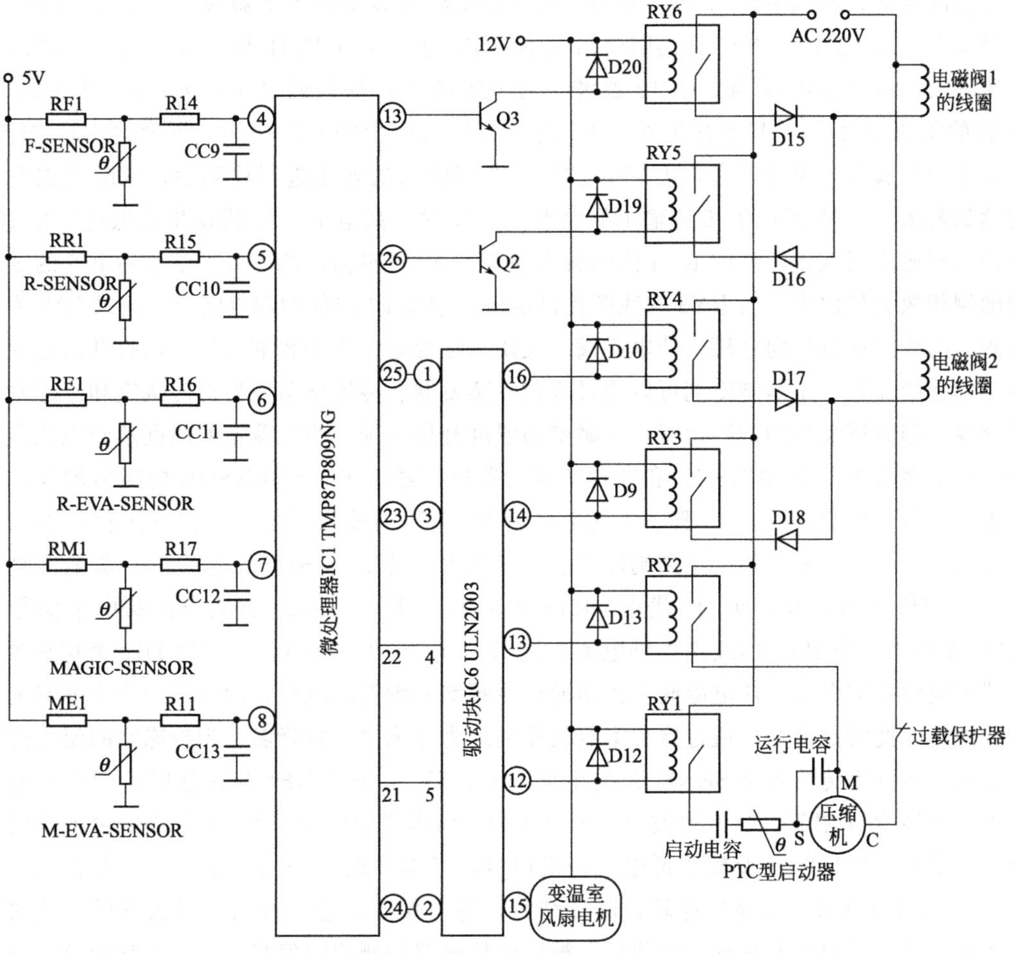

图 6-4 LG GR-S24NCKE 型电冰箱制冷电路

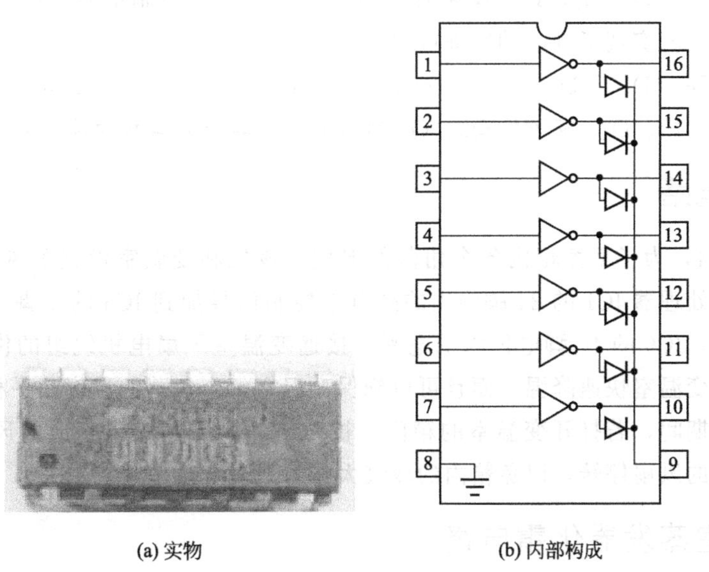

(a) 实物 (b) 内部构成

图 6-5 ULN2003 的实物与内部构成

到设置温度后，变温室传感器 MAGIC-SENSOR 与其蒸发器传感器 M-EVA-SENSOR 的阻值增大，MAGIC-SENSOR 的阻值增大后，5V 电压通过 RM1 与它分压后产生的取样电压增大，通过 R17 限流，CC12 滤波，为 IC1 的 7 脚提供的电压增大；M-EVA-SENSOR 的阻值增大后，5V 电压通过 ME1 与它分压后产生的电压增大，再通过 R11 限流，使 IC1 的 8 脚输入电压升高，IC1 通过对 7、8 脚输入的电压进行检测后，判断变温室温度达到要求，于是 IC1 的 25 脚输出低电平，23 脚输出高电平，25 脚输出的低电平使 IC6 内的倒相放大器截止，致使 RY4 内的触点断开，而 23 脚输出的高电平信号经 IC6 的 3 脚内的倒相放大器放大，为 RY3 的线圈提供电流，使 RY3 内部的触点闭合，通过 D18 为电磁阀 2 的线圈提供反向电压，使电磁阀 2 关闭通往变温室毛细管的端口，而打开通过冷藏室毛细管的端口，于是制冷剂可以通过冷藏室蒸发器、冷冻室蒸发器对冷藏室和冷冻室进行降温。随着压缩机的继续运行，冷藏室的温度开始下降。当冷藏室的温度达到设置温度后，冷藏室传感器 R-SENSOR 和冷藏室蒸发器传感器 R-EVA-SENSOR 的阻值增大，经电阻取样后，使 IC1 的 5、6 脚输入的电压增大，IC1 对输入的电压与内部固化的电压进行比较后，判断冷藏室温度达到制冷要求，于是 IC1 的 13 脚输出低电平，26 脚输出高电平。13 脚输出的低电平使 Q3 截止，RY6 内的触点断开，而 26 脚输出的高电平信号经 Q2 倒相放大，为 RY5 的线圈提供电流，使 RY5 内部的触点闭合，通过 D16 为电磁阀 1 的线圈提供反向电压，使电磁阀 1 关闭通往冷藏室毛细管的端口，而打开通往冷冻室毛细管的端口，此时制冷剂仅通过冷冻室蒸发器继续为冷冻室进行降温。当冷冻室的温度达到要求后，冷冻室传感器 F-SENSOR 的阻值增大，5V 电压经 RF1 与它分压后产生的电压增大，再经 R14 限流，CC9 滤波后，为 IC1 的 4 脚提供的电压增大，IC1 判断冷冻室的温度达到要求，IC1 的 21 脚输出低电平停机信号，经 IC6 的 5 脚内的倒相放大器放大，使 RY1 内的触点释放，压缩机停转，制冷结束，进入保温状态。进入保温状态后，箱内温度逐渐升高，当温度升高到一定值后，被温度传感器检测后阻值减小，并将它转换为电压信号，送给 IC1 进行识别，IC1 判断需要制冷后，则输出控制信号，使机组进入制冷状态，周而复始，就实现了食品的冷冻或保鲜。

【提示】 D9、D10、D12、D13、D19、D20 是钳位二极管，由于 IC6 内设置了钳位二极管，所以仅 D19、D20 有保护 Q2、Q3 的功能，而其他的二极管没有实际意义。

四、风扇电路

参见图 6-4，为了平衡箱内各个角落的温度，该机和变温室设置了风扇及风扇电机。制冷期间，微处理器 IC1 的 24 脚输出的高电平控制信号加到 IC6 的 2 脚，经 2 脚内的倒相放大器放大，IC6 的 15 脚电位为低电平，接通变温室风扇电机绕组的供电回路，使它旋转，不仅使变温室快速降温，而且可以确保变温室每个角落的温度几乎相同。

风扇旋转期间，若打开变温室的箱门，被 IC1 识别后则输出相应的风扇电机停转信号，使它内部的风扇停转，以免箱内的冷气大量外泄，实现节能控制。

五、变温室蒸发器化霜电路

变温室蒸化霜电路的核心元器件是变温室蒸发器温度传感器、ME1、R11、CC13、微处理器 IC1，如图 6-6 所示。

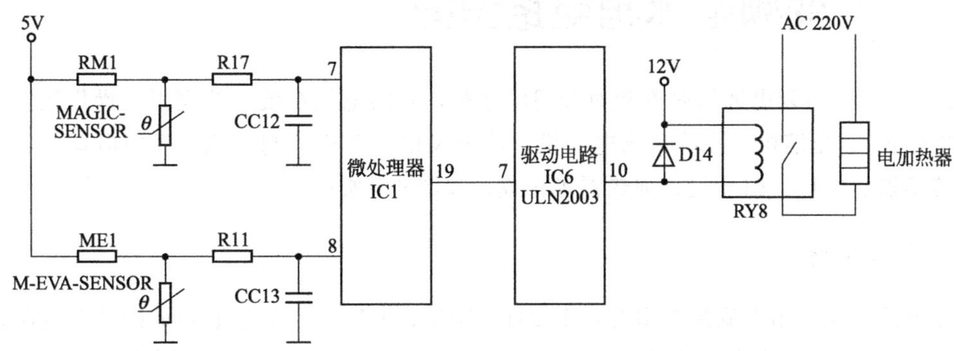

图 6-6 LG GR-S24NCKE 型电冰箱变温室蒸发器化霜电路

变温室蒸发器需要化霜时，微处理器 IC1 的 19 脚输出高电平电压。该电压经 IC6 的 7 脚内的倒相放大器放大后，使它的 10 脚电位为低电平，为继电器 RY8 的线圈提供电流，使它内部的触点闭合，为加热器供电，加热器开始发热，变温室蒸发器温度逐渐升高，当变温室蒸发器的温度升高到 5℃时，变温室蒸发器传感器 M-EVA-SENSOR 的阻值减小，5V 电压通过 ME1 与它分压产生的电压减小，通过 R11 限流，CC13 滤波后输入到 IC1 的 8 脚，被 IC1 识别后，确认化霜达到要求，输出停止化霜的控制信号，切断化霜加热器的供电回路，化霜结束。

由于变温室蒸发器温度传感器 M-EVA-SENSOR 开路或断路，就不能为 IC1 的 8 脚提供正常的温度检测信号，导致变温室不能正常化霜，所以该机设置了 M-EVA-SENSOR 异常检测功能。当 M-EVA-SENSOR 或 ME1、R11、CC13 异常，为 IC1 的 8 脚提供的电压低于 0.5V 或超过 4.5V 时，IC1 就会识别为 M-EVA-SENSOR 开路或短路，开始执行变温室蒸发器温度传感器开路或短路程序，控制显示屏显示“E6”的故障代码，提醒用户、维修人员该机的变温室蒸发器温度传感器开路或短路。

六、故障自诊功能

为了便于生产和维修，该系统设置了故障自诊功能。当温度传感器或其阻抗/电压信号变换电路异常时，被微处理器 IC1 检测后，通过显示屏显示故障代码，提醒该机进入保护状态和故障原因。故障代码与故障原因如表 6-1 所示。

表 6-1 LG GR-S34NCKE 型电冰箱故障自检代码与对应的故障部位

序号	代码	故障原因	故障部位
1	88	电冰箱正常	—
2	E1	R-SENSOR 异常保护	R-SENSOR 或其阻抗/电压变换电路
3	E2	R-EVA-SENSOR 异常保护	R-EVA-SENSOR 或其阻抗/电压变换电路
4	E3	F-SENSOR 异常保护	F-SENSOR 或其阻抗/电压变换电路
5	E5	M-SENSOR 异常保护	M-SENSOR 或其阻抗/电压变换电路
6	E6	M-EVA-SENSOR 异常保护	M-EVA-SENSOR 或其阻抗/电压变换电路

第二节 变频电冰箱电路识图

海尔 Y555 系列电冰箱是变频对开门电冰箱，它的电气系统由按键板、操作板、主控板（电脑板）、压缩机、冷冻风扇电动机、冷藏风扇电动机、制冰机、风门电动机、温度检测传感器、门灯、门开关、加热器等构成，如图 6-7 所示。

一、电源电路

该电源电路采用电流控制型芯片 IC201（NCP1200P100）为核心构成的开关电源，如图 6-8 所示。该电源的核心元器件是 IC201、开关变压器 T200、光电耦合器 IC203。

1. NCP1200P100 的资料

NCP1200P100 是美国安森美半导体公司生产的新型 PWM 控制器，它有 SOIC-8 和 PDIP-8 两种封装结构，它内部由集成振荡器、PWM、误差放大器、时钟发生器、延迟 250ns 的前沿消隐、欠电压锁定高低稳压器等单元电路构成，如图 6-9 所示。它的引脚功能见表 6-2。

表 6-2 NCP1200P100 的引脚功能

引脚号	引脚名	功　能
1	Adj	跳峰值电流调整
2	FB	稳压反馈信号输入
3	CS	电流检测信号输入
4	GND	接地
5	DRV	开关管激励信号输出
6	VCC	工作电压输入，过电压、欠电压检测
7	NC	空脚
8	HV	启动电压输入

2. 市电输入、 300V 供电电路

市电输入、300V 供电电路的核心元器件是互感线圈 L202、滤波电容 C202、整流管 D208～D211、滤波电容 E201 和 E202，辅助元器件有压敏电阻 RV200、限流电阻 RT200。

220V 市电电压通过 F200 输入到电源电路，利用 L202、C202 组成的线路滤波器滤波后，经 D208～D211 组成的整流堆桥式整流，通过负温度系数热敏电阻 RT200 限流，利用滤波电容 E202 和 E201 滤波产生 300V 直流电压。

市电输入回路并接的 RV200 是压敏电阻。市电电压正常时它相当于开路。当市电过高时它击穿，使熔断器 F200 过电流熔断，切断市电电压输入回路，避免了电源电路的其他元器件过电压损坏，实现市电电压过压保护。

3. 功率变换电路

功率变换电路的核心元器件是电源控制芯片 IC201（NCP1200P100）、开关管

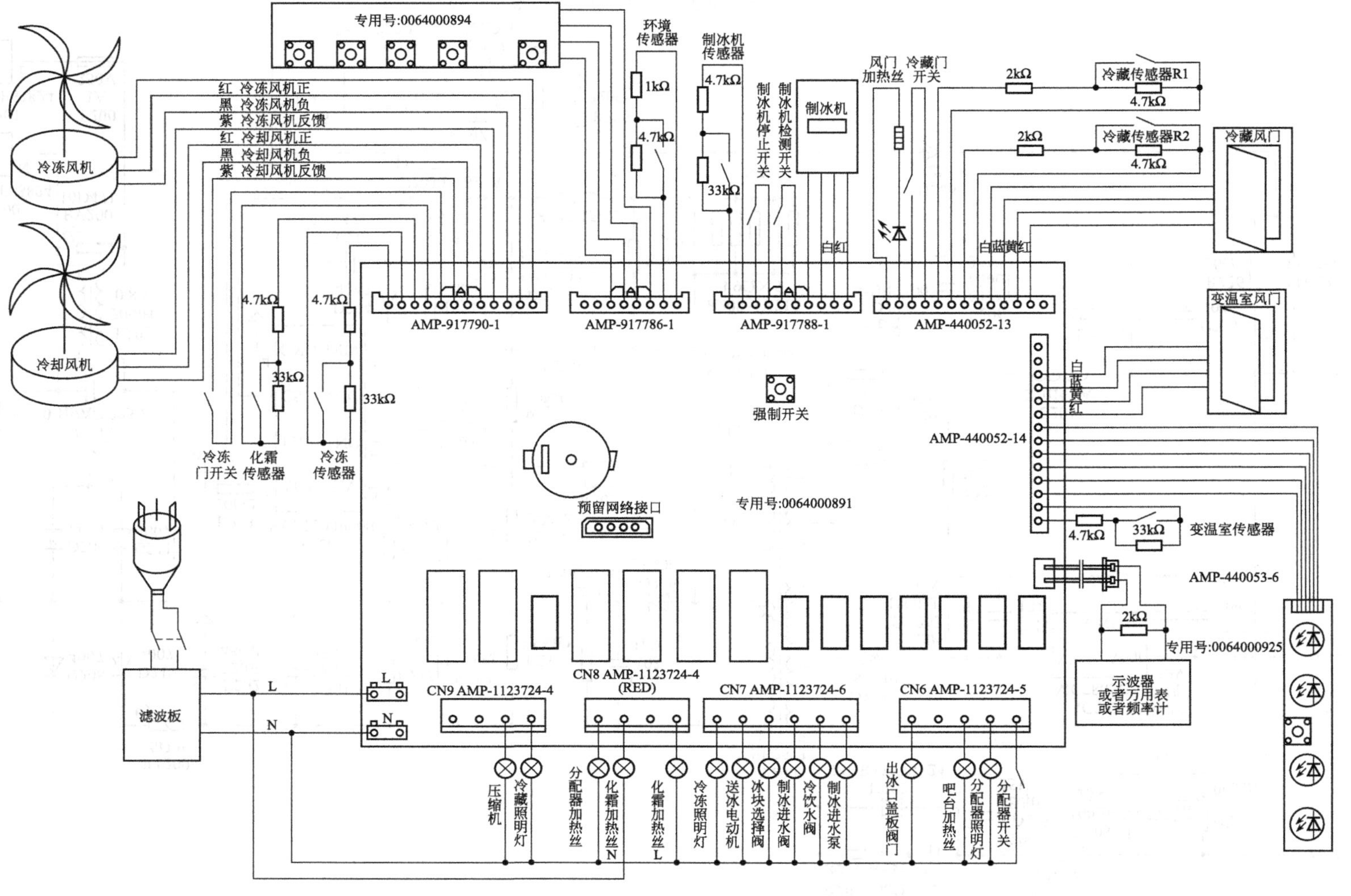

图 6-7 海尔 Y555 系列电冰箱电气系统连接图

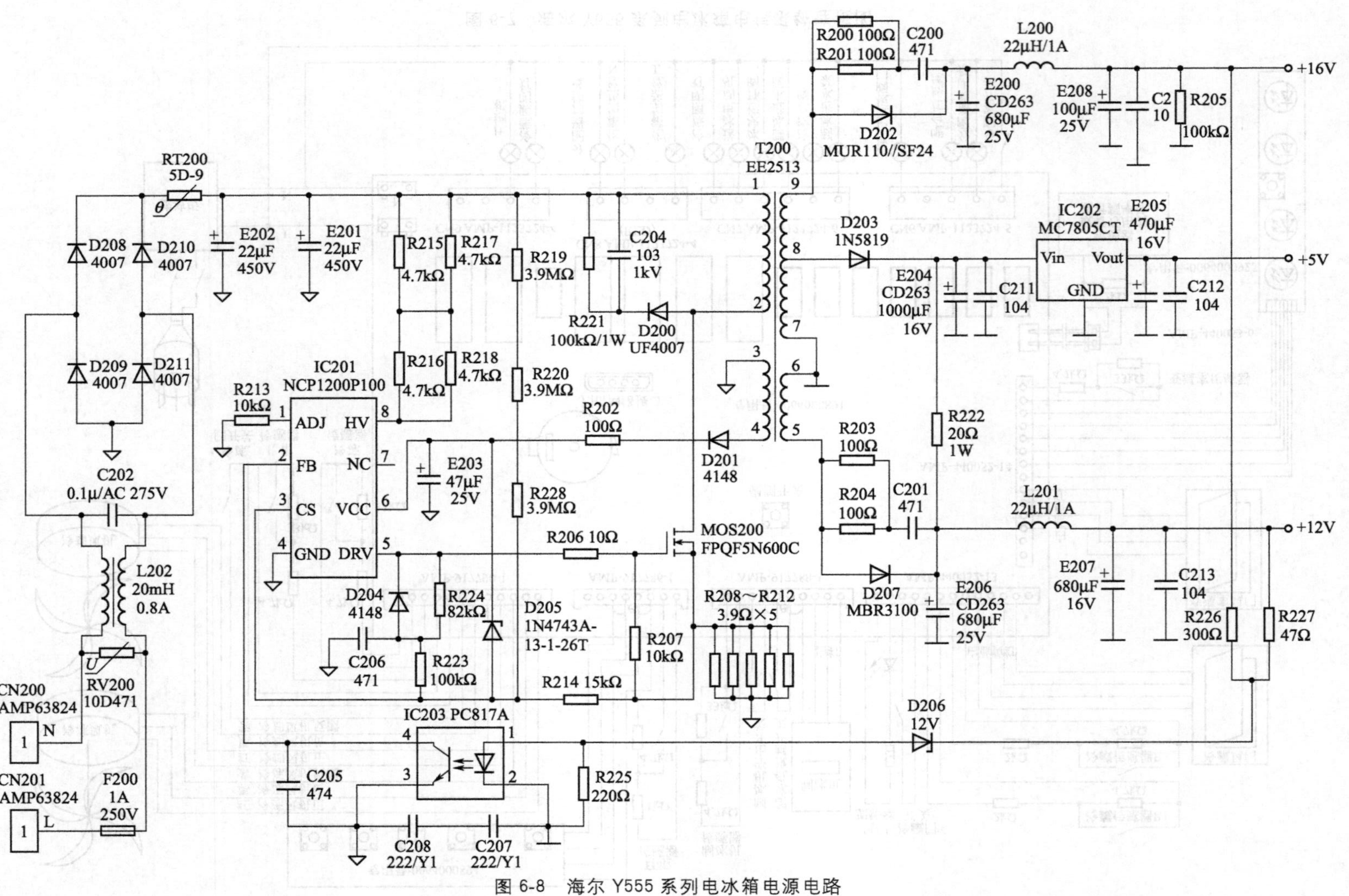

图 6-8 海尔 Y555 系列电冰箱电源电路

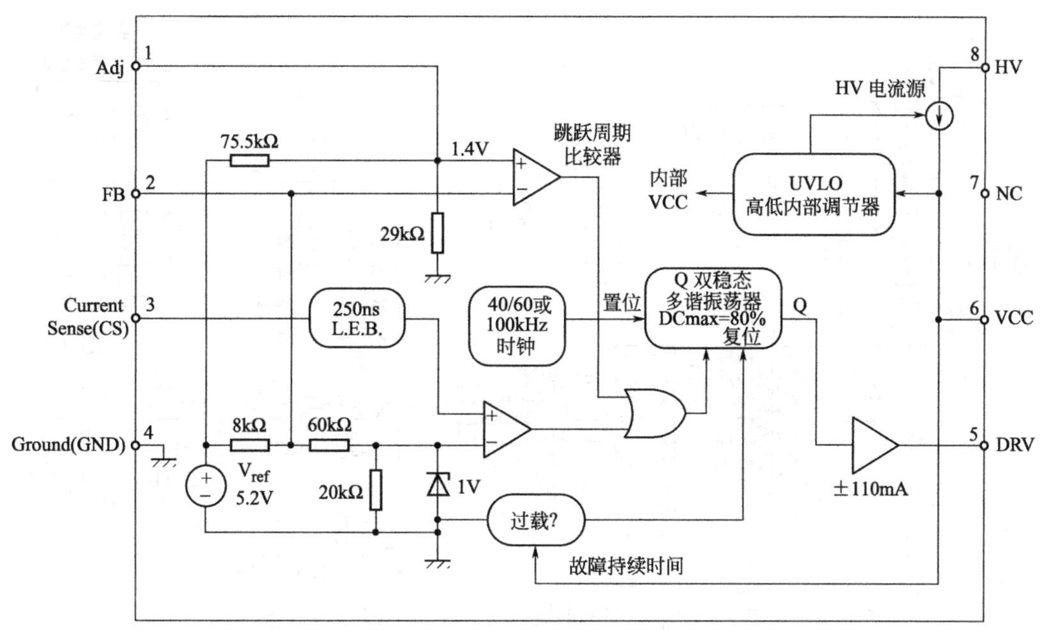

图 6-9 NCP1200P100 内部构成

MOS200、开关变压器 T200、D202、D203、D207、E203、E200、E204、稳压管 IC202。

300V 电压不仅通过 T200 的一次绕组（1-2 绕组）加到开关管 MOS200 的 D 极为它供电，而且通过 R215～R218 限流后加到 IC201 启动端 8 脚。8 脚输入的电压利用 7mA 高压恒流源，为 IC201 的 6 脚外接的滤波电容 E203 充电。当充电电压达到 12V 后，IC201 内部的基准电源工作，由它输出的电压为振荡器等电路供电，振荡器工作后产生 100kHz 振荡脉冲，该脉冲控制 PWM 电路从 5 脚输出激励脉冲，随后通过 R206 限流使 MOS200 工作在开关状态。由 D200、R221、C204 组成尖峰脉冲吸收回路，用来限制尖峰脉冲的幅度，以免 MOS200 被过高的尖峰脉冲击穿。

开关电源工作后，开关变压器 T200 的自馈电绕组（3-4 绕组）输出的脉冲电压通过 D201 整流，经 R202 限流，再经 E203 滤波产生的电压加到 IC201 的 6 脚，为 IC201 提供启动后的工作电压。同时，7-9 绕组输出的脉冲电压通过 D202 整流，E200、L200 和 E208 滤波产生 16V 电压，不仅为误差取样电路提供取样电压，而且为风扇电动机的驱动电路供电；7-8 绕组输出的脉冲电压通 D203 整流、E204 滤波，再经 5V 稳压器 IC202 稳压输出 5V 电压，通过 EC205、C212 滤波后为微处理器（CPU）等电路供电；5-6 绕组输出的脉冲电压通 D207 整流，E206、L201 和 E207 滤波产生 12V 电压，不仅为误差取样电路提供辅助取样电压，而且为继电器及其驱动电路供电。

4. 稳压控制电路

稳压控制电路的核心元器件是光电耦合器 IC203、稳压管 D206、限流电阻 R227 和 R226、滤波电容 C205、电源控制芯片 IC201。

当市电升高或负载变轻引起开关电源输出的电压升高时，滤波电容 E208 两端升高的电压通过 R226 使稳压管 D206 击穿导通加强，为 IC203 的 1 脚提供的电压增大，使 IC203 内的发光二极管因导通电压升高而发光强度增大，致使 IC203 内的光敏三极管因受光加强

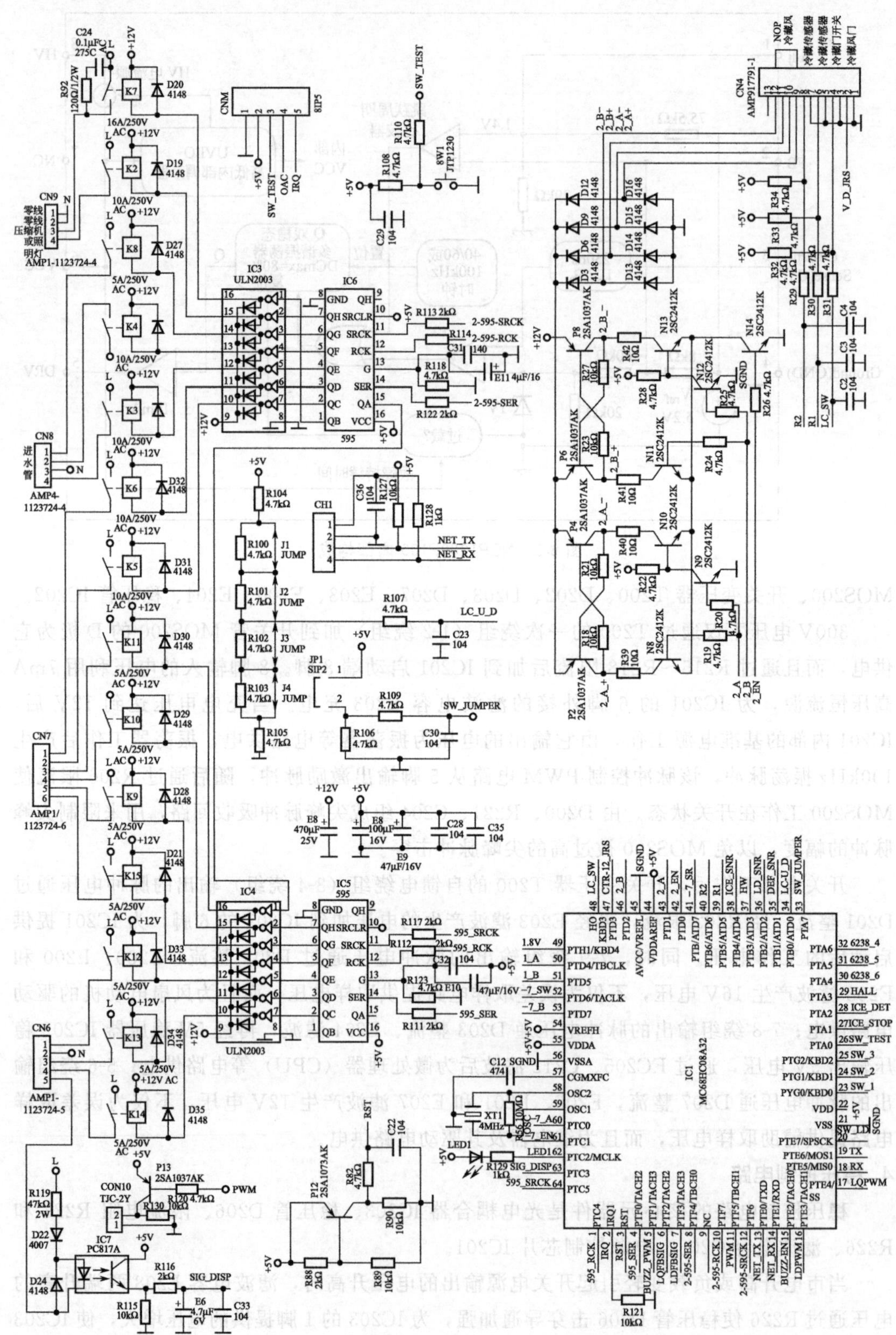

图 6-10 海尔 Y555 系列电冰箱系统控制电路（一）

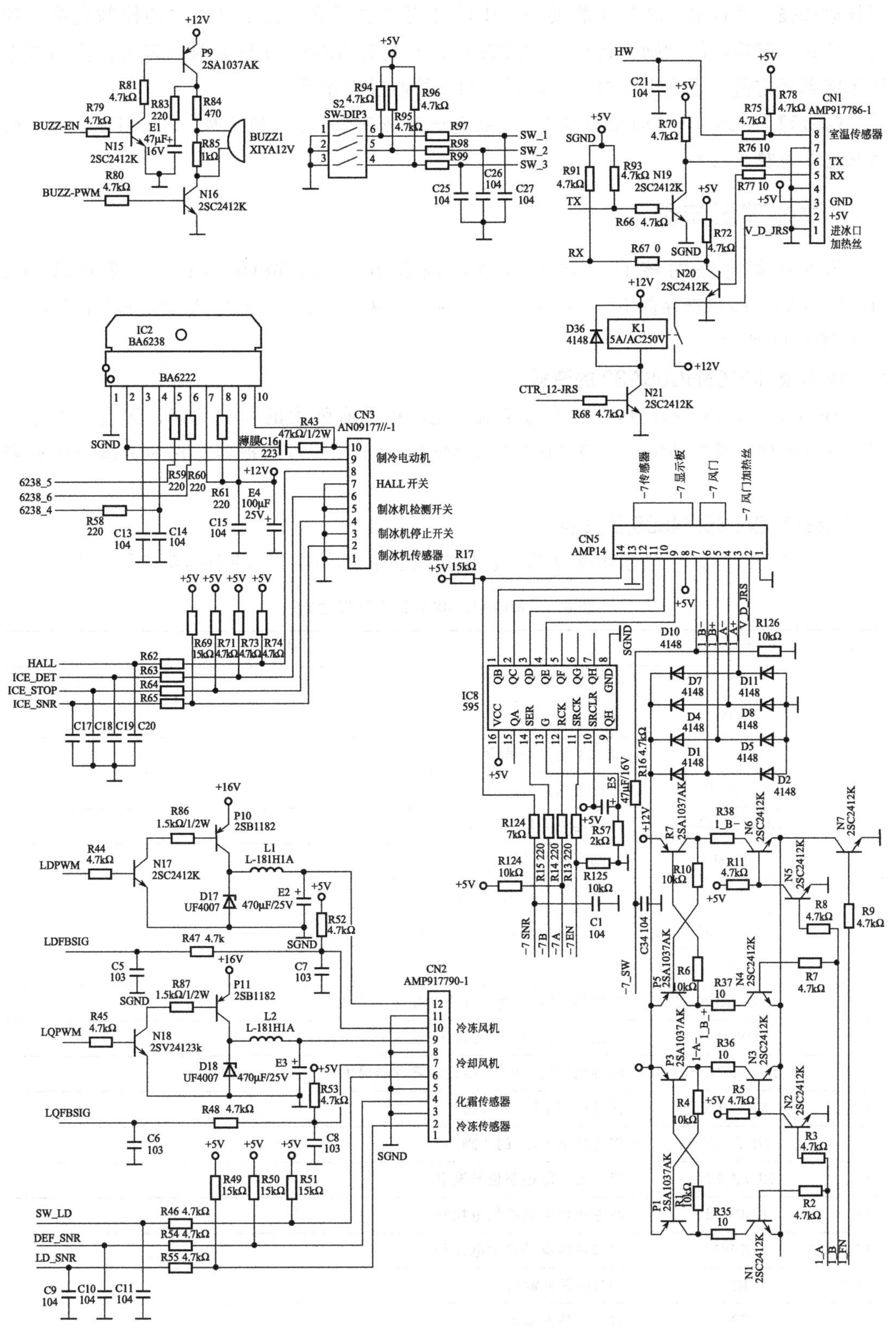

图 6-11 海尔 Y555 系列电冰箱系统控制电路（二）

而导通加强，通过 IC203 的 4 脚使 IC201 的 2 脚电位下降，经 IC201 内的控制电路处理后，使它 5 脚输出的激励脉冲的占空比减小，开关管 MOS200 导通时间缩短，输出端电压下降到规定值。当输出端电压下降时，稳压控制过程相反。

【提示】 E207 两端的电压经 R227 也会送到稳压管 D206 的负极，所以 E207 两端的电压也参与稳压控制。

二、微处理器电路

微处理器电路的核心元器件是微处理器 IC1（MC68HC08A32），驱动块 IC2（BA6238A），移相寄存器 IC5、IC6、IC8（595），驱动块 IC3、IC4（ULN2003），如图 6-10 和图 6-11 所示。

1. 微处理器 MC68HC08A32 的资料

MC68HC08A32 不仅具有完善的控制功能，还具有强大的存储功能，无需外置存储器，并且可向上兼容 M6805、M146805 和 M68HC05 系列微处理器。它的引脚功能见表 6-3。

2. 移相寄存器 595(74595)的资料

595（74595）是八位移相寄存器，它具有三态输出功能。它的引脚功能见表 6-4。

表 6-3　MC68HC08A32 的引脚功能

脚号	脚名	功　能
1	RCK	控制信号输出
2	IRQ	外部中断控制
3	RST	低电平复位信号输入
4	595_SER	串行数据信号输出(为 595 提供)
5	BUZZ_PWM	蜂鸣器驱动信号输出
6	LQFBSIG	冷却风扇电动机反馈信号输入
7	LDFBSIG	冷冻风扇电动机反馈信号输入
8	2-595-SER	串行数据信号输出(为 595 提供)
9	NC	空脚
10	2-595-RCK	时钟信号输出(为 595 内的存储器提供)
11	PWM	压缩机变频驱动信号输出
12	2-595-SRCK	时钟信号输出(为 595 内的寄存器提供)
13	NET_TX	接连接器 CH1 的 3 脚
14	NET_RX	接连接器 CH1 的 4 脚
15	BUZZ_EN	蜂鸣器使能控制信号输出
16	LDPWM	冷冻风扇电动机供电控制
17	LQPWM	冷却风扇电动机供电控制
18	RX	4MHz 晶振输出
19	TX	4MHz 晶振输入
20	SW_LD	冷冻室门开关控制信号输入

续表

脚号	脚名	功 能
21	VSS	接地
22	VDD	数字电路供电
23	SW_1	开关1控制信号输入
24	SW_2	开关2控制信号输入
25	SW_3	开关3控制信号输入
26	SW_TEST	测试开关控制信号输入
27	ICE_STOP	制冰机停止信号输入
28	ICE_DET	制冰机检测开关信号输入
29	HALL	开关信号输入
30	6238_6	制冷(制冰)电动机驱动信号输出
31	6238_5	制冷(制冰)电动机驱动信号输出
32	6238_4	制冷(制冰)电动机驱动信号输出
33	SW_JUMPER	SW 信号输入
34	LC_U_D	5V 电压检测信号输入
35	DEF_SNR	化霜温度检测信号输入(外接化霜传感器)
36	LD_SNR	冷冻室温度检测信号输入(外接冷冻室传感器)
37	HW	室内环境温度检测信号输入(外接室温传感器)
38	ICE_SNR	制冰温度检测信号输入(外接制冰传感器)
39	R1	冷藏室温度检测信号1输入(外接冷藏室传感器1)
40	R2	冷藏室温度检测信号2输入(外接冷藏室传感器2)
41	−7_SNR	−7℃室(变温室,下同)温度检测信号输入(外接−7℃室传感器)
42	2_EN	冷藏室风门使能控制信号输出
43	2_A	冷藏室风门驱动信号A输出
44	VDDAREF	基准电压
45	SGND	接地
46	2_B	冷藏室风门驱动信号B输出
47	CTR_12_JRS	风门、进冰口加热器供电控制
48	LC_SW	冷藏室门开关检测信号输入
49	1_EN	−7℃室风门使能控制信号输出
50	1_A	−7℃室风门驱动信号A输出
51	1_B	−7℃室风门驱动信号B输出
52	−7_SW	−7℃室门开关检测信号输入
53	−7_B	−7℃室显示板驱动信号B输出
54	VREFH	基准电压
55	VDDA	数字电路接地
56	VSSA	模拟电路接地
57	CGMXFC	—

续表

脚号	脚名	功　　能
58	OSC2	时钟振荡器 2
59	OSC1	时钟振荡器 1
60	−7_A	−7℃室显示板驱动信号 A 输出
61	−7_EN	−7℃室显示板使能控制信号输出
62	LED1	指示灯 LED1 驱动信号输出
63	SIG_DISP	分配器开关检测信号输入
64	595_SRCK	595 的 SRCK 信号输出

表 6-4　595 的引脚功能

脚号	脚名	功　　能
1	QB	并行数据信号输出
2	QC	并行数据信号输出
3	QD	并行数据信号输出
4	QE	并行数据信号输出
5	QF	并行数据信号输出
6	QG	并行数据信号输出
7	QH	并行数据信号输出
8	GND	接地
9	QH	串行数据信号输出
10	SRCLR	主复位信号输入(低电平有效)
11	SRCK	寄存器时钟信号输入
12	RCK	存储器时钟信号输入
13	G	输出控制(低电平有效)
14	SER	串行数据信号输入
15	QA	并行数据信号输出
16	VCC	供电

3. 微处理器基本工作条件电路

微处理器 IC1 正常工作需要三个基本条件，分别是具备正常的 5V 供电、复位信号和时钟振荡信号。

(1) 5V 供电

插好电冰箱的电源线，待电源电路工作后，输出的 5V 电压加到微处理器 IC1 的供电端 22、55 脚，分别为它内部的数字电路和模拟电路供电。

(2) 复位电路

复位电路的核心元器件是微处理器 IC1、三极管 P12 和电阻 R82。开机瞬间，由于 5V 电源电压在滤波电容的作用下是逐渐升高的，当该电压低于设置值时（多为 3.6V），P12 截止，它的集电极输出一个低电平的复位信号。该信号加到微处理器 IC1 的 3 脚，IC1 内的存储器、寄存器等电路清零复位。随着 5V 电源电压的不断升高，当该电压超过

3.6V 后，P12 导通，它的集电极输出高电平信号。该信号加到 IC1 的 3 脚，IC1 内部电路复位结束，开始工作。

（3）时钟振荡

时钟振荡电路的核心元器件是微处理器 IC1、晶振 XT1。IC1 得到供电后，它内部的振荡器与 58、59 脚外接的晶振 XT1 通过振荡产生 4MHz 的时钟信号。该信号经分频后协调各部位的工作，并作为 IC1 输出各种控制信号的基准脉冲源。

4. 显示屏控制电路

该机－7℃室设置了显示屏。该电路的核心元器件是显示屏、移相寄存器 IC8（595）、微处理器 IC1。

在需要该显示屏进行显示时，微处理器 IC1 的 61 脚输出的使能控制信号通过 R13 加到 IC8 的 11 脚，同时 IC1 的 53 脚输出的串行数据信号加到 IC8 的 14 脚，IC1 的 60 脚输出的时钟信号通过 R14 加到 IC8 的 12 脚，被 IC8 处理后，分别为显示屏提供行、列驱动信号，控制显示屏显示电冰箱的工作状态和制冷温度。

三、风扇电动机电路

该机为了实现制冷和确保压缩机正常工作，设置了冷冻风扇电动机和冷却风扇电动机电路。

1. 电动机驱动

电动机驱动电路的核心元件是电动机、微处理器 IC1、放大器。

微处理器 IC1 的 16 脚输出的驱动信号通过 R44 限流，N17、P10 倒相放大，由 P10 的集电极输出的激励信号通过 L1、E2 滤波后，经连接器 CN2 的 12 脚驱动冷冻风扇电动机运转，使冷冻室内的空气形成对流，热空气被冷冻室蒸发器吸热后迅速降温，冷冻室开始制冷。

IC1 的 17 脚输出的驱动信号通过 R45 限流，N18、P11 倒相放大，由 P11 的集电极输出的激励信号通过 L2、E3 滤波后，经连接器 CN2 的 9 脚驱动冷却风扇电动机运转，为冷凝器、压缩机进行冷却散热。

2. 转速调整

转速调整电路的核心元器件是微处理器 IC1、温度传感器。

IC1 可以根据蒸发器和冷凝器的温度，控制 16、17 脚输出的驱动信号占空比，自动调整风扇电动机的转速。

3. 电动机相位检测电路

相位控制电路的核心元器件是霍尔传感器、微处理器 IC1，辅助元器件有限流电阻和滤波电容。冷冻、冷却风扇电动机内部装有用于检测转速的霍尔传感器。当它们旋转后，霍尔传感器输出端输出相位检测信号，即 PG 脉冲信号。由于两个电动机的相位检测原理相同，下面以冷冻风扇电动机为例进行介绍。

当冷冻风扇电动机旋转正常时，PG 脉冲信号从连接器 CN2 的 10 脚输入到电脑板，再通过 C7、R47、C5 限流滤波，加到微处理器 IC1 的 7 脚，被 IC1 识别后判断冷冻风扇电动机旋转正常，继续控制 IC1 的 16 脚输出的驱动信号，使冷冻风扇电动机继续旋转。

当冷冻风扇电动机不能旋转或旋转异常时，使IC1的7脚输入的PG信号异常时，IC1会判断冷冻风扇电动机异常，不仅控制16脚停止输出的驱动信号，使冷冻风扇电动机停转，而且控制显示屏显示冷冻风扇电动机旋转异常的故障代码。R52、R53是为霍尔组件供电的限流电阻。

四、制冷电路

制冷电路的核心元器件是微处理器IC1、温度传感器（负温度系数热敏电阻）、驱动块ULN2003、移相寄存器IC6（595）、继电器。电路见图6-10和图6-11。

微处理器IC1工作后，由它的10脚输出存储器时钟信号、12脚输出寄存器时钟信号，从8脚以串行数据的形式输出压缩机供电控制信号，从16脚输出冷冻风扇电动机驱动信号，从17脚输出冷却风扇电动机驱动信号，从42脚输出高电平的冷藏室风门使能信号，从43、46脚输出冷藏室风门电动机驱动信号，从49脚输出高电平的－7℃室风门使能信号，从50、51脚输出－7℃室风门电动机驱动信号。

10、12脚输出的信号分别通过R114、R113加到移相寄存器IC6的12、11脚，8脚输出的串行数据信号通过R122加到IC1的14脚。IC6对输入的信号进行移相处理后，从它的1脚输出高电平控制信号，该信号通过IC3的1脚内的倒相放大器倒相放大后使它的16脚电位为低电平，继电器K7的线圈有电流流过，使K7内的触点闭合，接通变频板的供电回路，启动压缩机运转，实施制冷。如上所述，IC1的16脚输出的驱动信号使冷冻风扇电动机旋转，使冷冻室进入制冷状态，IC1的17脚输出的驱动信号使冷却风扇电动机旋转，为压缩机、冷凝器散热。

IC1的42脚输出的高电平使能控制信号通过R26限流，使控制管N14导通，由P2、P4、P6、P8、N8～N13组成的电动机驱动电路可以工作。此时，IC1的43脚输出的驱动信号通过R19、R20限流后，加到N8和N9的基极，同时IC1的46脚输出的驱动信号通过R24、R25限流后，加到N11和N12的基极，于是电动机驱动电路产生2_A_－、2_A_＋、2_B_－、2_B_＋四路驱动信号，通过连接器CN4的9～12脚为冷藏室风门电动机提供驱动信号，使冷藏室风门在电动机的带动下打开风道，冷冻室产生的冷风通过风道进入冷藏室，冷藏室也开始制冷。

IC1的49脚输出的高电平使能控制信号通过R9限流，使控制管N7导通，由P1、P3、P5、P7、N17组成的电动机驱动电路可以工作。此时，IC1的50脚输出的驱动信号通过R2、R3限流后，加到N1和N2的基极，同时IC1的51脚输出的驱动信号通过R7、R8限流后，加到N4和N5的基极，于是电动机驱动电路产生1_A_－、1_A_＋、1_B_－、1_B_＋四路驱动信号，通过连接器CN5的3～6脚为－7℃室风门电动机提供驱动信号，使－7℃室风门在电动机的带动下打开风道，冷冻室产生的冷风通过风道进入－7℃室，－7℃室也开始制冷。

随着压缩机和风扇电动机的不断运行，冷冻室、冷藏室、－7℃室的温度开始下降。当－7℃室的温度达到需要值后，－7℃室传感器的阻值增大，5V电压通过R17与它取样，此时的电压增大，通过R12限流、C1滤波后，为微处理器IC1的41脚提供的电压升高，IC1将该电压数据与其内部固化的不同温度的电压数据比较后，判断出－7℃室的温度达到要求，使它的50、51脚不再输出激励脉冲，49脚输出的控制信号变为低电平，致使−7℃室的风门电动机停止工作，带动风门关闭通往−7℃室的风道，冷风不能进入−7℃室，该室制冷结束，进入保温状态。当冷藏室的温度达到需要值后，冷藏室传感器R1、R2的阻值增大，5V电压通过R34、R33与它们取样后产生的取样电压增大，再经R30、R29限流，C3、C4滤波后，为微处理器IC1提供的电压增大，IC1将该电压数据与其内部固化的不同温度的电压数据比较后，判断冷藏室的制冷效果达到要求，使42脚输出低电平信号，43、46脚不再输出激励信号，使冷藏室的风门电动机停转，带动风门关闭通往冷藏室的风道，冷风不能进入冷藏室，该室制冷结束。当冷冻室的温度达到要求后，冷冻室传感器的阻值增大，5V通过R49与它取样产生的取样电压增大，经R55限流、C9滤波，为IC1的36脚提供的电压增大，IC1将该电压数据与其内部固化的不同温度的电压数据比较后，判断冷冻室的制冷效果达到要求，从8脚输出压缩机停机信号，通过IC6移相处理，再经IC3内的倒相放大器放大，使继电器K7的线圈无导通电流，K7内的触点释放，变频板停止工作，压缩机因没有驱动电压输入而停止运转，冷冻室制冷工作结束，进入保温状态。随着保温时间的延长，各个室的温度逐渐升高，使温度传感器的阻值逐渐减小，为IC1提供的温度取样电压减小，IC1将电压数据与其内部固化的不同温度的电压数据比较后，控制电冰箱再次进入制冷状态。

【提示】 继电器K7线圈两端并联的二极管D20是钳位二极管，它在IC3内的倒相放大器截止瞬间，将线圈产生较高的反峰电压钳位到12V电源，以免IC3内的放大器过电压损坏。由于IC3内设置了钳位二极管，所以D20没有实际意义。

五、化霜电路

化霜电路的核心元器件是化霜传感器（负温度系数热敏电阻）、微处理器IC1、驱动块ULN2003、继电器和化霜加热器。电路见图6-10和图6-11。

微处理器IC1检测到压缩机累计运行达到化霜时间后，它的8脚输出化霜串行数据信号，它的16脚不输出驱动信号，它的47脚输出高电平控制信号。IC1的16脚没有驱动信号时，冷冻电动机停转。IC1的8脚输出的信号通过R122加到IC6的14脚，被IC6处理后，从它的1脚输出低电平信号，从它的4～6脚输出高电平控制信号。IC6的1脚输出的低电平电压经IC3内的非门倒相放大后，继电器K7线圈的电流消失，K7内的触点释放，切断了变频板的供电回路，压缩机停转。IC6的4脚输出的高电平信号经IC3的5脚内的倒相放大器放大，使继电器K3的线圈有电流流过，K3内的触点闭合，接通化霜加热器L的供电回路，它开始为蒸发器加热。同理，IC6的5脚输出高电平信号后继电器K4的触点闭合，为化霜加热器N供电，它开始为蒸发器加热；IC6的6脚输出高电平信号后继电器K8的触点闭合，为分配器加热器供电，它开始加热。同时，IC1的47脚输出的高电平控制信号通过R68限流，使N21导通，使继电器K1的线圈有电流流过，K1内的触点闭合，12V电压第一路通过连接器CN1的2脚为进冰口加热器供电，使其为进冰口化霜；第二路通过连接器CN5的2脚为−7℃室的风门加热器供电，使它开始加热，为该风门进行化霜；第三路通过连接器CN4的2脚为冷藏室的风门加热器供电，使它开始加热，为该风门进行化霜。随着化霜的不断进行，蒸发器表面的温度逐渐升高。当蒸发器表面的温度升高到13℃左右，化霜传感器的阻值减小，5V电压通过R51与其分压产生的电压减小，经R54限流、C10滤波后为微处理器IC1的35脚提供的电压减小，被IC1识别后判断化霜效果达到要求，控制8脚输出加热器停止加热的信号，经IC6和IC3处理后，使继电器为低电平控制信号，继电器内的触点释放，化霜加热器因没有供电而停止发热，化霜工作结束。

继电器K1、K3、K4、K6线圈两端并联的二极管是钳位二极管，它们在N14、IC3内的倒相放大器截止瞬间，将线圈产生较高的反峰电压钳位到12V电源，避免了N14、IC3内的放大器过电压损坏。由于IC3内设置了钳位二极管，所以仅K1线圈两端并联的D36有作用。

六、门开关及其控制电路

1. 冷冻室门开关控制电路

冷冻室门开关不仅控制照明灯的工作状态，而且控制风扇电动机的工作状态。该电路的核心元器件是门开关、R51、R46、C11和微处理器IC1。

当冷冻室的箱门打开时，连接器CN2的6脚外接的冷冻室门开关接通，门开关将连接器CN2的6脚对地短路，为微处理器IC1的20脚提供的检测信号为低电平，被IC1识别后判断冷冻室箱门打开，IC1的8脚输出点亮冷冻室照明灯的串行数据信号，同时由16脚输出冷冻风扇电动机运转信号，使冷冻风扇电动机停转，以免冷气大量外泄。而IC1的8脚输出的串行数据信号通过R122加到IC6的14脚，被IC6处理后，从它的3脚输出高电平控制信号。该信号经驱动块IC3的6脚内的倒相放大器放大，为继电器K6的线圈提供导通电流，K6内的触点闭合，为冷冻室的照明灯供电，照明灯被点亮。而关闭冷冻室的箱门后，门开关的触点断开，使IC1的20脚输入的信号变为高电平，被IC1识别后判断箱门关闭，它通过8脚输出熄灭冷冻室照明灯的控制信号，并使16脚输出冷冻风扇电动机驱动信号，使冷冻风扇电动机运转，实现制冷通风功能。

2. 冷藏室门开关控制电路

冷藏室门开关控制电路的核心元器件是门开关、R32、R31、C2和微处理器IC1。该电路和冷冻室箱门控制原理基本相同，不同之处：一是当冷藏室的箱门打开时，连接器CN4的4脚外接的冷藏室门开关接通，门开关将连接器CN4的4脚对地短路，为微处理器IC1的48脚提供的电压为低电平，被IC1识别后判断冷藏室箱门打开；二是IC1的8脚输出的串行数据信号通过R122加到IC6的14脚，被IC6处理后，从它的7脚输出高电平控制信号。该信号经驱动块IC3的2脚内的倒相放大器放大，使继电器K2的线圈有导通电流，K2内的触点闭合，为冷藏室的照明灯供电，照明灯被点亮。

七、冷饮电路

冷饮电路的核心元器件是冷饮按键、微处理器IC1、移相寄存器IC5、驱动块IC4、继电器K9、冷饮水阀。

1. 冷饮进水电路

需要进水时，微处理器IC1通过8脚输出进水串行数据信号。该信号通过R111加到IC5的14脚，被IC5处理后，从它的5脚输出高电平控制信号。该信号经驱动块IC4的4

脚内的非门倒相放大后，接通继电器 K15 的线圈供电回路，K15 内的触点闭合，为进水泵的线圈供电，进水泵电机开始旋转，带动进水泵开始为水罐注水。

2. 分配器及其照明电路

该机的冷饮分配器及其照明电路的核心元器件是分配器开关、分配器、分配器照明灯、继电器 K14。

将连接器 CN6 的 5 脚外接的分配器开关闭合后，市电电压通过 R119 限流，D22 半波整流，为光电耦合器 IC7 内的发光管供电，发光管开始发光，使它内部的光敏管因受光照而导通，从它的 e 极输出的电压经 R116 限流，E6 和 C33 滤波，加到微处理器 IC1 的 63 脚，被 IC1 检测后判断分配器开关闭合，通过 8 脚输出点亮照明灯的串行数据信号。该信号通过 R111 加到 IC5 的 14 脚，被 IC5 处理后，从 IC5 的 2 脚输出高电平控制信号。该信号通过 IC4 的 7、10 脚内的非门倒相放大，为继电器 K14 的线圈供电，使 K14 内的触点闭合，为分配器的照明灯供电，分配器照明灯开始发光。

3. 取水电路

该机的冷饮取水电路的核心元器件是冷饮取水键、微处理器电路、冷饮水阀、继电器 K9。

按冷饮键取水时，该信息被微处理器 IC1 识别后，IC1 通过 8 脚输出冷饮控制的串行数据信号。该信号通过 R111 加到 IC5 的 14 脚，被 IC5 处理后，从 IC5 的 6 脚输出高电平控制信号。该信号通过 IC4 的 3 脚内的倒相放大器放大，使继电器 K9 的线圈有导通电流，K9 内的触点闭合，为冷饮水阀的线圈供电，冷饮水阀打开，冷饮水从水阀流出。

八、制冰电路

该电路由微处理器电路、制冰进水电路、制冰电路、冰块选择、出冰电路构成。电路见图 6-11。

1. 制冰进水电路

该机的制冰进水电路的核心元器件是进水阀、微处理器 IC1、继电器 K10。

制冰机需要进水时，微处理器 IC1 通过 8 脚输出进水串行数据信号。该信号通过 R111 加到 IC5 的 14 脚，被 IC5 处理后，从它的 7 脚输出高电平控制信号。7 脚输出的高电平信号经 IC4 的 2 脚内的倒相放大器放大，使继电器 K10 的线圈有导通电流，K10 内的触点闭合，为制冰进水阀的线圈供电，制冰进水阀打开，水通过进水阀进入制冰机。

2. 制冰电路

该机的制冰电路的核心元器件是制冰机、微处理器 IC1、驱动块 IC2、制冰传感器。

按下制冰机的制冰开关时，使微处理器 IC1 的 27 脚输入高电平制冰控制信号，被 IC1 识别后从它的 30～32 脚输出激励信号。这四路激励信号分别通过 R58～R60 限流，加到驱动块 IC2（BA6238）的 4～6 脚，经 IC2 内的放大器放大后，从 IC2 的 2、10 脚输出电机驱动电压，再通过连接器 CN3 的 9、10 脚驱动制冷电机旋转，开始制冰。当制冰温度达到要求后，CN3 的 2 脚外接的制冰机传感器的阻值增大到设置值，5V 电压通过 R74 与其他分压产生的电压增大，经 R65 限流、C17 滤波后为 IC1 的 38 脚提供的电压增大设置值，被 IC1 识别后判断制冰温度达到要求，IC1 的 30～32 脚输出停机信号，使制冷电机停转，制冰结束。在制冰过程中，若按下制冰机停止开关后，使 IC1 的 27 脚输入低电平控制信号，IC1 也会使制冰结束。

制冰电机内部装有用于检测转速的霍尔传感器。当它旋转后，霍尔传感器输出检测信号。该信号通过 CN3 的 8 脚输入后，利用 R62 限流，C20 滤波，加到 IC1 的 29 脚，被 IC1 识别后判断制冷电机运转是否正常，若不正常，则输出控制信号，使制冰电路停止工作。R69 是为电机内霍尔组件供电的限流电阻。

第七章
空调器电路识图

第一节 定频空调器电路识图

下面以海尔 KF-36GW/MK（YF）、KFR-36GW/MK（YF）“氧吧智慧眼”系列空调器电脑板电路为例介绍定频空调器电路的识图方法。该机电路由电源电路、微处理器电路、制冷/制热控制电路、风扇调速电路、保护电路等构成，如图 7-1 所示。

一、市电输入电路

市电电压输入电路的核心元器件是熔断器 FUSE、滤波电容 C35、压敏电阻 ZE1。

插好空调器的电源线后，220V 市电电压进入电脑板，不仅通过继电器为压缩机供电，而且通过熔断器 FUSE 输入到 C35 两端，经它滤除高频干扰脉冲后，一路通过继电器为室内风扇电机、四通阀、负离子供电；另一路为电源电路供电。

市电输入回路并联的 ZE1 是压敏电阻，当市电电压过高时 ZE1 击穿短路，导致 FUSE 过流熔断，避免了电源电路的元件过压损坏。

二、电源电路

该机的电源电路采用由 TOP222Y、开关变压器 T1 为核心构成的他激式开关电源。该电路的核心元器件是 IC9（TOP222Y）、T1、光电耦合器 IC10、误差放大器 IC11。

1. TOP222Y 简介

TOP222Y 是一种性能较高的电源厚膜电路，它的内部构成如图 7-2 所示，它的引脚功能如表 7-1 所示。

表 7-1 YO3A 型 TOP222Y 的引脚功能

引脚名	功 能	引脚名	功 能
SOURCE	场效应开关管的 S 极	DRAIN	开关管漏极和高压恒流源供电
CONTROL	误差控制信号输入		

2. 功率变换

经 C35 滤波后的市电电压利用共模滤波器 EM11 输入到整流堆 BD2 的输入端，经 BD2 桥式整流产生的电压不仅送到市电过零检测信号形成电路，而且经 D9、R50 隔离、限流，再利用 C44 滤波产生 300V 直流电压。该电压经开关变压器 T1 初级绕组加到 IC9（TOP222Y）供电端，不仅为它内部的开关管供电，而且使其内部的控制电路开始工作。控制电路工作后，由其产生的激励脉冲信号使开关管工作在开关状态。开关电源工作后，T1 的 3 个次级绕组输出脉冲电压，通过整流滤波后为负载供电。其中，通过 D6 整流，C40、C22 滤波产生的电压再通过 IC7 产生 5V 电压，为微处理器、温度检测等电路供电；通过 D7 整流，C41、C22、L1、C42 滤波产生 12V 电压，为驱动块等电路供电；经 D5 整流，C29 滤波获得的电压为光电耦合器 IC10 内的光敏管供电。

由 D8、R47、C48 用来限制开关管截止瞬间产生的尖峰脉冲，以免 IC9 内的开关管被

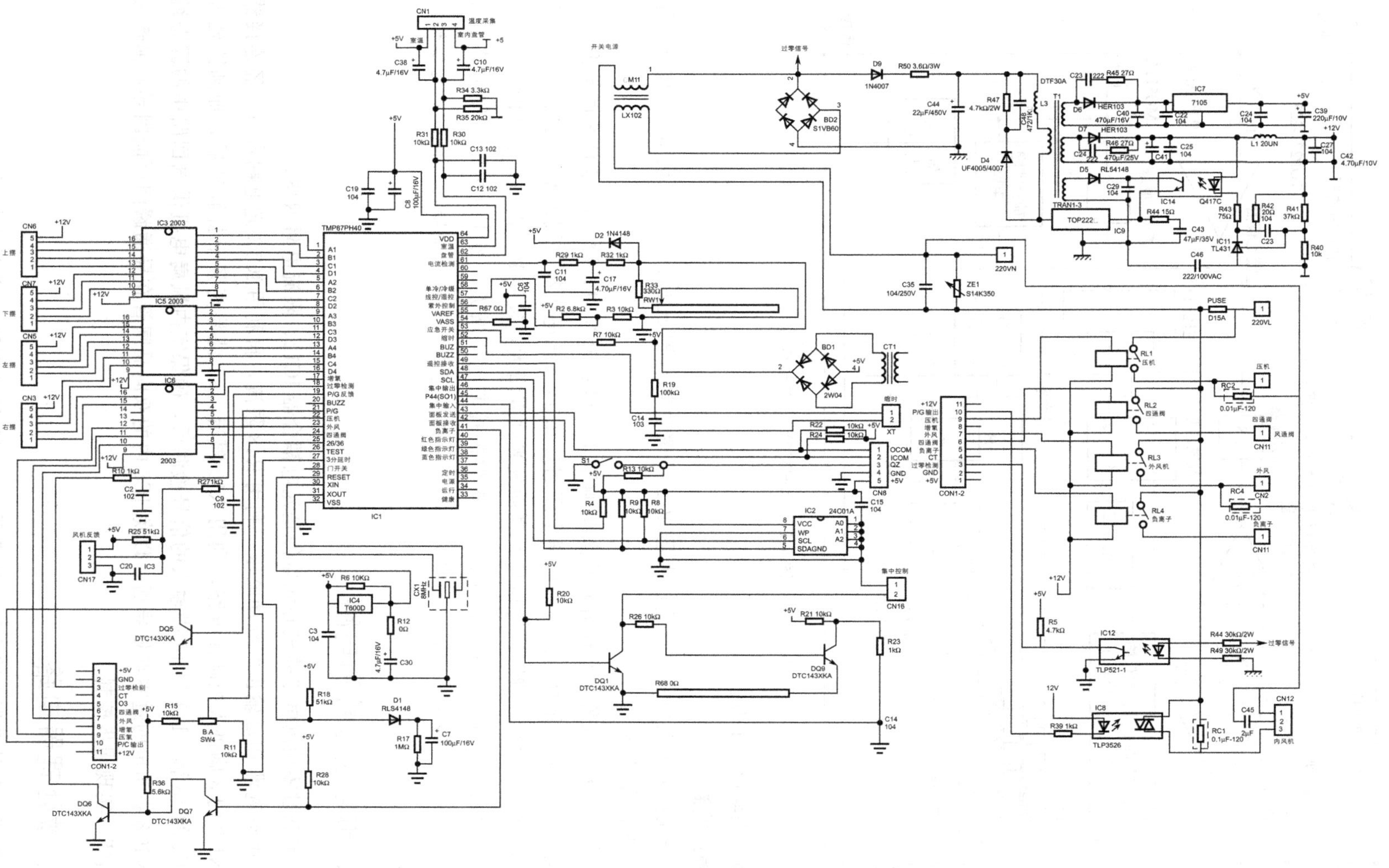

图 7-1 海尔 KF-36GW/MK（YF）、KFR-36GW/MK（YF）型空调器的电脑板电路

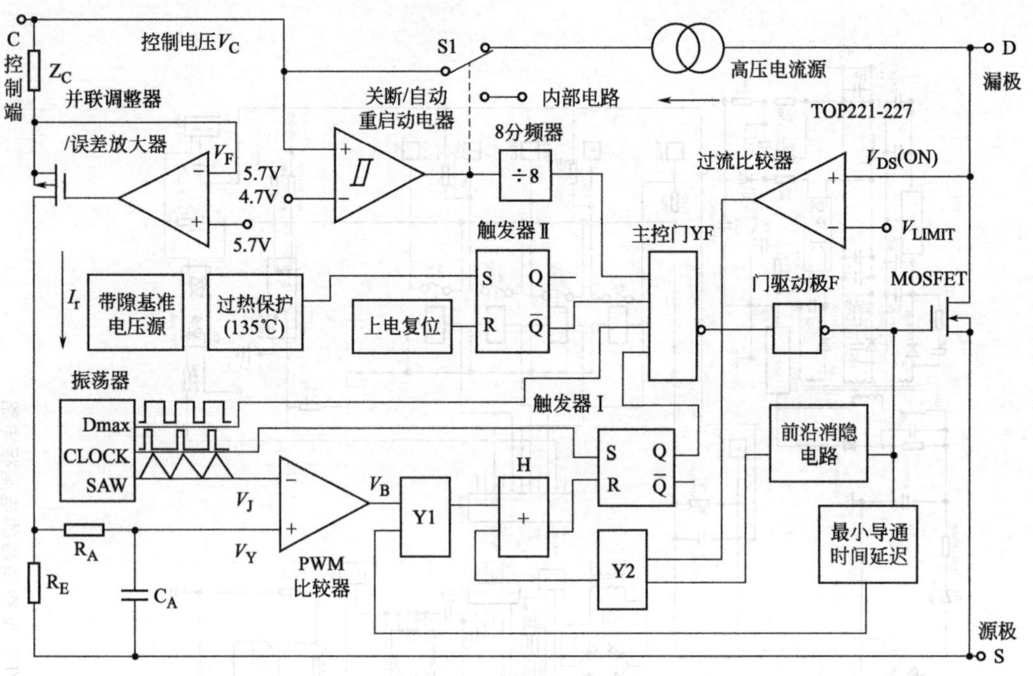

图 7-2　TOP222Y 块内部构成

过高的尖峰脉冲击穿。

3. 稳压控制

稳压控制电路由三端误差放大器 IC11、光电耦合器 IC10、电源模块 IC9、取样电阻 R41、R40 等构成。

当市电升高或负载变轻引起开关电源输出的电压升高时，滤波电容 C42 两端升高的电压经 R41、R40 取样，产生的取样电压超过 2.5V。该电压经三端误差放大器 IC11 放大后，使 IC9 内的发光管因导通电压升高而发光强度增大，致使 IC9 内的光敏管因受光加强而导通加强，为 IC9 的控制信号输入端提供的控制电压增大，经 IC9 内的控制电路处理后，开关管的导通时间缩短，输出端电压下降到规定值。当输出端电压下降时，稳压控制过程相反。

三、市电过零检测电路

市电过零检测电路的核心元器件是光电耦合器 IC12、限流电阻 R48。

由整流堆 BD2 输出的脉动电压，利用 R48 限流，再利用 IC12 光电耦合后，经连接器 CON1-2 的 3 脚进入控制板电路，利用 R10 限流，C2 滤除高频干扰脉冲后，加到微处理器 IC1 的 18 脚。IC1 对 18 脚输入的信号检测后，确保室内风扇电机供电回路中的固态继电器 IC8 在市电的过零点处导通，以免 IC8 内的双向晶闸管在导通瞬间可能因导通损耗大而损坏，实现同步控制。

四、微处理器电路

该机的微处理器电路采用微处理器 IC1（TMP87PH40）为核心构成。

1. 微处理器 IC1 的引脚功能

微处理器 IC1 的引脚功能见表 7-2。

表 7-2 微处理器 IC1 的引脚功能

引脚号	功 能	引脚号	功 能
1～4	上摆导风电机驱动信号输出	41	负离子发生器供电控制信号输出
5～8	下摆导风电机驱动信号输出	42	面板操作信号输入
9～12	左摆导风电机驱动信号输出	43	键扫描信号输出
13～16	右摆导风电机驱动信号输出	44	集中控制信号输入
17	增氧控制信号输出(未用,悬空)	45	未用,悬空
18	市电过零检测信号输入	46	集中控制信号输出
19	室内风扇电机相位检测信号输入	47	I^2C 总线时钟信号输出
20	蜂鸣器驱动信号输出(未用,悬空)	48	I^2C 总线数据信号输入/输出
21	室内风扇电机驱动信号输出	49	遥控信号输入
22	压缩机供电控制信号输出	50、51	未用,悬空
23	室外风扇电机供电控制信号输出	52	缩时控制信号输入
24	四通阀控制信号输出	53	应急控制信号输入
25	机型选择	54	接地
26	测试信号	55	参考电压输入
27	3 分钟延迟信号输入	56	紫外线控制信号输出(未用,悬空)
28	门开关信号输入(未用,悬空)	57	单冷、冷暖选择
29	复位信号输入	58～60	未用,悬空
30	振荡器输入	61	压缩机电流检测信号输入
31	振荡器输出	62	室内盘管温度检测信号输入
32	接地	63	室内温度检测信号输入
33～40	未用,悬空	64	供电

2. 基本工作条件

微处理器 IC1 的基本工作条件电路包括供电电路、复位电路、时钟振荡电路。

(1) 5V 供电

该机通上市电电压，待电源电路工作后，由其输出的 5V 电压经 C8、C19 滤波后，加到微处理器 IC1 的供电端 64 脚和存储器 IC2 的 8 脚，为它们供电。

(2) 复位

该复位电路的核心元器件是微处理器 IC1 和复位芯片 IC4（T600D）。

开机瞬间，由于 5V 电源在滤波电容的作用下是逐渐升高。当该电压低于 4.2V 时，IC4 输出低电平电压，该电压加到 IC1 的 29 脚，使 IC1 内的存储器、寄存器等电路清零复位。随着 5V 电源的逐渐升高，当其超过 4.2V 后，IC4 输出高电平电压，经 C30 滤波后加到 IC1 的 29 脚后，IC1 内部电路复位结束，开始工作。正常工作后，IC1 的 29 脚电位几乎与供电相同。实际上，R6 和 C30 构成的积分电路也有复位功能。

（3）时钟振荡

该电路的核心元器件是微处理器 IC1、晶振 CX1。

IC1 得到供电后，它内部的振荡器与 30、31 脚外接的晶振 CX1 通过振荡产生 8MHz 的时钟信号。该信号经分频后作为基准脉冲源协调各部位的工作。

3. 功能操作控制

用遥控器进行温度调节、风速控制等操作时，遥控接收电路将红外信号进行解码、放大后，输入到 IC1 的 49 脚，被 IC1 处理后，控制相关电路进入用户所调节的状态。

五、室内风扇电机电路

该机室内风扇电机电路的核心元器件是微处理器 IC1、固态继电器 IC8、运行电容 C45、风扇电机（图中未画出）。

1. 供电控制

需要室内风扇电机运转时，微处理器 IC1 的 21 脚输出的 PWM 激励脉冲信号经带阻三极管 DQ5 倒相放大，使固态继电器 IC8 内的发光管导通发光，致使它内部的双向晶闸管导通，为室内风扇电机供电，使室内风扇电机在 U45 的配合下开始旋转。当 IC1 的 21 脚无激励脉冲输出时，IC8 内的发光管熄灭，IC8 内的双向晶闸管截止，室内风扇电机停转。

室内风扇电机旋转后，使霍尔传感器输出端输出相位检测信号，即 PG 脉冲信号。该脉冲信号通过连接器 CN17 的 2 脚输入到电脑板，利用电阻 R27 限流，C9 滤波后加到微处理器 IC1 的 19 脚。IC1 通过识别 19 脚输入的 PG 信号，就可以确认室内风扇电机能否正常运转。

2. 转速控制

当用户通过遥控器提高风速时，遥控器发出的信号被微处理器 IC1 识别后，使其 21 脚输出的控制信号的占空比增大，通过 DQ5 倒相放大，为固态继电器 IC8 内的发光管提供的导通电流增大，发光管发光加强，致使双向晶闸管导通程度增大，为室内风扇电机提供的交流电压增大，室内风扇电机转速升高。若需要降低风速时，控制过程相反。

3. 防冷风控制

制热初期，由于室内盘管温度较低，室内盘温传感器的阻值较大，5V 电压通过室内盘管传感器、R34 取样后产生的电压较小。该电压通过 R30 限流，C12 滤波后加到微处理器 IC1 的 62 脚，IC1 将该电压数据通过 I^2C 总线与存储器 IC2 内存储的室内盘管温度的电压数据比较后，判断室内盘管温度较低，控制 21 脚不输出室内风扇电机驱动信号，室内风扇电机不转，实现制热了制热初期的防冷风控制；随着加热的不断进行，室内盘管温度不断升高，当它的温度升高到设置值时，被室内盘温传感器检测后它的阻值减小到设置值，通过取样后加到 IC1 的 62 脚，IC1 识别出室内盘管的温度升高到设置值后，控制 21 脚输出驱动信号，如上所述，室内风扇电机开始运转，将室内热交换器产生的热量吹向室内，实现通风功能。

六、摆风电机电路

该机为了实现自然风功能，采用了上、下、左、右四个摆风（导风）电机。由于四个摆风电机电路相同，下面以下摆风电机电路为例进行介绍。下摆风电机电路的核心元器件是微处理器 IC1、驱动块 IC3、IC5 和步进电机。

需要下摆风电机工作时，微处理器 IC1 的 5～8 脚输出的驱动信号加到 IC3 的 5～7 脚和 IC5 的，经它们内部的 4 个非门倒相放大后，从 IC3 的 10～12 脚、IC5 的 16 脚输出，通过连接器 CN7 的 1～4 脚驱动步进电机旋转，实现下摆风功能。当四个摆风电机旋转后，就可以实现全方位的送风功能。

【提示】 摆风电机旋转只有在室内风扇电机运行时有效。

七、制冷/制热电路

制冷/制热电路的核心元器件是微处理器 IC1、存储器 IC2、室温传感器（室内环境温度传感器）、室内盘管温度传感器、微处理器 IC1、驱动块 IC6（2003)、压缩机及其供电继电器 RL1、四通阀及其供电继电器 RL2、室外风扇电机及其供电继电器 RL3。

1. 制冷控制

当室内温度高于设置温度时，室温传感器的阻值较小，5V 电压通过它与 R35 取样后产生的电压较大，通过 R31 限流，再通过 C13 滤波，为微处理器 IC1 的 63 脚提供的电压较小。IC1 将该电压数据通过 I^2C 总线与存储器 IC2 内固化的不同温度的电压数据比较后，识别出室内温度，确定该机需要制冷工作，不仅输出控制信号使室内风扇电机运转，而且它的 22、23 脚输出高电平控制信号，而它 24 脚输出低电平控制信号。24 脚输出的低电平信号通过 IC6 的 7、10 脚的非门倒相放大后，不能为电磁继电器 RL1 的线圈供电，使 RL1 内的触点释放，切断四通阀线圈的供电回路，于是四通阀内的阀芯不动作，使系统工作在制冷状态，即室内热交换器用作蒸发器，而室外热交换器用作冷凝器；22 脚输出的高电平信号通过 IC6 的 5、12 脚内的非门倒相放大后，为电磁继电器 RL2 的线圈供电，使它内部的触点闭合，接通压缩机的供电回路，压缩机在运行电容的配合下运转，实施制冷。同时，10 脚输出的高电平信号通过 R148 限流，V101 倒相放大，为电磁继电器 K201 的线圈提供导通电流，使 K201 内的触点闭合，接通室外风扇电机的供电回路，室外风扇电机在运行电容的配合下开始运转，为室外热交换器、压缩机散热，使室内的温度开始下降。当温度达到要求后，室温传感器的阻值增大到设置值，经取样后，加到 IC1 的 63 脚，IC1 根据该电压判断室内的制冷效果达到要求，输出停机信号，使压缩机和风扇电机停止运转，制冷工作结束，进入保温状态。随着保温时间的延长，室内的温度逐渐升高，使室温传感器的阻值逐渐减小，重复以上过程，空调器再次工作，进入下一轮的制冷循环。

2. 制热控制

制热过程和制冷过程基本，不同之处主要有：一是微处理器 IC1 的 24 脚输出高电平控制信号，该控制信号通过 IC6 内的非门倒相放大，为继电器 RL1 的线圈提供电流，使 RL1 内的触点闭合，为四通阀的线圈供电，使四通阀的阀芯动作，切换制冷剂的流向，将系统置于制热状态，即室内热交换器用作冷凝器，而室外热交换器用作蒸发器；二是制热初期，室内盘管温度较低，被室内盘管传感器检测后，再通过变换电路将阻抗信号变换为电压信号，该信号被 IC1 识别后，IC1 不输出室内风扇电机驱动信号，实现防冷风控制，随着制热的不断进行，室内盘管的温度升高，被管温传感器检测后并提供给IC1后，IC1输出室内风扇电机驱动信号，使室内风扇电机旋转，实现制热功能。

八、空气清新电路

空气清新电路也叫氧吧电路，该机的空气清新电路的核心元器件是微处理器IC1、继电器RL4、驱动块IC6、负离子发生器（臭氧发生器）。

需要对室内空气进行清新处理时，微处理器IC1的41脚输出的控制信号为低电平，使DQ7截止，致使DQ6导通，为继电器RL4的线圈供电，RL4内的触点闭合，接通负离子发生器的供电回路，负离子发生器的倍压整流电路产生极高的脉冲电压。该脉冲电压通过探针和空气形成回路进行放电，对空气中的氧气进行电离，产生臭氧，不仅可以灭杀空气中的细菌，而且可以清除空气中的烟尘、化学物质等大部分有害物质，达到清新空气的目的。高压放电时，通常可以闻到发腥的臭氧气味。

九、保护电路

为了确保该机正常工作，或在故障时不扩大故障范围，设置了多种保护电路。

1. 压缩机供电延迟保护

压缩机供电延迟保护电路的核心元器件是微处理器IC1、电容C7。

该机初始通电时，由于电容C7需要充电，所以5V供电通过R18、D1为C7充电，使IC1的27脚电位由低逐渐升高，此时IC1的22脚不能输出高电平控制信号，压缩机不能工作，以免压缩机停转后立即工作，可能会因液击等原因损坏。只有IC1的27脚电位变为高电平后，IC1的22脚才能输出高电平控制信号，使压缩机运行，以免该机断电后立即通电，导致压缩机可能被制冷剂液击而损坏，实现压缩机供电延迟保护。由于C7充电的时间为3分钟左右，所以该电路也叫3分钟延迟保护电路。

2. 室内风扇电机停转保护

该电路的核心元器件是霍尔元器件、微处理器IC1。

室内风扇电机内部装有用于检测转速的霍尔传感器。当室内风扇电机旋转后，使霍尔传感器输出测速信号，即PG脉冲信号。该脉冲信号通过连接器CN17的2脚输入到电脑板，利用电阻R27加到IC1的19脚，被IC1识别后继续输出驱动信号使室内风扇电机继续旋转。当电机或其供电电路异常使电机不能旋转，不能产生PG脉冲时，导致IC1的19脚无PG信号输入时，IC1就会判断电机异常，输出控制信号使空调器停止工作，并提供指示灯显示故障代码。

3. 压缩机过流保护

空调器为了防止压缩机过流损坏，设置了由压缩机过流保护电路。该电路的核心元器件是电流互感器CT1、微处理器IC1、可调电阻RW1。压缩机的一根电源线作为初级绕组穿过CT1的磁芯。

压缩机运行后，运行电流被CT1检测后，它的次级绕组感应的电压经BD1桥式整流，再R33、RW1限压，利用R32限流，C17滤波后，就可获得与回路电流成正比的取样电压。该电压利用R29加到微处理器IC1的61脚。当压缩机运行电流超过设定值后，使 CT1 次级绕组输出的电流增大，经整流、滤波后使 IC1 的 61 脚输入的电压升高，被 IC1 识别后，IC1 输出压缩机停转信号，使压缩机停止工作，以免压缩机过流损坏，实现过流保护的目的。

【提示】 调整 RW1 就可改变输入到 IC1 的 61 脚取样电压的大小，也就可以改变保护电路动作的阈值。通常在出厂前 RW1 就调整好，维修时不要轻易调整，以免导致压缩机过流保护电路误动作或失效。

第二节　变频空调器电路识图

下面以长虹 KFR-26（35）G/ZHW（W1-H）＋2 型变频空调器为例进行介绍变频空调器电路的识图方法。

【提示】 KFR-26GW/ZHR（W1-H）＋3、KFR-26GW/ZHR（W2-H）＋3、KFR-26GW/ZHA（W1-H）＋3、KFR-26GW/ZHA（W2-H）＋2、KFR-26GW/ZHG（W1-H）＋2、KFR-35GW/ZHW（W1-H）＋2、KFR-35GW/ZHR（W1-H）＋3、KFR-35GW/ZHR（W2-H）＋3、KFR-35GW/ZHA（W1-H）＋3、KFR-26GW/ZHR（W2-H）-D+3 和本文电路基本相同，识图时也可以参考本节内容。

一、室内机控制电路

室内机控制电路由电源电路、微处理器工作条件电路、温度检测电路、显示电路、室内风扇电机驱动电路、电加热电路等构成，接线图如图 7-3 所示，电路原理图如图 7-4 所示。

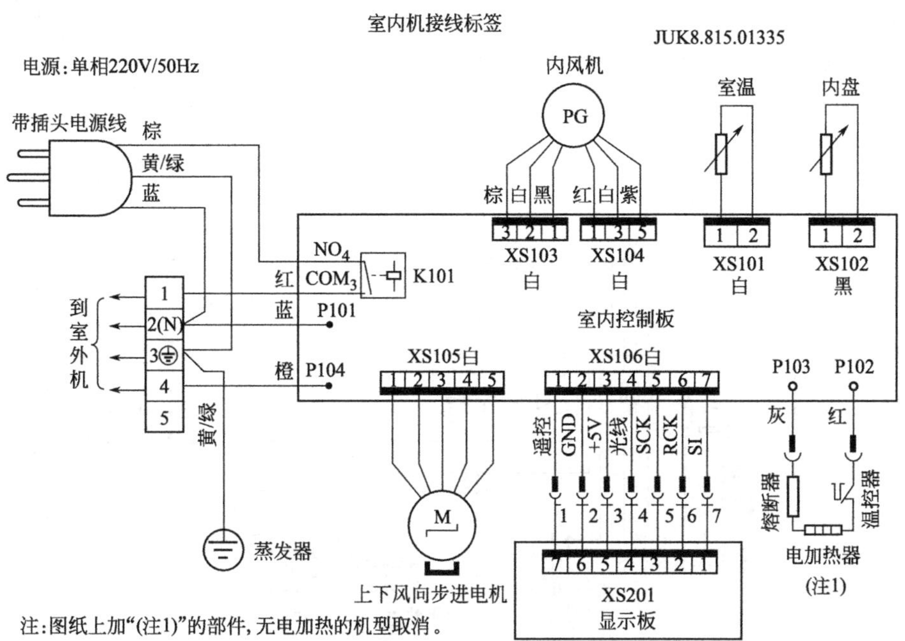

图 7-3　长虹 KFR-26（35）G/ZHW（W1-H）＋2 型变频空调器室内机控制电路接线图

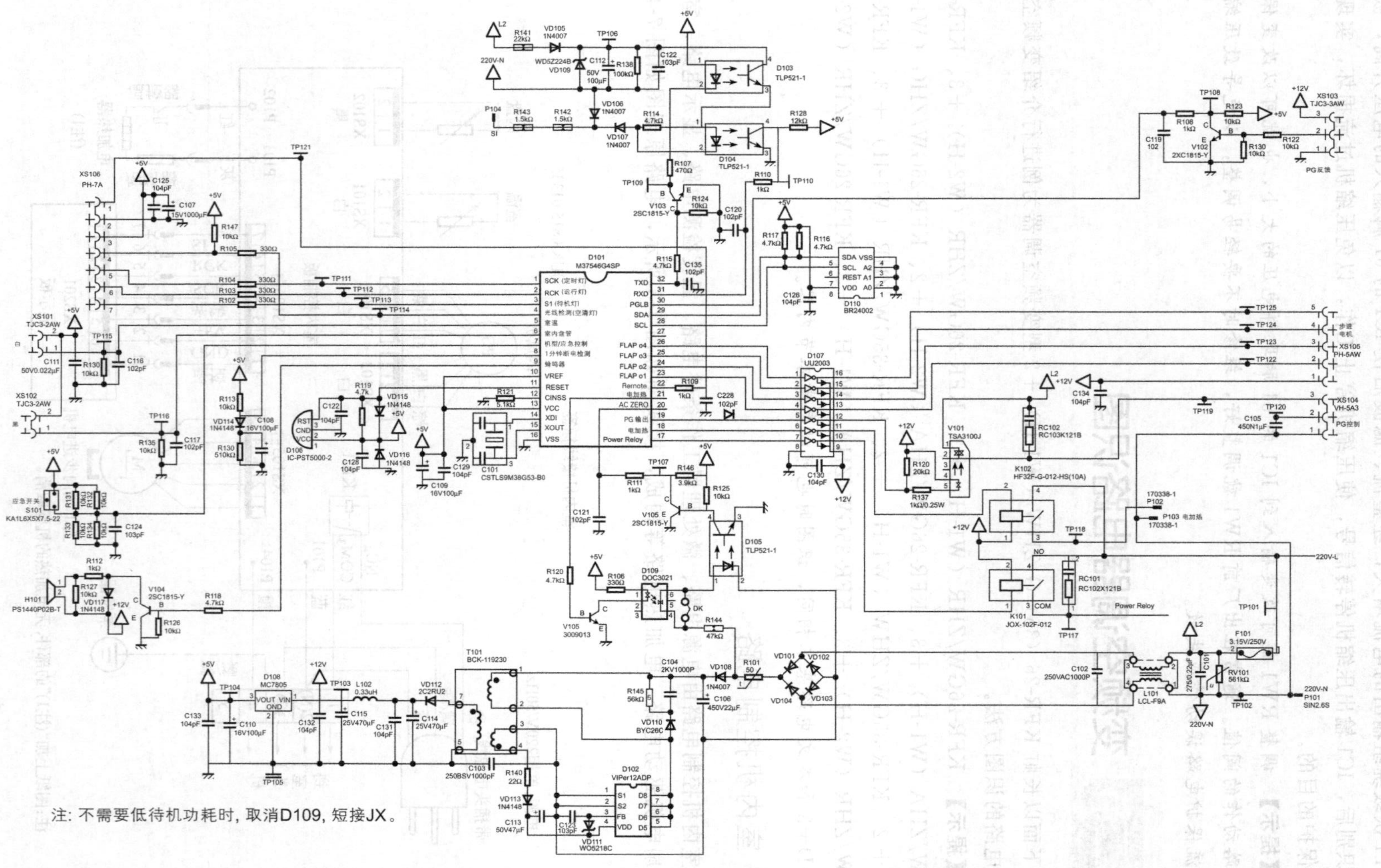

注：不需要低待机功耗时，取消D109，短接JX。

图 7-4 长虹 KFR-26（35）G/ZHW（W1-H）+2 型变频空调器室内机控制电路

1. 室内微处理器的引脚功能

该机室内机电路板以三菱公司生产的微处理器 M37546G4SP（D101）为核心构成，所以它的引脚功能是分析室内机电路板工作原理和故障检修的基础。M37546G4SP（D101）的引脚功能如表 7-3 所示。

表 7-3　室内微处理器 M37546G4SP（D101）的主要引脚功能

引脚号	功　能	引脚号	功　能
1	定时指示灯/显示屏驱动信号输出	17	室外机供电控制信号输出
2	运行指示灯/显示屏驱动信号输出	18	电加热器控制信号输出
3	停机指示灯/显示屏驱动信号输出	19	导风电机驱动信号输出
4	空清指示灯控制信号输出/光线检测信号输入	20	市电过零检测信号输入
5	室内温度检测信号输入	21	市电过零检测控制信号输出
6	室内盘管温度检测信号输入	22	遥控信号输入
7	机型设置/应急控制信号输入	23	步进电机输出信号 01
8	1 分钟断电检测信号输入	24	步进电机输出信号 02
9	蜂鸣器驱动信号输出	25	步进电机输出信号 03
10	基准电压输入	26	步进电机输出信号 04
11	低电平复位信号输入	27	空清控制信号输出(未用,悬空)
12	内部电路接地	28	I^2C 总线数据信号输入/输出
13	供电	29	I^2C 总线时钟信号输出
14	振荡器输入	30	室内风扇电机反馈信号输入
15	振荡器输出	31	室外通信信号输入
16	接地	32	室内通信信号输出

2. 电源电路

参见图 7-4，该机的低压电源是由新型绿色电源模块 VIPer12ADIP（D102）、开关变压器 T101 为核心构成的并联型开关电源。VIPer12ADIP 的内部构成见图 3-50。

（1）功率变换

为该机通电后，市电电压不仅为电加热器供电，而且经熔断器 F101 输入后，一路为室内风扇电机供电；另一路经 C101、L102、C102 组成的高频滤波器高频滤波后，利用 VD101～VD104 桥式整流，R101 限流产生脉动直流电压。该电压不仅送到市电过零检测电路，而且经 VD108 送到 C106 两端，由其滤波产生 300V 直流电压。C101 两端并联 RV101 用于市电过压或防雷电保护。

300V 电压通过开关变压器 T101 的初级绕组（1-2 绕组）加到 D102 的 5～8 脚，不仅为它内部的开关管供电，而且它内部的高压电流源对 4 脚外接的 C113 充电。当 C113 两端建立的电压达到 14.5V 后，D102 内的稳压器开始输出电压，为振荡器、控制器等电路供电，使它们工作并产生激励脉冲。开关管在激励脉冲的驱动下工作在开关状态。开关管导通期间，T101 储存能量；开关管截止期间，T101 释放能量，通过整流、滤波后获得直流电压。其中，3-4 绕组输出的脉冲电压通过 R140 限流，VD113 整流，C113 滤波产生的电压加到D102的4脚，取代启动电路为D102供电；5-7绕组输出的脉冲电压通过VD112整流，C114、L102、C115、C132滤波产生12V电压，不仅为驱动块D107、蜂鸣器电路等负载供电，而且通过三端5V稳压器D108稳压输出5V电压，经C132和C110滤波后为室内CPU、遥控接收、操作显示电路、指示灯等负载供电。

T101的初级绕组两端接的R145、VD1101和C104组成了尖峰脉冲吸收回路，通过该电路对尖峰脉冲进行吸收，以免开关管被过高的尖峰脉冲击穿。

(2) 稳压控制电路

当市电电压升高或负载变轻引起开关电源输出电压升高时，3-4绕组输出的脉冲也会相应升高，该脉冲电压经VD113整流、C113滤波产生的电压升高，使稳压管VD111击穿导通加强，经C123滤波，为D102的3脚提供的误差电压升高，被D102内部电路处理后，使开关管导通时间缩短，开关变压器T101存储的能量下降，开关电源输出电压降到正常值，实现稳压控制。反之，稳压控制过程相反。

3. 市电过零检测电路

市电过零检测电路的核心元器件是光电耦合器D105、微处理器D101及R111、C121。

由VD101～VD104桥式整流产生100Hz脉动电压经R101、R11、R144限流，利用D105光电耦合后，从D105的4脚输出的100Hz交流检测信号，即同步控制信号。该信号作为基准信号通过V106倒相放大，再利用R111、C121低通滤波加到室内微处理器D101的20脚。D101对20脚输入的信号检测后，确保室内风扇电机供电回路中的固态继电器V101内的双向晶闸管在市电过零点处导通，从而避免了它在导通瞬间可能因过流损坏，实现同步控制。

4. 微处理器基本工作条件

微处理器正常工作需具备5V供电、复位、时钟振荡正常这3个基本条件。

(1) 5V供电

插好空调器的电源线，待室内机的开关电源工作后，由其输出的5V电压经C109、C129滤波后，加到微处理器D101的供电端13脚和存储器D110的8脚，为它们供电。

(2) 复位

该机的复位电路核心元器件是微处理器D101和复位芯片D106。

开机瞬间，由于5V电源电压在滤波电容的作用下逐渐升高，当该电压低于4.2V时，D106的3脚输出低电平电压，该电压加到D101的11脚，使D101内的存储器、寄存器等电路清零复位。随着5V电源电压的逐渐升高，当其超过4.2V后，D106的3脚输出高电平电压，经C127滤波后加到D101的11脚，使D101内部电路复位结束，开始工作。正常工作后，D101的11脚电位几乎与供电相同。

(3) 时钟振荡

该电路的核心元器件是微处理器D101内的振荡器、晶振G101。

微处理器D101得到供电后，它内部的振荡器与14、15脚外接的晶振G101通过振荡产生8MHz的时钟信号。该信号经分频后协调各部位的工作，并作为D101输出各种控制信号的基准脉冲源。

5. 遥控操作

该电路的核心元器件是微处理器 D101、遥控接收组件（接收头）。

微处理器 D101 的 22 脚是遥控信号输入端，XS106 的 1 脚外接遥控接收组件。用遥控器对该机进行温度调节等操作时，遥控接收电路将红外信号进行解码、放大后，从 XS106 的 1 脚输入，通过 C118 滤波，再经 R109 加到 D101 的 22 脚。D101 对 22 脚输入的信号进行处理后，控制相关电路进入用户所需要的工作状态。

6. 存储器电路

该电路的核心元器件是存储器 D110、微处理器 D101。

由于变频空调器不仅需要存储与温度相对应的电压数据，还要存储室内风扇转速、故障代码、压缩机 F/V 控制、显示屏亮度等信息，所以需要设置电可擦写存储器（E^2PROM）D110。下面以调整室内风扇电机转速为例进行介绍。

进行室内风扇电机转速调整时，微处理器 D101 通过 I^2C 总线从 D110 内读取数据后，改变其驱动信号的占空比，也就改变了室内风扇电机供电电压的高低，从而实现室内风扇电机转速的调整。

7. 显示屏亮度自动控制电路

该电路的核心元器件是光敏电阻 H207（图中未画出）、微处理器 D101。

光敏电阻 H207 安装在显示板上。室内亮度增大时，H207 的阻值减小，使连接器 XS106 的 4 脚输入的电压增大，通过 R105 加到 D101 的 4 脚，被 D101 处理后，通过控制激励信号使显示屏发光加强，反之控制过程相反。通过该电路的控制确保显示屏在不同光线时都清晰明亮。

8. 蜂鸣器电路

蜂鸣器电路的核心元器件是微处理器 D101、放大管 V104、蜂鸣器 H101。

进行操作时，D101 的 9 脚输出的脉冲信号通过 R118 限流，再经 V104 倒相放大，通过 R112 驱动 H101 鸣叫，表明操作信号已被 D101 接收。

9. 室内风扇电机电路

室内风扇电机电路的核心元器件是室内微处理器 D101、固态继电器 V101、风扇电机。

（1）转速调整

室内风扇电机的速度调整有手动调节和自动调节两种方式。

① 手动调节　当用户通过遥控器增大风速时，遥控器发出的信号被 D101 识别后，其 19 脚输出的控制信号的占空比减小，经 D107 内的非门倒相放大后，它的 12 脚电位下降，经 R137 使固态继电器 V101 的 5 脚电位下降，V101 内的发光管因导通电压增大而发光加强，为双向晶闸管提供的触发电流增大，双向晶闸管导通程度加强，为室内风扇电机提供的电压增大，室内风扇电机转速升高。反之，控制过程相反。

② 自动调节　自动调节方式是根据室内、室内盘管温度来实现的。该电路由微处理器 D101、室温传感器、室内盘管温度传感器等元器件实现。在该电路的控制下，确保室内风扇电机的转速与室内温度成正比，以便于实现快速制冷和快速制热。

(2) 相位检测电路

室内风扇电机旋转后，它内部的霍尔传感器输出相位正常的检测信号，即PG脉冲信号。该脉冲信号通过连接器XS103的2脚输入到室内电路板，通过R122、R130分压限流，再经V102倒相放大，再通过R108加到微处理器D101的30脚。当D101的30脚有正常的PG脉冲输入，D101会判断室内风扇电机正常，继续输出驱动信号使室内风扇电机运转。当D101不能输入正常的PG信号，它会判断室内风扇电机异常，发出指令使该机停止工作，并通过显示屏显示F0的故障代码。

10. 导风电机电路

参见图7-4，该机的导风电机电路的核心元器件是微处理器D101、驱动块D107、步进电机。

在停止状态下，按遥控器上的“风向”键后，微处理器D101的23～26脚输出激励脉冲信号，通过D107内的4个非门倒相放大后，从D107的13～16脚输出，再经连接器XS105驱动步进电机旋转，带动室内机上的风叶摆动，实现大角度、多方向送风。

11. 电加热器电路

该电路的核心元器件是电加热器、微处理器D101、温控器。

(1) 加热控制

参见图7-4，制冷期间，微处理器D101的电加热器供电控制端18脚输出的信号为低电平，它经驱动器D107的6、11脚内的非门倒相放大后，不能为继电器K102的线圈提供导通电流，于是K102内的触点不能闭合，电加热器无供电，不能加热。

制热期间，D101的18脚输出的信号为高电平，它经D107内的非门倒相放大后，使D107的11脚电位为低电平，为K102的线圈提供导通电流，K102内的触点闭合，为电加热器供电，它开始发热，对进入室内机的空气进行加热，提高了空调器的制热能力。

(2) 加热温度控制

参见图7-4，随着电加热器加热的不断进行，加热温度逐步升高，当温度升高到设置值，被室内盘管温度传感器检测，将该信号送给微处理器D101，被D101识别后，控制18脚输出低电平信号，继电器K102的触点断开，切断电加热器的供电回路，电加热器停止加热。

(3) 过热保护电路

参见图7-3，过热保护电路采用了机械式温控器。若继电器K102的触点粘连或D107异常，导致电加热器加热温度过高，当温度达到温控器的设置值后，它的触点断开，切断电加热器的供电回路，电加热器停止加热，实现过热保护。

当温控器的触点粘连不能实现过热保护功能时，导致电加热器加热温度过高，达到熔断器的标称温度值后它过热熔断，切断电加热器的供电回路，避免了电加热器和其他部件过热损坏，实现过热保护。

12. 室外机供电控制电路

参见图7-4，室外机供电控制电路的核心元器件是室内微处理器D101、继电器K101、驱动块D107。

当室内微处理器D101工作后，其17脚发出室外机供电的高电平控制信号。该控制信号经驱动块 D107 内的非门倒相放大后，为继电器 K101 的线圈提供导通电流，使 K101 内的触点闭合，接通室外机的供电回路，市电电压可以输出到室外机电路。

二、室外机控制电路

室外机控制电路是由电源电路、温度检测电路、室外风扇电机驱动电路、压缩机驱动电路等构成。长虹 KFR-26(35)G/ZHW(W1-H)+2 型变频空调器室外机采用两套电气系统，接线图如图 7-5 所示，电路原理图如图 7-6 所示。通过图 7-5 可以看出，两块室外机电路板的主要区别：一是室外风扇电机不同，二是有无电磁阀电路。

1. 室外微处理器的引脚功能

该机室外机电路板以三菱公司生产的微处理器 M37544（D450）为核心构成，所以它的引脚功能是分析室外机电路板工作原理和故障检修的基础。M37544 的引脚功能如表 7-4 所示。

表 7-4 室外微处理器 M37544 的主要引脚功能

引脚号	功　能	引脚号	功　能
1	直流室外风扇电机驱动信号输出	17	四通阀控制信号输出
2	PFC 指示灯控制信号输出	18	室外交流风扇电机中速控制信号输出
3	压缩机顶部温度检测信号输入	19	制冷剂选择
4	室外温度检测信号输入	20	直流电机选择/室外交流电机高风速控制信号输出
5	室外盘管温度检测信号输入	21	室内通信信号输入
6	排气管温度检测信号输入	22	室外风扇电机反馈信号输入
7	温度设定信号输入	23	室外通信信号输出
8	压缩机运行电流检测信号输入	24	电磁阀控制信号输出
9	试运行/自检信号输入	25	供电控制信号输出
10	基准电压输入(5V)	26	P-F 指示灯控制信号输出
11	复位信号输入	27	电子膨胀阀驱动信号 4 输出
12	内部接地	28	电子膨胀阀驱动信号 3 输出
13	供电	29	电子膨胀阀驱动信号 2 输出
14	振荡器输入	30	电子膨胀阀驱动信号 1 输出
15	振荡器输出	31	压缩机驱动/控制板信号输入
16	接地	32	压缩机驱动/控制板信号输出

2. 市电滤波电路

来自室内机的 220V 市电电压经 15A 熔断器 F401 输入到室外机，利用 C401、C404～C407、L401、C402 滤除高频干扰脉冲后，通过 R402、R403 限流，再经 L402 和 C408 滤波，利用连接器输出到压缩机驱动/控制板上的 300V 供电电路。

市电输入回路的压敏电阻 RV401～RV403 和放电管 SG401 构成的是防市电过压和防雷电保护电路。

3. 限流电阻及其控制电路

因为 300V 供电的滤波电容的容量较大（容量值超过 2000μF），所以它的初始充电电

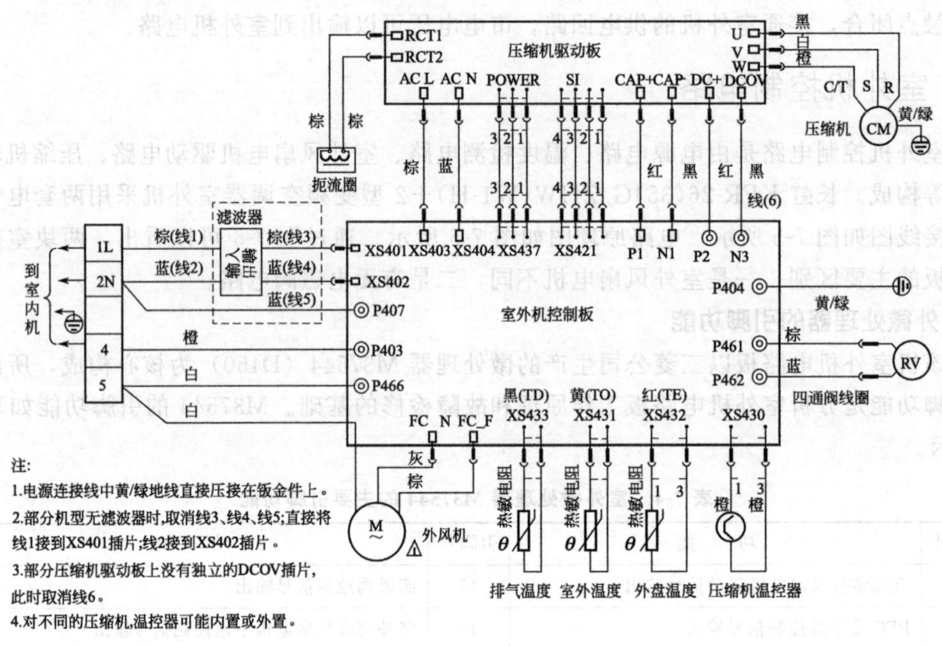

(a)

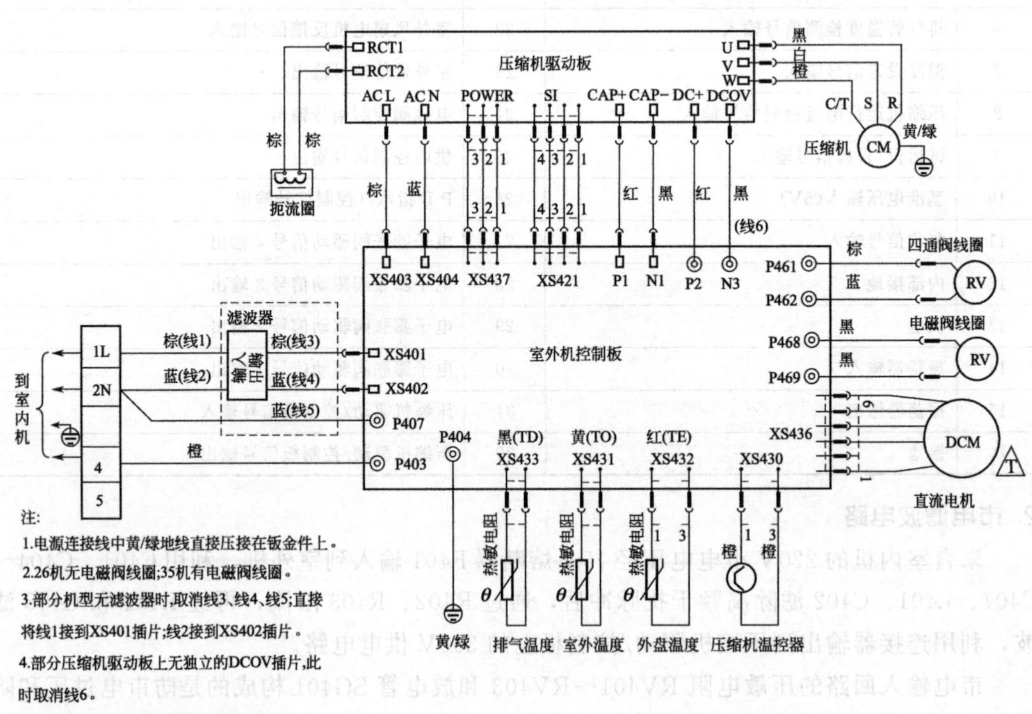

(b)

图 7-5　长虹 KFR-26(35)G/ZHW(W1-H)+2 型变频空调器室外机控制电路电气接线图

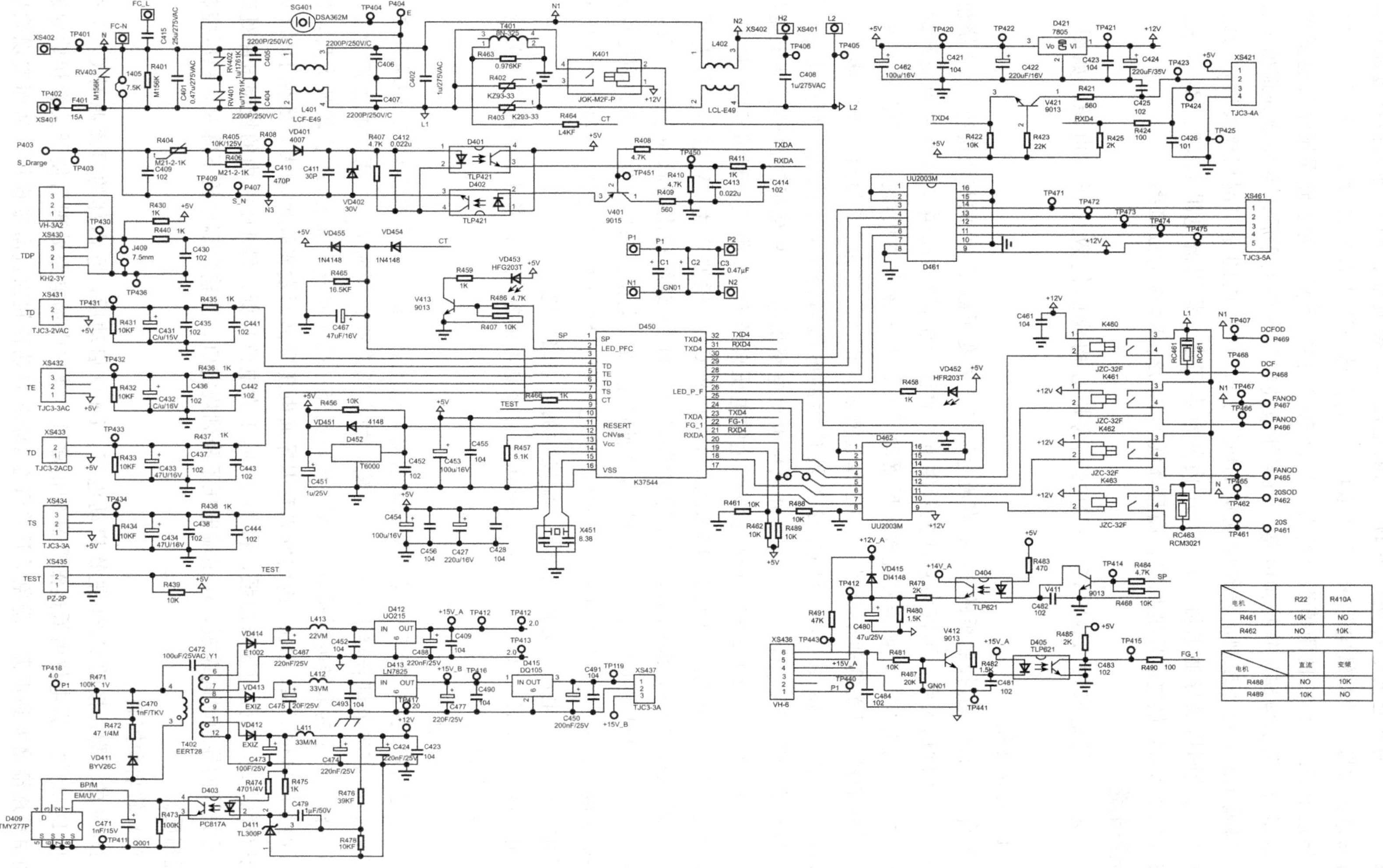

图 7-6 长虹 KFR-26（35）G/ZHW（W1-H）+2 型变频空调器室外机控制电路原理图

流较大，为了防止它充电初期产生的大充电电流导致整流堆、F401 等元器件过流损坏，该机通过正温度系数热敏电阻 R402 和 R403 作为限流电阻来抑制该冲击大电流。充电电流会导致 R402、R403 的阻值迅速增大，导致 300V 供电下降，为了确保压缩机能正常工作，需要为该限流电路设置控制电路。当室外微处理器电路工作后，室外微处理器 D450 的 25 脚输出的高电平控制信号经驱动块 D462 的 3、14 脚内的非门倒相放大后，为继电器 K401 的线圈提供导通电流，使 K401 内的触点闭合，将限流电阻 R402、R403 短接，不仅确保了 300V 供电电压的稳定，而且降低了 R402、R403 的故障率。

4. 电源电路

该电源电路是采用 TNY277P（D409）为核心构成的他激式开关电源，如图 7-6 所示。

（1）功率变换

来自压缩机驱动/控制板的 300V 直流电压经开关变压器 T402 的初级绕组（3-4 绕组）和 D409 的 4 脚输入后，不仅为它开关管供电，而且为控制电路供电，使控制电路开始工作并产生激励脉冲信号，该信号经放大后驱动开关管工作在开关状态。开关管导通期间，T402 储存能量；开关管截止期间，T402 释放能量。此时，它的 6-7 绕组输出的脉冲电压经 VD414 整流，C487、L413 和 C492 滤波产生的电压再经 D412 稳压，利用 C488 和 C489 滤波后产生 15V _ A 电压，为室外风扇电机电路供电；8-9 绕组输出的脉冲电压经 VD413 整流，C475、L412 和 C493 滤波产生的电压再经 D413 稳压，利用 C477 和 C490 滤波产生 15V _ B 电压，再经 D415 稳压，C490 和 C491 滤波产生 5V 电压，该电压和 15V _ B 经 XS437wie 压缩机驱动/控制板电路供电；11-12 绕组输出的脉冲电压经 VD412 整流，C473、L411 和 C474、C424、C423 滤波产生 12V 电压。该电压第一路为稳压控制电路提供取样信号；第二路为驱动块 D462 供电；第三路经 D421 稳压，C422、C421 和 C462 滤波产生 5V 电压，为微处理器、温度检测等电路供电。

由 VD411、R472、C470、R471 用来限制尖峰脉冲的幅度，以免 D109 内的开关管被过高的尖峰脉冲击穿。

（2）稳压控制

当市电升高或负载变轻引起开关电源输出的电压升高时，滤波电容 C473 两端升高的电压经 R474 使光电耦合器 D403 的 1 脚输入的电压升高，同时 C474 两端电压经 R476、R476 取样，产生的取样电压超过 2.5V。该电压经三端误差放大器 D411 比较放大后，使 D403 的 2 脚电位下降，D403 内的发光管因导通电压升高而发光强度增大，致使 D403 内的光敏管因受光加强而导通加强，将 D409 的 1 脚电位拉低，经 D409 内的控制电路处理后，开关管的导通时间缩短，输出端电压下降到规定值。当输出端电压下降时，稳压控制过程相反。

（3）软启动控制

D409 的 2 脚外接的 C471 是软启动电容。D409 启动后，它内部的恒流源对 C471 充电，使 D409 的 2 脚电位由低逐渐升高到正常值，被它内部电路处理后使开关管初始导通时间由短逐渐增大到正常，避免了开关管在 D409 启动瞬间因过激励损坏，从而实现软启动控制。

5. 微处理器基本工作条件电路

微处理器正常工作需具备 5V 供电、复位、时钟振荡正常这 3 个基本条件。该电路和室内机 CPU 的基本工作条件电路构成一样，仅元件符号不同，读者可自行分析。

6. 室外风扇电机电路

该机室外风扇电机既可以使用交流电机，也可以采用直流电机，由于两种电路不同，下面分别进行介绍。

（1）交流风扇电机电路

交流风扇电机电路由交流电机、2 个继电器及其驱动电路构成。

需要室外风扇电机中速运转时，微处理器 D450 的 18 脚输出高电平控制信号、20 脚输出低电平控制信号。20 脚输出的低电平信号经 D462 内的非门倒相放大，不能为 K461 的线圈提供导通电流，K461 内部的触点处于断开状态，风扇电机的 H 端子无供电；18 脚输出的高电平信号经 D462 内的非门倒相放大后，为 K462 的线圈提供导通电流，K462 内部的触点闭合，为风扇电机的 M 端子供电，室外风扇电机按中风速模式运转。需要室外风扇电机高速运转时，D450 的 18 脚输出低电平控制信号、20 脚输出高电平控制信号经 D462 内的非门倒相放大，使 K462 的触点释放，而使 K461 的触点闭合。K462 的触点释放后，切断风扇电机的 M 端子的供电回路，而 K461 的触点闭合后，为电机的 H 端子供电，室外风扇电机按高风速模式运转。

（2）直流风扇电机电路

直流风扇电机电路由直流电机及其驱动电路、电机相位检测电路。

需要室外风扇电机旋转时，D450 的 1 脚输出的驱动信号经 R484、R468 分压限流，再经 V411 倒相放大后，利用 D404 光电耦合，由光敏管 e 极输出的电压经 R479、R480 分压限流，C480 滤波后，利用连接器 XS436 的 5 脚输出的到直流风扇电机驱动电路，由该电路驱动直流电机旋转。

若改变它的 1 脚输出驱动的占空比大小，通过后续电路的处理，就可以改变室外风扇电机供电的高低，供电高时转速高，供电低时转速低。

室内风扇电机旋转后，它内部的霍尔传感器输出相位检测信号，即 PG 脉冲信号。该脉冲信号通过连接器 XS436 的 6 脚输入到室外电路板，通过 R481、R467 分压限流，再经 V412 倒相放大，利用 D405 光电耦合后，经 R490 加到微处理器 D450 的 22 脚。当 D450 的 22 脚有正常的 FG _ 1 脉冲输入，D450 会判断室内风扇电机正常，继续输出驱动信号使室内风扇电机运转。当 D450 不能输入正常的 FG _ 1 信号，它会判断室内风扇电机异常，发出指令使该机停止工作，并通过显示屏显示 E2 的故障代码。

7. 压缩机电流检测电路

参见图 7-6，为了防止压缩机过流损坏，该机设置了以电流互感器 T401、整流管 VD454 为核心构成的电流检测电路。

一根电源线穿过 T401 的磁芯，这样 T401 就可以对压缩机运行电流进行检测，T401 的次级绕组感应出与电流成正比的交流电压。该电压经 R463 限压，再经 R464 限流，利用 VD454 半波整流，C467 滤波产生直流取样电压，再通过 R466 加到微处理器 D450 的 8 脚。当压缩机电流正常时，T401 次级绕组输出的电流在正常范围，使 D450 的 8 脚输入的电压正常，D450 将该电压与内部存储器存储的数据比较后，判断压缩机运行电流正常，输出控制信号使压缩机正常工作。当压缩机运行电流超过设定值后，T4201 次级绕组输出的电流增大，经整流、滤波后使 D450 的 8 脚输入的电压升高，D450 将该电压与存储器内存储的压缩机过流数据比较后，判断压缩机过流，则输出控制信号使压缩机降频运转，直至过流消失；若降频仍然过流，则 D450 输出控制信号使该机停止工作，实现压缩机过流保护。

8. 四通电磁阀电路

该机的四通阀电路以室外机微处理器 D450、继电器 K463、四通阀为核心构成，如图 7-6 所示。

制冷期间，D450 的 17 脚输出的控制信号为低电平，它经驱动器 D462 的 7、10 脚内的非门倒相放大后，不能为继电器 K463 的线圈提供导通电流，于是 K463 内的触点不能吸合，四通阀的线圈无供电，它内部的阀芯不动作，使室内热交换器作为蒸发器，室外热交换器作为冷凝器，于是空调器工作在制冷状态。

制热期间，D450 的 17 脚输出的信号为高电平，它经 D462 内的非门倒相放大后，为 K462 的线圈提供导通电流，使 K463 内的触点闭合，为四通阀的线圈供电，它内部的阀芯动作，改变制冷剂的流向，使室内热交换器作为冷凝器，室外热交换器作为蒸发器，于是空调器工作在制热状态。

9. 电磁阀电路

该机的电磁阀电路以室外机微处理器 D450、继电器 K460、电磁阀为核心构成，如图 7-6 所示。

需要电磁阀的阀芯开启时，D450 的 24 脚输出的控制信号为高电平，它经驱动块 D462 的 4、13 脚内的非门倒相放大后，为 K460 的线圈提供导通电流，使 K463 内的触点闭合，为电磁阀的线圈供电，它的阀门打开，制冷剂可以通过。若 D450 的 24 脚输出的信号为低电平，它经 D462 内的非门倒相放大后，使 K460 的触点释放，电磁阀的阀门关闭，阻止制冷剂的流动。这样，通过该电路可以切换所使用的毛细管，来改变对制冷剂的流量和工作压力，确保制冷、制热效果都可以达到最佳。

10. 电子膨胀阀电路

参见图 7-6，该机的电子膨胀阀电路由微处理器 D450、驱动块 D461、电子膨胀阀等构成。

需要电子膨胀阀对制冷剂进行节流降压时，D450 的 27～30 脚输出激励脉冲信号，通过 D461 内的 4 个非门倒相放大后，从它的 11～14 脚输出，再经连接器 XS461 驱动电子膨胀阀上的步进电机旋转，通过传动系统就可以控制阀门开启度的大小，确保压缩机在不同频率运转时，流入蒸发器的制冷剂量和压力都为最佳状态，实现最高的制冷、制热效率。

11. 压缩机顶部过热保护电路

参见图 7-6，为了防止压缩机过热损坏，室外机电路还设置了由过热保护器和微处理器 D450 为核心构成压缩机顶部过热保护电路。该保护器属于双金属片型保护器，它安装在压缩机的顶部，而它的引线通过连接器 XS430 与室外机电路进行连接。

当压缩机顶部温度正常时，过热保护器内部的触点闭合，为D450的3脚提供低电平的检测信号，被D450识别后，控制机组正常运行；压缩机因制冷系统异常等原因导致压缩机顶部过热时，过热保护器内部的触点断开，此时5V电压经R430、R440为D450的3脚提供高电平的检测信号，被D450识别后，输出控制信号使机组停止工作，并通过通信电路告知室内微处理器D101，D101控制显示屏显示压缩机顶部过热的故障代码，提醒用户该机进入压缩机过热保护状态。

三、室内、室外机通信电路

该机的通信电路由市电供电系统、室内微处理器D101、室外微处理器D450和光电耦合器D103、D104、D401、D402等元器件构成，如图7-4、图7-6所示。

1. 供电

市电电压通过R141限流，再通过VD105半波整流，C112滤波，VD109稳压产生24V直流电压，加到D103的4脚，为它内部的光敏管供电。同时，市电电压经R404～R406限流，VD401半波整流，C411滤波，VD402稳压后产生30V直流电压，不仅加到D401的1脚，为它内部的发光管供电，而且经R407加到D402的4脚，为它内部的光敏管供电。

2. 信号发送与接收

（1）室外接收、室内发送

室外接收、室内发送期间，室外微处理器D450的23脚输出低电平控制信号，室内微处理器D101的32脚输出数据信号（脉冲信号）。由于D450的23脚的电位为低电平，通过R408使V401导通，将D402的2脚电位拉低，使D402内的发光管开始发光，D402内的光敏管受光照后开始导通，接通D401内的发光管供电回路。同时，D101的32脚输出的脉冲信号通过D103光电转换，数据信号从它的3脚输出，经R114、VD107、R142、R143限流，利用接线SI输入到室外机电路板，再通过R404～R406、VD401加到D401的1脚，经D401光电耦合后，从它3脚输出的数据信号经C413滤波，利用R411加到D450的21脚，D450接收到D101送来的控制信号后，就会控制室外机机组进入需要的工作状态，从而完成室外接收、室内发送控制。

（2）室外发送、室内接收

室外发送、室内接收期间，室内微处理器D101的32输出高电平控制信号，室外微处理器D450的23脚输出脉冲信号。D101的32脚输出高电平电压时，通过R115使V103导通，将D103的2脚电位拉低，D103内的发光管开始发光，D103内的光敏管受光照后也开始导通，从它3脚输出的电压为D104内的发光管供电。同时，D450的23脚输出的数据信号通过V401放大，利用D402光电耦合，从它3脚输出的脉冲信号经相线N进入室内机电路板，再VD106、VD107加到D104的2脚，经它光电耦合后从4脚输出，再通过R110限流，C120滤波，加到D101的31脚，D101接收到D450输出的数据信号后，就可以掌握室外机的运行状态，以便做进一步处理，从而完成了室外发送、室内接收控制。

【提示】 只有通信电路正常，室内微处理器和室外微处理器进行数据传输后，整机才能工作，否则会进入通信异常保护状态，不仅空调器不能停止工作，而且显示屏显示通信异常的故障代码 F6 或 F7。

四、制冷、制热控制电路

该机的制冷、制热控制电路由温度传感器、室内微处理器 D101、室外微处理器 D450、存储器、室温传感器、室内盘管传感器、压缩机驱动/控制电路、压缩机、四通阀、供电继电器、风扇电机及其供电电路等元器件构成。电路见图 7-3～图 7-6。室温传感器、室内盘管传感器、室外盘管温度传感器都是负温度系数热敏电阻。

1. 制冷控制

当室内温度高于设置的温度时，XS101 外接的室温传感器的阻值较小，5V 电压通过该电阻与 R136 取样后产生的电压增大。该电压通过 C116 滤波，为室内微处理器 D101 的 5 脚提供的电压升高。D101 将该电压数据与存储器 D110 内部固化的不同温度的电压数据比较后，识别出室内温度，确定空调器需要进入制冷状态。此时，它的 19 脚输出室内风扇电机驱动信号，使室内风扇电机运转，同时通过通信电路向室外微处理器 D450 发出制冷指令。D450 接到制冷指令后，第一路通过 1 脚输出直流风扇电机驱动信号或从 18、20 脚输出交流风扇电机供电信号，使室外风扇电机运转；第二路通过 17 脚输出低电平控制电压，四通阀的阀芯不动作，使系统工作在制冷状态，即室内热交换器用作蒸发器，而室外热交换器用作冷凝器；第三路通过 32 脚输出压缩机驱动信号，该信号经 R421 输入到共基极放大器 V421 的 e 极，经它放大后从 c 极输出利用连接器 XS421 的 2 脚输出到压缩机驱动/控制电路板，经控制电路处理后，再经功率模块放大，驱动压缩机高频运转，该电路产生的反馈信号经 XS421 的 3 脚返回室外电路板，经 C426 滤波，利用 R424 加到 D450 的 31 脚，D450 对 31 脚输入的信号处理后，就可以实时监控压缩机控制/驱动电路的工作状态；第四路通过 27～30 脚输出电子膨胀阀驱动信号，使膨胀阀的阀门开启度较大，实现快速制冷。随着制冷的不断进行，室内的温度开始下降。室温传感器的阻值随室温下降而增大，为 D101 的 5 脚提供的电压逐渐减小，D101 识别出室内温度逐渐下降，通过通信电路将该信息提供给 D450，于是 D450 通过 32、31 脚对驱动/控制板进行控制，使功率模块输出的驱动脉冲的占空比减小，压缩机降频运转，同时 D450 的 27～30 脚输出的信号使电子膨胀阀的阀门开启度减小，进入柔和的制冷状态。当室内温度达到要求后，室温传感器将检测的结果送给 D101 进行识别，D101 判断出室温达到制冷要求，不仅使室内风扇电机停转，而且通过通信电路告诉 D450，D450 输出停机信号，切断室外风扇电机的供电回路，使它停止运转，而且使压缩机停转，制冷工作结束，进入保温状态。随着保温时间的延长，室内的温度逐渐升高，使室温传感器的阻值逐渐减小，为 D101 的 5 脚提供的电压再次增大，重复以上过程，空调器再次工作，进入下一轮的制冷工作状态。

2. 制热控制

制热控制与制冷控制基本相同，不同点主要有四个：第一个是当室内微处理器 D101 通过 5 脚输入的电压识别出室内温度，不仅通过通信电路告知室外微处理器 D450，该机需要进入制热状态，而且通过一定时间的延迟后，输出控制信号使室内风扇电机旋转，以免制热初期向室内吹冷风，延时时间受室内盘管温度传感器的控制；第二个是D450接收到需要加热的指令后，通过17脚输出高电平控制电压，使四通阀的阀芯动作，改变制冷剂的流向，使系统工作在制热状态，即室内热交换器用作冷凝器，而室外热交换器用作蒸发器；第三个是输出控制信号使电加热器开始加热；第四个是需要对室外机热交换器进行除霜。

当满足除霜条件后，D450第一路输出控制信号使压缩机降频运转，第二路输出控制信号使室内机风扇电机停转，第三路输出控制信号使电加热器停止加热；第四路输出控制信号使四通阀切换，使系统工作在制冷状态，随后输出控制信号使压缩机高频运转，使室外热交换器利用散热功能快速化霜。当化霜时间达到10分钟或室外热交换器的温度达到设置值，被室外盘管温度传感器检测后，D450输出控制信号使系统重新进入制热状态。此时，防冷风功能仍有效。

五、故障自诊功能

为了便于生产和维修，该机微处理器具有故障自诊功能。当被保护的某一器件或电路发生故障时，被微处理器检测后，通过电脑板上的指示灯或显示屏显示故障代码，来提醒故障发生部位。

1. 室外机故障显示

当室外机发生故障时，室外机电路板上的红色指示灯闪烁发光，而电路正常时该指示灯熄灭。

2. 室内机故障显示

室内机故障通过显示屏显示，故障代码与故障原因如表7-5所示。

表7-5 故障代码与故障原因

代码	故障说明	代码	故障说明
F0	室内电机异常	┏5	欠相检出故障(电流不平衡检出法)
F1	室温传感器故障	┏6	逆变器IPM故障(边沿)、(电压)
F2	室外温度传感器故障	┏7	PFC_IPM故障(边沿)、(电平)
F3	内盘温度传感器故障	┏8	PFC输入过电流检出故障
F4	外盘温度传感器故障	┏9	直流电压检出异常
F5	压机排气温度传感器故障	┘0	PFC低电压(有效值)检出故障
F6	室内通信无法接收	┘1	AD Offset异常检出故障
F7	室外通信无法接收	┘2	逆变器PWM逻辑设置故障
F8	室外机与压缩机驱动板通信异常	┘3	逆变器PWM初始化故障
E0	压缩机顶部过热	┘4	PFC_PWM逻辑设置故障
E2	室外直流风机故障(交流电机无)	┘5	PFC_PWM初始化故障
┏0	逆变器直流过电压故障	┘6	压缩机驱动电路过热
┏1	逆变器直流低电压故障	┘7	Shunt电阻不平衡调整故障
┏2	逆变器交流过电流故障	┘8	通信断线
┏3	无法同步	┘9	电机参数设置故障
┏4	欠相检出故障(速度推定脉动检出法)		

注：符号代码识别读法“┏”读作“倒L”，“┘”读作“J”。

3. 室内机保护显示

保护显示功能需要通过查询获得，故障代码与故障原因如表 7-6 所示。

表 7-6　故障代码与故障原因

故障代码	故障原因	故障代码	故障原因
P1	压缩机排气温度过高	P4	制热过载
P2	电流过大	P5	制冷冻结
P3	制热化霜异常	P6	制冷过载

第八章 彩色电视机电路识图

第一节 CRT彩电电路识图

下面以 TMPA880×超级芯片构成的 CRT 彩电为例介绍 CRT 彩电电路的识图方法。

一、TMPA880×特点和实用资料

1. 特点

超级单片 TMPA880×是日本东芝公司 2000 年后推出的产品。它由 CPU 和 TV 处理器两部分构成，实际上就是将新单片 TV 处理器 TB1240/TB1251 和微处理器 TMP87CH38N 合成，这样大大简化了电路结构。不过，它增加了许多新的功能，如将 CPU 部分的 ROM 存储器的存储容量增大至 64～128KB，并提供了 1～11 页图文信息，在 TV 部分增加了直接数字频率合成器 DDS、连续阴极电流控制 CCC、动态聚焦等新电路。

TMPA880×系列有 TMPA8803、TMPA8807、TMPA8809 三种。其中 TMPA8803 属于经济型产品，广泛应用于 25 英寸以下产品。TMPA8807、TMPA8809 主要应用于 29 英寸以上产品。

2. TMPA8803 实用资料

TMPA8803 内部构成如图 8-1 所示。它的引脚功能和维修数据如表 8-1 所示。

表 8-1 TPMA8803 引脚功能和维修数据

引脚号	引脚名	功　能	电压/V	电阻/kΩ
1	U/V	频段切换控制信号输出	0(V 段)	16.2
2	MAIN-DET	主电源输出电压检测	2.46	1587
3	KEY	功能键操作信号输入	5.1	44
4	GND	数字电路接地	0	0
5	RESET	复位信号输入端/时钟信号输出	5.1	67.4
6	X-TAL	时钟振荡器输出	2.2	1926
7	X-TAL	时钟振荡器输入	2.2	1926
8	TEST	测试信号输出(接地)	0	0
9	5V	数字电路供电	5.1	10.3
10	GND	CCD 部分接地	0	0
11	GND	TV 处理器模拟电路接地	0	0
12	FBPIn/SCP-OUT	行逆程脉冲输入/沙堡脉冲输出	1.1	1042
13	H-OUT	行激励脉冲输出	1.52	0.31
14	H-AFC	行 AFC 电路滤波电容	6.58	4321
15	V-SAW	场锯齿波电容	4.16	4195
16	V-OUT	场激励信号输出	4.65	8.82
17	H-VCC	行电路供电	9	10.2

续表

引脚号	引脚名	功　　能	电压/V	电阻/kΩ
18	NC	—	—	—
19	Cb	Cb 色差分量信号输入	2.48	4382
20	Y-IN	亮度信号输入	2.48	4322
21	Cr	Cr 色差分量信号输入	2.48	4381
22	TV-GND	TV 处理器数字电路接地	0	0
23	C-IN	色度信号输入	2.48	161
24	EXT-IN	外部视频信号/外部亮度信号输入	2.48	4072
25	DIG. 3V3	TV 处理器数字电路供电	3.3	10.3
26	TV IN	机内视频信号输入	2.48	4072
27	ABCL-IN	亮度、对比度限制信号输入	4.91	33
28	AUDIO-OUT	音频信号输出	3.53	26.5
29	IF-VCC	中频电路供电	9	0.52
30	TV-OUT	全电视信号输出	3.52	0.32
31	SIF-OUT	第二伴音中频信号输出	1.76	3.26
32	EXU-AUDIO	外部音频信号输入	4.35	111.6
33	SIF-IN	第二伴音中频信号输入	3	3740
34	DC NF	伴音直流负反馈电容	2.13	398
35	PIF PLL	视频检波 PLL 锁相环滤波电容	2.42	567
36	IF Vcc	中频电路供电	5	0.33
37	S-Reg	内部偏置接滤波电容	2.18	19
38	Deemphasis	SIF 检波信号去加重电容	4.42	4172
39	IF AGC	中放自动增益控制滤波电容	1.72	4231
40	IF GND	中频电路接地	0	0
41	IF IN	中频信号输入	0.32	3120
42	IF IN	中频信号输入	0.32	2732
43	RF AGC	高放自动增益控制电压输出	2.94	21.3
44	YC 5V	亮/色分离电路供电	5	0.33
45	AV OUT	视频/亮度信号输出	1.85	3.28
46	BLACK DET	黑电平检测滤波电容	2.6	221
47	APC FIL	自动色相位控制外接滤波电容	2.63	4320
48	IK-IN	阴极电流检测信号输入	0	0
49	RGB 9V	RGB 部分供电	9	0.53
50	R-OUT	红基色信号输出	2.1	3840
51	G-OUT	绿基色信号输出	2.1	3840
52	B-OUT	蓝基色信号输出	2.1	3840
53	GND	TV 处理器模拟电路接地	0	0
54	GND	振荡电路接地	0	0

续表

引脚号	引脚名	功　　能	电压/V	电阻/kΩ
55	5V	振荡电路供电	5	10.2
56	MUTE	静噪控制信号输出	0	14.4
57	SDA	I^2C 总线数据信号输入/输出	5.1	19.9
58	SCL	I^2C 总线时钟信号输入	5.1	20.2
59	SYSTEM	伴音制式选择	5.1	20.6
60	VT	高频调谐信号输出	0～5	2781
61	L/H	频段切换控制信号输出	5(H 段)	16.3
62	TV Sync	电台识别信号输入	4.5	42.3
63	RMT-IN	遥控信号输入	5	42.3
64	POWER	待机控制，指示灯控制信号输出	0(收视)	10.6

注：引脚符号采用 TCL 2135S 彩电图纸标注符号，电压数据是在无信号输入时测得，测电阻时红表笔接地。

3. TMPA8807/TMPA8809 与 TMPA8803 的区别

由于 TMPA8807、TMPA8809 功能强于 TMPA8803，所以它们与 TMPA8803 的引脚功能有一定的区别，如表 8-2 所示。

表 8-2　TMPA8807、TMPA8809 与 TMPA8803 引脚功能的区别

引脚号	引脚名(TMPA8807)	功能(TMPA8807)	引脚名(TMPA8809)	功能(TMPA8809)
1	U/V	频段切换控制信号输出	POWER DET	CPU 供电检测
2	MAIN-DET	主电源输出电压检测	LED/SCL3	工作状态指示输出
9	5V	数字电路供电	CPU-5V	CPU 电路 5V 供电
18	NC	—	Fsinout	通过电阻接地
26	TV IN	TV 视频信号输入	CK OUT	基准时钟信号输出
28	AUDIO-OUT	音频信号输出	EW-OUT	行水平几何失真校正信号输出
32	EXU-AUDIO	外部音频信号输入	HET	极高压补偿信号输入
38	Deemphasis	SIF 检波信号去加重电容	AUDIO	音频信号输出
45	AV OUT	视频/亮度信号输出	SVM	扫描速度调制信号输出
55	5V	振荡电路供电	VDD 5V	I^2C 总线接口电路供电
59	SYSTEM	伴音制式选择	SDA2	I^2C 总线数据信号输入/输出
60	VT	高频调谐信号输出	VT/DG	调谐/消磁控制信号输出
61	L/H	频段切换控制信号输出	SCL2	I^2C 总线时钟信号输入

二、TMPA8803 超级单片彩电的构成和单元电路作用

由于 TCL 2135S 彩电在采用 TMPA8803A 彩电中具有一定的代表性，所以下面以该机为例介绍 TMPA8803 构成的彩电。该机根据采用的高频头不同，有两种电路构成方式：一种是采用电压合成式高频头，如图 8-2 所示；另一种采用频率合成式高频头，如图 8-3 所示。

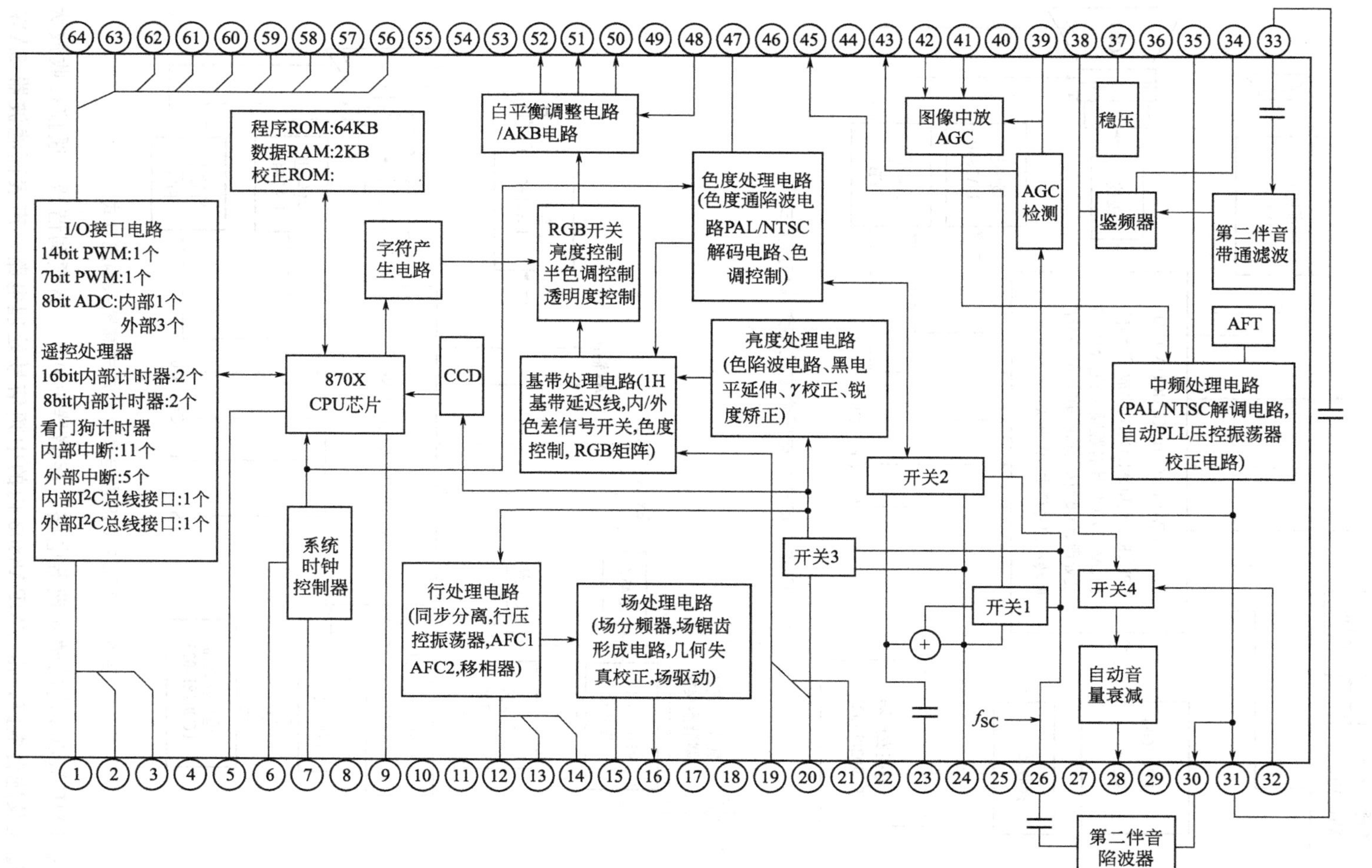

图 8-1　TMPA8803 内部构成方框图

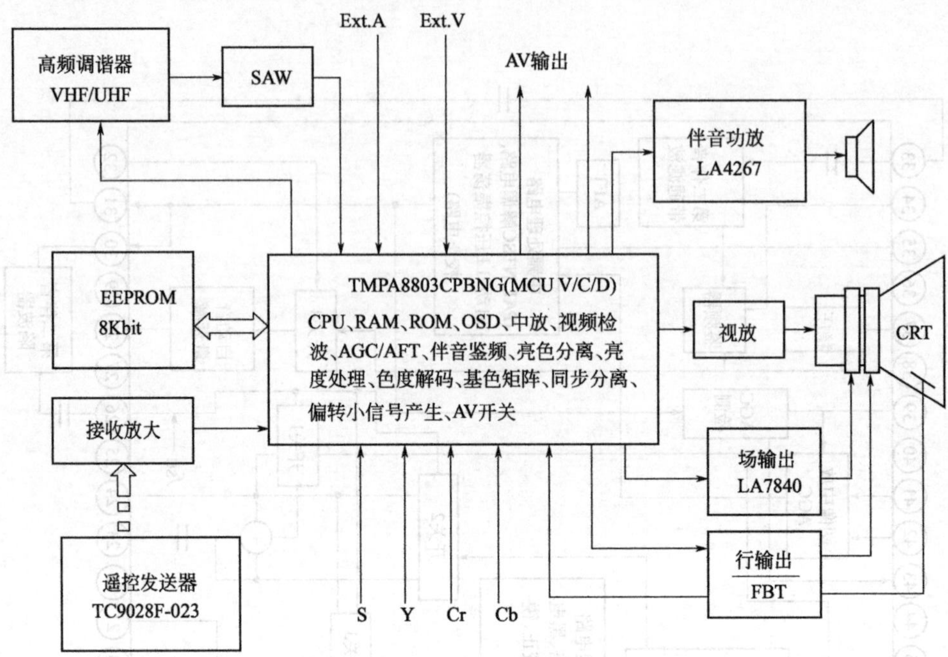

图 8-2　TCL 2135S 彩电电压合成式高频头构成方式

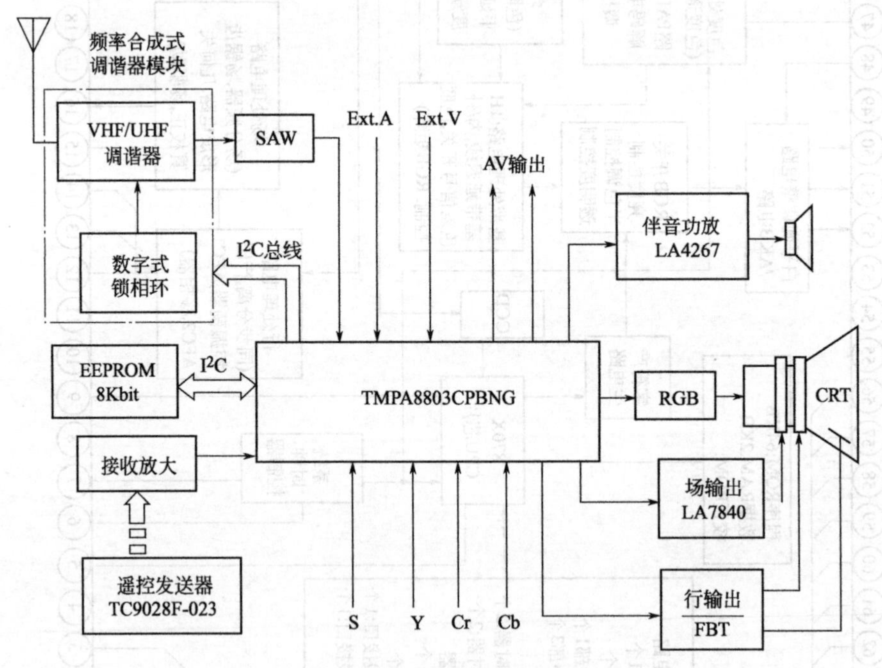

图 8-3　TCL 2135S 彩电频率合成式高频头构成方式

由 TMPA8803 内的微处理器电路、存储器 IC001、高频调谐器、遥控接收放大组件构成遥控及选台电路；由 TMPA8803 内的中频信号处理电路，声表面滤波器 SAW 和相关电路构成中频电路；由 TMPA8803 的伴音信号处理电路和 LA4267 构成伴音处理电路；由 TMPA8803 内的场扫描小信号处理电路、场输出电路、场偏转线圈构成场扫描电路；

由 TMPA8803 内的行扫描小信号处理电路、行激励、行输出电路、行偏转线圈构成行扫描电路；由 TMPA8803 内的视频信号处理电路、视频输出放大电路构成视频电路。另外，该机的色度处理、AV 切换等电路均在 TMPA8803 内部电路构成。因此，由 TMPA8803 构成的彩电具有电路简洁、故障率低、调试简单等优点。

三、微处理器电路

微处理器电路主要介绍微处理器基本工作条件、存储器电路、操作键电路、电源监测电路、电源识别检测电路。

1. 微处理器基本工作条件

微处理器基本工作条件电路的核心元器件是 Q002、Q003、X001、IC201（TMPA8803）内的 CPU。电路见图 8-4。

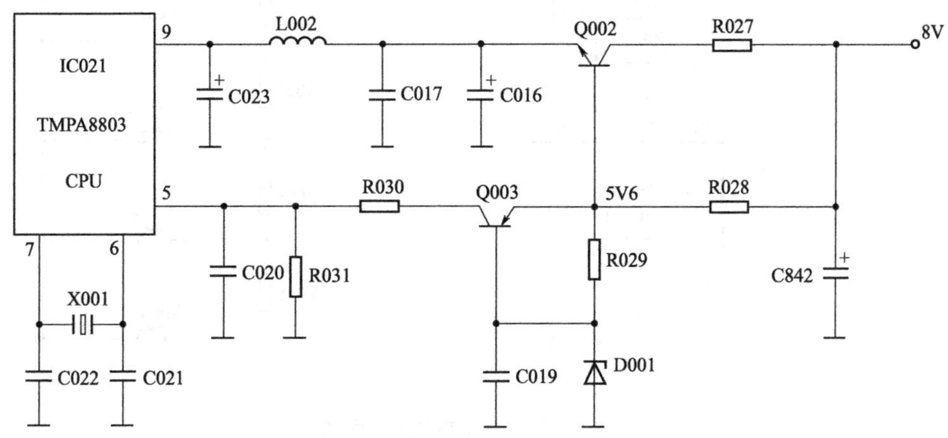

图 8-4 微处理器电路局部电路

2. 供电

开关电源工作后，由其输出的 8V 电压除了经 R027 加到 Q002 的 c 极，还经 R028 限流，利用 D001、R029 为 Q002 的 b 极提供 5.6V 基准电压，使 Q002 的 e 极输出 5V 电压。该电压经 C016、L002、C023 滤波后，加到 IC201（TMPA8803）的 9 脚，为其内部的 CPU 供电。

3. 时钟振荡

IC201 获得供电后，它内部的振荡器和 6、7 脚外接的晶振 X001 和移相电容 C021、C022 通过振荡获得 8MHz 时钟信号。该脉冲经分频后不但作为 CPU 电路的主时钟信号，而且还作为字符时钟振荡脉冲，又为色度通道解码的基准副载波、1H 延迟线控制脉冲、行频脉冲 AFC1 锁相环的时钟信号和各种开关信号。

4. 复位

开机瞬间，滤波电容 C842 两端建立的电压较低，使 Q003 的 e 极电位低于 5.6V 时 Q003 截止，IC201 的复位信号输入端 5 脚输入低电平信号，使 IC201 内接寄存器、存储器等电路清零复位，随着 C842 两端建立的电压逐渐升高后，使 Q003 的 e 极供电电压逐渐升高时 Q003 导通，由其 c 极输出的电压经 R030、C020 的积分后，加到 IC201 的 5 脚，使 IC201 内部电路复位结束，开始工作。

5. 功能操作及存储器

该机的功能操作、存储器电路的核心元器件是 IC201、操作键、遥控接收头 IR001、存储器 IC001，如图 8-5 所示。

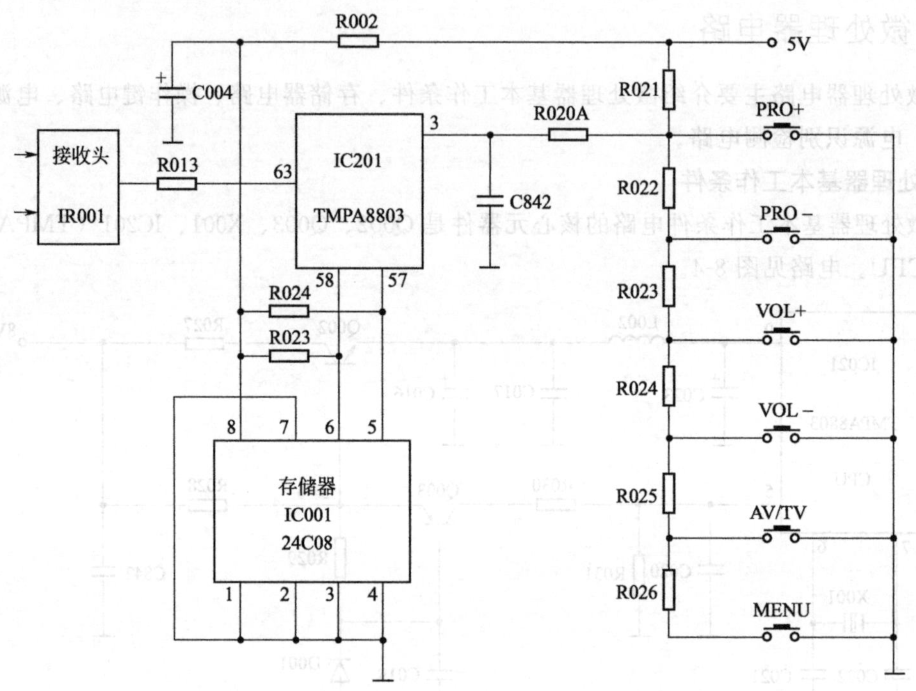

图 8-5 功能操作和存储器电路

（1）功能操作电路

该电路的核心元器件是 IC201（TMPA8803）和 3 脚外接 6 个按键（轻触式开关）。6 个按键一端接地，一端接精密型分压电阻，当不同的按键接通瞬间，5V 电压通过不同的电阻分压后，获得不同的预置电压输入到 IC201 的 3 脚，被其内部的微处理器检测后，由控制端或通过 I^2C 总线输出不同的控制信号，对被控电路实施控制，实现操作键控制功能。

IR001 是遥控信号接收头，由它接收用户通过遥控器发出的操作信息，将接收的信号送到 IC201 的 63 脚，被 IC201 内的 CPU 识别后，对被控电路实施控制，实现遥控控制功能。

（2）存储器电路

该电路的核心元器件是存储器 IC001（24C08）和 IC201（TMPA8803）。IC201 的 57、58 脚通过 I^2C 总线接存储器 IC001（24C08）。24C08 是新型的大容量电可擦写只读存储器，由它存储器频道、模拟量等数据。24C08 引脚功能和维修数据如表 8-3 所示。

（3）电台识别信号形成电路

该电路的核心元器件是芯片 IC201 和放大管 Q010、Q202、Q203，以及电容 C208、C209，如图 8-6 所示。

表 8-3　24C08 引脚功能和维修数据

引脚号	引脚名	功能	电压/V	电阻/kΩ
1	PRE	接地	0	0
2	GND	接地端	0	0
3	GND	接地端	0	0
4	GND	接地端	0	0
5	SDA	I^2C 总线数据信号输入/输出端	5	19.4
6	SCL	I^2C 总线时钟信号输入端	5	19.4
7	WP	写保护信号输入端	0	0
8	VCC	5V 电压供电端	5	10.3

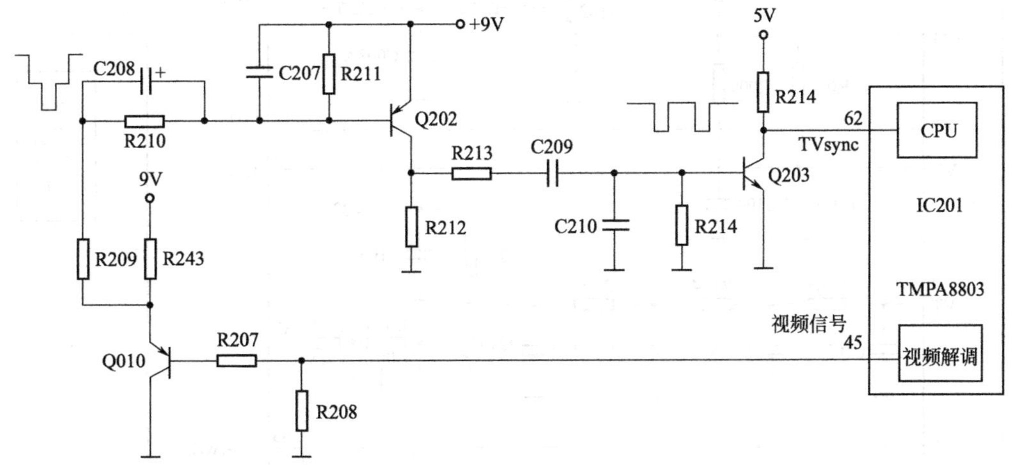

图 8-6　电台识别信号形成电路

由 IC201 的 45 脚输出的视频信号经 R207 输入到射随放大管 Q010 的 b 极，当视频信号的同步头脉冲到来时，Q010 导通加强，C208 开始通过 Q202 充电，C028 充电使放大管 Q202 导通，从 Q202 的 c 极输出倒相后的同步头脉冲。该脉冲经 R213、C209 送到 Q203 的 b 极由其倒相放大，在它的 c 极输出负极性同步头脉冲。当同步头脉冲过后，Q010 导通程度下降，它的 e 极电位升高，使 Q202 截止，C208 通过泄放电阻 R210 放电，直至下一个同步头脉冲的到来，重复以上过程，便形成了电台识别信号。该信号由 TM-PA8803 的 62 脚输入到 CPU 电路。被 CPU 识别后输出相应的控制信号到被控电路，通常该信号被用作搜台。

另外，无信号输入静噪和无信号自动关机也是通过检测该信号实现的。当电视机未输入信号时，TMPA8803 的 45 脚无视频信号输出，所以 62 脚也无电台识别信号输入，被 CPU 检测后，进入静噪状态。静噪期间，若仍然没有电台识别信号输入到 62 脚，达到设置时间后，CPU 发出待机指令，该机进入无信号自动关机状态。

四、选台及中频幅频特性曲线形成电路

该电路的核心元器件是高频头、声表面滤波器、芯片 IC201、三极管 Q101～Q103，

如图 8-7 所示。

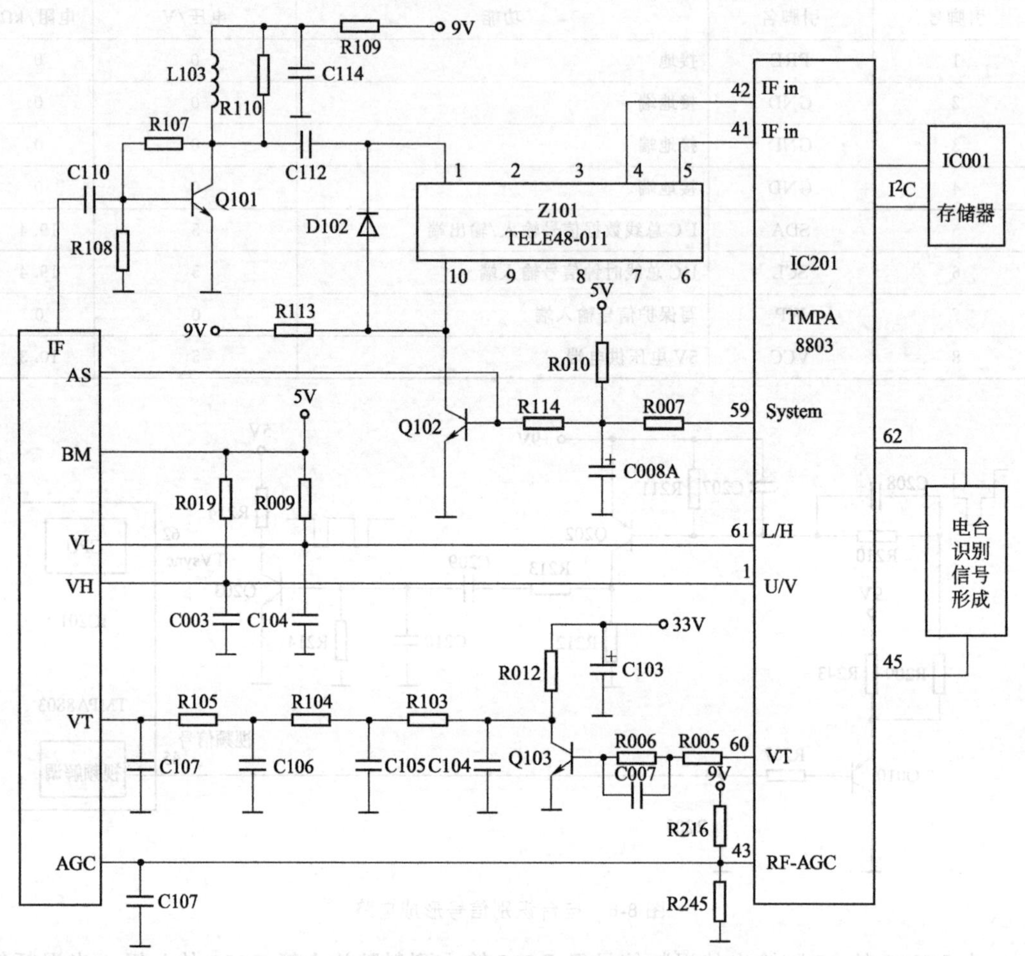

图 8-7　高频及中频幅频特性曲线形成电路

1. 选台电路

高频电路就是调谐选台电路，该机高频调谐器（高频头）采用 TELE48-011、UV1355V、TCL9901X-3 型号的电压合成选台调谐器，除了能够接收我国的 VHF-L、VHF-H、UHF 频段广播的 57 个频道节目，还可接收，Z1～Z38 的增补频道节目。

首先，调谐器选台时，由 TMPA8803 内的 CPU 通过 1、61 脚输出频段切换电压，对高频头工作频段进行切换。控制信号与高频头的关系如表 8-4 所示。

表 8-4　控制信号与高频头的关系

控制信号 \ 高频头工作频段	VHF-L	VHF-H	UHF
L/H(61 脚)	L	H	H
U/V(1 脚)	H	L	H

进行自动选台时，IC201（TMPA8803）的 1 脚输出高电平控制信号、61 脚输出低电

平控制信号时，高频头工作在 VHF-L 频段。同时，IC201 的 60 脚输出调谐调宽脉冲，该脉冲经 R005、R006 限流送到 Q103 的 b 极，由 Q103 倒相放大后，将 C103 两端的 33V 电压通过 R102、C104、R103、C105、R104、C106、R105、C107 组成的低通滤波器平滑后，为高频头的调谐电压输入端 VT 提供 0～30V 调谐电压，通过高频头内的变容二极管对电视节目进行选台。只有被选电台的图像载频与高频头本振频率差频为 38MHz（图像中频）时，通过混频电路取出图像中频信号（包含第一伴音中频信号），由高频头的 IF 端子输出。该信号被 IC201 内的视频解调电路解调后，由 45 脚输出视频信号。该信号经电台识别信号形成电路获得电台识别信号（同步头脉冲），送到 IC201 的 62 脚，被 IC201 的 62 脚内的 CPU 识别后，IC201 的 60 脚输出的调宽脉冲的占空比减小，进入慢调状态，当图像达到最佳状态时，AFT 电路输出的数字 AFT 信号送到 CPU，CPU 停止调台，同时将该节目相关的数据通过 I^2C 总线存储到扩展存储器 IC001 内部。随后，CPU 再次输出递增的调宽脉冲，进行下个节目的选台过程。

另外，为了确保该机能够接收不同强度的信号，高频头内的高放电路的增益受 IC201 的 43 脚输出的高放自动增益控制信号 RFAGC 的控制。

2. 前置中频放大电路

由高频头输出的 38MHz 中频信号通过 C110、R106 送到前置放大器 Q101 的 b 极，由其对信号的增益提高 20dB，以补偿声表面滤波器 Z101 的插入损耗后，再通过 C112 送到 Z101 的 1 脚，由其选出符合中频特性的图像中频信号由 4、5 脚对称输出，该信号送到 IC201（TMPA8803）的 41、42 脚。

L103 用作提高信号的高频分量，R110 用来阻止高频振荡。

3. 图像中频信号的形成

由于该机的图像中频是固定的，而第一伴音中频信号的频率因接收信号的制式不同而不同，D/K 制为 31.5MHz、I 制为 32MHz、B/G 制为 32.5MHz、M 制为 33.5MHz；色信号中频的频率也会因制式不同而不同，PAL 制彩色频率为 33.57MHz，NTSC 制彩色频率为 34.2MHz。因此，为了满足不同信号的中频幅频特性曲线和正确的图像/伴音比，该机采用复合型声表面滤波器 Z201。Z201 工作方式由 IC201（TMPA8803）内的 CPU 通过 59 脚输出伴音制式控制信号进行控制。

当 IC201 识别出接收的信号为 PAL 或 SECAM 制式时，由 59 脚输出高电平控制电压。该电压经 R007 限流，C008 滤波后，除了送到高频头 AS 端，使其工作在普通接收方式，还使 Q102 导通，D102 截止，Z201 因 1 脚和 10 脚不能接通而工作在宽带工作方式，以保证 PAL、SECAM 制式的 33.57MHz 色副载波有足够的幅度，满足接收 B/G、I、D/K 等信号中频幅频特性的要求。当接收信号为 M 或 N 制时，IC201 的 59 脚变为低电平，除了送到高频头 AS 端，使其工作在超强接收方式外，还使 Q102 截止，D102 导通，Z201 因 1 脚和 10 脚被接通而工作在窄带工作方式，满足接收 M、N 信号中频幅频特性的要求。

五、图像中放和视频解调电路

该电路的核心元器件是 IC201、Q209、Q204、滤波器、陷波器、如图 8-8 所示。

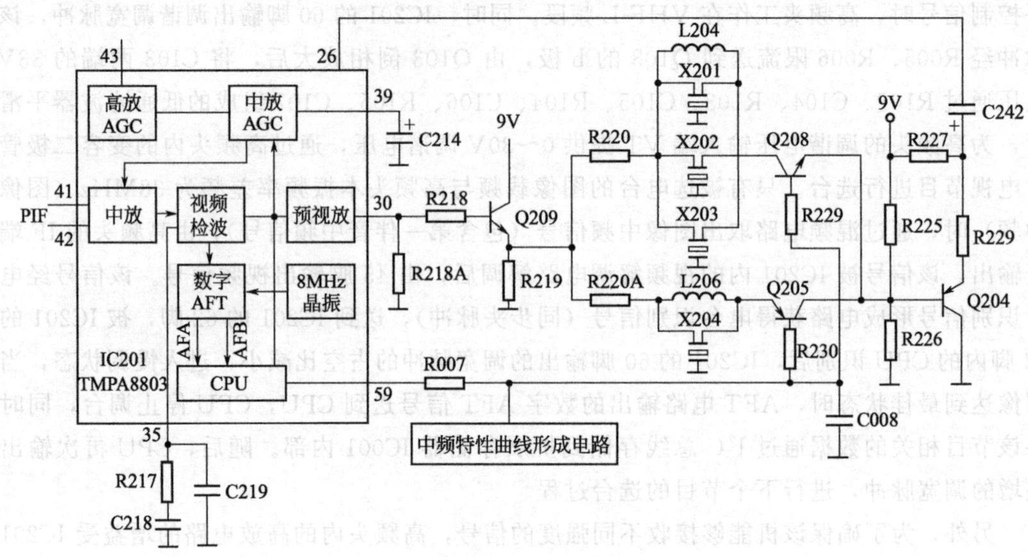

图 8-8　中频放大、视频检波、第二伴音中频陷波电路

1. 中频放大与视频检波

图像中频信号 PIF（来自声表面滤波器 Z101）由 IC201（MPA8803）的 41、42 脚差分输入后，通过 3 级受控中频放大器放大后，送到视频检波电路（模拟乘法电路）解调。解调后的复合视频信号（全电视信号）通过预视放电路放大后，由 30 脚输出。该信号通过 R218 送到 Q209 的 b 极，由其射随放大后，利用伴音陷波电路滤除第二伴音中频信号，再经 Q204 倒相放大，由 C242 耦合到 TMPA8803 的 26 脚，做进一步的处理。

视频检波电路采用 PLL 方式，检波所需要的 38MHz 载波信号由内置的压控振荡器 VCO 形成。VCO 产生的振荡信号经移相后分别送到自动相位比较器（APC）和视频检波器。在 APC 电路中，中频放大器输出的 PIF 信号与移相的 VCO 振荡信号进行相位比较，产生的误差电流由 35 脚外接的双时间滤波器 R217、C218、C219 转换为直流误差控制电压，对 VCO 实施控制，使其产生频率为 38MHz 的振荡脉冲。

由于该机的视频检波采用了 PLL 方式，所以中频 VCO 未设置外接 L、C 谐振回路（中周），从而实现免调试化。由于该机通过 I^2C 总线的设定，可实现不同的中频频率（38MHz、38.9MHz、39.5MHz）的切换，所以为了确保 VCO 产生相应的载波信号，PLL 检波系统设置了自动校准电路。TMPA8803 通过分频器将 8MHz 时钟信号分频后获得基准频率源，对 VCO 产生的振荡频率进行校准，在校准期间输出未锁定/锁定信号 LOCKDET 送到 CPU，当 CPU 接收到锁定信号后停止校准过程。

2. AGC 控制

由于检波电路输出的复合视频信号同步顶电平能够反映出经中频放大器放大后的中频信号的强弱，所以利用 AGC 电路检测同步顶电平便可实现自动增益控制（AGC）。AGC 电路包括中放 AGC 和高放 AGC 两部分。中放 AGC 电压经 39 脚外接的 C214 平滑后，由后向前对三级中频放大器进行逐级控制，若信号增益超过中放 AGC 的控制范围后，经一段时间延迟（延迟量的调整由 CPU 通过 I^2C 总线调整）后，高放 AGC 电路启动，由 43 脚输出高放 AGC 控制电压，对多高频头内的高放电路的增益实施控制，确保该机在接收不同强度电视信号时，中频放大器输出的中频信号的幅度基本不变，实现 AGC 控制。

3. AFT 控制

为了保证接收电视节目的质量，该机通过数字 AFT（AutomaticFrequencyTuning）控制信号，对高频头输出的图像中频信号进行自动跟踪。

由视频检波器输出的振荡信号送到 AFT 电路，同时 8MHz 信号经分频后获得基准频率也送到 AFT 电路，两者比较后，若 AFT 输出的控制信号 AFA 为 1，AFB 为 0 或 1，说明中频频率偏离 38MHz，CPU 控制修正调谐控制信号（VT），对本振频率进行调整，当本振荡频率恢复正常后，AFT 输出的控制信号 AFA 为 1，AFB 处于 0 和 1 跳变，被 CPU 检测后停止调谐电压的修正，实现 AFT 控制。

六、机内/机外（TV/AV）信号选择

该机具有多路机内/机外（AV/TV）输入/输出端子：一路视频、音频输出端子；一路视频、音频输入端子；一路 S-VHS 输入端；一路分量信号输入端子，如图 8-9 所示。该电路的核心元器件是 IC201 及其 19～21、23、24、28、45 脚外接元器件。

TV/AV 开关设置在 IC201（TMPA8803）内部，信号输入方式选择由遥控器进行切换控制，控制信号被 CPU 识别后通过 I^2C 总线进行操作。

1. 音频开关及信号流程

音频开关（Audio Switch）采用的是一掷二单路电子开关。它在 CPU 控制下，用作外部输入的音频信号和内部 TV 电视节目的伴音信号的切换控制。

TV 模式时，伴音解调电路输出的音频信号经音频开关、音频衰减器 ATT 送到 28 脚，28 脚输出的信号除了送到伴音功放电路，还经 C915 耦合，Q904 和 Q905 缓冲放大，再经 C916 分两路输出：一路经 R924 送到 R OUT 插口；另一路通过 R925 送到 L OUT 接口。

AV 模式时，来自 VCD 视盘机等外部设备的左右声道的音频信号通过 R922 和 R923 合并后，通过 C903、R919 送到 TMPA8803 的 32 脚，由 32 脚输入后到音频开关，由其进行切换选择，经音频衰减器 ATT 进行音量控制后由 28 脚输出，由伴音功放电路放大，驱动扬声器发音。9.1V 稳压管 D207 用作保护，防止 TMPA8803 因感应高压等意外情况而损坏。

由于该音频切换电路仅能处理单声道信号，所以采用该芯片构成的大屏幕彩电，通常外部设置的 AV/TV 开关进行切换。

2. 视频开关及信号流程

视频开关（Video Switch）是一掷三单路电子开关。它在 CPU 控制下，用作外部输入的复合视频信号 CVBS、S-VHS 信号及 Y、Cb、Cr 分量信号、内部 TV 电视节目的视频信号。

TV 模式时，26 脚输入的 TV 复合视频信号除了通过视频开关送到 Y/C 分离电路做进一步处理，还由 45 脚输出，通过射随器 Q010、Q901 缓冲放大，经 C917、R901 输出到视频输出接口 CVSBOUT。

24 脚既是外部设备的复合视频信号输入端口，又是 S-VHS 信号的亮度信号输入接

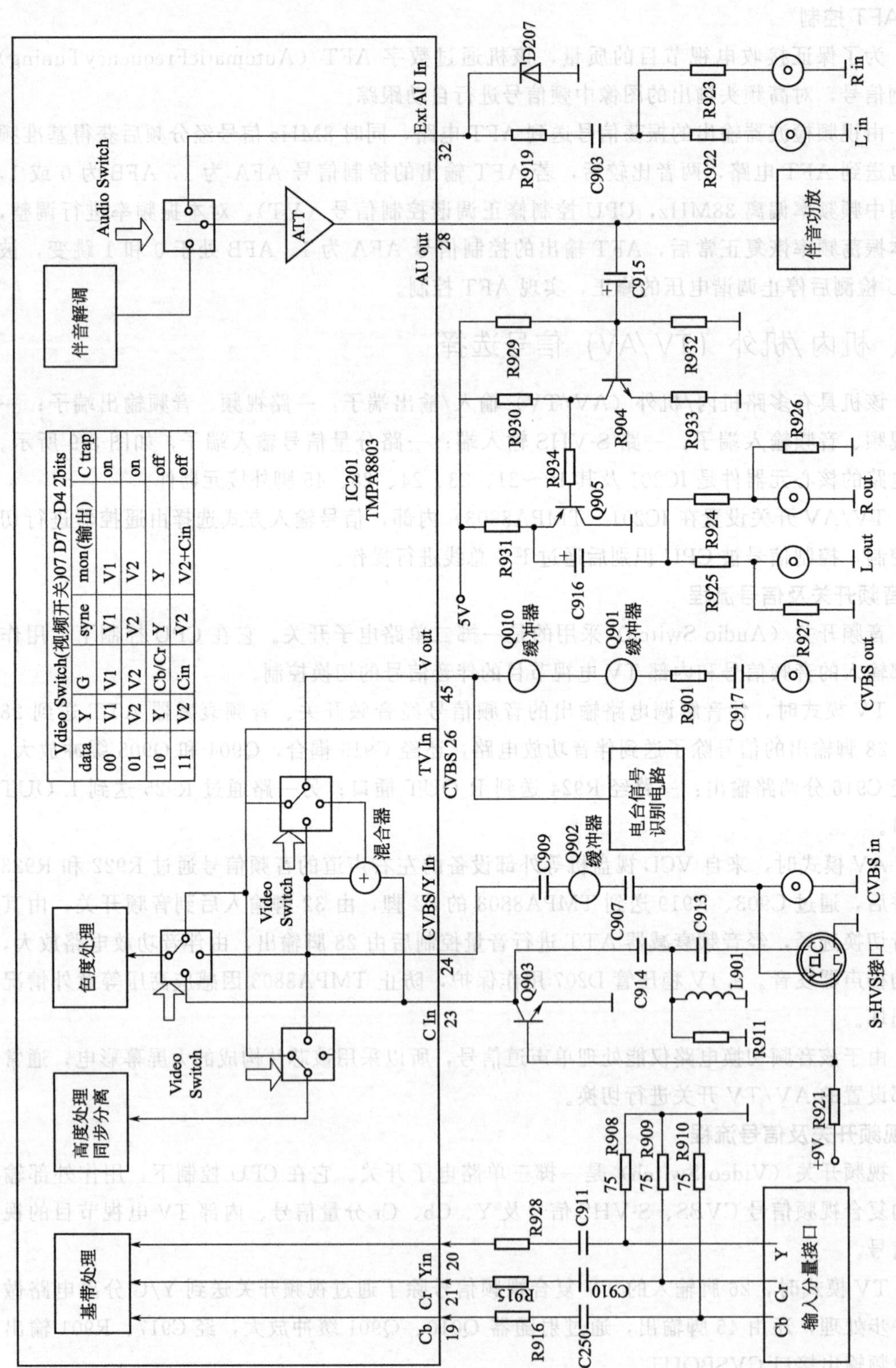

图 8-9 AV/TV 信号选择与接口电路

口。当 24 脚输入的复合视频信号时，需送到 Y/C 分离电路做进一步处理，以便荧光屏还原所需节目的画面。

23 脚既是 S-VHS 信号的色度信号输入端口，又是 S-VHS 信号源是否接通的检测端口。S-VHS 接口接入信号电缆时，Q903 由导通变为截止，使 23 脚输入高电平电压，该信息被 CPU 检测后，对 Y/C 分离电路重新设置，使亮度通道不接色副载波陷波器，以免降低 24 脚输入的 Y 信号的清晰度，实现高画质播放。同时，混合器还将 Y、C 信号合成的复合视频信号由 45 脚输出。

当输入的是 DVD 的 Y、Cb、Cr 信号时，该信号除了直接送到彩色矩阵电路，亮度信号还经视频开关送到同步分离电路。

七、亮度、色度信号处理电路

该电路的核心元器件是 TMPA8803 内的亮度、色度信号处理电路、C203～C205、R205，如图 8-10 所示。

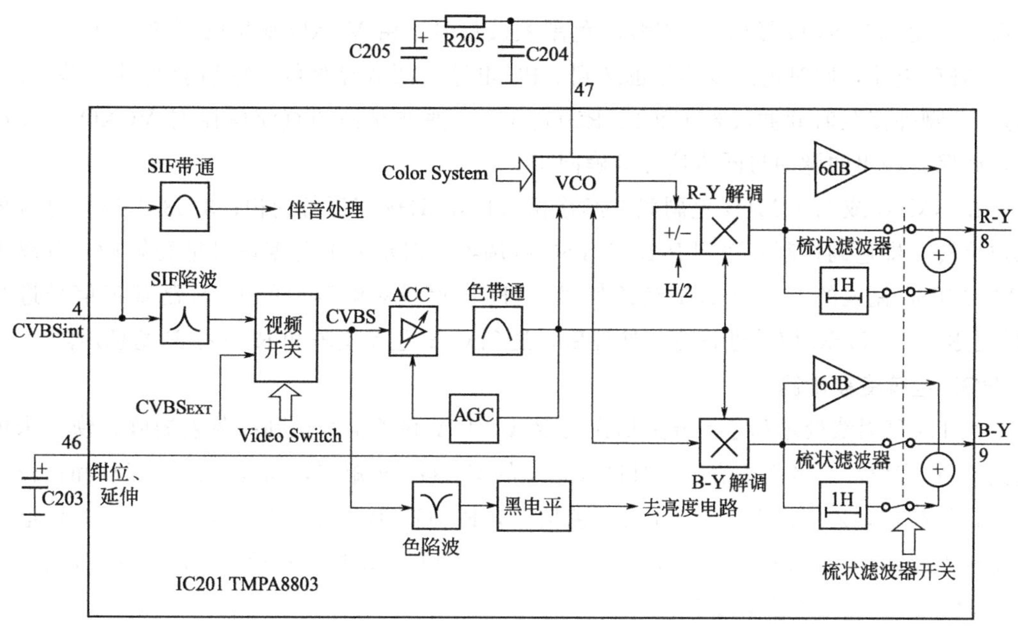

图 8-10　亮度、色度信号处理电路

1. Y/C 分离电路

由于复合视频信号包含亮度、色度信号及复合同步信号，所以必须通过 Y/C 电路取出亮度、色度信号，才能做进一步的处理。

TMPA8803 内置有陷波器和带通滤波器，利用陷波器吸收色度信号，取出亮度信号 Y，而用带通滤波器取出色度信号 C。分离后的亮度信号送到亮度信号处理电路，色度信号送到色度处理电路。

上述方法的优点是电路简单、成本低、集成度高，但存在 Y、C 分离不彻底，并且在分离亮度信号会导致 4MHz 以上的亮度信号被陷波器衰减，导致图像的清晰度下降。因此，仅 21 英寸和大部分 25 英寸彩电采用 TMPA8803 内置的 Y/C 分离电路，而 29 英寸以上的彩电为了提高清晰度，采用外置的数字梳状滤波器来完成 Y、C 信号分离。

2. 亮度信号处理电路

亮度信号处理电路用来对色陷波器取出亮度信号或 S-VHS 接口输入的亮度信号，进行黑电平钳位、勾边、黑电平延伸、白峰限制等处理，以提高画面质量。46 脚外接电容 C203 为黑电平检测滤波电容。

3. 色度信号处理电路

色度信号处理电路用来对色带通滤波器取出的色度信号或 S-VHS 接口输入的色度信号，进行两级受控色度放大器放大和色同步分离电路获得色度信号、色同步信号。色度信号送到 R-Y、B-Y 解调器；色同步信号除了送到 APC 电路，还经 ACC 电路获得自动色度控制信号，对色度信号放大器进行增益控制，确保色度放大器输出的信号保持稳定。

TMPA8803 内置色副载波压控振荡器 VCXO，该振荡器自由振荡频率为 4.43MHz，而其时钟基准频率由 8MHz 时钟经分频获得，所以不必外设晶振。得到 4.43MHz 基准信号后，可使 3.58VCO 形成 3.58MHz 色副载波信号。由 VCXO 输出的振荡经 90°移相后送到 APC 电路，同时色同步信号也送到 APC 电路，两者经相位比较后获得的误差电流，通过 47 脚外接双时间滤波器 C204、R205、C205 滤波获得的直流电压对 VCXO 实施控制，确保其输出的脉冲与同步信号准确同步。

4.43MHz 或 3.58MHz 色副载波经移相（4.43MHz 需逐行到相；3.58MHz 要进行色相位旋转，即色调控制）送到 PAL/NTSC 解调器，对输入的色度信号进行解调，分离出 PAL/NTSC 制式的 R-Y 和 B-Y 色差信号。1H 延迟线对解调后的 PAL 制基带信号进行 1H 延迟，对 NTSC 信号进行梳状处理后，送到 G-Y 色差矩阵和 R、G、B 基色矩阵。

4. RGB 矩阵变换电路

经 1H 延迟线处理和色差开关切换的 R-Y、B-Y 色差信号送到绿色差矩阵，恢复未传送的 G-Y 信号，三路色差信号同时进入相应的 R、G、B 矩阵，与经对比度调整和钳位的亮度信号相加，还原出 R、G、B 三基色信号，R、G、B 三基色信号与芯片内 OSD 电路送来的 RGB 字符信号在 I^2C 总线控制下，通过选择开关切换选择后由 TMPA8803 的50～52 脚输出，送到视频输出放大电路。

八、视频输出及附属电路

1. 视频输出放大电路

该机的视频输出放大电路采用分离元件构成，如图 8-11 所示。

由于视频输出放大电路采用三路对称放大器，所以图 8-11 仅画出 G 信号放大通道。该通道的核心元器件是 Q501、Q510、Q504。其中，Q501 组成共发射极放大器，Q510 组成共基极放大器，通过它们的组合实现展宽视频带宽的频率。Q504 和 Q505 组成互补型射随放大器，有足够的电流增益，保证足够的功率激励显像管阴极。同时，利用 Q505 的 c 极电流为 TMPA8803 内的 AKB 电路提供阴极检测电流。

R503、C501 用作高频补偿，D501、D502 用作温度补偿。

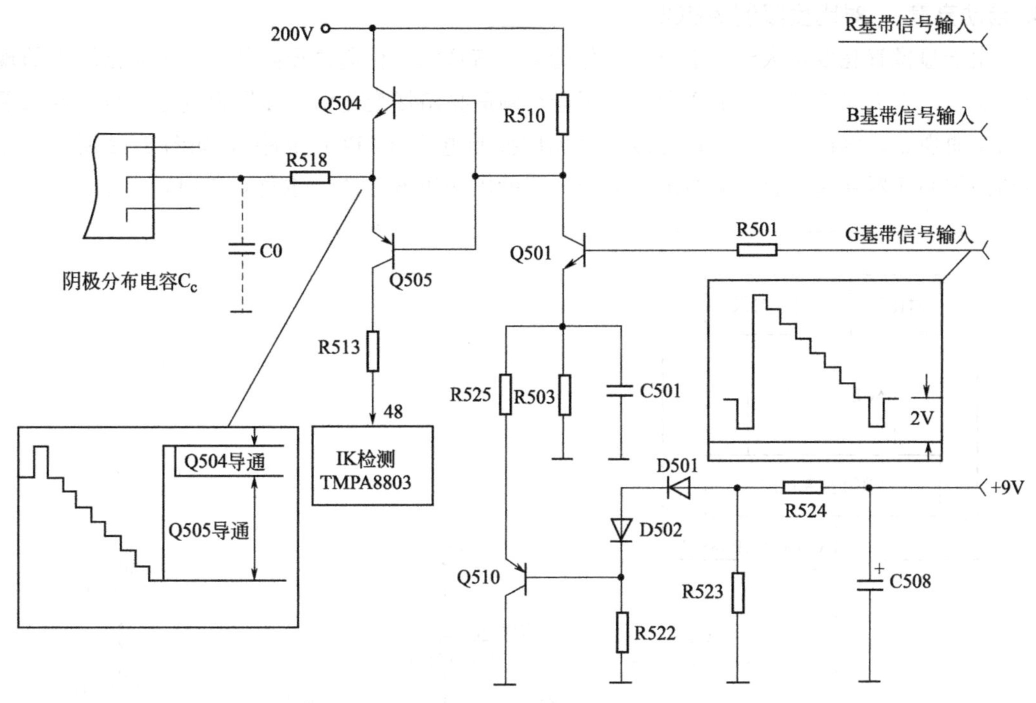

图 8-11 视频输出放大电路

2. 白平衡调整

由于显像管三个阴极的调制特性和三基色荧光粉的发光率不同，所以需要通过调整暗平衡和亮平衡，保证画面亮暗变化时光栅不偏色。

(1) 暗平衡调整

由于视频输出放大器采用直接耦合输出方式，所以只要调整了放大器的静态工作点，便可实现暗平衡的调整。调整方法是：CPU 通过 I^2C 总线调整 R、G、B 的截止偏置选项 (Cut Off) 的数据，使光栅在暗场时不偏色即可；也可在水平一条亮线时进行调整，在低亮度时，使水平亮线为白色即可。

(2) 亮平衡调整

亮平衡调整是以红色阴极发光率为基准调整的。调整方法是：CPU 通过 I^2C 总线调整 G、B 的激励增益选项 (Drive) 的数据，使光栅在亮场时不偏色即可。

3. 自动阴极偏置控制 AKB

参见图 8-11，该机的自动阴极偏置控制由 TMPA8803 内部电路和视频放大器构成。

由视频输出放大电路取得的束电流信号 I_K 输入到 TMP8803 的 48 脚，在 48 脚内的测保持电路转换为取样电压，该电压与基准电压在比较器比较后，获得对截止偏置 (CutOff) 及驱动增益 (Drive) 的修正数据，经总线写入输出驱动单元，调整 RGB 输出放大器的偏置和增益，从而避免了显像管因显像管或放大器元件老化而带来的偏色现象。

由于该电路不仅自动调整显像管阴极的偏置，还能够自动调整阴极激励电流，所以目前许多资料将该电路称为连续阴极电流控制电路 (CCC 电路)。

4. 自动亮度、对比度限制 ABCL

由于显像管亮度增大时，会导致显像管束电流增大，引起高压降低，产生光栅增大的现象，反之，会引起光栅缩小的现象。为了避免画面亮暗场变化引起光栅垂直方向抖动或水平方向扭曲现象，该机设置了自动亮度、对比度控制电路（ABCL 电路），如图 8-12 所示。该电路的核心元器件是 IC201（TMPA8803）、行输出变压器 T402、R415、R414、D206。

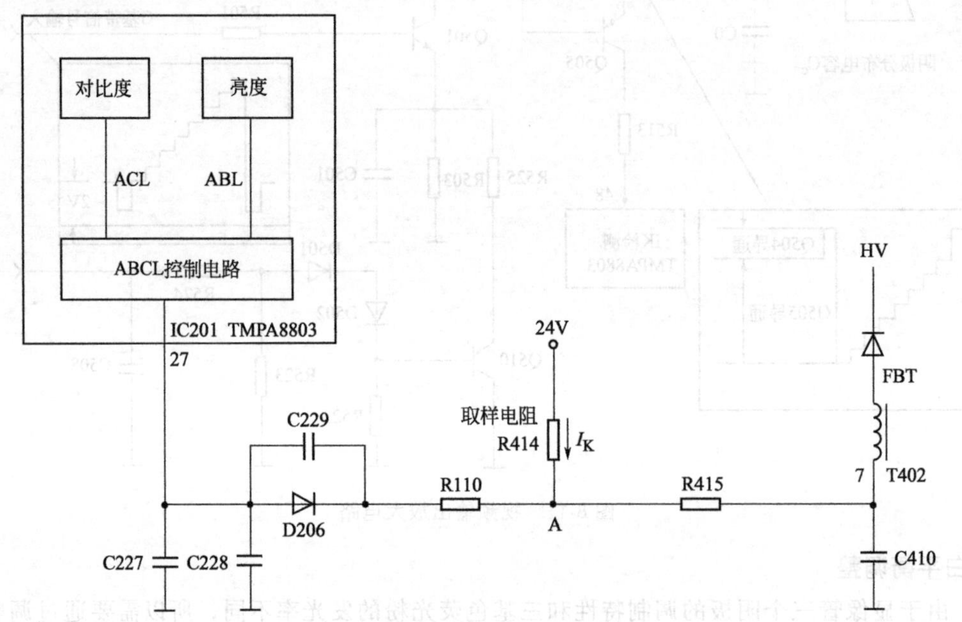

图 8-12 ABCL 电路

当画面亮度增大，引起显像管束电流增大时，行输出变压器 T402 的 7 脚电位下降，使 A 点电位相继下降，引起 D206 导通，TMPA8803 的 27 脚电位下降，TMPA8803 内的 ABCL 电路启控，由其输出的控制信号 ABL、ACL 分别送到亮度控制电路和对比度控制电路，致使 TMPA8803 输出的 RGB 信号的幅度下降，最终限制显像管束电流的增大，实现 ABCL 控制。

5. 消亮点电路

该机为了防止进入待机或关机瞬间，由于阴极不能及时停止发射电子而产生关机亮点或色斑现象，设置消亮点电路，如图 8-13 所示。该电路的核心元器件是 C030、Q005、C031。

正常工作时，由行输出电路输出的 9V 电压经 R042 加到 Q005 的 b 极，同时 18V 电压经 C930、R041 加到 Q005 的 b 极，使 Q005 截止于是 9V 电压通过 D206 为 C031 充电，使其两端建立 8.7V 左右电压。

当用户遥控关机时，TMPA8803 的 64 脚输出高电平待机控制电压，该电压除了使行激励停止工作，导致 9V 电压消失，还经 R239 使 Q207 导通，C030 正极接地，所以 C030 相当于为 Q005 的 b 极提供一个负压，使其迅速导通。Q005 导通后，C031 存储的电压通过 Q005 的 c 极输出，致使 D006～D008 导通，由它们负极输出的电压使视频输出放大管导通加强，致使显像管三个阴极电位急剧下降，束电流增大，显像管高压迅速消失，避免了进入待机瞬间屏幕上出现亮点或色斑。由此可见，该消亮点电路属于泄放型。

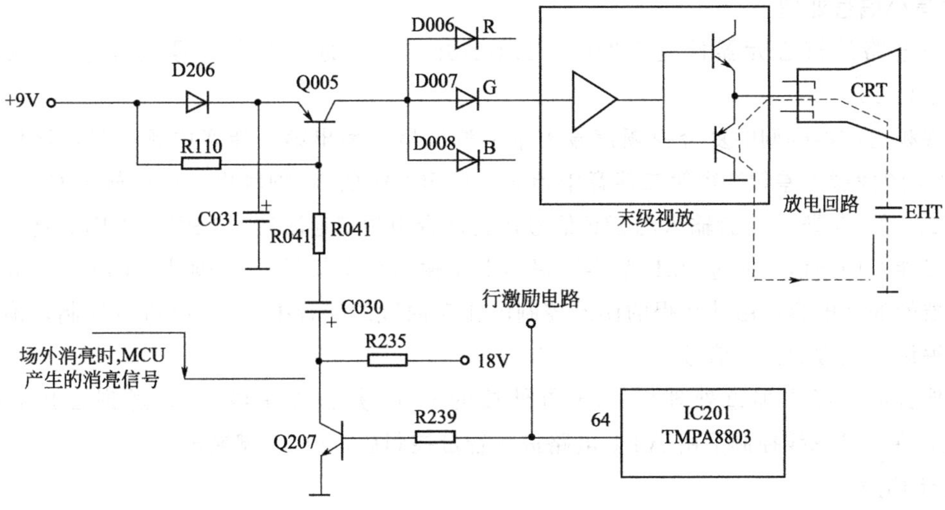

图 8-13 消亮点电路

用户切断电源开关时，行输出电路停止工作后，导致 9V 电压迅速，Q005 因 b 极电位下降而导通。如上所述，实现消亮点。

九、伴音信号处理电路

伴音处理电路由伴音小信号处理电路和伴音功放电路构成，如图 8-14 所示。

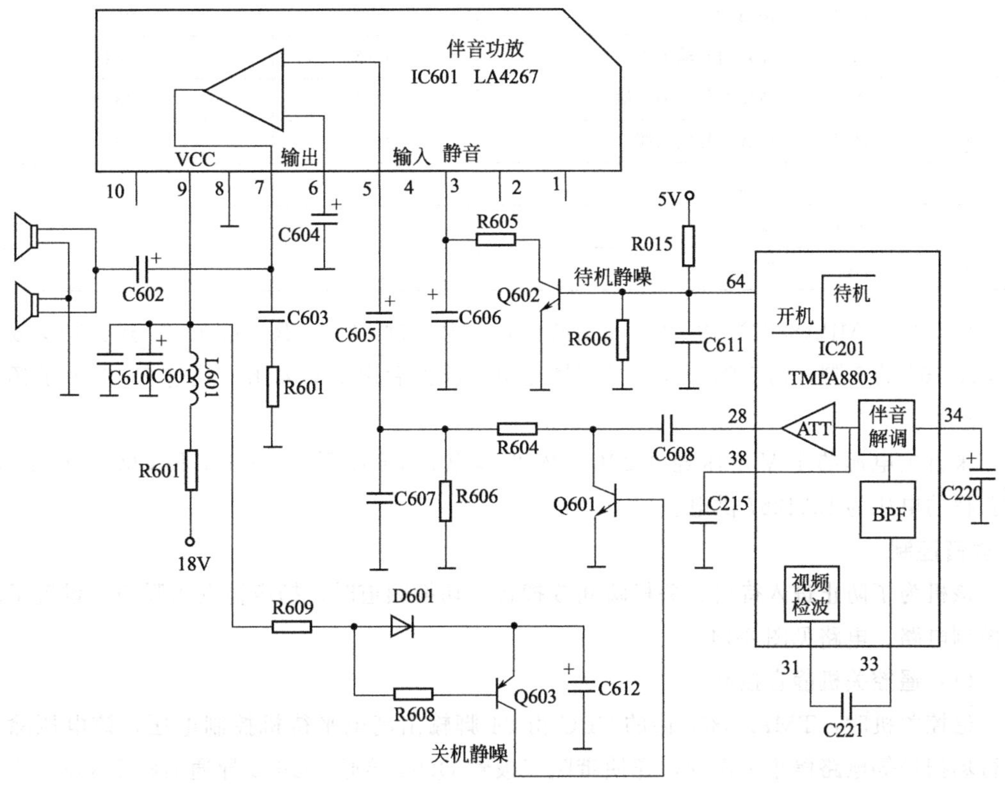

图 8-14 伴音信号处理电路

1. 伴音小信号处理

该电路的核心元器件是 IC201（TMPA8803）内的伴音小信号处理电路、C220、C221、C215。

视频检波器解调的复合视频信号由带通滤波器分离出第一伴音中频信号，该信号与 38MHz 图像载频差频获得第二伴音中频 SIF 由 IC201 的 31 脚输出。该信号由 C221 耦合到 IC201 的 33 脚，33 脚输入的 SIF 信号送到伴音中频带通滤波器 BPF，经 BPF 滤波产生的第二伴音中频信号通过 PLL 型伴音解调电路输出伴音信号，34 脚外接的 C220 是 PLL 解调器的滤波电容，由其获得的误差控制电压对内置的伴音中频 VCO 进行控制，确保解调器解调出正常的伴音信号。

伴音信号经去加重处理后（38 脚外接的 C215 是去加重电容），送到音频衰减器 ATT，在 I^2C 总线控制下由 ATT 电路进行音量控制后，由 28 脚输出。

2. 伴音功放

参见图 8-14，伴音功放电路的核心元器件是厚膜电路 LA4267、耦合电容 C602，它们和相关元件构成的 OTL 型功率放大器。LA4267 引脚功能和维修参考数据如表 8-5 所示。

表 8-5　LA4267 引脚功能和维修参考数据

引脚号	引脚名	功能	电压/V	电阻/kΩ
1、2	NC	空	—	—
3	MUTE	静音控制信号输入端	8.6	13.5
4	GND	接地端	0	0
5	IN	伴音信号输入端	0.72	3584
6	NF2	负反馈信号输入端	1.17	1489
7	OUT	伴音信号输出端	8.48	1489
8	GND	接地端	0	0
9	VCC	供电端	18	28.6
10	NC	空	—	—

IC201（TMPA8803）的 28 脚输出的伴音信号通过 C608、R604、C605 送到功率放大器 LA4267 的 5 脚，由 5 脚输入伴音信号经功率放大后由 7 脚输出，通过 C602 激励扬声器发声。

来自主电源的 18V 电压经 0.22Ω/2W 保险电容 R601 限流，L601 和 C601、C610 滤波获得的电压为 LA4267 供电。

3. 静音控制

该机为了防止进入待机、关机瞬间或搜台、切换频道时，扬声器发出噪声，设置了静音控制电路。电路见图 8-14。

（1）遥控关机静音控制

遥控关机时，TMPA8803 内的 CPU 由 64 脚输出高电平待机控制电压，该电压除了使行场扫描等电路停止工作外，还使带阻三极管 Q602 导通。Q602 导通后将 LA4267 的 3 脚电位拉为低电平，LA4267 无音频信号输出，实现遥控关机静音控制。

（2）搜台、切换频道静音控制

在进行搜台或切换频道期间，TMPA8803 内的 CPU 通过 I^2C 总线对 TAA 电路实施控制，使 TMPA8803 的 28 脚无音频信号输出，导致伴音功放电路 LA4267 无音频信号输出，实现静音控制。

（3）关机静音控制

该静音控制电路的核心元器件是 Q603、D601、C612、Q601。

该机正常工作期间，由主电源输出的 18V 电压经 R601、L601 在 C601 两端建立的 18V 电压，通过 R609、R608 加到 Q603 的 b 极使其截止，同时通过 D601 对 C612 充电。当切断电源开关后，18V 电压迅速消失，使 Q603 因基极电位下降而导通，此时 C612 存储的电压经 Q603 输出后使带阻三极管 Q601 导通，将 TMPA8803 的 28 脚输出的伴音信号被短路到地，LA4267 无音频信号输出，实现关机静音控制。

（4）开机静音控制

该静音电路的核心元件是 C606。开机瞬间，由于 LA4267 的 3 脚内部电路对 C606 充电，C606 充电期间使 LA4267 的 3 脚电位逐渐升高到正常，从而实现开机静音控制。

十、行场扫描处理电路

1. 行场扫描小信号处理

该机的行场扫描小信号处理由 IC201（TMPA8803）内部电路完成，如图 8-15 所示。

（1）行扫描小信号处理电路

含复合同步信号的视频信号或亮度信号经同步分离电路处理，获得行同步信号 f_{SY} 送到 AFC1 电路，同时内置的 $640f_H$ 压控振荡器 VCO 产生的振荡脉冲经分频获得的行频脉冲 f_H 也送到 AFC1 电路，两者进行相位比较后获得的误差电流，通过 14 脚外接的 C235、R237、C236 低通滤波产生直流误差控制电压。该电压对压控振荡器实施控制，使行频信号 f_H 与行同步信号准确同步。由于 8MHz 频率信号为 VCO 提供基准频率，所以该振荡器无需设置晶振。

同步后的行频信号送到 AFC2 电路，同时行输出变压器 T402 的 3 脚输出的行逆程脉冲经 R408、C422 限流耦合，由 D404 限压后通过 R406 和 IC201 的 12 脚输入到 AFC2 电路，与行频脉冲在 AFC 比较后，对 13 脚输出的行激励信号 H out 的相位进行自动控制，保证图像与光栅相对位置的准确。另外，12 脚输入的行逆程脉冲还送到 OSD 等电路。

（2）场扫描小信号处理电路

已被行同步信号锁定的行频脉冲 f_H 送到场分频电路，同时含复合同步信号的视频信号或亮度信号经同步分离电路处理，获得场同步信号也送到场分频电路，在场同步脉冲的控制下，分频电路对行频信号进行分频获得场频脉冲。该脉冲作为信号源触发单稳态电路，对 15 脚外接的锯齿波脉冲形成电容 C234 恒流充电，该脉冲经几何失真校正，再经驱动电路放大后由 16 脚输出。

CPU 通过 I^2C 总线对场几何失真校正电路实施控制，可完成场中心、场 S 形失真校正、场线性失真校正、场幅度调整。

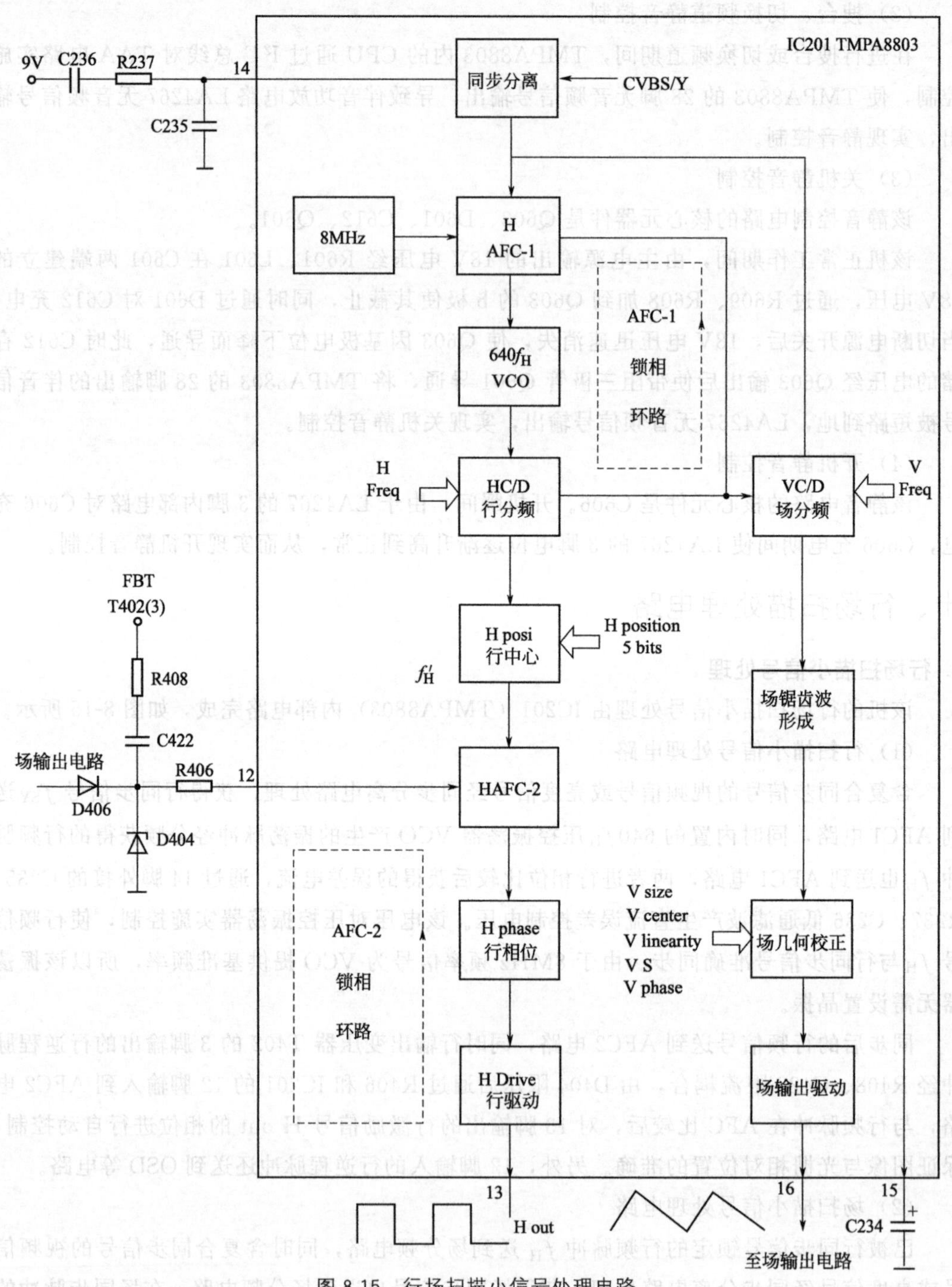

图 8-15 行场扫描小信号处理电路

2. 行激励、行输出电路

该机的行激励、行输出电路的核心元器件是 IC201（TMPA8803）、行激励管 Q401、行激励变压器 T401、行输出管 Q402、行输出变压器 T402、行偏转线圈 HORCOIL，以及行逆程电容 C402、C406，如图 8-16 所示。

（1）工作过程

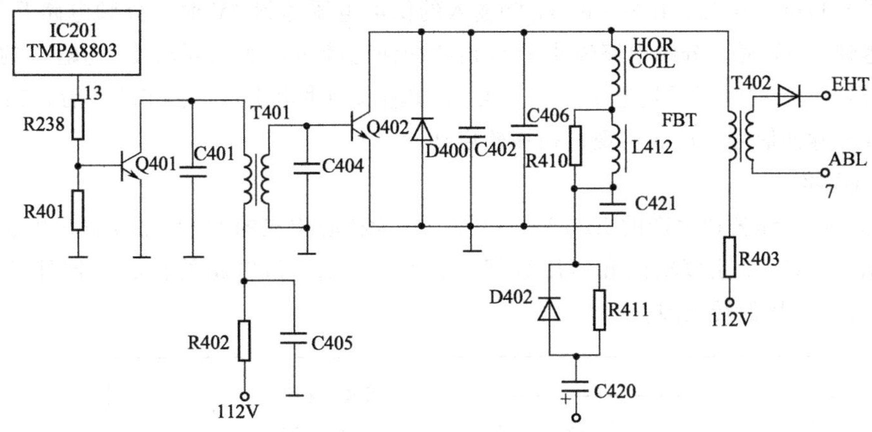

图 8-16 行激励、行输出电路

IC201 的 13 脚输出的行激励脉冲信号 R238 和 R401 分压限流后，使行激励管 Q401 工作开关状态，于是行激励变压器 T401 次级绕组输出激励信号使行输出管 Q402 工作在开关状态。主电源输出的 112V 电压经 R402 限流，C405 滤波获得的电压，为行激励电路供电。C401 用来抑制 T401 可能产生的高频振荡。

由于该机是 21 英寸彩电，未设置水平枕形失真校正电路，所以采用普通单阻尼管型行输出电路。T402 是行输出变压器，HORCOIL 是行偏转线圈，L412 是行线性校正变压器，C402 和 C406 是行逆程电容，D400 是阻尼管，C421 是 S 形失真校正电容。

行输出管 Q402 工作在开关状态后，行偏转线圈与行逆程电容通过连续交换能量，不仅为偏转线圈提供行频锯齿波电流完成行扫描，而且 Q402 截止期间，Q402 的 c 极输出行逆程脉冲。该脉冲经 T402 变换为多种脉冲电压，这些脉冲电压经整流后，除了为显像管提供阳极、加速极等提供电压，还为视频输出、场输出等电路供电。

(2) 行扫描软启动

由于开机瞬间，行 AFC1 电路在供电未达到稳定状态时便输出激励脉冲，行输出管可能会因激励脉冲不稳定而损坏。为了避免这种危害，该机设置行扫描软启动电路。该电路的核心元器件是 IC201、C232，如图 8-17 所示。

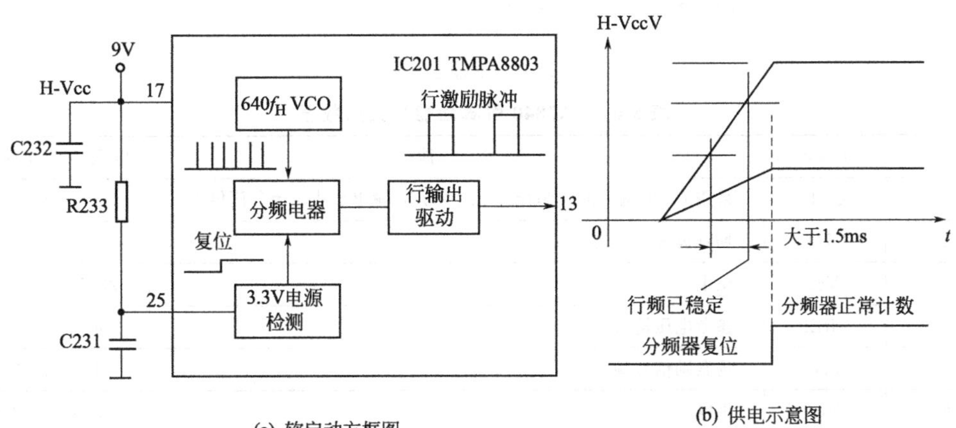

(a) 软启动方框图

(b) 供电示意图

图 8-17 行扫描软启动电路

由图 8-17(b) 可知，IC201 的 17 脚输入的供电电压达到 4V 时，分频电路开始工作，而电压达到 5.5V 时，分频电路输出的行频脉冲便已稳定，所以要求 17 脚输入的电压在 4V 升高到 5.5V 的时间要超过 1.5ms。当 17 脚输入的供电电压达到 5.5V 后，13 脚开始输出行激励脉冲信号，从而实现行扫描软启动。

3. 场输出电路

该机采用三洋公司生产的 LA7840（IC301）为核心构成的 OTL 型场输出电路，如图 8-18 所示。LA7840 引脚功能和实用数据如表 8-6 所示。该电路的核心元器件是 IC201、IC301、C308、场偏转线圈。

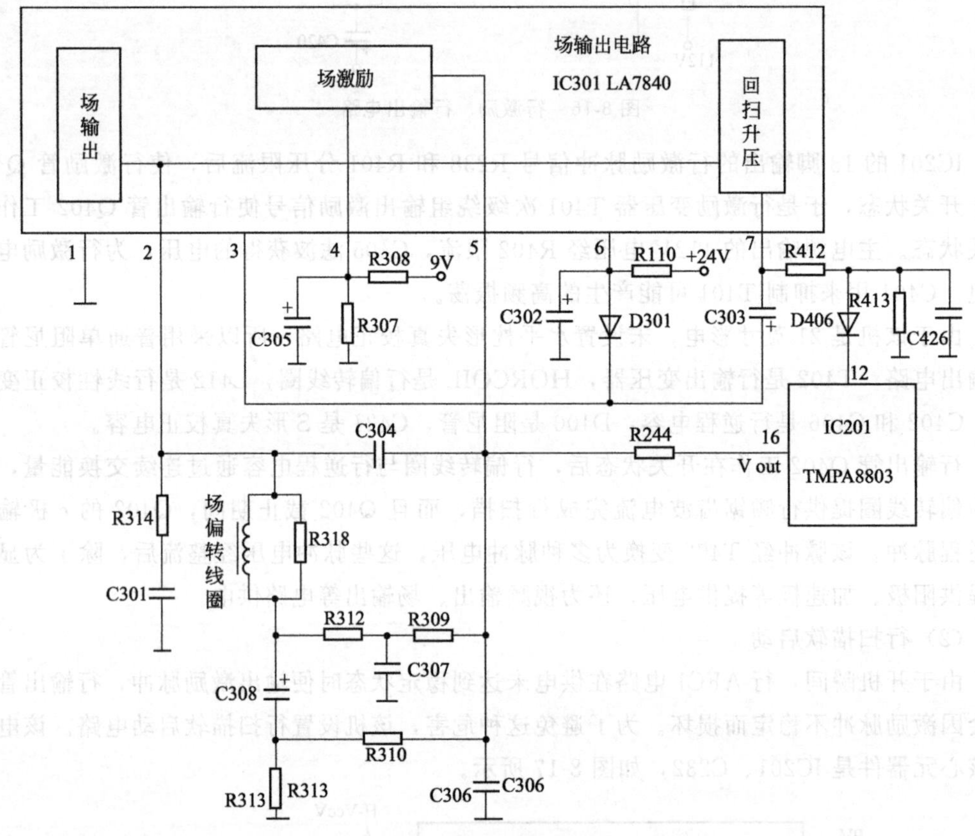

图 8-18　场输出电路

表 8-6　LA7840 引脚功能和实用数据

引脚号	引脚名	功　能	电压/V	电阻/kΩ
1	GND	采用 OUT 输出形式为接地;采用 OCL 输出形式时为负压供电	0	0
2	OUT	场锯齿波信号输出	16	1.42
3	Vcc	供电	23.5	1001
4	VREF	参考电压输入	4	2.2
5	InV	场激励信号输入	4	5.76
6	Vcc	供电	23.25	2.87
7	Pump	泵电源输出	2.4	62.5

IC201的16脚输出的场频锯齿波脉冲信号经R244送到IC301（LA7840）的5脚，与4脚输入的参考电压经IC301内的功率放大器比较放大后由2脚输出，通过场偏转线圈VERTCOIL、场输出电容C308、电阻R313构成回路，回路中的电流利用场偏转线圈实现垂直扫描。场扫描电流在R313两端获得的交流电压通过R310送到IC301的5脚，同时C308、R313两端的交、直流电压经R312、R309也送到IC301的5脚，为IC301内的功率放大器提供交、直流负反馈信号，实现负反馈控制。IC301的4脚输入的参考电压由9V电压经R308、R307取样获得。

场输出电路正常工作后，由IC301的7脚输出场逆程脉冲经R412、R413分压限流后，通过D406从IC201的12脚输入，送到OSD等电路。

来自行输出电路的24V电压经R306限流，C302滤波后加到IC301供电端6脚，为IC301内的放大器提供正程期间的供电，而放大器逆程期间的供电由IC301的7脚内部电路、D301和C303组成的泵电源提供。

十一、开关电源

该机采用由三洋的自激式、变压器耦合开关电源，如图8-19所示。该电源的核心元器件是开关管Q804、开关变压器T802。

1. 显像管消磁及300V供电

接通电源开关S801后，市电电压经C801、T801、T802（未安装）、C804等组成的线路滤波电路滤除市电电网中的高频干扰后，除了送到由消磁电阻RT801和消磁线圈L803组成的自动消磁电路，完成显像管的消磁，还经R801抑制开机瞬间产生的冲击大电流，通过D801～D804桥式整流，在C806两端建立300V左右的直流电压。C803、C804用于抑制高频干扰，保护与其并联的整流管。

2. 功率变换器

功率变换电路的核心元器件是开关管Q804、开关变压器T802、D831、D830、D824、R803、C808、R814。

300V电压不仅经开关变压器T802初级绕组加到开关管Q804的c极，而且经限流电阻R803、R803A送到Q804的b极，使Q804导通。Q804导通后，T802正反馈绕组（5-6绕组）产生的脉冲电压经Q804的be结、R814、C808形成回路，回路中的电流使Q804通过正反馈雪崩过程而进入开关状态。完成初始振荡后，由D806取代C808为Q804提供激励脉冲，使Q804工作在开关状态。开关电源工作后，T802次级绕组输出的脉冲电压经整流滤波后，产生112V、8V、18V三路直流电压，为相应的负载供电。另外，T802的5-6绕组输出的脉冲电压经D807和C810构成回路，在C810两端建立的电压为调宽电路供电。

为了避免开关管Q804截止期间被过高的尖峰脉冲击穿，设置了由C809、R806组成的尖峰脉冲吸收回路。

3. 稳压控制

稳压控制电路的核心元器件是放大管Q801～Q803、滤波电容C811、开关变压器T802、整流管D805、可调电阻VR801、稳压管D808A。

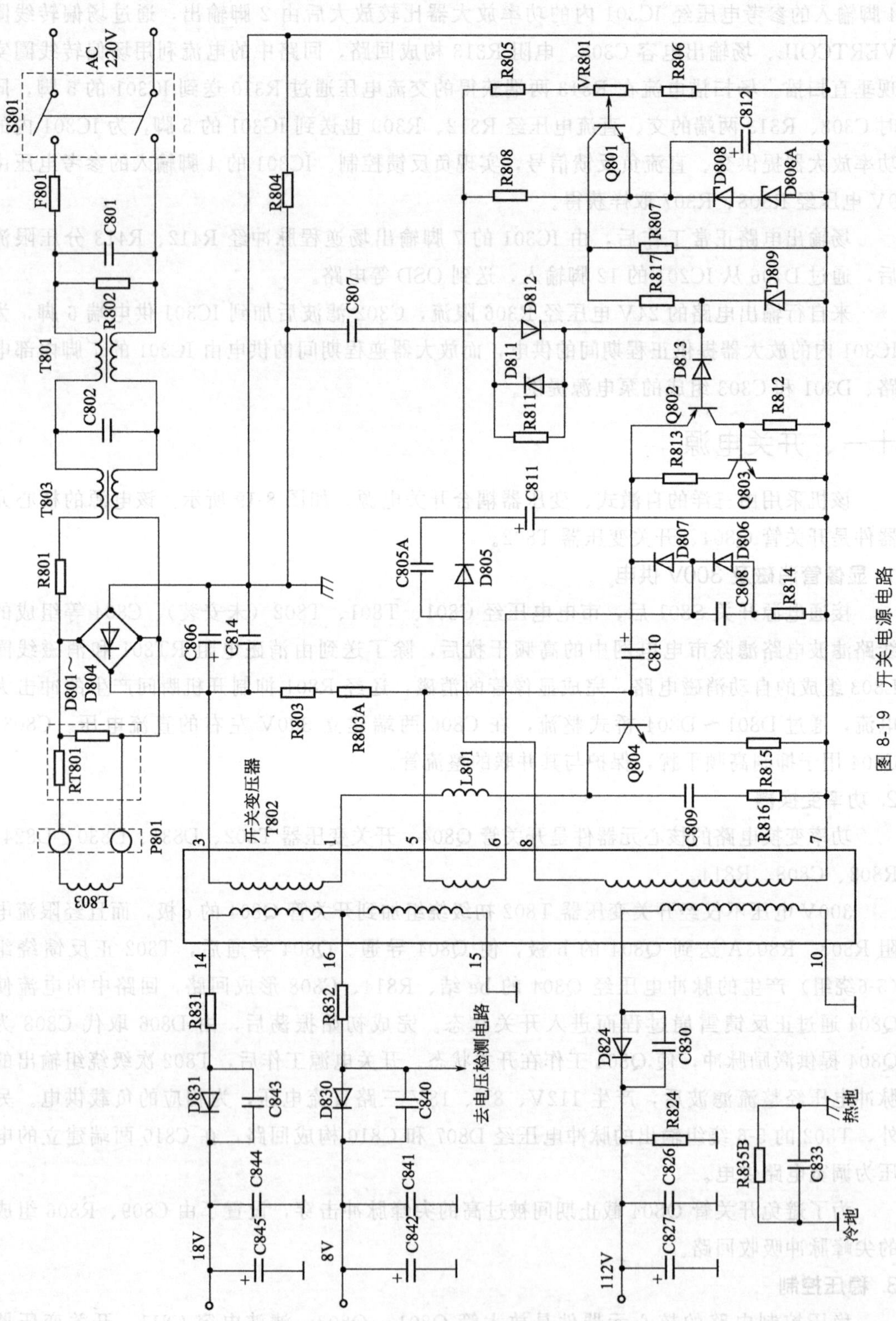
AC
220V
S801
F801
C801
R802
T801
C802
T803
R801
D801~
D804
RT801
P801
L803
C806
C814
R804
R803
R803A
开关变压器
T802
R805
VR801
R806
C812
Q801
R808
D808
D808A
R807
R817
D809
C807
D812
D811
D813
R811
Q802
R812
R813
Q803
C811
C805A
D805
D807
D806
C808
R814
C810
Q804
R815
L801
C809
R816
R831
R832
D831
D830
C843
C840
去电压检测电路
D824
C830
R824
C844
C841
C826
R835B
C833
热地
冷地
C845
C842
C827
18V
8V
112V
图 8-19　开关电源电路

当输出端电压因市电电压或负载变轻升高时，T802 的 7-8 绕组升高的脉冲电压经 D805 整流，C811 滤波获得的取样电压升高。该电压经取样电路 R805、VR801、R806 取样后使 Q801 的 b 极电位升高，由于 Q801 的 c 极电位经稳压管 D808、D808A 提供基准电压，所以 Q801 的 e 极电位下降，使 Q802、Q803 提前导通。Q803 导通后，C810 存储的电压经过 R813、Q803 接地，使 Q804 因 be 结反偏截止，致使 Q804 导通时间缩短，输出端电压下降到正常值，稳定了电压输出。反之，控制过程相反。

4. 软启动保护

为了防止开机瞬间误差取样电路的滤波电容 C811 两端不能及时建立误差取样电压，导致开关管 Q804 因过激励而损坏，该设置了软启动电路。该电路的核心元器件是 C812。

开机瞬间由于 C812 两端电压为 0，所以 C812 充电期间使 Q801 的 e 极电位逐渐升高，使 Q802 和 Q803 导通时间由长逐渐缩短到正常，使开 Q804 导通时间由小逐渐增大到正常，实现软启动控制。

5. 待机控制电路

由于该机小信号工作所需的 9V、5V 供电电压，场输出电路所需的 24V 供电电压，视频输出所需的 200V 均由行输出电路提供，所以该机的待机控制采用控制行输出电路是否工作来实现，如图 8-20 所示。

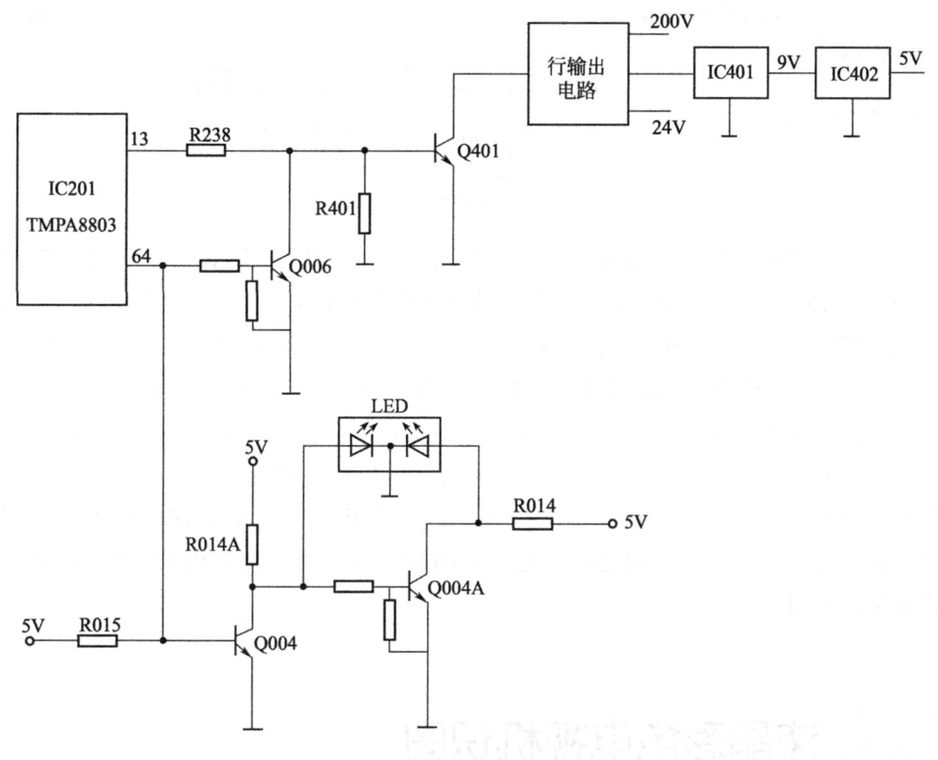

图 8-20 待机控制电路

遥控关机时，超级芯片 IC201 的待机控制端 64 脚为高电平（由 5V 电压经上拉电阻 R015 提供）。该控制电压使带阻三极管 Q006 导通，致使行激励管 Q401 截止，行输出电路无 9V、5V、24V、200V 等电压输出，所以图像公共通道、视频通道、伴音通道、场输出、视频输出放大等电路全部停止工作，整机进入待机状态。同时，64 脚输出的高电平控制电压经 R012 使 Q004 导通。Q004 导通后，不仅使电源指示灯 LED 内的绿色发光管熄灭，而且使带阻三极管 Q004A 截止，5V 电压经 R014 使 LED 内的红色发光管发光，表明该机工作在待机状态。

遥控关机时，IC201 的待机控制端 64 脚变为低电平，使 Q006 截止，Q401 在 IC201 的 13 脚输出的行激励脉冲控制下工作在开关状态，使行输出电路工作。行输出电路工作后，除了为显像管高压阳极、加速极供电，还为显像管灯丝供电，同时还输出 9V、5V、24V、200V 电压。因此，该机进入收看状态。同时，64 脚输出的低电平控制电压经 R012 使 Q004 截止，致使 Q004A 导通，电源指示灯 LED 内的红色发光管熄灭，而 5V 电压通过 R014A 使 LED 内的绿色发光管发光，表明该机工作在收看状态。

6. 电压检测

电压检测功能是通过 TMPA8803 内的微处理器通过 2 脚对开关电源输出的电压进行检测实现，如图 8-21 所示。该电路的核心元器件是 IC201、T802。

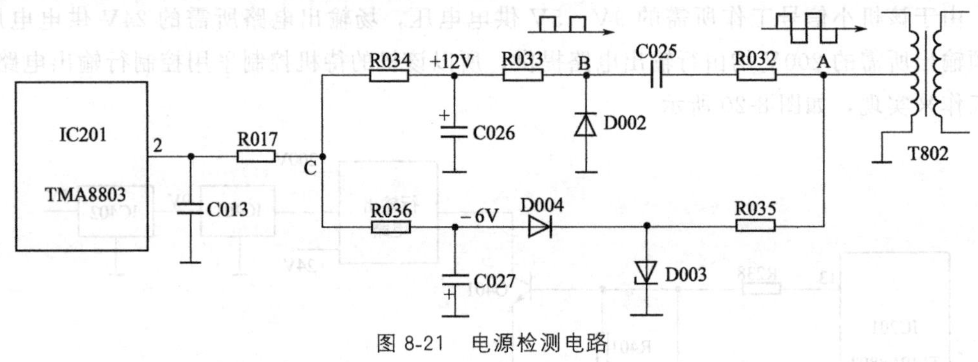

图 8-21　电源检测电路

开关管导通期间，开关变压器 T802 次级绕组输出的脉冲为下正、上负，该脉冲经 C027、D004、R035 构成整流、滤波回路，再经 D003 稳压，在 C027 两端获得-6V 电压。开关管截止期间，该绕组输出的脉冲电压为上正、下负，该脉冲电经 R032、C025、R033、C026、D002 构成回路，在 C026 两端获得 12V 左右电压。当市电变化时，由于 C027 两端电压在稳压管的 D003 的作用下保持不变，而 C026 两端电压是随市电升高而升高。因此，两者通过 R034、R036 会合后，通过 R017 送到 TMPA8803 的 2 脚电压是变化的。在市电电压在 130～260V 时，输入到 IC201（TMPA8803）2 脚的电压为 0～5V，若市电过高或过低，输入到 2 脚的电压超过设定的 0～5V，经 IC201 内的 CPU 检测后，实施报警或保护控制。

第二节　液晶彩色电视机识图

一、液晶彩电的电路构成

液晶彩电的电路由液晶显示屏（也称液晶显示模块、液晶面板）、液晶显示屏接口电路、电源电路、高压逆变器、微控制器电路、视频解码电路、隔行/逐行变换电路、图像缩放电路、高中频信号处理电路、伴音电路、机外信号输入接口电路等构成，如图 8-22 所示。

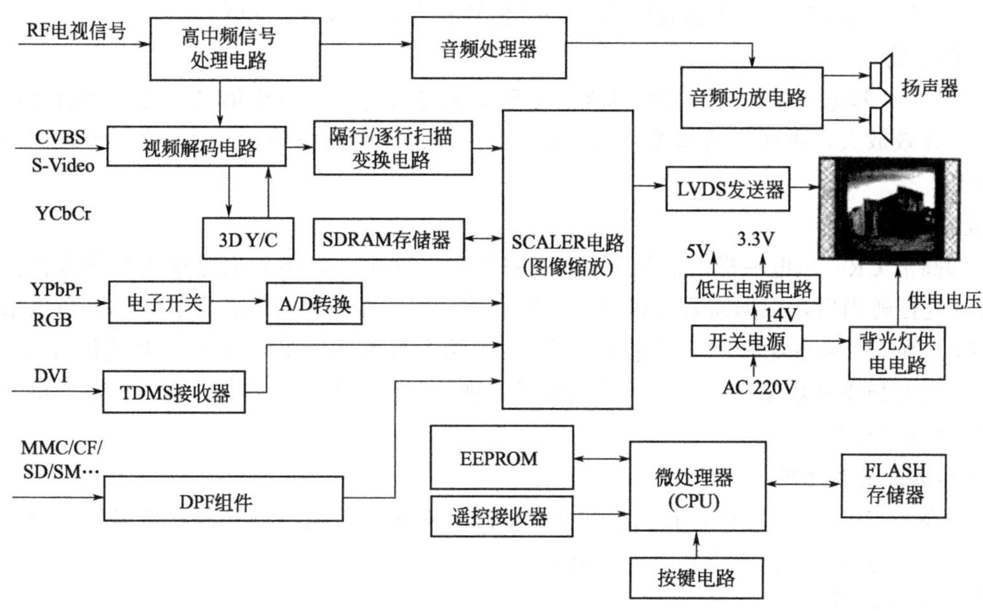

图 8-22 典型液晶彩电电路构成

二、单元电路的作用

为了帮助读者熟悉液晶彩电的典型电路，下面对各个单元电路的功能进行简单介绍。

1. 电源电路

电源电路的作用是将 220V 市电电压变换为直流电压，为负载供电。液晶彩电的电源电路通常由 300V 供电电路、PFC 电路和开关电源构成。其中，300V 供电电路是将 220V 市电电压变换为 300V 直流电压，PFC 电路是将 300V 直流电压进行功率校正，并且将电压变换为 400V 左右，开关电源将 PFC 电路输出的 400V 直流电压变换为 5V、12V（或 14V）、24V（或 18V、28V）等直流电压，为它们的负载供电。

2. 背光灯电源

背光灯电源也叫背光灯供电电路，背光灯电源根据背光灯的不同采用的结构和工作方式不同。

(1) CCFL 型背光灯电源

CCFL 型背光灯电源是通过逆变器将开关电源输出的 12～24V 电压变换为 1000～2000V 的高压交流电，用于点亮液晶显示屏上的背光灯管。因此，该背光灯电路也叫高压逆变器或高压逆变电路。

(2) LED 型背光灯电源

LED 型背光灯电源是通过降压型开关电源为 LED 灯提供直流供电电压。该电路构成比 CCFL 型供电电路结构简单且故障率低。

3. 高频、中频信号处理电路

和 CRT 彩电一样，液晶彩电的高频电路也是将来自闭路电视或卫星接收机传送的 RF 信号转换成中频信号 IF，而中频电路是将 IF 信号变换为视频全电视信号 CVBS 和第二伴音中频信号 SIF，或者直接输出 CVSB 信号和音频信号 AUDIO。

4. 伴音电路

和 CRT 彩电一样，液晶彩电的伴音电路也是将来自中频电路第二伴音中频信号进行解调、音效放大，再通过功率放大后，驱动扬声器还原音频信号。不过，其伴音电路的质量更高。

5. 视频解码电路

和高清 CRT 彩电一样，液晶彩电的视频解码电路也是将中频电路输出的全电视信号 CVBS 进行解码后，根据需要可以得到 3 种信号：第一种是解调出亮度信号 Y 和色度信号 C；第二种是得到亮度信号 C 和色差信号 UV；第三种是亮度信号 Y 和三基色信号 RGB。视频解码有模拟和数字解码两种。早期液晶电视采用模拟解码方式，目前的液晶彩电都采用数字解码方式。

6. 扫描格式变换电路

和高清 CRT 彩电一样，扫描格式变换电路的功能是将隔行扫描的图像信号变换为逐行扫描的图像信号，送至图像缩放电路。

7. 图像缩放电路

由于液晶显示屏的像素位置与分辨率是固定的，但电视信号和外部输入的信号的分辨率却有所不同，所以通过缩放电路将不同分辨率的信号变换为与液晶屏对应的分辨率后，才能保证液晶屏显示正常的图像画面。

8. 液晶显示屏接口电路

液晶显示屏与驱动电路的接口电路有 TTL、LVDS、RSDS、TMDS 和 TCON 五种。其中，应用的最多的接口电路是 TTL 和 LVDS 两种。TTL 接口是一种并行总线接口，用来驱动 TTL 液晶显示屏，根据液晶屏分辨率的不同，TTL 接口又分为 24 位并行和 48 位并行数字显示信号。LVDS 是一串行总线接口，用来驱动 LVDS 液晶显示屏，此类接口比 TTL 接口具有更高的传输率、更低的电磁干扰，并且数据传输线也少很多，从而简化了电路结构。目前，液晶彩电采用的都是 LVDS 接口。

【提示】 早期液晶彩电的液晶显示屏接口电路、隔行/逐行扫描变换电路、图像缩放电路多采用单独的集成电路，随着集成电路技术的发展，它们都集成在一起，成为主控芯片。现在，部分主控芯片还将视频解码电路集成在一起，成为超级多功能芯片，从而大大简化了电路结构。

9. 液晶显示屏

液晶显示屏的作用是能够显示出清晰的画面。它是液晶彩电的核心器件，主要由液晶屏（液晶板）、TTL 或 LVDS 接收电路、驱动电路（包括源极驱动和栅极驱动两部分）、时序控制电路 TCON（Timing Controller）、背光灯、导光板、反射板等构成。

三、液晶彩电电路板典型配置方案

液晶彩电根据发展历程、屏幕大小和采用的技术不同，采用的电路板配置方案有多板配置、4 板配置、3 板配置、2 板配置多种。下面介绍一些典型电路板配置方案，供读者参考。

1. 液晶彩电多板方案

典型的多板配置方案如图 8-23 所示。它主要由开关电源板、模拟板、数字板、液晶屏时序逻辑控制板（TCON 板）、高压板（背光灯供电板）、操作板构成。

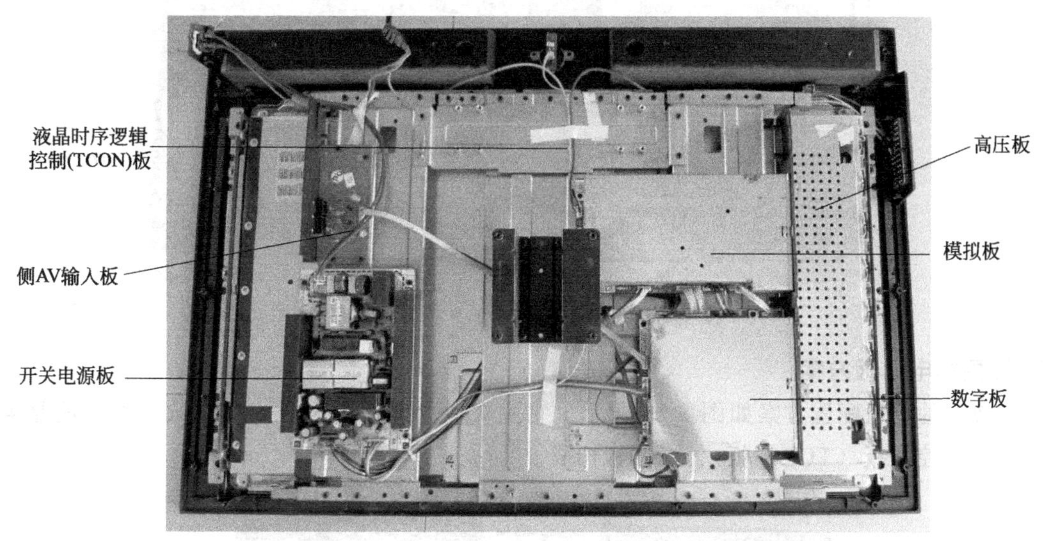

图 8-23　液晶彩电典型的多板配置方案

开关电源板也称电源电路板，它的功能就是为整机负载供电。

模拟板（在屏蔽罩下面）也叫模拟信号处理板或 RF 电视信号处理板，它的功能是将高频头输入的高频电视信号处理为全电视信号（视频信号）和伴音信号。

数字板（在屏蔽罩下面）也叫数字信号处理板，它的功能是将模拟板输出的模拟视频信号转换为满足液晶屏需要的数字视频信号。

高压板（在屏蔽罩下面）也叫背光灯供电板，它的功能是将开关电源板输出的直流电压转换为高压交流电，以满足点亮背光灯的需要。

TCON 板（在屏蔽罩下面）也叫液晶屏时序信号控制板或定时板，它的功能是将数字板产生的视频信号处理为可以驱动液晶工作的视频信号和定时控制信号。

操作板（图中未标出），它的功能是接受遥控器发出的遥控信号或接受用户的操作信号，为微控制器提供用户所需的控制信号。

【提示】 一般情况下，介绍电路板配置方案时，都不列入用作辅助功能的侧 AV 信号输入板、操作板，所以图 8-23 的电路板配置方案也可以称为 5 板配置方案。

2. 液晶彩电 4 板方案

典型的 4 板配置方案如图 8-24 所示。它主要由开关电源板、模拟/数字板、液晶屏时序逻辑控制板（TCON 板）、高压板（背光灯供电板）、操作板构成。

图 8-24 的电路板方案与图 8-23 的方案相比，就是将模拟电路板与数字电路板集成在一起。

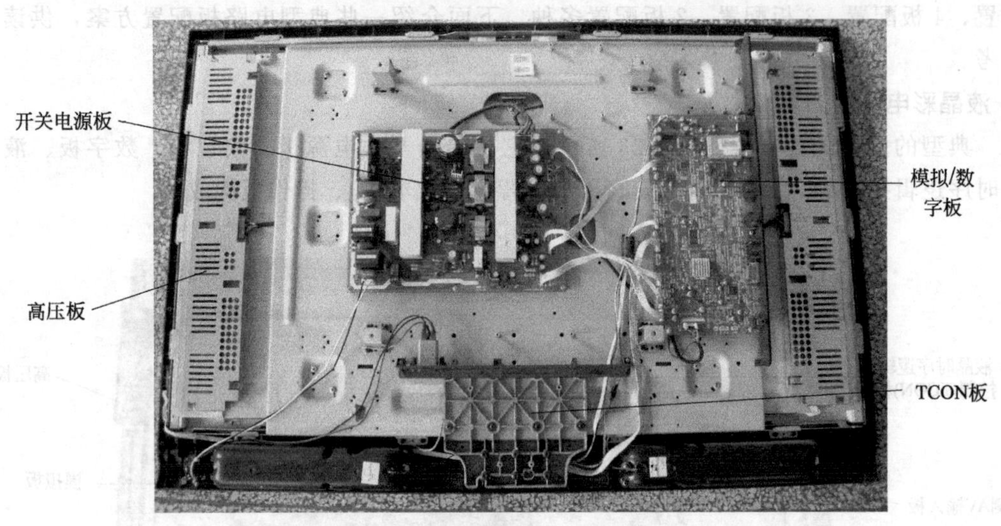

图 8-24　液晶彩电典型的 4 板配置方案

3. 液晶彩电 3 板方案

典型的 3 板配置方案如图 8-25 所示。它主要由电源/逆变板、模拟/数字板、液晶屏时序逻辑控制板（TCON 板）、操作板构成。

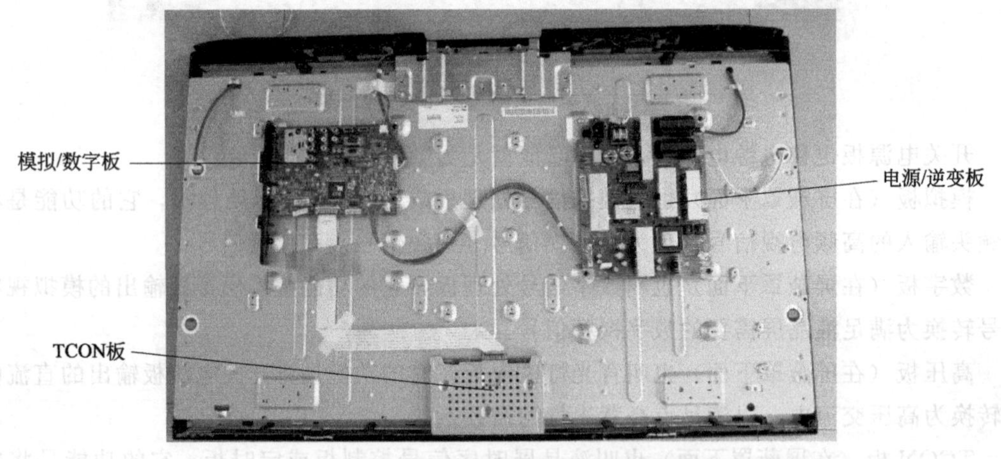

图 8-25　液晶彩电典型的 3 板配置方案

图 8-25 的电路板方案与图 8-24 的方案相比，就是将电源板与高压板集成在一起。此类供电板也叫 LIPS 板。LIPS 的英文全写是 LCD Integrated Power Supply，可译为液晶彩电集成电源。这种集成电源将开关电源和背光灯电源电路都集成在一块电路板上，背光灯电源不再采用开关电源输出的 12～24V 电压供电，而是采用 PFC 电路输出的 400V 左右的直流电压供电，这样，不仅提高了开关电源和背光灯供电电路的工作效率，而且简化了电路结构，降低了成本。

4. 液晶彩电 2 板方案

2 板方案的液晶彩电与 3 板方案的液晶彩电相比，是将 TCON 板与模拟/数字板再次集成，构成了一块信号处理板，即整机由 LIPS 板和信号处理板构成。